普通高等教育农业部"十三五"规划教材
全国高等农林院校"十三五"规划教材

农 学 概 论

第三版

李 天 主编

中国农业出版社

图书在版编目（CIP）数据

农学概论 / 李天主编 . —3 版 . —北京：中国农
业出版社，2017.2（2023.12重印）
普通高等教育农业部"十二五"规划教材　全国高等
农林院校"十二五"规划教材
ISBN 978 - 7 - 109 - 22554 - 1

Ⅰ.①农⋯　Ⅱ.①李⋯　Ⅲ.①农学-高等学校-教材
Ⅳ.①S3

中国版本图书馆 CIP 数据核字（2017）第 002601 号

中国农业出版社出版
（北京市朝阳区麦子店街 18 号楼）
（邮政编码 100125）
责任编辑　李国忠　胡聪慧

北京中兴印刷有限公司印刷　　新华书店北京发行所发行
2002 年 8 月第 1 版　　2017 年 2 月第 3 版
2023 年 12 月第 3 版北京第 7 次印刷

开本：787mm×1092mm　1/16　印张：16.5
字数：385 千字
定价：37.50 元
（凡本版图书出现印刷、装订错误，请向出版社发行部调换）

第三版编写人员

主　编　李　天（四川农业大学）

副主编　谢甫绨（沈阳农业大学）

　　　　胡立勇（华中农业大学）

　　　　樊高琼（四川农业大学）

参　编　（按姓氏汉语拼音排序）

　　　　陈进红（浙江大学）

　　　　韩惠芳（山东农业大学）

　　　　李瑞莲（湖南农业大学）

　　　　刘卫国（四川农业大学）

　　　　吕长文（西南大学）

　　　　牟金明（吉林农业大学）

　　　　任万军（四川农业大学）

　　　　盛晋华（内蒙古农业大学）

　　　　石海春（四川农业大学）

　　　　宋　碧（贵州大学）

　　　　王宏富（山西农业大学）

　　　　武立权（安徽农业大学）

　　　　杨德光（东北农业大学）

主　审　杨文钰（四川农业大学）

第一版编写人员

主　编　杨文钰（四川农业大学）

副主编　谢甫绨（沈阳农业大学）

　　　　陈雨海（山东农业大学）

　　　　梁计南（华南农业大学）

　　　　李　天（四川农业大学）

参　编　王光明（西南农业大学）

　　　　王志敏（中国农业大学）

　　　　王季春（西南农业大学）

　　　　石英尧（安徽农业大学）

　　　　任万军（四川农业大学）

　　　　刘国华（湖南农业大学）

　　　　孙学振（山东农业大学）

　　　　张建平（河北农业大学）

　　　　胡立勇（华中农业大学）

　　　　钱晓刚（贵州大学）

　　　　黄义德（安徽农业大学）

　　　　樊高琼（四川农业大学）

主　审　沈秀瑛（沈阳农业大学）

第二版编写人员

主　编　杨文钰（四川农业大学）

副主编　谢甫绨（沈阳农业大学）

　　　　陈雨海（山东农业大学）

　　　　梁计南（华南农业大学）

　　　　李　天（四川农业大学）

参　编　（按姓氏汉语拼音排序）

　　　　樊高琼（四川农业大学）

　　　　胡立勇（华中农业大学）

　　　　黄义德（安徽农业大学）

　　　　廖允成（西北农林科技大学）

　　　　刘国华（湖南农业大学）

　　　　吕长文（西南大学）

　　　　钱晓刚（贵州大学）

　　　　任万军（四川农业大学）

　　　　盛晋华（内蒙古农业大学）

　　　　王光明（西南大学）

　　　　王宏富（山西农业大学）

　　　　王季春（西南大学）

　　　　杨德光（东北农业大学）

主　审　沈秀瑛（沈阳农业大学）

　　　　董树亭（山东农业大学）

第 三 版 前 言

《农学概论》第一版和第二版分别于 2002 年和 2008 年出版，两次荣获中华农业科教基金会优秀教材奖。为精益求精，锤炼精品，我们决定进行第三次修订，并有幸被批准为普通高等教育农业部"十二五"规划教材、全国高等农林院校"十二五"规划教材。

根据当前高等院校人才培养的新要求和教学改革的新趋势，本次修订更加突出适用性、趣味性、时效性和可读性，力求言简意赅，深入浅出，引人入胜。在内容上新增了作物生产发展历程、机械化生产技术、作物种质资源、缓控释肥等内容，更新了作物生产概况和发展趋势、种子产业及管理等章节，引入了新的案例分析等资料和数据，适度增加了图片，增强了直观效果。

本次修订的编写人员仍然是以从事《农学概论》课程教学一线的骨干教师为主，希望能融入编者的教学经验和科研成果，进一步激发学生的学习兴趣和思考潜能。具体各章节的编写分工，第一章由李天编写；第二章由吕长文编写；第三章，第一节和第二节由胡立勇编写，第三节由陈进红编写；第四章，第一节至第四节由武立权编写，第五节和第六节由宋碧编写；第五章，第一节和第二节由谢甫绨编写，第三节和第五节由任万军编写，第四节、第六节和第七节由盛晋华编写；第六章，第一节至第三节由王宏富编写，第四节和第五节由杨德光编写；第七章，第一节和第二节由李瑞莲编写，第三节由牟金明编写，第四节由石海春编写；第八章，第一节和第四节由李天和刘卫国编写，第二节和第三节由樊高琼编写；第九章由韩惠芳编写。全书由主编李天和副主编樊高琼负责统稿。四川农业大学的杨文钰教授担任本版教材的主审，对全书进行了精心的指导，在此深表谢意。

本次修订，虽经编写人员多次讨论、修改和补充，但由于学识有限，难免存在疏漏和不足之处，恳请师生提出批评和建议，以共同推进《农学概论》的完善提高。

编 者

2016 年 12 月

第 一 版 前 言

　　作物生产是农业生产系统的第一性生产，其发展水平直接影响人们的基本生活需求和质量，制约着国计民生和社会经济的发展，是国民经济建设中至关重要的领域。在当今社会和现代农业力求解决人口、粮食、环境、效益等多重问题的发展进程中，了解和掌握作物生产的理论和技术体系具有特别重要的意义。

　　农学是研究作物生产理论和技术的科学，是为作物生产服务的实践性学科。随着科学和技术的发展，农学的内涵、外延不断扩展和深化。长期以来，作物栽培学和作物育种学作为农学专业的主干课程，形成了各自的理论和教学体系，较好地满足了农学专业学生对作物生产知识和技能的需要，但因为过于专业化而不能满足非农学专业的教学需要。20世纪90年代各学校开始探索有关非农学专业的作物生产的教学和教材编写工作，并出版了各自相应的教材，但没能形成一个统一的适合全国的《农学概论》教材。面对国际经济一体化和我国加入WTO的新形势，随着高等农业院校教学内容和课程体系改革的不断深入，非农学专业开设《农学概论》课程十分必要，迫切需要新的综合性《农学概论》教材，以服务于非农学类专业的新型课程体系和知识结构。

　　《农学概论》是高等教育"面向21世纪课程教材"和全国高等农业院校"十五"规划教材，主要对象是非农学专业学生，着重介绍了作物生产的共性规律、基本概念、理论、方法和技术，涉及作物学、植物保护学、植物营养学和土壤学等学科领域。内容上力求突出科学性、实用性、普遍性和前瞻性，结构体系上具有较好的系统性和全面性。

　　本教材各章的编写人员是：第一章，四川农业大学杨文钰和任万军；第二章，西南农业大学王季春；第三章，华中农业大学胡立勇（第一至二节）和沈阳农业大学谢甫绨（第三节）；第四章，华南农业大学梁计南（第一至四节）和贵州大学农学院钱晓刚（第五至六节）；第五章，西南农业大学王光明；第六章，湖南农业大学刘国华（第一至三节）和安徽农业大学黄义德、石英尧（第四节）；第七章，河北农业大学张建平（第一至三节）和中国农业大学王志敏（第四至六节）；第八章，四川农业大学李天（第一和四节）、樊高琼（第二至三节）；第九章，山东农业大学陈雨海、孙学振。全书由主编和副主编负责统稿和修改，四川农业大学樊高琼承担了统稿的文秘工作。沈阳农业大学沈秀瑛教授（博导）担任主审，在全书的内容体系等方面作了精心的指导，对书稿进行了全面的审阅和校改，在此表示衷心的感谢。

由于编者水平有限，加之对新教材理解和把握的难度，书中缺点在所难免，恳请读者提出宝贵意见和建议。

编　者

2002 年 3 月

第 二 版 前 言

《农学概论》自 2002 年出版以来，在全国农业高校中使用，受到师生的普遍欢迎。目前该课程已成为高等农林院校非农学专业学生的必修课或选修课。对于非农学专业学生了解作物生产的基本理论、方法和技术体系，关注农业生产，服务"三农"，推进社会主义新农村建设方面发挥了积极作用。2005 年《农学概论》获中华农业科教基金会优秀教材奖。

这次修订，保持原有的基本结构体系，对各章节具体内容进行调整，反复推敲提炼、更新，删除冗余陈旧知识，补充重要图表，突出共性理论和栽培技术，增加了机械化栽培和成熟的新技术，使得时效性更强，内容更加精炼、新颖，可读性更强。如第一章将农学的性质与特点合并，补充农学的历史这一节，结构和内容更加合理；第二章作物的起源、分类与分布中，对作物的分类补充了按作物的生产特点分类；第三章作物的生长发育与产量、品质中补充了禾谷类作物叶、花、果实等结构图，弥补了原稿中只有双子叶没有单子叶作物图片的缺陷；第四章作物生产与环境条件中，将必需元素的生理功能及缺素症状合并；第五章作物种植制度补充了新的、成熟的种植制度；第六章作物育种与种子产业中，将引种作为育种的方法之一更为合理，同时，就种子产业内容做了进一步更新；第七章作物生产技术中补充机械化内容；第八章植物保护在原有基础上更加精练；第九章作物生产现代化，对作物生产智能化内容进行了更新，补充了作物生产安全化措施和发展方向等内容。

本教材的编写分工为：第一章由杨文钰和任万军编写；第二章由王季春和吕长文编写；第三章由胡立勇（第一节和第二节）和谢甫绨（第三节）编写；第四章由梁计南（第一节至第四节）和钱晓刚（第五节和第六节）编写；第五章由黄义德（第一节至第三节）和王光明（第四节和第五节）编写；第六章由杨德光和刘国华（第一节至第三节）、黄义德和王光明（第四节）编写；第七章由廖允成（第一节至第三节）和盛晋华（第四节至第六节）编写；第八章由李天（第一节和第四节）和樊高琼（第二节和第三节）编写；第九章由陈雨海（第一节至第三节）和王宏富（第四节至第六节）编写。全书由主编和副主编负责统稿和修改，樊高琼承担了统稿的文秘工作。衷心感谢沈阳农业大学沈秀瑛教授（博士生导师）和山东农业大学董树亭教授（博士生导师），他们在百忙之中抽出时间，对书稿内容进行全面审查，确保了书稿质量。

　　教材的修订虽经编写人员多次讨论、修改和补充，但由于时间和学识所限，难免存在疏漏和不足之处，恳请同行提出批评和建议，以共同推进《农学概论》的完善提高。

编　者

2008 年 5 月

目　录

第一章　绪　论

第一节　农学与作物生产

一、农学的定义

农学是一门古老的应用科学。自人类从事耕种活动以来，就开始积累农业生产经验。随着农业生产的发展和人们认知水平的提高，农学的定义在不断变化。广义的农学是指研究农业生产理论和实践的一门科学，包括了农业基础科学、农业工程科学、农业经济科学、农业生产科学和农业管理科学；中义的农学仅指农业生产科学，即是指种植业、畜牧业、林业和渔业，它所涉及的学科包括作物学、园艺学、农业资源利用学、植物保护学、畜牧学、兽医学、林学、水产学等；狭义的农学则是指研究农作物生产的一门科学，它所涉及的学科包括作物学、园艺学、土壤学、植物营养学和植物保护学。本书涉及的农学是狭义的农学，它是研究农作物高产、优质、高效和可持续发展的理论和技术的科学。具体说来，农学是研究作物生长发育规律、产量和品质形成规律及其对环境条件的要求，通过采取适合的农业技术措施，实现作物高产、优质和高效的一门综合性应用学科。

二、作物生产的特点

作物生产是以植物为对象，以自然环境条件为基础，以人工调控为手段，以社会经济效益为目标的社会性产业，具有生物性和社会性的特点。与其他社会物质生产相比，具有以下几个鲜明的特点。

（一）严格的地域性

地区不同，纬度、地形、地貌、气候、土壤、水利等自然条件不同，社会经济、生产条件、技术水平等也有差异，从而构成了作物生产的地域性。因此作物生产必须根据各地的自然条件和社会条件，选择适合该地的作物、品种及相应的技术措施，使作物、环境、措施达到最佳配合，生产出高产优质的农产品。

（二）明显的季节性

作物生产依赖于大自然，生产周期较长。由于一年四季的光、热、水等自然资源的状况是不同的，所以作物生产不可避免地受到季节的强烈影响，具有明显的季节性。生产上误了农时，轻则减产，重则颗粒无收。因此必须合理掌握农时季节，使作物的高效生长期与最佳环境条件同步。

（三）生长的规律性

作物是有生命的生物有机体，在与生态环境相适应的长期进化中，作物生长发育过程形成了显著的季节性、有序性和周期性。首先，不同作物种类具有不同的个体生命周期，例如水稻、玉米、棉花等为一年生作物，冬小麦、油菜等为二年生作物。其次，作物个体的生命周期又有一定的阶段性变化，例如营养生长阶段和生殖生长阶段，是一个有序的生长发育过程。第三，作物生长发育具有不可逆性，它既不能停顿中断，又不能颠倒重来。

（四）生产的连续性

作物生产是一个长期的周年性生产。上一茬作物与下一茬作物，上一年生产与下一年生产，上一个生产周期与下一个生产周期，都是紧密相连和互相制约的。因此农学家要有全面和长远的观点，做到前季为后季，季季为全年，今年为明年，实现持续的高产稳产。

（五）技术的实用性

农学是把自然科学及农业科学的基础理论转化为实际的生产技术和生产力的科学。虽然农学也包括了一些应用基础方面的内容，例如作物生长发育、产量形成和品质形成的生理生态规律，但它主要研究解决作物生产中的实际问题，所研究形成的技术必须具有适用性、实用性和可操作性，力争做到简便易行、省时省工、经济安全。

（六）系统的复杂性

作物生产受自然和人为的多种因素的影响和制约，是一个复杂系统，又是一个统一的整体。因此农学必须用整体观点和系统方法，采用多学科协作，运用多学科知识，采取综合措施，全方位研究如何处理和协调各种因素的关系，以达到高产优质高效的目的，发挥作物生产的总体效益。

三、作物生产的地位与作用

作物生产所获得的农产品数量和质量关系到人类吃饭穿衣的大事，是人类生存最基本、最必需的生活资料。作物生产又是农业生产的基础，不仅直接供给人类所需的生活资料，而且还要为农业中的畜牧业、渔业等提供所需的饲料。农业又是国民经济的基础，对整个国民经济的发展和社会的稳定均起着十分重要的作用。因此作物生产的地位和作用主要表现在以下几个方面。

（一）人民生活资料的重要来源

作物生产是人类生存之本，衣食之源。古人云："一日不再食则饥，终岁不制衣则寒"（西汉晁错），"人之情不能无衣食，衣食之道必始于耕织"（《淮南子》）。我国是世界第一人口大国，解决吃饭穿衣问题是头等大事，人民生活中所消费的粮食、水果、蔬菜几乎全部由作物生产提供，服装的原料 80％来源于作物生产，合成纤维仅占 20％左右。可见，作物生产是人类生存不可缺少的第一性生产。

（二）工业原料的重要来源

农产品为工业生产提供了重要的原材料。目前，我国约 40％工业原料来源于农业生产，而轻工业原料的 70％来源于农业生产。随着我国工业的发展和人民消费结构的变化，以农产品为原料的工业产值在工业产值中的比重会有所下降，但有些轻工业（例如制糖、卷烟、造纸、食品等）的原料只能来源于作物生产业，所以农产品在我国工业原料中占有较大比例的局面短期内不会改变。随着人民生活水平的提高，对农产品加工品的需求会不断增加。可以预计，在今后一个相当长的时期内，我国轻工业的发展仍然受制于作物生产。因此发展作物生产业，必将推动我国工业和特别是轻工业的发展，而工业的发展反过来必将促进作物生产业进步。

（三）出口的重要物资

目前，我国迈步进入了工业化时代，但我国工业与世界先进水平还有相当大的差距，在世界市场上的竞争力还较弱，而农副产品及其加工产品在国家总出口额中占有较大的比重。从未来的发展趋势看，农副产品及其加工产品的出口比重会有所下降，但仍将是出口物资的重要来源之一。

（四）农业的基础产业

农业是由种植业、畜牧业、林业、渔业和副业组成。畜牧业和渔业的发展极大程度上依赖于种植业的发展。在我国，种植业占农业的比重很大。虽然，近年来由于养殖业（畜牧业和渔业）的发展，种植业在农业中的比重有所下降。但是由于我国人口压力大，口粮任务重，加上养殖业的发展在很大程度上依赖于种植业提供饲料，因此我国种植业在农业中的比重及其基础地位是不会动摇的。

（五）农业现代化的组成部分

实现农业现代化是我国社会主义现代化的重要内容和标志，是体现一个国家社会经济发展水平和综合国力的重要指标。作物生产业是农业的基础，没有现代化的作物生产，就没有现代化的农业和现代化的农村。因此随着社会的发展和科技的进步，作物生产业也会得到现代科技的武装和改造，从而实现作物生产的现代化、科学化和产业化。

第二节　作物生产的发展历程

在人类 300 万年的历史过程中，作物生产的历史大约只有 1 万年。在出现农耕前的漫长岁月里，人类依赖采集和渔猎为生。当"采树木之实"远不能满足人类基本生活的需求时，为了生存，人类逐步学会驯化植物和动物，摆脱了完全依靠采集和狩猎为生的方式，开始了农业生产。在以后的漫长历史里，随着生产工具、生产技术和土地利用方式的改进发展，农业生产大体上经历了原始农业、古代农业、近代农业和现代农业 4 个发展阶段。纵览农业发展的历史进程，探索其形成演变的历史，对于深入认识作物生产的现状和发展趋势，具有重要意义。

一、原始农业阶段

在旧石器时代，地广人稀，植被茂盛，猎物丰富，原始人类凭借简便的手段，便可获取足够的猎物和采集到丰富的植物果实、块根、块茎等，以维持简单的生活。人类在长期的采集过程中，逐渐认识到哪些植物能吃，哪些不能吃，哪些季节哪些地方可采集到什么植物。同时观察到，丢弃在居住地周围的植物种子和果实残余会发芽、生长、开花、结实，于是人类便开始有意识地试播种子，模仿和重复这个过程。日积月累，人类逐渐积累了种植野生植物的知识。由此农耕开始萌芽，人类开始由采集逐渐向农耕过渡。

原始农业的形成是一个渐进的、漫长的过程。根据其发生、发展的过程，可分为自然模仿阶段、刀耕（或火耕）农业阶段和锄耕农业阶段。自然模仿阶段是最原始的阶段，原始人类依靠在长期采集过程中积累起来的经验，模仿野生植物的自然生长状态，只是简单地把种子撒到地里，任其自然生长，凭借大自然的阳光雨露使作物有所收获。到收获的季节，把果实采集归仓，既不施肥，也不中耕，唯一的生产措施就是播种和收获。在自然模仿阶段，由于茂盛的自然植被覆盖，适宜于种植作物的土地狭窄，因此扩大种植面积，开辟新的种植区域成为首要任务。这样，自然模仿阶段就逐渐向刀耕农业（或称火耕农业）阶段发展。在刀耕农业阶段,其主要耕作方式是利用砍伐工具(如石刀、石斧等)砍伐森林和荒草,然后焚烧,借助火的力量来消灭杂草和树木,熟化土壤,利用灰烬提供养分,进而播种农作物,达到收获的目的。刀耕农业阶段需要年年易地,年年垦新,人类也不得不年年迁徙。在年复一年的焚毁砍伐下,大自然中适宜种植农作物的林地越来越少,最后也就到了再也不能维持下去的地步。替代刀耕农业的新型耕作制度是锄耕农业。它是在一块新垦土地上连续耕作若干年之后再抛荒若干年的一种耕作制度。它赖以问世的决定因素是翻土类农具的发明和运用。这时其生产技术重点由林草砍烧转移到土地熟化加工上来。翻土工具(如耒耜、木锄、石锄)的使用,在开荒翻土、株行间锄耕、疏松土壤、消灭杂草等方面发挥了重要作用,促进了土壤肥力的恢复,从而延长了耕地的使用年限,为实行耕地连续种植若干年后再抛荒的撂荒耕作制奠定了基础。因而锄耕农业阶段,人类实现了较为长久的定居。

原始农业的最主要特征是使用木石农具、砍伐农具,生产工具简陋落后,生产水平低下,生产技术建立在直接粗浅的经验上,其刀耕火种的撂荒耕作制,只会从土地上掠夺物质,而不能及时地进行补充和偿还,只能靠自然力去恢复地力。这类粗放地利用土地的轮歇丢荒耕作制度,造成森林面积锐减,水土流失加重,环境恶化,自然生态平衡受到影响,是一种掠夺式农业。

农业的出现标志着人类在由采猎自然食物到自己生产食物、由适应自然到改造自然方面迈出了划时代的步伐。它是人类历史上一次伟大的革命性变革。有了农业,人类开始摆脱了采集和狩猎经济中所受自然条件的限制、生活没有保障的状况,可以稳定地得到更多的食物来源。有了农业,人类财富增加,出现了剩余和私有,从而为人类社会向更高层次演进奠定了基础。同时,由于人们从事农业生产在一定程度上要依附于土地,所以开始过着相对定居的生活。而定居生活保证了经济、文化的稳定性和连续性,使人类的物质文明和精神文明积累起来。农业生产也促进了科学知识的积累。农业生产活动需要认识作物和家畜的生长规律、认识土壤的性质、掌握季节和气候的变化,需要更复杂的工具,在这个过程中科学萌发起来,使人类跨入文明社会。

二、古代农业阶段

古代农业是使用铁、木农具,利用人力、畜力、水力、风力和自然肥料,主要凭借直接经验从事生产活动的农业。由于这个时期农业主要是在生产过程中通过积累经验的方式来传承应用并有所发展的,故又称为传统农业。考古资料证明,我国的铸铁冶炼技术至迟始于春秋(公元前770—公元前476年),是世界上最早发明生铁冶炼技术的国家。冶铁技术的发明,导致了铁制农具的问世。铁器时代的到来和铁制农具的推广,推动了原始农业进入古代农业阶段。

由于各地的气候、土质等自然条件存在着差异,所用农具也有所不同。在我国春秋战国时期,木犁就已经装上了铁制的犁铧。汉代初期,铁犁向多样化方向发展,有铁口犁铧、尖锋双翼犁铧、舌形犁铧等,并且还发明了犁壁装置和能够调节耕地深浅的犁箭装置。与木犁、石犁相比,铁犁使用寿命延长,耕翻深度增加,如果依靠人力,便不可胜任。因此畜力便应用于农耕之中。我国在公元前350年的战国时期就开始使用牛耕,而西欧在公元1000年前后才开始广泛使用畜力。铁犁和牛耕的结合,使农业生产力大为提高,促进了人类社会的变革,开始了人类文化史上的野蛮时期向文明时期的过渡。

古代农业的时间跨度长达 2 000 多年，大体上从公元前 500 年左右至公元后 19 世纪中叶。在这个漫长的历史时期中，世界人口的迅速增长是促使古代农业发展的最主要动力。为解决人口增长对食物的需求，在亚洲、欧洲、非洲和中美洲都开展了大规模的土地开垦。例如中国从战国中期起，实行"奖励耕战"的政策，兴建水利工程，开垦荒地，发展灌溉。秦及西汉时期（公元前 221—公元 220 年），中国农耕以关中、中原地区为中心，一方面向西北方向扩展，另一方面在长江中下游广大沼泽地带，通过修建大小排水工程，扩大土地垦殖。东南亚从公元 3—5 世纪起，西欧自公元 12—13 世纪开始，耕地面积每隔 100 年都增长 1 倍。

古代农业时期，由于战争和商业的发展，特别是随着 15 世纪末至 16 世纪初新大陆和新航线的发现，促进了世界农作物的引种和传播。古代农业阶段的农作物的广为传播，丰富了各地农业生物资源，这为种植业的进一步发展奠定了重要基础。

古代农业的主要成就表现为：①促进了原始农业阶段驯化的各种动植物资源的传播和交流，极大地丰富了各地农业生物资源，为各地充分合理利用当地资源提供了适应的动植物。②改变了原始农业只靠长期休闲、自然恢复地力的状况，创造了利用人工施有机肥的办法来提高土壤肥力。还创立了间作、套种等复种耕作制度，提高了土地生产率，初步实现了土地的用养结合，自然生态平衡得以基本维持。③形成了农牧结合的生产体系。在欧洲是以牧为主，在中国是以农为主。人们对于无法充分利用的农副产品和农业不能利用的土地，通过发展畜牧业而加以开发利用，为人类提供肉、蛋、奶及其他畜产品，同时还可为农业提供优质的肥料，促进了农业系统的协调发展。

古代农业的主要不足表现为：①投入于古代农业中的能量仅仅是农业当中的人力、畜力、有机肥等，投入不足，数量有限，相应地农业能够提供给社会的产品数量也相对有限，其产生的效益低下，进步缓慢。②古代农业对环境的维护是低水平的。随着人口不断增加，人们只有依靠扩大土地种植面积的办法来维持生存，于是又会出现毁林开荒、毁牧垦荒的情形，导致自然生态环境遭受破坏。所以只要社会对农业生产提出新的、更高的要求，古代农业就无法维持生态环境的平衡。

三、近代农业阶段

近代农业始于产业革命而止于 20 世纪中期，历时约 100 年，是从古代农业向现代农业转变的过渡阶段，也是人类社会由农业社会踏入工业社会的阶段。在这个阶段，随着资本主义制度的确立，产业革命在各国相继开展，工业的发展有力地推动了农业生产工具的发明和改进，也促进了农业科学技术的变革。

19 世纪以后，农业机械由以手工工具为主过渡到以各种农业机器为主。杰罗斯·塔尔（J. Tull）是英国农具改革的先驱。他在 18 世纪上半叶发明的条播机和马拉锄，使英国开始改变过去的粗放经营方式，进行精耕细作。1811 年，英国的史密斯取得收割机的专利。1833 年和 1834 年美国的胡瑟和麦克·考尔密克两人分别试制成功马拉收割机。1836 年，美国的海勒姆·穆尔和哈斯考尔两人研制出了谷物联合收获机，并获得专利。1860—1910 年，是美国农业的半机械化时期，由于南北战争和耕地面积扩大，导致农业劳动力缺乏，从而加速了美国从手工工具到畜力机械的改革。

19 世纪初，瓦特的蒸汽机被广泛使用。它首先应用于带动脱粒机等从事固定作业，继而用于移动项目。随着蒸汽拖拉机、汽油拖拉机、柴油拖拉机的问世，农用役畜逐渐减少，机械力逐渐代替畜力。美国从1910年到1940年，用了30年左右的时间基本上实现了农业机械化，是最早实现农业机械化的国家。德国、法国、英国和日本也相继实现农业机械化。由于国情不同，各自的农业机械规模也不相同。其中美国以大型农业机械为主，法国以中型农业机械为主，而日本则以小型农业机械为主。

近代农业阶段也是科学技术得到迅速发展的时期。化学、生物学、物理学、地学的研究成果不断涌现，大量应用于农业领域，从而科学的农业生产技术体系开始形成。

化学在近代农业技术发展过程中发挥了重大的作用。德国化学家李比希（1803—1873）是农业化学的创始人。他通过长期的研究，提出了矿物质营养学说（或称归还学说）。他指出，植物以无机矿物质（如二氧化碳、铵、钾、纳、铁等）为养料，通过不同方式从土壤中吸收这些养分，使土壤肥力渐减，若不把消耗掉的养分还给土壤，土壤就会变得十分贫瘠，甚至寸草不生，为保持土壤肥力就必须把植物取走的养分归还给土壤，归还的办法就是施肥。李比希的理论，导致了近代化学肥料工业的产生，人工施肥日渐普及，开辟了提高产量的新途径。

化学合成对近代农业也产生了巨大影响。1874年德国人齐德勒用化学合成的方法制成滴滴涕（DDT），事隔65年后，1939年瑞士化学家穆勒发现滴滴涕的杀虫作用；1934年法国人杜皮尔合成了六六六，这些化学制剂能有效杀死许多昆虫，在农业生产中得到广泛应用。1895年德国、法国、美国同时发现硫酸铜的选择作用，成为农田化学除草的开端。1941年2,4-D的研制成功和使用，开创了除草剂的新纪元。

生物科学是农业科学最直接的基础。1838年德国植物学家施莱登和动物学家施旺提出了细胞学说。指出，所有生物都是由细胞构成的，所有生物的发育都是从一个单细胞开始的，一个细胞可以分裂而形成组织。1859年达尔文发表了《物种起源》，揭示了生物进化的自然选择、适者生存的规律。1865年奥地利遗传学家孟德尔根据豌豆杂交试验的结果，发表了《植物杂交的试验》的论文，用遗传因子的组合分离来解释遗传现象。1910年美国遗传学家摩尔根进一步深化了孟德尔的研究，提出了基因的连锁交换律。正是由于细胞学说、进化论和遗传学理论的确立，近代农业的良种选育理论和技术得以逐步形成，掀起了新品种培育和改良的浪潮。

近代农业以半机械化和机械化的农机具为生产工具，应用近代自然科学和农业科学成果，逐渐形成了科学的农业生产技术体系，结束了农业自给自足的自然经济的历史，开始进入了商品经济时代。近代农业的主要成就表现在：在近代科学技术的直接作用下，农业以外的其他产业的能量输入农业，从而使农业的产量达到了从未有过的新水平，劳动生产率和土地生产率大幅度提高，从而促进了社会分工的深化，农业的商品化、专业化生产逐渐形成。近代农业的主要不足表现在：由于近代农业的高产依赖于农业以外能量的输入，农业生产成本不断提高，加上能量输入技术的不完善，能量的利用上便出现了严重的浪费。能量输入多，而产出相对少，农业的亏损就是必然结果。没有国家的财政支持，近代农业的发展就没有可能。同时，农用化学物质应用于农业生产后，其在土壤和水中的残留部分，带来严重的环境污染，并通过物质循环进入农作物和牲畜体内，危害人类健康。

四、现代农业阶段

现代农业指第二次世界大战以来的农业。它是着重依靠机械、化肥、农药、水利灌溉、生物、信息等技术，由工业部门提供大量物质和能源，主要从事商品生产的农业。现代农业阶段，劳动生产率显著提高，农业人口逐年减少，投放在单位面积上的能量则逐年增加，是农业快速发展的时期。

现代农业阶段，农业机械化取得巨大发展。农用拖拉机是农业生产中的重要动力。从1965 年到 1969 年，世界上新增拖拉机 173 万台，到 1973 年，世界拖拉机拥有量达 1 400 万台以上。同时随着科学技术的日益进步，拖拉机的质量和结构的改进也很大。20 世纪 60 年代后期，大功率拖拉机迅速发展，1983 年，平均每台拖拉机功率比 1945 年增加 1.5 倍。功率由数十千瓦发展到 1 000 kW 甚至以上的大型拖拉机。大功率拖拉机有密封驾驶室，空调和液压传动装置齐备，工作十分方便。与此相适应，播种机、中耕机等农机具也都向宽幅、复式作业和便于自动控制操作的方向发展。

拖拉机的广泛应用，推动了其他农机具的改进和发展。从第二次世界大战后到 20 世纪60 年代，各国的农业机械技术都有了很大的提高。使一些过去认为无法实现机械化的农业作业项目实现了机械化操作。第二次世界大战前，马铃薯、甜菜等块茎作物的机械化收获存在很大的困难，第二次世界大战后由于解决了区分块茎和土块的技术，马铃薯和甜菜收获机应运而生。到 20 世纪 50 年代末就实现了马铃薯和甜菜生产的机械化。棉花生产机械化在20 世纪 60 年代末实现。在实现机械化的过程中，人工智能的研究成果也迅速应用于农业生产中。例如在联合收割机中已普遍采用电子监视仪或自动控制机构，以监视籽粒散失和脱净率。许多农用机器还采用了自动化的选择装置，通过光电效应就可以把不需要的苗株铲除。机械的智能化已成为现代农业生产工具的一个重要发展方向。

第二次世界大战以后，除农业机械化取得巨大发展外，农业化学、农业水利、生物科学等得到了迅速的发展，这些先进的科学技术逐步推广应用，对确保农业的持续稳定发展、农作物单产和总产以及农业劳动生产率的提高起到了重要的作用。

农业化学方面，化肥、农药、土壤改良剂、农用塑料等得以广泛应用。第二次世界大战后化肥工业迅速发展，世界各国都十分重视改进化肥的品种和质量，例如复合肥料、长效肥料、微量元素肥料、浓缩肥料、液体肥料、缓释肥料等相继出现，有力地促进了农产品产量的提高。农药是防治农作物病虫害的重要手段之一，近十多年来，重点向高效、低毒、无公害和广谱性方向发展。

农业水利方面，大力建设农田灌溉工程，并将开源、节流和综合治理作为其主攻方向。在进行水资源的开发利用的同时，大力发展喷灌、滴灌、间歇灌溉等节水技术。在排水方面世界各国亦取得长足发展。例如荷兰全部耕地均有排水设施，美国有排水设施的耕地达$6.0×10^7$ hm²，居世界首位。20 世纪 60 年代，波纹塑料排水管和自动埋管机的出现，加速了农田排水事业的发展。

在遗传育种方面，作物高产品种的培育取得重大突破。早在 20 世纪 40 年代，美国就已在生产中推广玉米杂交种。20 世纪 60 年代，育种学家布劳尔在墨西哥培育出矮秆、高产、抗锈、耐肥、抗倒伏并具有广泛适应性的小麦品种，使墨西哥小麦从原来的每公顷 750 kg提高到 3 750 kg；国际水稻研究所选育出矮秆、早熟、高产的"IR-8"水稻品种，在东南亚各国推广，单季稻每公顷产量可达 9 000 kg，被誉为"奇迹稻"。这些矮秆、高产品种的成功培育，掀起了一场绿色革命。20 世纪 70 年代中期，中国育成了杂交稻，大幅度地提高了水稻单产，开辟了提高水稻产量的新路，在世界上又掀起了杂交水稻研究和推广的热潮。

一向被认为低产的作物（如大豆、谷子等），由于新的高产、耐旱品种的育成并推广，也正出现高产势头。

在现代农业阶段，生物科学的研究取得了重大进展。以1953年华生（J. Watson）和克里克（F. H. Grick）在《自然》杂志上发表的"DNA双螺旋结构的分子模型"论文为标志，宣布了分子生物学的诞生。在分子生物学的带动下，细胞生物学、生物工程技术相继出现。

在生物技术育种上，应用细胞和组织培养技术、原生质体培养和体细胞杂交技术以及重组DNA技术于农业生产，在提高作物的抗虫、抗病、抗逆性和改良品质等多方面展现出良好的发展前景。例如通过植物组织培养，使一些需多年培育的珍贵观赏植物和经济植物（如兰花、荔枝、人参等）在1年内即可培育成功，取得明显的经济效益。还可选取无病毒植物的茎尖组织进行无病毒植株的培养。利用基因工程技术，将作物中不具备的外源基因导入作物，弥补某些遗传资源的不足，丰富基因库，有力地促进作物育种的发展。

在防治农业病虫害方面，通过生物工程技术可以制成生物农药。生物农药具有化学农药不可比拟的优越性，可以克服长期使用化学农药带来的环境污染、危害人畜健康、破坏生态系统平衡等严重后果。

在信息技术方面，电子计算机已应用于农牧业生产管理与自动化生产，建立农业数据库系统、专家系统，进行系统模拟、适时处理与控制。20世纪90年代以来，随着全球定位系统（GPS）、地理信息系统（GIS）、遥感系统（RSS）信息技术和专家系统（ES）、模拟系统（SS）、决策支持系统（DSS）、智能控制系统（ICS）、人工智能技术的发展，精确农业（precision agriculture）开始在美国、英国、加拿大等国的农业生产中应用，并显示出良好的发展前景。通过实时测知作物个体或小群体或平方米尺度小地块生长的实际需要，及时确定对其针对性投入（肥、水、药等）的量、质和时机，一反传统农业大群体大面积平均投入的做法，以求最佳效果和最低代价。精确农业的应用，可增加产量，提高品质，减少投入，降低成本，节约资源，减少污染，保护生态。

现代农业的发展，表现出具有更高的土地产出率、资源利用率和劳动生产率，具有更加完备的物质保障、更加强大的科技支撑、更加发达的产业体系、更加完善的经营形式、更加先进的发展理念。现代农业的主要成就表现在：实现了生产工具的机械化和智能化，依靠生物技术、信息技术等高新技术，生产力进一步发展，农产品产量和质量进一步提高。同时，现代农业缓解了近代农业的生态危机、能源危机和由城乡对立、工农对立引起的经济危机。现代农业面临的问题表现在：现代农业在取得巨大成就的同时，也面临人口增长、资源缺乏、环境污染、生态破坏等问题。一方面，由于人口增长过快，对粮食等农产品需求压力日益增加。另一方面，农业资源缺乏、人均耕地减少、水资源不足、土壤侵蚀、地力下降、能源枯竭、农业生态环境日益恶化等，已成为制约当前农业发展的重大问题。面对现代农业发展出现的问题，人们不得不重新思考和选择农业的发展道路。人们认识到现代农业必须是可持续的农业，可持续农业是今后农业的发展方向。可持续农业的核心就是要协调好农业发展同人口、资源和生态环境的关系，使其保持和谐、高效、优化、有序的发展，即是在确保农业生产和农产品产量获得稳定增长的同时，谋求人口增长得到有效控制，自然资源得到合理开发利用，生态环境向良性循环发展。

总之，人类的1万年来的农耕史，就是人类利用自然、改造自然、保护自然的历史。在漫长的农业实践中，人类陆续开拓了农、林、牧、渔各业，驯化和培育了大量的动植物，积累了大量的农业生产经验。随着科学技术的发展，未来农业将在保护和强化利用现有农业资源的基础上，不断开拓并合理利用新的资源，逐渐建立起既能满足人类自身持续生存需要，又能合理、永续地利用自然资源，并同保护和改善农业生态环境相结合的持续农业。

第三节 作物生产概况及发展趋势

一、作物生产概况

（一）世界作物生产概况

近半个世纪来，世界人口的迅猛增长对农业生产带来巨大的压力和动力。据统计，1965年世界人口为33亿，仅经50年时间，到2015年世界人口已增加到了71亿，而提供农产品的耕地面积并没有相应地成倍增加。世界各国不得不重视依靠科技进步提高复种指数和作物单产来保持农产品总量的增加，以应对人口压力的严重挑战。在农产品的生产中，粮食生产被列为首要任务。从1960年到2014年，世界谷物收获量从 8.47×10^8 t 增加到 2.532×10^9 t，增长了3倍（表1-1）。2014年粮食作物中收获面积最大的依次为小麦、稻谷与玉米，但总产则依次为玉米、稻谷与小麦。油料作物中，种植面积较大的有大豆、油菜、花生和向日葵，与50年前相比，大豆、油菜和花生的收获面积、总产、单产都成倍地增长。糖料作物中，以甘蔗和甜菜种植面积最大，甘蔗的收获面积、总产、单产比50年前增加了30%～60%。棉花、红麻、黄麻等纤维作物的收获面积与总产50年来也是稳中有增。

表1-1 世界谷物生产变化情况

（引自中国农业年鉴）

年份	1961	1970	1980	1990	2000	2011	2014
总产（$\times 10^8$ t）	8.85	12.05	15.65	19.52	20.32	23.46	25.32
面积（$\times 10^8$ hm^2）	6.38	6.95	7.25	7.04	6.62	7.19	7.82
单产（kg/hm^2）	1 388	1 733	2 158	2 772	3 069	3 263	3 238

作物总产的增加主要得益于单产的提高，而单产的提高主要依靠现代农业科学技术的进步和农业生产条件的改善，特别是下列6个方面的因素起了决定性的作用。

1. 品种改良 近50年来世界上培育出了大量的作物新品种，这些新品种在高产、优质和高抗方面取得了显著进步。许多国家因品种改良累计增产效益在30%以上。目前，世界大多数国家种植的小麦、水稻品种，株高已普遍由以前的110～140 cm 降为70～110 cm，基本解决了过去不耐肥水易倒伏的高产障碍，单产有了显著的提高。特别是近年来出现的超高产水稻和小麦，每公顷单产可分别达到 10 500 kg 和 9 000 kg 以上。由于植株的矮化，经济系数已由过去的0.35左右提高到0.45以上。此外，杂种优势已在多种作物上得到应用，例如玉米和高粱杂交种目前已普及80%以上，水稻、油菜、向日葵等作物也有很大面积的应用。在抗性育种方面，小麦的抗锈病、抗穗发芽、抗寒和抗干热风，水稻的抗稻瘟病、抗白叶枯和抗稻飞虱，玉米的抗大斑病，棉花的抗枯萎病、抗黄萎病、抗棉铃虫等育种都取得了不同程度的进展。在品质改良方面，提高小麦、玉米的蛋白质含量与增加必需氨基酸比例，降低油菜芥酸、硫代葡萄糖苷、提高亚油酸含量等方面均获得较大进展。

在品种改良的过程中，遗传育种技术也有了较大的突破。目前，全世界已有 1 000 多种植物通过花粉培养法获得了单倍体植株，其中小麦、水稻、玉米、烟草、马铃薯等 10 多种作物已由单倍体育成优良品种，其育种年限比常规育种方法缩短了一半以上。植物幼胚离体培养已成为作物育种中克服远缘杂交不实性的有效手段，通过这种途径已获得 100 多种作物远缘杂交后代。20 世纪 60 年代以来，迅速崛起的体细胞杂交和基因工程技术，为不同种、属的优良性状结合和基因导入开辟了更为广阔的前景。近年来，转基因技术及分子育种技术发展迅速，目前已有一些转基因作物品种进入生产示范和推广应用。另外，一些作物的茎尖试管苗和脱毒种苗繁殖技术也在良种繁殖上取得显著效益。

2. 增施肥料与施肥技术　据联合国粮食与农业组织估计，40 多年来在提高作物产量的诸多因素中，肥料的贡献率要占到 30%～60%。目前，大多数国家农田施肥均以化肥为主，世界化肥生产量与作物产量基本呈现同步增长趋势。从全世界化肥生产量来看，2014 年为 1960 年的 5～6 倍；其中，氮、磷和钾肥所占的比例分别为 60%、24% 和 16%。化肥的利用率因不同施用技术等原因存在很大差异，发达国家一般为 50%～60%，发展中国家在 30% 左右。因此提高化肥利用率也是研究的重点和方向。例如氮肥深施可有效地抑制氮肥的硝化和反硝化过程，提高肥效 20% 以上；复合肥和专用肥、缓释肥和长效肥、科学配方施肥、增施磷钾肥等合理施肥技术的运用也表现出良好的效果。

3. 扩大灌溉与节水技术　2012 年全世界灌溉面积比 1961—1965 年的平均值增加了 5.0×10^7 hm²。灌溉面积占世界总耕地的比例为 18%，生产的作物产量占世界总产量的 50% 左右。由于水资源在许多国家和地区都很匮乏，节约用水以扩大现有灌溉面积、改善灌溉设施以增加灌溉效益和防止盐渍化等为发展重点。地面灌溉的用水效率差异很大，发达国家为 50% 以上，而发展中国家仅为 25% 左右。喷灌、滴灌等高效率的灌水方法，由于成本高、技术难、能耗大，目前主要在一些发达国家和一些园艺作物上使用。

4. 设施栽培　20 世纪 70 年代以来，地膜覆盖栽培发展非常迅速。由于地膜覆盖具有防霜、防寒、防草、保温、保水、促进种子发芽等作用，使一些喜温作物的分布区域的纬度向北推移了 2°～4°，使作物早熟或相当于延长了无霜期 10～15 d，旱地水分利用率提高了 30%～50%，在作物生产中得到了广泛应用。另外，在光、热资源不够充裕的地方，温室特别是塑料薄膜温室也有了很大的发展，保证了蔬菜、花卉等四季生产。

5. 作物病虫草害的防治　在作物生长期间，由病虫草害造成的作物产量损失平均为 15%～20%，水果、蔬菜和油料作物则往往达 25%。农产品储藏中的病虫损失，在亚洲和非洲的一些国家也常达到收获量的 1/5～1/4。综合治理已成为世界大多数国家植物保护工作的指导方针，但其中化学防治仍是最主要的防治手段。近年来农药应用以高效低毒、低用量、广谱性和选择性为特点。在发达国家中除草剂的用量已占农药使用量的 40%～60%，但在发展中国家比例尚很小。选用抗病虫品种被普遍认为是经济有效的途径。目前，世界各国主要农作物的许多原有毁灭性的病害，都已通过抗病育种的方法得到了基本控制，在抗虫育种上也有了不少重大进展。另外，生物防治也日益受到重视。

6. 高新技术的推广应用　农业高新技术除基因工程技术外，主要有遥感技术、计算机信息技术、化学调控技术等。遥感技术从 20 世纪 60 年代起步，经过 70 年代的发展，80 年代进入了商业应用。遥感技术在农业上主要应用于作物长势监测和估产、植被识别分类、土地资源调查与制图、自然灾害预测与灾情评估、农业生态系统监测等。随着计算机技术的发展和应用日趋普及，计算机在农业上的应用已涉及农业信息服务、生产管理决策、模拟生长研究等多个领域。化学调控技术是应用植物生长调节剂对作物生长进行调控的技术，现已成为作物生产中一种必不可少的常规技术，人工合成的植物生长调节剂已有几百种之多。

（二）我国作物生产概况

新中国成立以来，我国作物生产取得了举世瞩目的成绩，扭转了粮、棉、油等主要农产品供给长期短缺的局面，实现了供求基本平衡。目前，我国栽培面积最大的作物是玉米，其次是水稻、小麦和油料作物；总产最高的作物依次是玉米、水稻、小麦和油料作物，单产最高的作物依次是水稻、玉米、小麦和油料作物。由于新开垦耕地和复种指数的提高弥补了因工业化、城市化和交通建设而减少的耕地，保证了作物生产的播种面积。60 多年来，作物总播种面积增加了 30%，其中，经济作物（如糖料、油料、烤烟、蔬菜等）播种面积有较大幅度的增加。

据统计，我国粮食总产从 1949 年的 1.13×10^8 t 增加到 2014 年的 6.07×10^8 t，增长了 4.4 倍。2012 年棉花总产为 6.83×10^6 t、糖料总产为 13.48×10^7 t 和油料总产为 3.43×10^7 t，分别是 1949 年的 14 倍、46 倍和 13 倍。我国的谷物、棉花、油菜、花生等作物的总产量位居世界第一位。主要作物的单产也有显著的提高。2012 年与 1949 年相比，稻谷增加 3.58 倍，小麦增加 7.7 倍，玉米增加 6.1 倍，大豆增加 3 倍，薯类增加 2.6 倍，棉花增加 9.1 倍，油菜籽增加 3.9 倍，甘蔗增加 2.8 倍，黄麻和红麻增加 3 倍。

新中国成立以来我国作物生产的迅速发展，主要归功于农业科学技术的进步和作物生产条件的改善，但与世界作物生产的发展相比，又具有一些不同的特点。

1. 品种改良 1949 年以来，我国 40 多种作物育成新品种共计 5 000 个以上，其中通过审定的就有 3 000 个左右。粮食作物已经进行过 4～5 次良种大更换，每次更换一般可增产 10% 左右，高的可达 20% 以上。目前，我国优良品种的覆盖率在 90% 以上，而且品种更新换代的周期已缩短到 3～5 年。

2. 间、套作多熟制种植技术 1949 年我国的作物复种指数为 128%，1952 年为 131%，2012 年达到 150%。由于复种指数的提高，作物总播种面积得以增加。在 20 世纪 50 年代和 60 年代，北方的黄淮海地区，主要是改一年一熟为二年三熟，南方则改单季稻为双季稻或稻麦两熟。到 70 年代，华北的一熟有余、两熟不足地区进一步发展了间、套复种，南方的间、套复种面积也进一步扩大。进入 80 年代后，多熟制种植方式日趋多样化，种植方式从作物的间、套作发展到粮、经、饲、菜等多元多熟的复合种植模式。

3. 作物栽培技术 20 世纪 50 年代至 60 年代初，侧重总结农民劳模的栽培经验，例如江苏陈永康单季晚稻"三黄三黑"的看苗诊断，河南刘应祥小麦"马耳朵、驴耳朵、猪耳朵"的叶片诊断等。60 年代中期至 70 年代中期，主要围绕单项高产栽培技术开展研究，例如育苗移栽技术、合理密植技术、土壤耕作技术、覆盖栽培技术、氮肥深施技术等。70 年代后期至 80 年代，主要围绕作物规范化、指标化进行综合栽培技术研究，例如水稻叶龄指标栽培法、小麦叶龄指标促控法、大豆三垄栽培法、小麦玉米平播吨粮技术等。80 年代末期开始，主要研究作物持续增产和优质高效的综合栽培技术以及作物生产管理的计算机决策系统，例如小麦节水高产栽培技术、多元高效立体种植模式、作物栽培专家系统等。

4. 病虫草鼠害防治技术 20 世纪 50 年代以农艺防治为主（包括轮作换茬、耕作、人工防治等），60 年代到 70 年代中期以化学药物防治为主，70 年代以后生物防治技术迅速发展，

80年代以后进入了单项防治与综合治理并重时期。病虫测报对象从50年代的数种增加到目前的50种以上，地区性测报对象达到100种以上，对重大迁飞性害虫还建立了异地测报网，80年代又增加了鼠情预报。目前，一些重大病虫害如蝗虫、锈病、螟虫等已完全得到控制。近10多年来，由于除草剂的大面积推广，杂草危害程度显著减轻。

5. 生产条件的改善 新中国成立以来，在中低产田改造、荒地开垦及防沙、治沙及水土流失的治理方面都取得了显著成就。1949年我国农业机械总动力仅为 8.1×10^4 kW，2012年增加到 1.025×10^9 kW，平均每年递增达 1.7×10^7 kW；农田有效灌溉面积和化肥用量也逐年递增。目前，已建立了500多个国家级商品粮基地、100多个优质棉基地，基地的生产条件得到了明显改善。

二、作物生产的发展趋势

（一）作物生产发展的目标

1. 生产率目标 今后作物生产的中心任务仍是提高耕地的生产力。只有作物产量的大幅度提高才能解决粮食等问题及环境问题。农作物产量的提高主要有2个途径：①通过遗传改良提高作物的产量潜力，利用常规育种、杂交育种、杂种优势利用、生物技术等方法可提高产量潜力；②通过改善和提高作物的管理水平，包括养分管理、水分管理、土壤管理、综合的病虫害治理、作物高产适用种植技术等，从而缩小现实产量与潜在产量的差距。

2. 可持续性目标 今后的农作物生产必须建立在可持续发展的基础上，在提高生产率的同时，要保护、改善和合理利用农业环境和资源。要继续发展良种、化肥、灌溉、农药等行之有效的技术，但这些技术必须根据持续性目标进行改进，并开发出新的高产优质高效综合技术。

3. 营养安全目标 国际上关于农产品安全的认识正在从单纯注重饮食能量安全转向能量安全和营养安全相结合的方向变化。20世纪90年代初，一些营养学家发现在以往作物品种改良中，没有同步改善营养品质，致使许多品种产量很高，但微量元素含量很低，这些高产作物品种的推广，取代或减少了那些富含铁和其他微量营养的传统作物或品种，致使世界上40%以上的人口已受到微量元素缺乏的影响。今后农作物生产应全面实现产品安全、环境安全和营养安全。

4. 经济高效目标 作物生产必须服从经济规律和市场规律，做到生态、技术、经济上的统一，形成效益型的生产结构。在稳定粮食的基础上，通过调整农业结构，发展多元化生产，推广应用简化轻型栽培技术等提高作物生产的效益。

（二）作物生产发展的途径

从全球范围来看，随着世界人口的继续增长、人均耕地面积日益下降、农业资源的减少和农业生态环境的恶化，如何保持农业生产的可持续增长是各国面临的共同问题。就我国的情况而言，几十年来农业生产虽然取得了巨大的成就，但与发达国家相比仍有不少差距。今后作物生产将主要通过增加投入和发展科学技术来保持其可持续性增长，在提高资源利用效率的同时，不断提高作物的单产、品质和效益。提高作物产量、品质和效益的具体途径可分为良田、良制、良种和良法4个方面。

1. 建设高产农田 据全国第二次土壤普查资料，我国低产田约占耕地面积的21.5%。这些低产田大多存在严重的障碍因子，又主要分布在边远地区，交通不便，环境恶劣，生产条件差，经济水平低，因而改造的难度大，投资大，见效慢。所以低产田的改造是一项长期的任务，需要有计划地分期、分批实施。

我国中产田面积约占总耕地面积的 57%。这些田大多数只存在轻度的障碍因子，而且大多数具有较好的光热条件，只是投入偏少，土壤贫瘠，耕作粗放，所以产量未能达到应有的水平。据统计，全国约有 $2×10^7 hm^2$ 的中产田有灌溉条件，只要能够增加物质投入，培肥地力，调整作物布局，针对性地推广和普及先进技术，都能在短期内变为高产田。

高产田约占我国总耕地面积的 21.5%。高产田的特征是自然条件和生产条件优越，种植水平高，只要合理地增加物质投入，推广适用技术，充分利用光热资源，即可持续获得高产。高产田的开发和建设，是土地集约化经营的典型，也是农业现代化的具体体现，更是我国作物生产发展的方向之一。

2. 改革种植制度 预计在未来的 20 年内，我国的种植制度改革仍将以合理利用耕地资源、增加复种指数为中心。提高复种指数的潜力主要在自然条件较好的南方。具体途径为：开发晚秋及冬季农业，发展冬闲田的种植业，在南方丘陵地区，发展旱地多熟制种植及再生稻生产。

间、套作是提高复种指数、增产稳产的有效方法。近几年，北方冬小麦与玉米、花生、大豆等的套作发展迅速，在一年一熟麦区和一年一熟玉米区，实行小麦间作玉米也已获得成功。将来的发展趋势是间、套作模式逐步规范化，为农业机械作业创造条件；间、套作物中增加经济作物的比重；发展粮食作物-经济作物-饲料绿肥作物三元复合结构，促进生态环境的良性循环。

3. 普及优良品种 今后的育种目标要多样化，除继续加强高产育种外，品质改良、抗性育种等将得到相应的重视和发展。另外，一些高新技术将在育种中得到进一步的应用，主要有杂种优势利用、杂交技术、生物技术等。转基因技术和分子育种技术与常规育种技术的结合，已极大地提高了作物遗传改良的效率和效果，为优质、高产、高效、多抗作物品种的培育展示了新的前景，并将逐步发展成为选育新品种的重要手段。

进一步完善种子产业化工程，要求育种、制种、种子加工、储藏、运输、销售以及配套服务等相关产业以市场为导向、效益为中心来组织和发展，成为产业实体。在产业化过程中，逐步使种子管理法制化、生产专业化、加工机械化、质量标准化、经营集团化，实现育繁加销推一体化，达到生产用种全面良种化的目标。

4. 发展先进适用技术

（1）作物信息技术 20 世纪 90 年代以来，作物信息技术的快速发展和应用，显著提高了作物生产的综合效益和生产水平。作物生产受土地、气候、技术、作物等多方面的影响，表现为时空变异大、经验性和地域性强、定量化和规范化程度低。计算机和信息技术可对复杂的作物生产成分进行系统的分析和综合，实现作物生产的科学决策。因此作物信息技术必将有助于实现作物生产的模型化、知识化和科学化。在作物信息技术中，以"3S"（GIS、GPS、RS）为核心的精确农业已成为发达国家高新技术集成应用于农业生产的热门领域，必将对我国农作物生产产生重大的影响。

（2）优质高产高效技术 目前我国的作物生产已由产量型向产量、质量、效益并重型发展。作物生产除继续发展高产栽培技术外，还应加强优质、高效栽培技术的研究与应用。主要包括优化施肥技术、简化轻型栽培技术、设施栽培技术、机械化配套栽培技术、优质专用农产品的生产技术和化学调控技术，这些技术将逐步走向标准化、机械化、安全化和智能化。

（3）可持续生产技术　未来的作物生产日益注重人类、生物、环境的协调发展，以较少的投入得到最大的产出以及质和量的统一，以获取最大的社会效益、经济效益和生态效益。可持续生产技术要求对病、虫、杂草进行综合管理，并通过生物农药进而替代化学农药，或推广低毒高效农药，避免农药污染；通过有机肥与无机肥的最佳配合，减少化肥污染，生产清洁安全的食品。另外，节水灌溉技术、秸秆还田技术等也是重要组成部分。

（三）作物生产发展的趋势

随着社会发展和科学技术进步，现代农业发展的主要趋势表现为以下几个方面。

1. 由平面式向立体式发展　巧妙利用各种作物在生长过程中的"空间差"和"时间差"，进行错落组合，综合搭配，构成多层次、多功能、多途径的高效生产系统，是在有限土地上获得大量农产品的主要途径之一，例如作物的高矮间作、长短套种、喜光与耐阴共生的种植方式等。

2. 由石油型向生态型发展　现代农业是以高输入和大量消耗能源为特征的石油农业。石油是不可再生的资源，无法永续利用。生态农业是以生态学基本原理为指导，根据生态系统内物质循环和能量转化规律，建立起来的一个综合型生产结构。例如作物通过利用光能转变为化学能，收获物被送进车间加工，为人类提供粮食、蔬菜，其废渣转入饲料车间加工后再送到周围的牛栏、羊舍、猪和鸡棚，畜禽粪便则倾入沼气池。沼气和太阳能又作为农业生产的动力。这样，实现生态系统内物质和能量的循环转化。

3. 由自然式向设施式发展　农业生产一般在露天进行，经常遭受自然灾害的袭击。未来农业将会由大量现代化保护设施来武装。有人预测，在未来的几十年内，将有相当部分的农作物由田间转移到温室，再由温室转到自控式环境室，例如日本兴起的无土栽培、植物工厂、气候与灌溉自动测量装备等。

4. 由机械化向自动化发展　农业机械化在解放劳动力上做出了很大贡献，给现代化农业带来了很大活力。随着计算机的发展，这些机械将要进一步发展为自动化。据预测，今后智能机器人将完成各种农活，并且参与农场的一切管理。

5. 由农场式向公园式发展　农业将趋向可供观光、休闲的公园场所发展。目前在发达国家已能看到这种景况，我国的农业观光休闲功能也日渐显现。公园式的农业以田园景观和自然资源为依托，结合农林牧渔生产经营活动、农村文化及农家生活，成为一种具有特色的农业产业形态。游人除观景赏奇外，还能尽情品尝各种新鲜农产品。

6. 由化学化向生物化发展　现代农业已经进入了普遍使用化肥、农药、除草剂和各种激素的化学时代。随着基因工程等生物技术的发展，这种局面正在发生变化。今后，生物农业将以不可阻挡之势发展，取代目前的化学农业。

【复习思考题】

1. 什么是农学？作物生产的特点是什么？
2. 作物生产的地位和作用有哪些？
3. 为什么说农业的出现是人类历史上一次伟大的革命性变革？

4. 作物生产经历了哪几个阶段?
5. 简述世界和我国作物生产的概况。
6. 近50年来作物生产取得突飞猛进发展的原因是什么?
7. 试述作物生产的未来发展目标、途径和趋势。

第二章 作物的起源、分类与分布

第一节 作物的起源与传播

一、作物的起源

（一）作物的起源和意义

1. 作物的起源和特点 作物种是由野生植物种演变而来的，野生种变为栽培种的动力，首先是有机体的变异能力，其次才是人工选择有利的变异类型（达尔文，1809—1882）。古代人类为了生存，主要通过采集野生植物和渔猎来获取食物。当未食完的植物器官被遗弃或被埋藏在其临时住地后，发现其能不断繁衍，于是人类开始注意并将其果实、种子、块根、块茎等收集起来集中种植，以就近获取食物。随着人类长期种植野生植物，对野生植物的生长习性有了进一步的了解，则不断改进栽培技术，创造适合植物生长发育的条件，同时进行选择和培育。伴随着自然选择和人类农耕活动的驯化及择优选育，使野生植物逐步驯化、演化成为有经济价值的栽培植物，即作物（庄稼）。至今发现，地球上共有 50 余万种植物，其中被人类利用的栽培植物有 5 000 种左右，大面积种植的约 200 种。我国栽培作物约 600种，其中粮食作物 30 余种，经济作物 70 余种，果树作物 140 余种，蔬菜作物 110 余种，牧草 50 余种，花卉 130 余种，绿肥 20 余种，药用植物 50 余种。

栽培作物与野生植物相比，具有以下特点：供人类利用的器官生长更加迅速，生物量成倍提高；产品器官变大、收获指数和产品产量、品质不断提高；生长整齐，成熟期一致；种子休眠性减弱或休眠期缩短；传播手段退化等。但栽培作物的自我保护机能减弱。

2. 研究作物起源的意义 研究作物起源，可使人类了解众多的植物遗传资源并建立基因库，利用有用的基因改造现有的作物并选育新品种。其次，作物的特性与起源地气候生态条件密切相关，具有特定的气候生态适应性。通过了解作物起源地的生态地理条件，达到人为控制作物生长的目的。此外，研究作物的起源还有助于研究人类的农耕文化。例如地中海农耕文化，以小麦、大麦、蔓菁、豌豆等具有代表性的作物为主，在石器时代向欧洲传播的同时，经陆地传入印度、中国等国家。不少文字中将"文化"和"栽培"视为同义词，例如英文中的"文化"和"栽培"均为"culture"。

（二）作物的地理起源中心

最早研究作物地理起源中心问题的学者是瑞士植物学家康多尔，在他 1883 年出版的《栽培植物的起源》一书中，对 477 种栽培植物的起源地进行了划分。其后在 20 世纪 20—30 年代，苏联植物学家瓦维洛夫等，借助于植物形态分类、杂交验证、细胞学、免疫学等手段，对在世界 6 大洲 60 多个国家采集到的 30 多万份作物品种材料进行了详细比较研究，于 1926 年写成《栽培植物的起源中心》一书。其后为了更准确地确定作物起源和最初形态建成中心，他还补充查明遗传上相近的野生和栽培种的多样性地理分布中心，把遗传变异最为丰富的地方作为该物种的起源中心。最后以考古学、历史和语言学的资料，对植物地理的划分加以修正。瓦维洛夫认为全世界栽培植物有 8 大起源中心，并于 1935 年出版了《育种的植物地理基础》一书。认为一种作物往往起源于几个中心，而每个中心有自己独特的种，这些种常有不同的生理特性和染色体数目。同时，瓦维洛夫还提出了初生起源中心和次生起源中心的概念。初生起源中心的作物往往具有大量的遗传上的显性性状，而次生起源中心由于杂交和突变常常出现隐性性状。次生起源中心的变异多样性有时也是大量的，在育种上很有价值。

1968 年茹可夫斯基提出大基因中心观念，他将瓦维洛夫确立的 8 个起源中心扩大到 12 个。1975 年瑞典的泽文和茹可夫斯基共同编写了《栽培植物及其变异中心检索》，修订了茹可夫斯基提出的 12 个基因中心，扩大了地理基因中心起源概念，现简介如下。

1. 中国-日本起源中心　中国基因中心是主要的、初生的，由它发展了次生的日本基因中心。中国的中部和西部山区及其毗邻低地是世界第一个最大农业发源地和栽培植物的起源中心。中国起源地的特点是栽培植物的数量极大，包括了热带、亚热带和温带作物的代表。在栽培植物种和属的数量上，中国超过其他起源地，例如中国是黍、稷、粟、大麦、荞麦、大豆、裸燕麦等作物的初生基因中心，是普通小麦和高粱等的次生中心。该学说确认中国是栽培稻的起源中心之一，纠正了瓦维洛夫认为水稻仅仅起源于印度的说法。

2. 中南半岛-印度尼西亚起源中心　该起源中心是爪哇稻和芋的初生基因中心，同时还具有丰富的热带野生植物。

3. 澳大利亚中心　除美洲外，澳大利亚也是烟草的初生基因中心之一，并有稻属的野生种。

4. 印度斯坦中心　该起源中心起源的作物有稻、甘蔗、绿豆、豇豆等，还有许多热带果树。

5. 中亚细亚中心　该起源中心起源的作物有普通小麦、密穗小麦、圆锥小麦、黑麦、豌豆等。

6. 近东中心　该起源中心起源的作物有栽培小麦、黑麦等。

7. 地中海中心　从许多作物品种和种群组成来看，这里是次生起源地，很多作物在此被驯化，例如燕麦属、甜菜属、亚麻属、三叶草、羽扇豆属等属的种。

8. 非洲中心　该起源中心起源的作物有许多小麦和大麦的变种以及高粱属、棉属、稻属等属的种，此中心对世界作物的影响很大。

9. 欧洲-西伯利亚中心　该起源中心起源的作物有二年生的糖用块根和饲用甜菜、苜蓿、三叶草等。

10. 南美洲中心　该起源中心起源的作物有马铃薯、花生、木薯、烟草、棉、苋等。

11. 中美洲-墨西哥中心　该起源中心起源的作物有甘薯、玉米、陆地棉、甘蔗等。

12. 北美洲中心　该起源中心驯化的主要作物有向日葵、羽扇豆等。

目前，关于作物的起源，许多学者仍在继续探索，例如小麦就有可能起源于中国。不论作物起源于哪个中心，其地理上均有两个特点：一是多在热带、亚热带或温带；二是起源地多是山地。

二、作物的传播

各种作物均有其传播后代的方式，传播动力有自然力、自身力、动物活动和人类活动等。自然力包括风力、水力、地壳变动等因素。植物种子可借助风力、流水传播到较远的地区；有的借自身力的作用传播，例如果实成熟后炸裂将种子散出，或以地下茎或匍匐枝向四周伸展等，但这种传播距离极为有限、数量也较少；有的则依靠动物的活动，例如动物驮运植物至异地，草食动物、鸟类取食后将未被消化的植物种子、果实等随排泄物排到异地，动物活动夹带的果实或种子，随着活动范围的扩大传播到另一地区。而更多的则是依靠人类的活动，人类活动是作物传播速度最快的途径。随着农业的发展，人们通过有意识引种及其他活动，例如移民、战争、旅行、探险、贸易、外交活动等，将作物种子有目的、大规模引向另外地区，加速了作物的扩散和传播。

作物的传播在史前时期即已开始。通过人类活动使起源中心的作物逐渐向世界各地传播。

起源于西亚的小麦，新石器时代由于民族大迁移，将小麦向西传播到欧洲，以后再传到非洲，向东传入印度、阿富汗和中国。中国的小麦首先在胶东半岛种植，再由黄河中游向外传播，逐渐扩展到长江以南各地；并传入朝鲜和日本。15—17世纪，欧洲殖民者将小麦传至南美洲和北美洲，18世纪小麦才传到大洋洲。

起源于中国的栽培稻，以云南高地为中心呈放射状，沿着大河川的河谷及河谷之间的小路漫长曲折地向东、向南、向西传播。大约在3 000多年前的殷周之交，我国水稻北传朝鲜和日本，南传越南。公元5世纪，水稻经伊朗传到西亚，然后经非洲传到欧洲。

玉米则由美洲传到西班牙，再扩展到欧洲其他地方和非洲，16世纪30年代又由陆路从土耳其、伊朗和阿富汗传入东亚，另外又经非洲好望角传到马达加斯加岛、印度和东南亚各国。传入我国的途径可能由西班牙到麦加，再经中亚或西亚传入我国西北部和内陆，也可能从麦加传入印度和我国云南、贵州、四川等地，再向北、向东扩展。

马铃薯原产于南美洲安第斯山一带，被当地印第安人培育。16世纪西班牙殖民者将其带到欧洲，1586年英国人在加勒比海击败西班牙人，从南美洲把马铃薯带到英国，1650年马铃薯已经成为爱尔兰的主要粮食作物，并开始在欧洲普及。到17世纪，马铃薯已经成为欧洲的重要粮食作物。1719年爱尔兰移民将马铃薯带到美国，开始在美国种植。17世纪，马铃薯同时传播到中国，由于马铃薯非常适合在原来粮食产量极低，只能生长莜麦的高寒地区生长，很快在内蒙古、河北、山西和陕西北部普及。

甘薯是16世纪由美洲传入西班牙的，17世纪在西班牙扩大种植。16世纪西班牙人将甘薯传播到东方的马尼拉、摩鹿加群岛等地。明朝万历二十一年（1593），首次从吕宋经海路传到中国的福建，后又由陆路经越南传到广东。

作物通过传播，有些在新的地区比原产地生长更好，发展更快。例如大豆原产于中国，但现在北美洲种植面积最大，单产最高；花生原产于南美洲，现在种植面积最大的是印度和中国；马铃薯原产于南美洲，现在已成为东欧和中国重要的粮食作物之一。作物的交流和传播极大地促进了作物生产的发展。

第二节　作物的分类

目前世界上栽培的作物种类、品种繁多。广义的作物包括粮、棉、油、麻、烟、糖、茶、桑、果、菜、药和杂（草坪、花卉、瓜类、饲料作物等）共12大类，狭义的作物主要指大田大面积栽培的农作物，一般称为大田作物或庄稼。由于人类长期培育和选择，作物的种类和品种越来越多，目前我国就收集保存有各种作物品种资源材料 20 多万份。为了便于比较、研究和利用，有必要对不同的作物进行分类。对作物进行分类的方法很多，常见的分类方法有以下 4 种。

一、按植物学分类

作物的植物学分类，也即按作物的亲缘关系分类。以界、门、纲、目、科、属、种为分类的各级单位，除界以外，其他各级单位可根据需要再分成若干亚级。按植物学系统分类可明确作物所属科、属、种、亚种。一般用双名法对植物进行命名，称为学名。例如小麦属禾本科，其学名为 *Triticum aestivum* L.，第一个词为属名（*Triticum*），第二个词为种名（*aestivum*），第三个词为命名者的姓氏（可缩写，L.）。这种分类对了解和认识作物的植物学特征的异同以及研究其器官发育有重要意义。常见作物的学名见表 2-1。

表 2-1　常见作物中文名、学名和英文名及主要用途

中文名	学名	英文名	主要用途
禾本科	Gramineae		
稻	*oryza sativa* L.	rice	籽实食用
小麦	*Triticum aestivum* L.	wheat	籽实食用
大麦	*Hordeum sativum* Jess.	barley	籽实食用、饲用
黑麦	*Secale cereale* L.	rye	籽实食用
燕麦	*Avena sativa* L.	oat	籽实食用
玉米	*Zea mays* L.	corn（maize）	籽实食用、饲用
高粱	*Sorghum bicolor*（L.）Moench	sorghum	籽实食用、饲用
黍（稷）	*Panicum miliaceum* L.	proso millet	籽实食用
粟	*Setaria italica* L.	foxtail millet	籽实食用
薏苡	*Coix lacryma-jobi* L.	joba-tears	籽实食用
甘蔗	*Saccharum officinarum* L.	sugarcane	榨糖
苏丹草	*Sorghum sudanense*（Piper）Stapf.	Sudan grass	饲用
狼尾草	*Pennisetum alopecuroides*（L.）	China wolftailgrass	饲用
黑麦草	*Lolium perenne* L.	perennial ryegrass	茎用
芦苇	*Phragmites communis* Trinl.	common reed	茎造纸用
席草	*Lepironia articulata* Dominl.	mat grass	全株编织用
蓼科	Polygonaceae		
荞麦	*Fagopyrum* Mill	buck wheat	籽实食用
豆科	Leguminosae		
大豆	*Glycine max*（L.）Merrill	soybean	种子油用、食用
花生	*Arachis hypogaea* L.	peanut	种子油用、食用
蚕豆	*Vicia faba* L.	broad bean	种子食用
豌豆	*Pisum* spp.	garden pea	种子食用

（续）

中文名	学　名	英文名	主要用途
豇豆	*Vigna* spp.	common cowpea	种子食用
饭豆	*Phaseolus calcaratus* Roxb.	rice bean	种子食用
绿豆	*Phaseolus aureus* L.	Mung bean	种子食用
扁豆	*Dolichos lablab* L.	hyacinth bean	种子食用
鹰嘴豆	*Cicer arietinum* L.	cicer arietinus	种子食用
紫云英	*Astragalus sinicus* L.	Chinese milk vetch	全株绿肥、饲料
苜蓿	*Medicago sativa* L.	alfalfa	全株绿肥、饲料
田菁	*Sesbania cannabina* Pers.	sesbania	全株绿肥
草木樨	*Melilotus suaveolens* Ledeb.	sweet clover	茎叶绿肥
旋花科	Convolvulaceae		
甘薯	*Ipomoea batatas* Lam.	sweet potato	块根食用
薯蓣科	Dioscoreaceae		
山药	*Dioscorea batatas* Decne.	Chinese yam	块根食用
天南星科	Araceae		
芋	*Colocasia antiquorums* Schott.	taro dasheen	球茎食用
水浮莲	*Pistia stratiotes* L.	water-lettuce	全株饲用
茄科	Solanaceae		
马铃薯	*Solanum tuberosum* L.	potato	块茎食用
烟草	*Nicotiana tabacum* L.	tobacco	叶制烟
枸杞	*Lycium chinense* Mill.	Chinese wolfberry	籽实药用
锦葵科	Malvaceae		
棉花	*Gossypium* spp.	cotton	种子纤维纺织用
红麻	*Hibiscus cannabinus* L.	kenaf	韧皮纤维用
苘麻	*Abutilon avicennae* Gaertn.	China jute	韧皮纤维用
椴树科	Tiliaceae		
黄麻	*Corchorus* spp.	jute	韧皮纤维用
荨麻科	Urticaceae		
苎麻	*Boehmeria* spp.	ramie	韧皮纤维用
大麻科	Cannabinaceae		
大麻	*Cannabis sativa* L.	hemp	韧皮纤维用
亚麻科	Linaceae		
亚麻	*Linum usitatissimum* L.	common flax	韧皮纤维用
龙舌兰科	Agavaceae		
剑麻	*Agave sisalana* Perr.	sisal	叶纤维用
芭蕉科	Musaceae		
蕉麻	*Musa textilis* Ness.	Manila hemp	叶纤维用

（续）

中文名	学名	英文名	主要用途
十字花科	Cruciferae		
油菜	*Brassica* spp.	rape	种子油用
胡麻科	Pedaliaceae		
芝麻	*Sesamum indicum* DC.	sesame	种子油用、食用
菊科	Compositae		
向日葵	*Helianthus annuus* L.	sunflower	种子油用
菊芋	*Helianthus tuberosus* L.	Jerusalem artichoke	块茎食用
甜叶菊	*Stevia rebaudiana* Crantz.	sweet stevia	全株制糖
大戟科	Euphorbiaceae		
木薯	*Manihot utilissima* Pohl.	cassava	块茎食用
蓖麻	*Ricinus communis* L.	castor	种子油用
藜科	Chenopodiaceae		
甜菜	*Beta vulgaris* L.	sugar beet	块根糖用

二、根据作物的生物学特性分类

（一）按作物感温特性分类

按作物感温特性可分为喜温作物和耐寒（喜凉）作物。喜温作物在全生育期中需要的积温都较高，生长发育的最低温度为 10 ℃左右，最适温度为 28～30 ℃，最高温度为 30～40 ℃，例如水稻、玉米、高粱、甘薯、棉花、烟草、甘蔗、花生、粟等，一般春季或夏季播种秋季收获。耐寒作物全生育期需要的积温比较低，生长发育最低温度为 1～3 ℃，最适温度为 20～25 ℃，最高温度为 28～30 ℃，例如小麦、大麦、马铃薯、黑麦、油菜、蚕豆等，一般秋种翌年夏收，或早春播种夏季收获。

（二）按作物对光周期反应特性分类

按作物对光周期反应特性可分为长日照作物、短日照作物、中日照作物和定日照作物。长日照作物是指在日照长度必须大于某个时数（临界日长）或者暗期必须短于一定时数才能开花结实的作物，例如麦类作物、油菜、甜菜、萝卜等。短日照作物是指在日照长度短于其所要求的临界日长或者暗期超过一定时数才能开花结实的作物，例如水稻、玉米、大豆、甘薯、棉花、烟草等。开花与日长没有关系，只要其他条件适宜，一年四季都能开花的作物称为中日照作物，例如荞麦。定日照作物要求有一定时间的日长才能完成其生育周期，例如甘蔗的某些品种只有在 12 h 45 min 的日长条件下才能开花，长于或短于这个日长都不开花结实。

（三）按作物对二氧化碳同化途径分类

按作物对二氧化碳同化途径可分为 C_3 作物、C_4 作物和 CAM（景天酸代谢）作物。C_3 作物光合作用最先形成的中间产物是带 3 个碳原子的磷酸甘油酸，其光合作用的二氧化碳补偿点高，有较强的光呼吸，例如水稻、麦类、大豆、棉花等。C_4 作物光合作用最先形成的中间产物是带 4 个碳原子的草酰乙酸等双羧酸，其光合作用的二氧化碳补偿点低，光呼吸作用也低，在强光高温下光合作用能力比 C_3 作物高，例如玉米、高粱、甘蔗等。CAM 作物，除凤梨科外，仅有龙舌兰麻、菠萝麻等少数纤维作物，但在花卉中却很多。

三、根据作物用途和植物学系统相结合分类

（一）粮食作物

1. 禾谷类作物　禾谷类作物是指以收获谷粒为栽培目的禾本科作物，包括小麦、大麦、燕麦、黑麦、稻、玉米、高粱、粟、黍（稷）、薏苡等。蓼科的荞麦因其籽实可供食用，习惯上也列入此类。按其形态和生物学特征特性可分为两大组，一组是小麦、大麦、燕麦、黑麦等麦类作物，另一组是稻、玉米、高粱、谷子、黍、稷等粟类或黍类作物。两组禾谷类作物主要形态和生物学特性区别见表 2-2。禾谷类作物的籽粒具有丰富的营养成分，而且蛋白质和淀粉的比例（1：6～7）适宜，最符合人类的需要，所以是最重要的粮食作物。一般将稻谷、小麦以外的禾谷类作物称为粗粮。

表 2-2　麦类作物和粟类作物特征特性上的一些主要区别

（引自杨守仁和郑丕尧，1989）

麦类作物	粟类作物
1. 籽粒腹部有纵沟	1. 籽粒腹部无纵沟
2. 籽粒发芽时可长出数条种子根	2. 籽粒发芽时一般只长出一条种子根（玉米例外）
3. 小穗中下部小花能发育结实，上部小花不结实或退化	3. 小穗中上部的小花能发育结实，下部的小花退化
4. 茎通常中空	4. 茎通常为髓所充实（稻例外）
5. 有冬性及春性类型	5. 仅有春性型
6. 对温度要求较低	6. 对温度要求较高
7. 对水分要求较高	7. 对水分要求较低（水稻除外）
8. 长日照作物	8. 短日照作物
9. C_3 作物	9. 除稻外，为 C_4 作物
10. 先进行穗分化，后拔节（伸长节间）	10. 先拔节（伸长节间），后进行穗分化（玉米、水稻早中熟种例外）

2. 豆类作物（菽谷类作物）　栽培的豆科作物，均称为豆类作物。豆类作物种类繁多，我国有六七十种，按用途可分为：食用豆类作物（例如蚕豆、豌豆、绿豆、小豆、菜豆等）、油用豆类作物（例如大豆等）、绿肥及饲料豆类作物（例如紫云英、苕子、苜蓿等）。豆类作物中除大豆以外的其他豆类又称为杂豆类作物。豆类作物籽实中含有大量蛋白质和油分。食用豆类作物蛋白质含量为 21%～25%，较谷类作物高 1～3 倍，较薯类作物高 9～15 倍，而大豆蛋白质含量可达 40% 左右。豆类作物是人类生活中富含营养价值的食品，是植物蛋白的主要来源。

不同豆类作物对温度和日照长短的要求不同，第一类属长日耐低温能力较强类型，例如蚕豆、豌豆等；第二类属短日喜高温类型，例如大豆、绿豆、豇豆、小豆等。

3. 薯芋类作物（根茎类作物）　薯芋类作物是指利用其地下块茎和块根类的作物，植物学上的科、属不一，主要有甘薯、马铃薯、木薯、豆薯、山药（薯蓣）、菊芋、芋、蕉藕等。

其主要成分是淀粉，既可食用和饲用，又可作制造淀粉的工业原料。薯芋类作物中除木薯为木本植物外，其余均为草本植物。目前栽培面积最大的块根、块茎作物分别是甘薯和马铃薯，前者是高温短日照作物，后者属低温长日照作物。地下块根块茎的膨大，大多数要求土壤深厚，通透性好，对钾肥的需要量较大。

（二）经济作物（工业原料作物）

1. 纤维作物　纤维作物种类很多，包括种子纤维作物、韧皮纤维作物和叶纤维作物。种子纤维作物有棉花，茎部韧皮纤维作物有苎麻、亚麻、大麻、黄麻、红麻、苘麻等，叶纤维作物有龙舌兰麻、剑麻等。苎麻、亚麻、大麻、黄麻、红麻和苘麻栽培历史较久，称为 6 大麻类。纤维品质是根据纤维细胞的长度、细度、拉力、强度、弹性、色泽、纤维素和木质素含量来衡量，也受纤维抱合力、柔软度、吸湿性、密度、保湿性、染色性、耐湿性、耐晒性等物理特性的影响。一般来说，韧皮纤维作物的纤维较柔软，叶纤维的纤维较粗硬而强度大。韧皮纤维作物的细胞长度和细度在 6 大麻类中由高到低依次为苎麻、亚麻、大麻、黄麻、红麻和苘麻，而木质素含量则正相反，木质素含量越高，木质化程度越高，品质越差。

棉花栽培种分为陆地棉、海岛棉、中棉和草棉，而目前主要栽培的是陆地棉和海岛棉。棉花具有无限生长习性，根与分枝的再生萌发能力强，分枝发育具有两向性（即既可以发育成营养枝，也可以发育成果枝），其花期长、成熟吐絮期长、蕾铃易脱落等生长发育特性，在栽培中应合理地加以利用和调节。

2. 油料作物　油料作物是指以获得植物油脂为主要栽培目的的作物，其特征是种子或果实含油量较丰富。油料作物的种类很多，主要有油菜、花生、芝麻、向日葵、胡麻、苏子、红花、油茶、油棕、油椰、甘蓝等食用油料作物和蓖麻、油桐等工业用油料作物，还有兼用油料作物大豆、棉花、大麻等。花生、油菜、芝麻、向日葵等属于草本，油茶、核桃、油棕、椰子、油桐等属于木本。花生、芝麻、向日葵、油茶、核桃等油为品质优良的食用油。

食用油料作物中以油菜栽培面积最大。油菜属于十字花科芸薹属植物，其栽培种包括白菜型、芥菜型和甘蓝型，具有低温长日照温光反应特性，依据其对低温的反应分为冬性、半冬性和春性类型，我国北方冬油菜多为冬性、半冬性类型，南方冬油菜多为春性类型。芥菜型和甘蓝型是常异花授粉作物，白菜型是典型的异花授粉作物。

3. 糖料作物　糖料作物主要是指含蔗糖多的作物，用于制造食糖。我国南方主要是甘蔗，北方主要是甜菜，素有南蔗北菜之说。此外尚有甜高粱、甜玉米、甜叶菊等。在树木中还有甜棕榈、糖槭等。甘蔗是禾本科甘蔗属植物，盛产于热带和亚热带，为一年生或多年生宿根性栽培作物，包括热带种、中国种和印度种 3 个栽培种。甘蔗是 C_4 作物，正常成熟的蔗茎含蔗糖 11%～17%。我国 85% 的食糖来自甘蔗，其余 15% 来自甜菜和其他制糖原料。

4. 嗜好类作物　嗜好类作物主要有烟草、茶叶、咖啡、可可等。烟草是我国一种重要的经济作物。烟草是茄科烟草属一年生植物。依据其加工调制方法不同，通常分为烤烟、晒烟、晾烟。目前在栽培上有经济价值的只有红花烟草和黄花烟草，我国栽培的全部烤烟、晾烟和大部分晒烟都属于红花烟草。影响烟叶品质的主要成分是可溶性糖、氮化物中蛋白质、烟碱和矿物质中的钾、氯等含量。

5. 其他作物 其他作物主要有桑、橡胶、香料作物（例如薄荷、留兰香等）、编织原料作物（例如席草、芦苇）等。

（三）饲料及绿肥作物

饲料是发展畜牧业生产的物质基础。饲料作物种类很多，包括禾谷类、豆类、块根块茎类、饲用叶菜类和瓜类。我国人多地少，在农业区单纯种植饲料的面积并不大。作为绿肥而栽培的作物大多为豆科，许多豆科作物既可肥田又可作饲料，例如苕子、黄花苜蓿、紫云英等。

（四）药用及调味品作物

药用作物主要有三七、天麻、人参、黄连、贝母、枸杞、白术、白芍、甘草、半夏、红花、百合、何首乌、五味子、板蓝根、灵芝等。调料作物有花椒、胡椒、八角、小茴香、辣椒、葱、蒜、生姜等。

有些作物可以有几种用途，例如玉米可食用，又可作优质饲料，也是油料作物；大豆可食用，又可榨油；马铃薯可作为粮食，又是蔬菜和食品加工原料；亚麻既是纤维，种子又是油料；红花种子是油料，其花是药材。因此上述分类不是绝对的，同一作物，根据需要可划分为不同的类型。

四、按农业生产特点分类

我国作物按播种季节可分为春播作物、夏播作物、秋播作物和冬播作物。由于不同播期会使作物处于不同的生态环境条件下，故不同播种季节应选用不同作物或不同品种类型。按收获季节分为夏熟作物和秋熟作物。生产上根据作物播种密度和管理情况，将其分为密植作物和中耕作物。密植作物行株距小，种植密度大，群体大，植株个体小，单株产量潜力小，例如小麦、水稻等。中耕作物一般对土壤通气性要求高，田间种植需多次中耕松土，以利于生长发育，例如玉米、马铃薯、甘薯等。按种植方式和目的有套播作物、填闲作物、覆盖作物等。填闲作物和覆盖作物多为生育期短的豆科作物或其他作物。

按作物生长习性可以分为很多类型。例如根据作物对光照度的反应分为喜光作物（例如水稻、玉米、棉花等）、耐阴作物（例如大豆、甘薯等）和喜阴作物（例如生姜等）等。根据作物对水分的反应及需水等级分为水生作物（例如水花生、水葫芦等）、水田作物（例如水稻、莲藕等）、耐涝作物（例如高粱等）和耐旱作物（例如谷子等）。按作物茎秆生长特性分为高秆作物（例如玉米、高粱、黄麻等）、矮秆作物（例如稻、麦、粟、豆等）和匍匐作物（例如甘薯等）等。按作物根系生长特性分为直根系作物（例如棉花、油菜、大豆等）、须根系作物（例如稻、麦等）和块根块茎作物（例如甘薯、木薯等）等。按作物生长年限分为一年生作物（例如水稻、棉花、大豆等）、二年生作物（例如油菜、蚕豆、甜菜等）和多年生作物（例如苎麻、茶树等）等。

第三节 作物的分布和我国种植业分区

一、作物的分布

（一）作物的分布与环境

作物通过扩散，在不同地理区域位置上种植后形成了不同的空间配置情况，称为作物的分布。作物的分布与作物的生物学特性、气候条件、土壤条件、社会经济条件、生产技术水平、人们的习惯、社会需求状况等各种因素有关。作物分布和生长在不同的环境里，由于受到不同环境的影响，在其形态结构和生理生化特性上会发生改变，那些最能适应的变异有机体被保留，由此形成新的类型和品种，产生生活型和生态型的变异。不同作物生长在相同的环境条件下，形成具有相似特征的结构和生物学特性，称为生活型，例如水生植物、陆生作物等。同一作物不同品种长期生长在不同的环境条件或人工选择条件下，形成不同的生态型，包括气候生态型、水分生态型、土壤生态型等。例如大豆是短日照作物，由于长期分布生长在地理纬度不同的地区，形成一些对日照反应不同的类型，在长日照的北方形成了短日性弱的品种，而日照短的南方形成了短日性强的品种。

（二）作物的分布

作物种类繁多，分布遍及世界各地，但不同国家和地区栽培种植的作物种类及面积各不相同。粮食作物中以谷物的栽培面积最大，分布最广，占世界粮食作物总面积的 2/3 以上。谷物中又以小麦、水稻和玉米为最多，号称世界 3 大粮食作物。大豆和薯类的栽培面积排在谷物之后。经济作物中以棉花和油菜为最多，其次为甘蔗和甜菜，烟草和苎麻及黄麻类纤维较少。中国各大作物种植面积依次为玉米、水稻、小麦、薯类、大豆、油菜、棉花、花生、甘蔗、烟草、甜菜和麻类（表 2-3 和表 2-4）。

1. 小麦　全世界作物中小麦种植面积最大，主要分布于亚洲、欧洲和北美洲，占世界小麦种植面积的 85.3%；其中又以印度、中国、俄罗斯和美国分布为最多，占世界小麦种植面积的 43.1%。中国小麦主要分布于秦岭以北、长城以南的北方冬麦区以及长城以北、六盘山、岷山、大雪山以西的春麦区和淮河以南的南方冬麦区。按行政区划，其面积大小顺

表 2-3　世界主要农作物的种植面积分布（khm²）

作物	世界总计	亚洲	非洲	北美洲	南美洲	欧洲	大洋洲
小麦	217 312	101 520	9 529	27 540	8 819	56 343	13 562
水稻	161 762	143 234	10 517	1 463	5 807	718	23
玉米	147 022	45 127	27 178	40 950	17 798	15 871	98
大豆	91 443	18 814	1 117	31 189	38 901	1 389	33
薯类	18 630	7 756	1 178	747	889	8 012	48
根茎类	53 578	17 687	24 461	595	4 379	6 116	339
棉花	34 894	21 626	5 165	5 359	1 968	469	307
黄麻类	1 405	1 336	31	0	26	12	0
油菜	26 425	14 757	46	5 287	56	5 136	1 143
烟叶	3 928	2 519	345	257	570	234	3
甘蔗	20 287	9 121	1 422	2 423	6 833	1	487
甜菜	5 604	942	127	543	32	3 960	—
蔬菜	55 598	40 241	7 076	1 212	2 703	4 197	169

注：上表数据源自 FAO Statistical Yearbook，2013；部分为 2004 年 FAO 统计数据。

表 2-4　2011 年中国主要农作物的种植面积分布（khm²）

（引自《中国农村统计年鉴》，2012）

作物	总计	华北	东北	西北	华南	西南	华东
水稻	30 056.9	188.4	4 296.4	275.4	11 078.5	4 450.4	9 767.8
小麦	24 270.4	3 844.5	307.9	3 372.4	6 379.3	2 130.8	8 235.0
玉米	33 541.6	7 661.6	9 856.2	2 996.1	4 664.3	4 031.0	4 332.4
薯类	8 906.1	1 186.2	419.7	1 364.0	1 505.4	3 477.8	953.0
大豆	7 888.6	1 039.5	3 626.7	356.4	814.8	577.2	1 474.0
棉花	5 037.8	747.8	7.1	1 736.3	1 080.1	18.0	1 448.5
油菜	7 347.4	245.6	0.9	616.6	2 714.3	1 946.2	1 823.8
甘蔗	1 731.3	0	0	0.1	1 338.7	340.8	51.7
甜菜	226.5	57.3	88.8	80.2	0	0.2	0
烤烟	1 351.3	8.6	52.6	39.1	306.4	813.3	131.3
花生	4 581.4	401.5	518.0	36.7	1 874.2	396.2	1 363.5
麻类	118.5	0.5	2.9	6.0	45.4	47.0	16.7

序为华东、华南、华北、西北、西南和东北。分布最多的省份是河南和山东，河北、江苏、安徽、四川、陕西、甘肃和新疆也有较大面积分布。

2. 水稻　水稻主要分布在东南亚和南亚降水多、温度高的热带和亚热带国家和地区。亚洲尤其是东南亚国家，占全世界水稻面积的 88.3%；其中以印度的种植面积 42 863 khm² 为最大，其次为中国，再次为印度尼西亚、泰国和孟加拉国，这 5 个国家水稻面积占全世界水稻种植面积的 67.9%。非洲和南美洲的水稻栽培面积排在亚洲之后，欧洲和大洋洲水稻种植较少。中国水稻主要分布在淮河秦岭以南的亚热带湿润地区，北方由于水源所限，主要分布在水源充足的河流两岸和湖畔或有水源灌溉的地区。中国南方主要种植籼稻，北方主要种植粳稻。水稻广泛分布于 6 大行政区，其中以华南和华东最多，占全国面积的 69.4%；其次为西南地区，华北和西北最少。面积较大的省份有湖南、江西、黑龙江、江苏、安徽、湖北、广西、广东和四川。其中湖南达 4 066.3 khm²，为最多。

3. 玉米　玉米主要分布于亚洲和北美洲，其次为非洲，再次为南美洲和欧洲，大洋洲分布最少。其中以美国面积为最大，其次为中国，再次为巴西。中国玉米主要分布于自东北、黄淮海平原至西南的一条狭长地带上，主产区为东北和华北地区，种植面积占全国种植面积的 52.2%，主要分布于黑龙江、吉林、河北、河南、山东、内蒙古和辽宁。

4. 甘薯和马铃薯　甘薯属喜温作物，适应性广，主要分布于热带、亚热带地区的亚洲和非洲。马铃薯属喜凉作物，主要分布于亚洲、欧洲和美洲。中国是薯类的最大生产国，其次为尼日利亚，俄罗斯居第三。中国甘薯主要分布于长城以南地区，以一年二熟地区种植为多。中国马铃薯主要分布于西南山区以及东北、西北等北方冷凉地区，且以西南地区种植面积最大，占全国种植的 39.0%。从各省份分布情况看，则以四川、贵州、内蒙古、重庆、甘肃、云南等种植面积较大，其中以四川的薯类种植面积最大，达到 1 212.3 khm²，占全国总种植面积的 13.6%。

5. 大豆 世界大豆产区以南美洲种植面积最大，其次为北美洲，再次为亚洲，大洋洲分布极少，美洲大豆种植面积占全世界大豆种植面积的 76.6%。其中以美国种植面积为最大，占世界种植面积的 32.7%；其次为巴西、阿根廷和中国，上述 4 国大豆种植面积占全世界大豆种植面积的 82.6%。中国大豆主要分布于东北和华东地区，占全国种植面积的 59.2%。西南和西北地区种植较少。东北春大豆区是中国最主要的大豆产区，华北平原以夏大豆为主，南方种植夏大豆或秋大豆。其中以黑龙江分布最多，占全国种植面积的 40.6%，其次为安徽、内蒙古、河南、吉林和四川。

6. 棉花 棉花主要分布于亚洲，占世界棉花种植面积的 62.0%；其次为北美洲和非洲，再次为南美洲、欧洲和大洋洲。棉花种植面积最大的国家为印度，其次为中国，再次为美国和巴西，这 4 个国家的总种植面积占全世界的 59.7%。中国棉花主要分布在黄河及长江中下游地区的华东、华南和西北地区，占全国的 84.7%。新疆地区光照条件好，在有灌溉条件的地方，有相当数量的棉田分布，现已成为中国最重要的棉花生产基地，种植面积已达 1 638.1 khm²。

7. 油菜 油菜主要分布于气候冷凉的国家和地区，亚洲分布最多，种植面积占世界总种植面积的 55.8%；其次为北美洲和欧洲，南美洲和非洲分布最少。其中以中国为最多，其次为印度和加拿大，这 3 个国家的种植面积占全世界的 72.0%。中国油菜主要分布于华东地区，占全国种植面积的 36.9%；其次为西南与华南地区，西北、东北与华北油菜分布较少。主要分布省份为湖南、湖北、四川、安徽、湖南、江西、贵州和江苏，其中以湖南为最多。

8. 甘蔗和甜菜 甘蔗主要分布在北回归线以南的热带和亚热带地区，主要分布于亚洲和南美洲，其次是北美洲和非洲；以巴西和印度为最多，其次为中国，这 3 个国家的种植面积占全世界种植面积的 54.3%。中国甘蔗主要分布在热带和亚热带地区，以华南地区为最多，占全国甘蔗总种植面积的 77.3%；其次为西南地区，华北、东北和西北地区几乎无甘蔗种植。广西种植面积为最大，其次为云南和广东，其他省份均较少。

甜菜主要分布于欧洲，占世界种植面积的 70.7%，其次为亚洲。主要分布于俄罗斯和乌克兰，其次为美国、土耳其、德国和法国。中国甜菜主要分布在北方冷凉地区，例如内蒙古、黑龙江、新疆等省份，其中以黑龙江种植为最多，其次为新疆和内蒙古，占全国种植面积的 86.8%。其他省份均较少。

9. 烤烟 烟叶是嗜好类作物，适应性强，主要分布于亚洲，占全世界面积的 64.1%，大洋洲极少种植，欧洲、北美洲、南美洲和非洲均有一定的种植面积。中国的种植面积为最大，占全世界的 34.4%，其次是巴西、印度和土耳其。中国烤烟主要分布于西南地区，占全国的 60.2%；其次为华南地区，华北地区种植最少；省份中以云南为最多，其次为贵州和河南。此外，湖南、四川、福建、湖北、重庆、陕西、山东和黑龙江也有种植。

10. 麻类 中国麻类作物主要以苎麻为最多。麻类种植以西南地区最多，其次为华南，再次为华东和西北地区，东北和华北地区种植较少。黑龙江的亚麻种植面积最大，湖南、四川和湖北的苎麻较多，河南为黄红麻的主产区。

各种作物的分布是受多种因素制约的，随着社会经济的发展、农业科技进步以及政治因素、市场因素的影响，作物的分布也会发生变化。

二、我国种植业分区

（一）自然条件与种植业地域差异

种植业地域差异，主要表现在种植业生产条件、种植业专业化、种植业部门结构、种植业经营方式、生产水平、集约化水平、技术措施体系等方面的差异。形成这种差异的原因，主要是自然条件以及相关的社会经济条件、技术条件、人为因素等，其中自然条件是决定种植业地域差异的主要因素。

我国地域辽阔，地形地貌复杂。地理上明显呈现出纬度地带性、经度地带性和垂直地带性3大特点，引起温度、降水、光照等的巨大变化。因其温度的变化，形成了12大温度带：寒温带、中温带、暖温带、北亚热带、中亚热带、南亚热带、热带、干旱中温带、干旱暖温带、高原寒带、高原亚寒带和高原温带。因其降水量的差异，自东南沿海至西北内陆形成了湿润带（年降水量700 mm以上）、半湿润易旱带（年降水量在500～700 mm）、半干旱带（年降水量为250～500 mm）和干旱带（年降水量在250 mm以下）4个湿度带。温度、降水和光照三者综合作用，使种植业形成了东部季风区、西北干旱区和青藏高原区3大自然区域。不同的自然区域分布着不同的作物。

（二）我国种植业分区

为了充分合理地利用我国农业资源，因地制宜发挥各地区优势，有必要对不同地区的各种条件和特点进行研究，做出种植业区划。

20世纪70年代末，由全国农业区划委员会领导，组织若干单位进行全国综合农业区划，将全国划分为10个具有不同特点的一级综合农业区和38个二级农业区。80年代初，中国农业科学院等单位在此基础上，依据发展种植业的自然条件和社会经济条件、作物结构、作物布局、种植制度、种植业发展方向、关键措施等的相对一致性，并保持县级行政区界的完整性，将全国种植业划分为10个一级区和31个二级区（图2-1）。一级区是以地理位置、农业地貌类型和在全国所占地位命名，二级区则仅以地理位置及地貌类型命名。尽管该版种植业区划已形成几十年，部分区域优势作物甚至发生了变化，但至今尚无更新且权威的种植业区划，这个分区成果继续沿用参考。各区简介如下。

1. 东北大豆、春麦、玉米、甜菜区 本区包括黑龙江、吉林、辽宁、内蒙古的大兴安岭地区和哲里木盟中部的西辽河灌区，共180个县（旗、市），总耕地占全国的16.5%。大部分地区一年一熟，南部地区可二年三熟或一年二熟。本区主要作物有大豆、玉米、高粱、谷子、春小麦、马铃薯、水稻、甜菜、亚麻、早熟棉花等。其中大豆、春小麦、高粱的产量和质量均居全国之冠，玉米面积居首位。本区是我国甜菜和亚麻基地；北部是马铃薯集中产区，也是全国种薯基地。

2. 北部高原小杂粮、甜菜区 本区位于我国北部，包括内蒙古包头以东地区，辽宁西部朝阳、铁岭地区和阜新的11个县，河南、山西、陕西北部，甘肃中部和东部，青海东部和宁夏南部，共275个县、旗、市，总耕地面积占全国的14.4%。大部分地区一年一熟，粮食作物以旱粮为主，经济作物有甜菜、油菜、胡麻、向日葵等，是我国旱地农业较为集中的地区之一，也是农牧交替区。本区盐碱地、滩川地、荒地较多，日照充足，温度日较差大，有利于甜菜生长和糖分积累，播种面积和产量居全国第三位。

3. 黄淮海棉、麦、油、烟、果区 本区位于长城以南，太行山以东，渭北高原以南，秦岭淮河以北，包括北京、天津、山东、河北大部、河南大部、江苏和安徽的淮河以北、山西南部和关中平原，共 456 个县、市，总耕地占全国的 25.6%，作物二年三熟或一年二熟。本区作物种类繁多，粮食作物中冬小麦、棉花、花生、芝麻面积和产量均占全国的 1/2 左右，烤烟产量占 60%，是我国重要的粮、棉、油、烟、果等集中产区。

4. 长江中下游稻、棉、油、桑、茶区 本区位于秦岭、淮河以南，南方丘陵山地以北，西接鄂西山地，东临黄海，地跨上海市、安徽、江苏、湖北省大部，浙江、江西、湖南 3 省北部的太湖、鄱阳湖、洞庭湖平原，共 243 个县、市。耕地以水田为主。本区素有"鱼米之乡"的称号，是我国粮、棉、油、麻、丝、茶等重要产地，稻谷、棉花、油菜播种面积和总产量均占全国的 1/3 左右，麻类作物面积占全国麻类种植面积的 18%，总产量的 30% 左右。

5. 南方丘陵双季稻、茶、柑橘区 本区位于长江中下游平原区以南，华南区以北，雪峰山脉以东至东海之滨，包括湖南、浙江、江西和福建 4 省大部，以及安徽南部、湖北东南部、广北部、广西东北部，共 297 个县、市，耕地以水田为主。双季稻栽培面积占水田面积的 73%。

6. 华南双季稻、甘蔗、热带作物区 本区包括福建南部、广东中部和南部、广西南部、云南南部及台湾省，共 191 个县、市（不包括台湾省）。作物种类繁多，粮食作物中双季稻占 90% 以上，甘蔗面积和产量占全国的 2/3，龙舌兰麻、香茅、咖啡等热带作物都分布在这个地区。

7. 川陕盆地稻、玉米、薯类、桑、柑橘区 本区包括陕西秦岭以南地区，湖北西部山区、四川盆地、甘肃东南部，河南西部的西峡和淅川，共 199 个县、市。本区丘陵、山地占全区土地总面积的 90% 左右，耕地中旱地占 58%，水田占 42%。粮食作物中，水旱粮并重，水稻占主要地位，其次是玉米、甘薯、小麦等。经济作物以油菜、桑、柑橘为主，其次是甘蔗、烤烟、药材等。

8. 云贵高原稻、玉米、烟草区 本区包括贵州、云南中北部、湖南西部、广西西北部、四川西南部，共 247 个县。山地高原占总面积的 95% 左右，海拔为 1 000～2 000 m，丘陵起伏，地形复杂，气候差异大，有高寒山地，也有温暖盆地，立体农业明显，种植制度复杂多样，烤烟品质较佳。

9. 西北绿洲麦、棉、甜菜、葡萄区 本区包括新疆全区、甘肃河西走廊、青海柴达木盆地、宁夏西北部及内蒙古西部，共 137 个县、市。土地面积大，耕地少，必须灌溉才能种植，全区 90% 左右的耕地是灌溉区，有灌溉水源的地被垦为农田，种植作物，成为绿洲。粮食作物以小麦为主，南疆有长绒棉，北疆有甜菜基地，葡萄总产约占全国的一半。

10. 青藏高原青稞、小麦、油菜区 本区包括西藏、青海南部和东北部、四川西部、甘肃南部、云南西北德钦和中甸，共 129 个县、市。土地总面积大，耕地少，主要为牧区，农作物一年一熟，作物多为喜凉耐寒作物，其中青稞、小麦、豌豆和油菜 4 种作物的面积最大，占播种面积的 90% 左右。

此外，中国农业科学院区划研究所《中国农产品产业化生产和区域发展研究》课题组（1993），对种植业发展区域将全国以省、自治区、直辖市为单位划分为 8 个一级区，以县为单位划分为 74 个二级区，其 8 个一级区分别为：①东北区（辽宁、吉林、黑龙江）；②华北区（北京、天津、河北、山东、河南）；③晋陕区（山西、陕西）；④华东区（上海、江苏、浙江、安徽）；⑤华中区（湖南、湖北、江西）；⑥华南区（福建、广东、广西、海南）；

⑦西南区（四川、重庆、云南、贵州）；⑧西部区（内蒙古、甘肃、青海、西藏、宁夏、新疆）。在每一个一级区内，均有相应的主要作物分布和种植业发展方向。

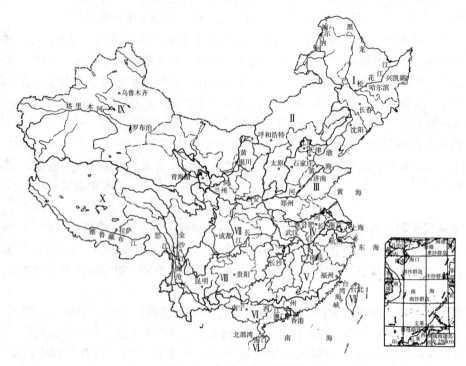

图 2-1　中国种植业区划图

Ⅰ.东北大豆、春麦、玉米甜菜区　Ⅱ.北部高原小杂粮、甜菜区
Ⅲ.黄淮海棉、麦、油、烟、果区　Ⅳ.长江中下游稻、棉、油、桑、茶区
Ⅴ.南方丘陵双季稻、茶、柑橘区　Ⅵ.华南双季稻、甘蔗、热带作物区
Ⅶ.川陕盆地稻、玉米、薯类、桑、柑橘区　Ⅷ.云贵高原稻、玉米、烟草区
Ⅸ.西北绿洲麦、棉、甜菜、葡萄区　Ⅹ.青藏高原青稞、小麦、油菜区

（引自全国农业区划委员会）

（三）我国主要优势农作物生产布局与发展重点

根据《全国优势农产品区域布局规划（2008—2015年）》，在准确把握我国农产品供需的阶段性特征，遵循自然规律和经济规律的基础上，按照"因地制宜、突出优势、强化基础、壮大产业"的总体思路，明确优势产品和优势区域发展定位与主攻方向，推动产品空间集聚和产业升级整合，促进农业发展方式转变，形成更加科学合理的农业生产力布局，加速农产品产业带发展进程，把优势区域建设成为保障主要农产品基本供给的骨干区，发展现代农业的先行区，促进农民持续增收的示范区，进一步强化农业基础建设，加快现代农业发展步伐，扎实推进社会主义新农村建设。

1. 水稻　水稻是我国口粮消费的主体，依靠国际市场调剂国内需求的余地极为有限，战略地位十分重要。我国水稻已连续4年持续增产，目前产需基本平衡，但结构性矛盾突出。未来稻米消费将呈增长趋势，受比较效益低、"双改单"趋势明显、水田面积减少以及机械化水平低、良种良法不配套等因素制约，播种面积增加有限，单产提高难度较大，稳定供给压力将长期存在。

生产布局与发展重点：着力建设东北平原、长江流域和东南沿海 3 个优势区。其中，东北平原水稻优势区主要位于三江平原、松嫩平原和辽河平原，主要包括黑龙江、吉林和辽宁 3 个省的 82 个重点县，着力发展优质粳稻。长江流域水稻优势区主要位于四川盆地、云贵高原丘陵平坝地区、洞庭湖平原、江汉平原、河南南部地区、鄱阳湖平原、沿淮和沿江平原与丘陵地区，主要包括四川、重庆、云南、贵州、湖南、湖北、河南、安徽、江西和江苏 10 个省份的 449 个重点县，着力稳定双季稻面积，逐步扩大江淮粳稻生产，提高单季稻产量水平。东南沿海水稻优势区主要位于杭嘉湖平原、闽江流域、珠江三角洲、潮汕平原、广西及海南的平原地区，主要包括上海、浙江、福建、广东、广西和海南 6 个省份的 208 个重点县，重点在稳定水稻面积，着力发展优质高档籼稻。

2. 小麦　小麦是我国的基本口粮作物，在粮食安全、生态环境保护中的作用突出。2004 年以来，我国小麦基本实现全程机械化，播种面积恢复增加，单产和总产持续快速增长，产需总体平衡。但是，我国优质专用品种比例偏低，高档强筋小麦和弱筋小麦仍需从国际市场进口。随着消费需求的刚性增长，加之受资源约束趋紧影响，确保小麦基本自给、满足优质化需求难度依然较大。

生产布局与发展重点：着力建设黄淮海、长江中下游、西南、西北和东北 5 个优势区。其中，黄淮海小麦优势区包括河北、山东、北京和天津全部，河南中北部，江苏和安徽北部，山西中南部以及陕西关中地区，主要包括 336 个重点县，着力发展优质强筋、中强筋和中筋小麦。长江中下游小麦优势区包括江苏和安徽两省淮河以南、湖北北部、河南南部等地区，主要包括 73 个重点县，着力发展优质弱筋和中筋小麦。西南小麦优势区包括四川、重庆、云南和贵州，主要包括 59 个重点县，着力发展优质中筋小麦。西北小麦优势区包括甘肃、宁夏、青海和新疆，以及陕西北部和内蒙古河套土默川地区，主要包括 74 个重点县，着力发展优质强筋、中筋小麦。东北小麦优势区包括黑龙江、吉林和辽宁全部及内蒙古东部，主要包括 16 个重点县，着力发展优质强筋、中筋小麦。

3. 玉米　玉米是我国重要的粮食、饲料和工业原料兼用作物。近年来，我国玉米种植面积和产量逐年增加，发展势头良好，供求基本平衡。但由于玉米功能用途的拓展，在饲用玉米平稳增长的同时，工业消费特别是用于生产燃料乙醇的玉米数量增长迅猛，需求增长趋快。目前我国玉米生产仍受优良品种较少、区域性适用技术普及率低、机械化收获技术尚未普及、农田基础设施落后等因素的制约，增产幅度难以跟上消费增长速度，实现玉米供求平衡任务艰巨。

生产布局与发展重点：着力建设北方、黄淮海和西南 3 个优势区。其中，北方玉米优势区包括黑龙江、吉林、辽宁、内蒙古、宁夏、甘肃和新疆，以及陕西北部、山西中北部、北京和河北北部、太行山沿线的玉米种植区，主要包括 233 个重点县，着力发展籽粒与青贮兼用型玉米。黄淮海玉米优势区包括河南、山东和天津，河北和北京大部，山西和陕西中南部，江苏和安徽淮河以北的玉米种植区，主要包括 275 个重点县，着力发展籽粒玉米，积极发展籽粒与青贮兼用和青贮专用玉米，适度发展鲜食玉米。西南玉米优势区包括重庆、四川、云南、贵州和广西，以及湖北、湖南西部的玉米种植区，主要包括 67 个重点县，着力发展青贮专用和籽粒与青贮兼用玉米。

4. 大豆　大豆是我国进口量最大的农产品。2004 年以来，我国大豆产量连年下降，进口量急剧增加，目前对外依存度已超过 60%。由于"两低一高"（单产水平低、含油率低、生产成本高）问题尚未从根本上解决，加之基础设施薄弱、科技水平低、生产装备落后、组织化程度低，国产大豆竞争力弱的状况难以在短期内改变，呈现生产供给不足、主要依靠进口的态势。

生产布局与发展重点：着力建设东北高油大豆、东北中南部兼用大豆和黄淮海高蛋白大豆3个优势区。其中，东北高油大豆优势区包括内蒙古东四盟和黑龙江的三江平原、松嫩平原第二积温带以北地区，主要包括59个重点县。东北中南部兼用大豆优势区包括黑龙江南部、内蒙古的通辽赤峰及吉林辽宁大部，主要包括22个重点县。黄淮海高蛋白大豆优势区包括河北、山东、河南、江苏和安徽两省的沿淮及淮河以北、山西西南地区，主要包括36个重点县。

5. 马铃薯 马铃薯是我国第五大粮食作物，粮菜饲兼用，加工用途多，产业链条长，增产增收潜力大，因其营养丰富，被誉为"地下苹果"和"第二面包"。近年来，我国马铃薯种植面积和产量稳步提高，在增加食品营养源、丰富市场食品种类、保障国家粮食安全中的战略地位日益突出，未来发展前景十分广阔。但是我国马铃薯生产也面临着优质高产品种缺乏、脱毒种薯供应不足、耕作方式粗放、机械化水平低、储藏技术落后和加工增值程度低等因素的制约，亟待提升生产、加工、储藏、流通水平，加快构建现代化产业体系。

生产布局与发展重点：着力建设东北、华北、西北、西南和南方5个优势区。其中，东北马铃薯优势区包括东北地区的黑龙江和吉林2省、辽宁北部和西部、内蒙古东部地区，主要包括34个重点县，着力发展种用、加工用和鲜食用马铃薯。华北马铃薯优势区包括内蒙古中西部、河北北部、山西中北部和山东西南部地区，主要包括44个重点县，着力发展种用、加工用和鲜食用马铃薯。西北马铃薯优势区包括甘肃、宁夏、陕西西北部和青海东部地区，主要包括51个重点县，着力发展鲜食用、加工用和种用马铃薯。西南马铃薯优势区包括云南、贵州、四川和重庆4省份、湖北和湖南2省的西部山区、陕西的安康地区，主要包括182个重点县，着力发展鲜食用、加工用和种用马铃薯。南方马铃薯优势区包括广东、广西和福建3省份、江西南部、湖北和湖南中东部地区，主要包括82个重点县，着力发展鲜食用薯和出口鲜薯品种。

6. 棉花 我国加入世界贸易组织以来，纺织品出口快速增长，带动纺织工业迅速发展和纺织用棉需求大幅增加，棉花供求关系已由基本平衡进入到供不应求阶段，未来依靠大量进口满足国内纺织工业需求的市场风险进一步增大。我国棉花生产长期面临着价格大起大落、面积大增大减的突出问题。同时，品种"多乱杂"、基础设施条件差、病虫危害严重、机械化水平低等因素也制约着棉花生产的稳定发展，需要采取综合措施加以解决。

生产布局与发展重点：着力建设黄河流域、长江流域和西北内陆3个优势区。其中，黄河流域棉花优势区包括天津、河北东部、河北中部、河北南部、山东西南部、山东西北部、山东北部、江苏北部、河南东部、河南北部、安徽北部、山西南部、陕西关中东部地区，主要包括146个重点县。长江流域棉花优势区包括江汉平原、洞庭湖、鄱阳湖、南襄盆地、安徽沿江棉区、苏北灌溉总渠以南地区，主要包括60个重点县。黄河流域和长江流域两个优势区着力提高棉花品质一致性，有效控制异性纤维混入。西北内陆棉花优势区包括南疆、东疆、北疆和甘肃河西走廊地区，主要包括98个重点县，稳定发展海岛棉，着重提高纤维强力和原棉一致性，扩大异性纤维治理成效。

7. 油菜　油菜是我国最重要的油料作物之一，菜籽油占国产植物油总量的 40% 以上。2004 年以来，我国油菜生产持续下滑，到 2007 年油菜总产比历史最好年份减少 19.8%。随着植物油需求的增长，未来油菜籽供需矛盾将更加突出，亟待突破劳动力成本高、机械化程度低、良种良法不配套、生产效益差等制约瓶颈，恢复和扩大综合生产能力，增加油菜籽市场供给。

生产布局与发展重点：着力建设长江上游、中游、下游和北方 4 个优势区。其中，长江上游油菜优势区包括四川、贵州、云南、重庆和陕西 5 省份，主要包括 101 个重点县，着力发展高产、高含油量、耐湿、抗病"双低"油菜。长江中游油菜优势区包括湖北、湖南、江西和安徽 4 省及河南信阳地区，主要包括 166 个重点县，着力发展早熟、多抗、高含油量的"双低"优质油菜。长江下游油菜优势区包括江苏和浙江两省，主要包括 24 个重点县，着力发展高含油量、抗病、中早熟、耐裂角和耐渍优质油菜。北方油菜优势区包括青海、内蒙古和甘肃 3 省（区），主要包括 27 个重点县，着力发展抗旱、抗冻的优质甘蓝型特早熟春油菜。

8. 甘蔗　甘蔗是我国主要的糖料作物，面积和产糖量分别占常年糖料作物种植面积和食糖总产量的 85% 和 90% 以上。2007 年，我国甘蔗总产量和产糖量均创历史新高，基本满足国内市场需求。随着人们生活水平的提高、饮食结构的变化和新型能源开发步伐加快，甘蔗作为重要的糖能兼用作物，战略地位将更加凸显，亟待解决品种单一退化、病虫危害严重、肥水管理不合理、机械化发展滞后等问题，切实提高单产水平和含糖率，持续稳定保障食糖安全。

生产布局与发展重点：着力建设桂中南、滇西南和粤西琼北 3 个优势区。其中，桂中南甘蔗优势区包括 33 个县，着力发展高产高糖品种。滇西南甘蔗优势区包括 18 个县，着力发展耐旱高产高糖品种。粤西琼北甘蔗优势区包括 9 个县，着力发展高糖高抗性品种。

9. 柑橘　柑橘是世界上产量最大的水果种类，是我国具有较强竞争力的果品。近年来，我国柑橘产业发展迅速，种植规模不断扩大，总产量稳步提升，鲜食柑橘出口量逐年递增，橘瓣罐头产量和出口量均已超过世界总量的 70%，柑橘产业正成为产区农民增收的支柱产业。未来柑橘市场需求将继续保持较快增长势头，为柑橘产业持续较快发展提供了良好机遇，但也面临着科技支撑不足、基础设施薄弱、生产管理粗放落后、采后处理能力弱等问题，亟待加以解决。

生产布局与发展重点：着力建设长江上中游、赣南—湘南—桂北、浙—闽—粤、鄂西—湘西和特色柑橘生产基地 5 个优势区。其中，长江上中游柑橘优势区位于湖北秭归以西、四川宜宾以东、以重庆三峡库区为核心的长江上中游沿江区域，主要包括 38 个重点县，着力发展鲜食加工兼用柑橘、橙汁原料柑橘及早熟和晚熟柑橘。赣南—湘南—桂北柑橘优势区位于江西赣州、湖南郴州、永州、邵阳和广西桂林、贺州等地，主要包括 44 个重点县，着力发展优质鲜食脐橙。浙—闽—粤柑橘优势区位于东南沿海地区，主要包括 50 个重点县，着力发展宽皮柑橘、柚类和杂柑类。鄂西—湘西柑橘优势区包括湖北西部和湖南西部地区，主要包括 24 个重点县，着力发展早熟和极早熟宽皮柑橘。特色柑橘生产基地包括南丰蜜橘基地、岭南晚熟宽皮橘基地、云南特早熟柑橘基地、丹江库区北缘柑橘基地和云南、四川柠檬基地，主要包括 20 个重点县，着力发展极早熟和早熟宽皮柑橘等特色品种。

【复习思考题】

1. 研究作物的地理起源有什么意义？

2. 水稻、小麦、玉米、甘薯、马铃薯、大豆、油菜、棉花等主要农作物的起源地分别在什么地方？

3. 按作物的生物学特性，怎样对作物进行分类？

4. 按用途和植物学系统相结合，怎样对作物进行分类？并简述其主要作物类型的特点。

5. 简述作物分布与环境条件的关系。

6. 简述我国种植业区划的依据及其各大区的种植业特点。

7. 简述我国主要农作物生产布局与发展重点。

第三章 作物的生长发育与产量、品质

第一节 作物的生长发育

在植物学上将植物个体从发生到死亡所经历的过程称为生命周期，但作物学则将植株出苗到成熟收获看作作物的一个生命周期。在作物生命周期中，伴随着器官、组织的形成，植株个体进行着生长、分化、发育等外在与内在的变化。其中生长指细胞的增大与增多，是个体或某个器官体积或重量增加的量变过程；发育指作物从营养生长转到生殖生长的质变过程。由于细胞有顺序地向不同方面进行一系列复杂的分化，形成了具有不同结构和机能的细胞、组织、器官，因此生长和发育常常是交织在一起的。

一、作物的一生

（一）作物生育期

作物完成从播种到收获的整个生长发育过程所需的时间称为生育期，以天数表示。以收获种子为主的作物是指从种子出苗到新种子成熟的天数，而棉花一般将出苗至开始吐絮的天数作为生育期。经常采用育苗移栽的作物，例如水稻、甘薯、烟草等，通常还将其生育期分为苗床（秧田）生育期和大田生育期。以营养体为收获对象的作物，例如麻类作物、牧草、绿肥、甘蔗、甜菜等，生育期是指出苗到主产品器官适宜收获的总天数。

（二）作物生育时期

在作物的一生中，其外部形态特征总是呈现若干次显著的变化，根据这些变化，可以划分为若干个生育时期。对生育时期的含义有两种不同的解释，一种是把各个生育时期视为作物全田出现形态显著变化的植株达到规定比例的日期；另一种是把各个生育时期看成形态出现变化后持续的一段时期，并以该时期始期至下一生育时期的天数计。目前各种作物的生育时期划分方法尚未完全统一。几种主要作物的生育时期如下。

1. 禾谷类 禾谷类作物生育时期分为出苗期、分蘖期、拔节期、孕穗期、抽穗期、开花期和成熟期。

2. 豆类 豆类作物生育时期分为出苗期、苗期、分枝期、开花结荚期、鼓粒期和成熟期。

3. 棉花 棉花生育时期分为出苗期、苗期、蕾期、花铃期和吐絮期。

4. 油菜 油菜生育时期分为出苗期、苗期、蕾薹期、开花期、成熟期。

5. 黄麻和红麻 黄麻和红麻生育时期分为出苗期、苗期、现蕾期、开花结果期、工艺成熟期和种子成熟期。

6. 甘薯 甘薯生育时期分为出苗期、苗床期、栽插还苗期、分枝期、薯蔓并长期、落黄期和收获期。

7. 马铃薯 马铃薯生育时期分为出苗期、幼苗期、现蕾开花期、结薯期和成熟收获期。

8. 甘蔗　甘蔗生育时期分为萌芽期、苗期、分蘖期、蔗茎伸长期和工艺成熟期。

不同作物形态特征不同，在生育期的划分上也有一些差异。例如禾谷类作物中不利用分蘖的玉米、高粱等，可不必列出分蘖期。为了更好地进行观测与记载，还可将个别生育时期划分得更细，如开花期可分为始花期、盛花期、终花期，成熟期又可分为乳熟期、蜡熟期、完熟期等。

二、作物生长发育特性

作物的生长和发育过程一方面由作物的遗传特性决定，另一方面又受到外界环境条件的影响，因而表现出不同层面的生长发育特性。

(一) 作物温光反应特性

在作物的个体发育过程中，植株由营养生长向生殖生长过渡，要求一定的外界条件。研究表明，温度的高低和日照的长短对许多作物实现由营养体向生殖体的质变有特殊的作用。作物生长发育过程中需要一定的温度和光周期诱导，才能从营养生长转为生殖生长的特性，称为作物的温光反应特性，具体表现为感光性、感温性和基本营养生长性3个方面。因日照长短的影响而改变发育进程，导致生育期缩短或延长的特性，称为作物感光性或光周期反应。因温度高低的影响而改变发育进程，导致生育期缩短或延长的特性称为感温性。即使处在适于发育的温度和光周期条件下，也必须有最低限度的营养生长，才能进行幼穗（花芽）分化，这种特性称为作物的基本营养生长性。例如冬小麦植株只有顺序地通过低温和长日照处理才能诱导生殖器官的分化，否则就只进行营养器官的生长分化，植株一直停留在分蘖丛生状态，不能正常抽穗结实完成其生育周期；晚稻则需要有顺序地通过一定的高温和短日照诱导，才能进行幼穗分化和开花结实。

根据作物温光反应所需温度和日长，可将作物温光反应归为典型的两大类：以小麦、油菜为代表的低温长日型和以水稻为代表的高温短日型。小麦、油菜在苗期需要一定的低温条件，并感受长日照，才能进行幼穗分化，一定的低温和长日照条件会促进幼穗分化，生育期缩短；否则则停留在营养生长阶段，生育期延长，甚至不能抽穗结实。根据小麦、油菜对低温反应的强弱，可分为冬性、半冬性和春性类型；根据对长日照反应的强弱，可分为反应迟钝、反应中等和反应敏感型。高温和短日照会加速水稻生育进程，促进幼穗分化，缩短生育期。根据水稻对短日反应的不同，可分为早稻、中稻和晚稻3种类型，早稻和中稻对短日反应不敏感，在全年各个季节种植都能正常成熟；晚稻对短日照很敏感，严格要求在短日照条件下才能通过光照阶段，抽穗结实。值得注意的是，有些作物对日照长度有特殊的要求，例如甘蔗只有在一定的日照长度下才能开花；也有些作物对日照长短反应不敏感，例如玉米。

由于作物的温光反应类型不同，即使同一个品种在不同的生态地区，生育期表现长短不同，例如长日照作物的小麦北种南移，生育期变长；短日照作物的水稻北种南移，生育期变短。因此在作物引种时，从温光生态环境相近的地区进行引种，易于成功。

作物的温光反应特性对栽培实践也有一定指导意义。例如小麦品种的温光特性与分蘖数、成穗数、穗粒数有很大关系，若要精播高产，应选用适于早播的冬性偏强、分蘖成穗偏高的品种。而晚播独秆栽培，则可选用春性较强的大穗型品种。又如大豆是短日照作物，根据对短日照的反应特性，在东北如果播种延迟，会加快生育进程，为了获得高产，应适当增加种植密度。

（二）作物生长的一般规律

以营养器官为产品的作物，例如甘蔗、烟草等，营养器官的生长状况直接关系到产量的多少；而以果实、种子等生殖器官为收获物的作物，生殖器官发育所需的水分和营养物质都由营养器官供给。因此营养器官的生长状况，对最后产量的形成起着极其重要的作用。

1. 作物生长的周期性 作物在生长过程中，初期生长缓慢，以后逐渐加快，生长达到最高峰以后，开始逐渐减慢，直至完全停止，形成了"慢→快→慢"的规律，呈 S 形曲线，这种现象称为作物生长大周期。为了促进器官生长，应在作物生长最快时期到来之前采取措施调节植株或器官的生长。

2. 作物生长的极性现象 作物某一器官的上下两端，在形态和生理上都有明显的差异，通常是上端生芽下端生根，这种现象称为极性。例如扦插的枝条上端生芽、下端长不定根。由于极性现象的存在，故生产中扦插枝条时不能倒插。

3. 作物的再生现象 作物体各部分之间既有密切的关系，又有独立性。当作物体失去某一部分后，在适宜的环境条件下，仍能逐渐恢复所失去的部分，再形成一个完整的新个体，这种现象称为再生。例如扦插繁殖、分根繁殖、再生稻等都是利用作物的再生特性。

（三）作物器官生长的相关性

作物各器官在生长过程中相互影响的关系，称为相关性。相关性主要表现在以下几方面。

1. 地下部分与地上部分的相关性 作物的根、茎、叶在营养物质的分配上是互通有无，相互联系的。根供给地上部水分和无机盐，并合成某些有机物质和激素供应地上部分；地上部分为根系生长提供光合产物和维生素、生长素等生理活性物质。"根深叶茂"、"本固枝荣"就充分反映这种协调生长关系，生产中用根冠比（或根苗比）表示地下部分与地上部分之间的关系。根冠比的大小与作物种类及其所处的生育期有关。一般苗期根冠比较大，随着植株的生长，根冠比会逐渐缩小。

通过栽培措施可调节地下部分和地上部的生长，使根冠比趋于合理。例如在作物苗期可通过蹲苗措施培育壮苗，即一定程度控制水分供应，以促进幼苗根系发育，根系发育又可促进地上部生长而获得壮苗。甘薯、马铃薯、甜菜等作物后期以薯块中积累淀粉为主，根冠比达到最大值。因此在生长前期提高土温，保证充足的水分和氮素营养，有利茎叶生长；生长后期则供应充足的磷钾肥，在凉爽的天气下有利于块根、块茎中淀粉的合成与积累。

2. 顶端优势 作物的顶芽及主根生长占优势的现象称为顶端优势。不同作物的顶端优势有差异，向日葵、玉米、高粱等作物的顶端优势较强，一般不产生分枝；水稻、小麦、棉花、油菜等顶端优势较弱，易产生分蘖与分枝。顶端优势与农业生产有密切的关系，例如棉花的打顶就是解除顶端优势，抑制营养生长，促进生殖生长并能减少蕾铃脱落的措施。

3. 营养器官与生殖器官的相关性 二者之间既相互依赖，又相互制约。绝大部分作物都是先进行营养器官的生长，后进行生殖器官的生长。生殖器官的生长需消耗营养，营养器官生长越健壮，生殖器官的分化与生长也就越好，故应注意加强作物早期田间管理，促进植株生长健壮，防止营养器官早衰，为开花结果打下良好基础。但营养生长过旺，则茎叶徒长，消耗大量养分，禾谷类作物则贪青晚熟，生殖器官因得不到足够养分，空瘪粒增多且易倒伏；棉花、大豆等则产生大量落花、落果。因此增施磷钾肥，合理施用氮肥和控制水分的供应，有利于生殖器官生长。

以营养器官为主要收获物的作物，例如麻类、烟草、甘蔗、甜菜等，需促进营养器官生长，抑制生殖器官的形成和生长。生产上常通过调整播期、供给充足的水分和氮肥、适当加大种植密度、摘除花芽等措施促进营养器官生长。

4. 作物器官的同伸关系 作物各个器官的分化和形成是有一定程序的，同时又因外界环境条件的影响而发生变化。各个器官的建成呈一定的对应关系。在同一时间内某些器官呈有规律的生长或伸长，称为作物器官的同伸关系，这些同时生长（或伸长）的器官就是同伸器官。同伸关系既表现在同名器官之间，例如不同叶位叶的伸长，也表现在异名器官之间，例如叶与茎或根、叶与分蘖，乃至叶与生殖器官之间。一般说来，环境条件和栽培措施对同伸器官有同时促进或同时抑制作用。因此掌握作物器官的同伸关系，可为调控作物器官的生长发育提供依据。

三、作物器官的生长发育

（一）作物种子的萌发

1. 种子的休眠及其解除 有些作物的种子在适宜的环境条件下仍不能正常萌发，这种现象称为种子的休眠。休眠是作物对不良环境的一种适应。

（1）种子休眠的原因 种子休眠的原因有以下几方面。

① 种皮厚，透气差。由于种皮厚或构造致密，水分和氧气不易进入种子内，种子内的二氧化碳也不易排出，使种子处于休眠状态，例如豆科作物中的蚕豆、绿豆等种子。

② 胚未发育完全。这些种子须经过一段时间储藏，待胚发育完全后才能发芽，例如人参、银杏的种子。

③ 后熟作用未完成。有些作物的种子收获后，需经历一定时间才能完成生理上的成熟，这个过程称为后熟作用，例如茶、黄瓜、棉花、小麦等的种子。

④ 抑制物质的存在。种子在成熟过程中，产生一些抑制种子萌发的化学物质，例如有机酸、生物碱、酚类、醛类等，最主要的化学物质是脱落酸。

（2）种子休眠的解除 为适期播种，可采取措施解除种子休眠。对于种皮厚、透性差的种子，可采取机械摩擦、加温、强酸等处理的方法。因胚发育不完全和后熟作用引起休眠的种子，常采用层积法、变温处理、激素处理等方法解除其休眠。层积法是将处理的种子与湿砂分层堆积，温度保持在 0～5 ℃，堆放 1～3 个月，主要用于林木、果树种子。农作物常采用晒种、化学药剂处理等方法，促进种子后熟完成。对于因抑制物质的存在而引起休眠的种子，可采用水浸泡、冲洗、低温等方法解除其休眠。

2. 种子萌发的环境条件

（1）温度 种子萌发对温度要求表现出三基点，即最高温度、最低温度和最适温度（表 3-1），在一定温度范围内，随温度升高，种子萌发速度加快。其原因是温度适当升高，可提高酶活性而加快酶促反应，加强种子吸水，促进气体交换以及物质的运输和转化。当温度低于最低限度时，呼吸弱，种子发芽缓慢，消耗有机物质多，苗细弱，易受病菌危害和烂种。但温度过高会使苗长得细长而柔弱。低温是影响春播种子正常萌发的主要因素。春播作物要做到早出苗、出壮苗，必须克服低温的影响。故常采用火炕、温床、温室、地膜覆盖等措施进行育苗移栽，使播期提前并能培育壮苗。

表 3-1　不同作物种子萌发的三基点温度（℃）

（引自王维金，1998）

作物种类	最低温度	最适温度	最高温度
小麦	3～5	15～31	30～43
大麦	3～5	19～27	30～40
油菜	3～5	20～25	30～40
水稻	10～12	30～37	40～42
玉米	8～10	32～35	40～44
棉花	10～13	25～32	38～40
大豆	9	15～25	35～40
花生	12～15	25～27	40～45
苎麻	6～8	20～25	—
黄麻	14～15	25～28	—
烟草	7.5～10	25～28	30～35

（2）水分　种子吸水后首先表现种皮膨胀软化，有利于氧气透入促进细胞呼吸和新陈代谢；其次，水分供给促使储藏的营养物质在酶作用下分解加快而转运到胚，供胚利用；同时种皮软化后，在胚和胚乳的压迫下易破裂，有利于胚根和胚芽突破种皮。

一般含蛋白质多的种子萌发时吸水量较大，例如大豆种子萌发时吸水达到种子质量的120%左右；含淀粉量多的种子萌发时吸水量小，例如禾谷类作物种子萌发时吸水，玉米为37.3%～40%，水稻为22.6%，小麦为45.6%～60%；含脂肪较多的种子如油菜，萌发时吸水量介于上述二者之间。

（3）氧气　种子萌发时需要充足的氧气以保证有氧呼吸正常进行，才能提供所需的能量。缺氧时种子进行无氧呼吸，消耗有机物质，同时还会积累过多的酒精使种子中毒，不能正常萌发。花生、棉花、大豆等含脂肪较多的种子萌发时需氧较多。一般作物种子在空气中含氧量为11%以上时可正常萌发，氧气含量下降到5%以下时不能萌发。土壤板结或水分过多都会造成土壤缺氧。作物播前的整地等耕作措施可以增加土壤通透性，从而促进种子萌发。

3. 种子萌发的过程

（1）吸水膨胀　种子内含有的蛋白质、淀粉、纤维素等亲水物质，具有吸胀作用，能与水分子结合。水分进入细胞后，有机物逐渐变成溶胶状态，种子慢慢膨胀，这是一个物理过程。

（2）萌动　种子吸水膨胀后，胚乳和子叶中的养分分解转化，淀粉转化成葡萄糖，脂肪先转化为甘油和脂肪酸以后再转化为糖，蛋白质转化为氨基酸。这些可溶性物质被运送到胚供其吸收利用，一部分用于呼吸消耗，一部分用于构成新细胞，使胚生长，这是一个生化过程。当胚细胞不断增多、体积增大而顶破种皮时，称为萌动（露白）。

（3）发芽　种子萌动后胚根和胚芽继续生长。当胚根长度与种子长度相等，胚芽长度约为种子长度的 1/2 时，称为种子发芽。随后胚根和胚芽逐步分化成根、茎、叶，形成幼苗。由于不同作物胚轴生长状态不同，幼苗表现为子叶出土与不出土两种类型。子叶出土类型的在种子发芽后下胚轴伸长将子叶送出土面，如棉花、大豆、油菜、芝麻等。子叶留土类型的种子发芽后上胚轴或中胚轴（禾本科作物盾片节与胚芽鞘节之间的一段茎）伸长将胚芽及胚芽鞘带出土面，子叶留在土中，例如水稻、小麦、蚕豆、豌豆。花生较特殊，种子发芽时下胚轴伸长将子叶及胚芽推向土表，但子叶出土见光后下胚轴则停止生长而上胚轴开始生长，称为子叶半出土作物（图3-1）。

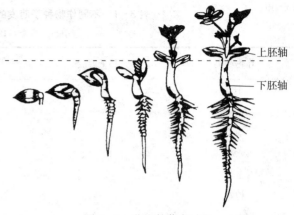

图3-1　花生的萌发过程
（引自余德谦等，1992）

（二）作物根的生长发育

根的主要功能是吸收、输导、支持、合成和储藏。根从土壤中吸收水、二氧化碳和无机盐类，并合成某些氨基酸、激素、生物碱等，通过维管组织将这些物质输送到茎和叶。根系固着在土壤中，使茎叶得以伸展，并能经受风雨和其他机械力量的袭击，多数作物根群主要分布在0～30 cm耕层内。

1. 根和根系的形态　种子作物的根有主根、侧根和不定根之分。由种子中的胚根发育形成的根称为主根或初生根。主根垂直于地面向下生长，达到一定长度后，生出许多分支，称为侧根或次生根。在主根和侧根以外的部分（例如茎、叶、胚轴）产生的根统称为不定根。

作物根的总和称为根系。大多数双子叶作物（例如棉花、麻类、豆类、油菜等）的根系有明显的主根和侧根之分，称为直根系。在单子叶作物中，例如水稻、小麦等由胚根发育形成的主根只生长很短的时间便停止生长，然后在胚轴或茎基部长出许多不定根，所有根的粗细相近，没有明显的主根，称为须根系（图3-2）。一般直根系由主根长，可以向下生长到较深的土层中，而须根系由于主根短，侧根和不定根向周围发展，分布较浅。

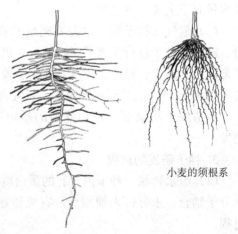

小麦的须根系

棉花的直根系

图3-2　作物的根系
（引自周云龙等，1999）

2. 根瘤和菌根　有些土壤微生物能侵入某些植物根部，与宿主建立互助互利的共生关系。种子植物和微生物之间的共生关系，最常见的为根瘤和菌根。

（1）根瘤　根瘤在豆科作物中发现较多，由根瘤菌和豆科作物的有选择性共生形成，通常一种豆科作物只能与一种或几种根瘤菌共生。豆科作物的根系生长，会刺激土壤中特定的根瘤菌在根系附近大量繁殖并吸附到根毛的顶端。这些根瘤菌分泌特定的纤维素酶，将根毛顶端的细胞壁溶解掉，随后侵入到根的内部，并形成感染丝。在根瘤菌刺激下，根细胞分泌一种纤维素，将感染丝包围起来，形成一条分支或不分支的纤维素鞘，称为侵入线。侵入线不断地向内延伸到根内皮层。根内皮层处的薄壁细胞受到根瘤菌分泌物刺激，不断进行细胞分裂，从而使该处的组织膨大，最终形成根瘤。

根瘤菌能将空气中游离氮转变为氨，供给作物生长发育，同时可以从根的皮层细胞中吸取其生长发育所需的水分和养料。农业生产上常施用根瘤菌肥或利用豆科作物与其他农作物轮作、套作、间作的栽培方法，可达到少施肥的目的。

（2）菌根　菌根为作物根与土壤中的真菌形成的共生体，它不但能够加强根的吸收能力，帮助作物生长，还能产生植物激素、维生素B等刺激根系的发育，分泌水解酶类，促进根周围有机物的分解。而高等植物又将其制造的糖类、氨基酸等有机养料提供给真菌。有些作物的根系（例如小麦、葱等）均能与真菌共生。

3. 根的变态　在长期的生态适应过程中，很多作物根的形态及功能发生了变化。

（1）储藏根　储藏根的主要功能是储藏大量营养物质，根据来源不同被分为肉质直根和块根两大类。肉质直根主要由主根发育而成，一棵植株上仅有1个肥大的直根，常常包括下胚轴和节间极度缩短的茎，例如胡萝卜、萝卜、甜菜、人参等的肉质直根。块根主要由侧根和不定根发育形成，在一株作物上可形成许多块根，例如甘薯。

（2）气生根　广义的气生根包括了所有生活在空气中的不定根，包括支持根、攀缘根、呼吸根、寄生根等。农作物气生根的主要类型为支持根，例如玉米、高粱等作物，在茎基部的节上发生许多不定根，先端伸入土壤中，并继续产生侧根，成为增加作物整体支持的辅助根系。

4. 根的生长发育

（1）单子叶作物根的发育　单子叶作物种子萌发时先长出初生胚根，然后在下胚轴上长出次生胚根3～7条，统称为种子根或胚根。它们在作物幼苗期至生育中期，甚至到成熟期均对养分、水分的吸收起着重要作用。禾谷类根的数量和质量随分蘖发生而不断增加，一般在最高分蘖期根数量达最大，抽穗前后根总质量达最大，以后逐渐衰亡。出苗至分蘖，禾谷类作物的根系主要是横向发展，拔节后向纵深发展。

（2）双子叶作物根的发育　豆类、棉花、油菜等双子叶作物在生长前期主根生长很快，迅速下扎，苗期主根生长比地上部茎的生长快4～5倍。现蕾后主茎迅速伸长进入旺长期，根系生长速度渐缓，但仍是形成大量侧根和根系增加质量的生长盛期。开花后根系主根和大侧根生长缓慢，但小支根和根毛大量滋生，是根系吸收的高峰期。生长后期根系不再生长，小支根逐渐衰亡，进入根系机能衰退期。

（三）作物茎、芽和分枝的生长发育

茎的主要功能是支持和运输，也有储藏和繁殖的功能。叶制造的有机物经过茎输送到根。

1. 茎的基本形态　一般作物的茎多为圆柱形，但也有三棱形和四棱形的。禾谷类作物的茎多数为圆形中空，例如水稻、小麦等，但玉米、高粱、甘蔗的茎为髓所充满而成实心。双子叶作物的茎一般为圆形实心，但油菜中上部的茎以及芝麻的茎有棱。

茎上着生叶和芽的位置称为节，两节之间的部分为节间。各种作物茎的节间长短不一。禾谷类作物基部茎节的节间极短，密集于近地表处，称为分蘖节。油菜基部茎节也紧缩在一起，称为缩茎段。

2. 芽的类型及构造 芽是幼小未伸展的枝、花或花序。按芽在茎上发生的位置不同可分为顶芽和腋芽。顶芽生于主干或侧枝顶端；腋芽生于叶腋处，也称为侧芽。顶芽和腋芽均为定芽。生长在茎的节间、老茎、根或叶上的没有固定位置的芽，称为不定芽，可营养繁殖。按芽所形成的器官不同可分为叶芽、花芽和混合芽。叶芽形成茎、枝和叶；花芽形成花或花序。按芽的生理状态又可分为活动芽和休眠芽。活动芽在当年可形成新枝、新叶、花和花序，一般一年生草本作物的芽都是活动芽。

3. 茎的生长习性和分枝 垂直向上生长的直立茎是茎的普通形式。但有些作物的茎适应外界环境而产生变化，例如豌豆的攀缘茎。还有些作物的茎是平卧在地面上蔓延生长的匍匐茎，例如草莓、甘薯等。

禾谷类作物茎的生长除了顶端生长以外，每个节间基部的居间分生组织的细胞也进行分裂和伸长，使每个节间伸长而逐渐长高。双子叶作物茎的生长主要靠茎顶端分生组织的细胞分裂和伸长，使节数增加，节间伸长，植株长高。

分枝由主茎叶腋的腋芽萌生而成。双子叶作物主茎每个叶腋的腋芽都可长成分枝，一般称为一次分枝，从一次分枝上长出二次分枝，依次还可长出三次分枝、四次分枝等。油菜、棉花、花生、豆类的分枝性很强，分枝的多少对其单株产量影响很大。一般情况下油菜一次分枝角果数占全株角果数的70%左右，花生第一对侧枝和第二对侧枝上的结果数占全株总果数的70%～80%。棉花主茎的下部5～7节分枝一般为单轴型的叶枝，不能直接结铃；主茎中上部的分枝一般为多轴型的果枝。不同作物形成分枝的能力及其利用价值各异，例如棉花和留种用的红麻、黄麻、亚麻需要萌生较多而茁壮的分枝以提高产量，而纤维用红麻、苎麻、亚麻在栽培上则要抑制其分枝发生。

禾本科作物（例如小麦、水稻等）接近地面几个节和节间密集形成分蘖节。分蘖节储藏有丰富的有机养分，能产生腋芽和不定根，由腋芽形成的分枝称为分蘖，分蘖上又可以产生新的分蘖。在农业生产上，分蘖和产量有直接关系，如果分蘖数目过少，则产量低；若分蘖数目过多，则后期分蘖为无效分蘖，收获时穗成熟较迟，易引起病害。分蘖的多少与施肥有关，适当施肥，争取植株初期生长快，分蘖多，对于增产有重大意义。

4. 茎的变态

（1）地上茎的变态 地上茎的变态包括叶状枝（例如芦笋的拟叶）、茎卷须（例如黄瓜、南瓜）、枝刺（例如山楂）和肉质茎（例如莴苣）。

（2）地下茎的变态 地下茎的变态比较常见，包括下述几种。

① 根状茎，匍匐生长在土壤中，有顶芽和明显的节与节间，节上有退化的鳞片状叶，叶腋有腋芽，可发育出地下茎的分枝或地上茎，有繁殖作用，节上有不定根，例如芦苇、苎麻的根状茎。

② 块茎，是作物基部腋芽伸入地下形成的分枝，长到一定长度后先端膨大形成，例如马铃薯、菊芋等。块茎有顶芽和缩短的节和节间，叶退化为鳞片状叶，脱落后留下条形或月牙形的叶痕。叶痕内侧为凹陷的芽眼，其中有腋芽一至多个，叶痕和芽眼规则排列，相当于节的位置。

③ 球茎，为球形或扁球形的地下茎，短而肥大，节和节间明显，节上有退化的鳞片状叶和腋芽，顶端有一个显著的顶芽，茎内储藏着大量的营养物质，有繁殖作用，例如荸荠、芋等。

④ 鳞茎，为扁平或圆盘状的地下茎，节间极度缩短，顶端一个顶芽，称为鳞茎盘。鳞茎盘的节上生有肉质化的鳞片状叶，叶腋可生腋芽，例如百合、大蒜等。

（四）作物叶的生长发育

作物叶的主要功能是光合作用、蒸腾作用及一定的吸收作用，少数作物的叶还具有繁殖功能。

1. 叶的组成　完全叶由叶片、叶柄和托叶 3 部分组成（图 3-3）。叶片多为薄的绿色扁平体，其构造有利于光能的吸收和气体交换。叶柄连接叶片和茎，是物质交流通道并支持叶片处于光合作用有利位置。托叶是叶柄基部的附属物，通常细小早落，托叶的有无及形状因不同作物而异，例如豌豆的托叶为叶状，比较大。

有些作物的叶为不完全叶。无托叶的作物有甘薯、油菜、芝麻等。普通烟草的叶则无托叶也无叶柄。

禾本科等单子叶作物的叶，从外形上仅能区分为叶片和叶鞘两部分，为无柄叶。一般叶片呈带状，扁平，而叶鞘往往包围着茎，保护茎上的幼芽和居间分生组织，并有增强茎的机械支持力的功能。在叶片和叶鞘交界处的内侧常生有很小的膜状突起物，称为叶舌，能防止雨水和异物进入叶鞘。在叶舌两侧，有由叶片基部边缘处伸出的两片耳状的小突起，称为叶耳。叶耳和叶舌的有无、形状、大小、色泽等，可作为鉴别禾本科作物依据（图 3-4）。

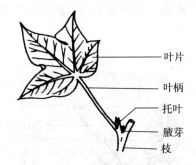

图 3-3　棉花的叶

（引自余德谦和朱旭彤，1992）

（标注：叶片、叶柄、托叶、腋芽、枝）

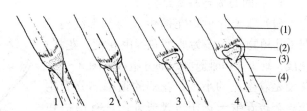

图 3-4　麦类作物的叶

1. 燕麦　2. 黑麦　3. 小麦　4. 大麦

（1）叶片　（2）叶舌　（3）叶耳　（4）叶鞘

（引自吴盛黎等，1995）

2. 叶的形态

（1）叶的大小和形状　叶的大小和形状在不同作物中有很大的差异。植物叶片形状有披针形（例如水稻叶、小麦叶等）、卵形（例如向日葵叶）、心形（例如苎麻叶）、肾形（例如棉花子叶、红麻子叶）、椭圆形（例如黄麻叶）。

（2）叶脉　叶脉是贯穿在叶肉内的维管组织及外围的机械组织。叶脉在叶片中分布的形式称为脉序，主要有网状脉序和平行脉序两大类。平行脉序是单子叶作物叶脉的特征。

（3）单叶和复叶　一个叶柄上只生一个叶片的叶称为单叶，例如棉花、苎麻、油菜、甘薯等。一个叶柄上生有两个以上叶片的叶称为复叶，根据复叶中小叶的数量和排列方式不同，可将其分为三出复叶（例如大豆叶）、掌状复叶（例如大麻叶）、羽状复叶（例如豌豆叶、花生叶）。

3. 叶的变态　叶是容易变化的器官，农作物叶变态的主要类型有以下几种。

（1）苞片和总苞　生于花下的变态叶，称为苞片。数目多而聚生在花序基部的苞片称为总苞。

（2）叶卷须　例如豌豆羽状复叶先端的一些小叶片变成卷须。

（3）鳞叶　在藕、荸荠地下茎的节上生有膜质干燥的鳞叶，为退化叶。在洋葱、百合鳞茎上的鳞叶肥厚多汁，含有丰富的储藏养料。

4. 叶的生长　作物的真叶起源于茎尖基部的叶原基。在茎尖分化成生殖器官之前，可不断分化出叶原基。叶原基经过顶端生长，变为锥形的叶轴，分化出叶柄；经过边缘生长形成叶的锥形，再从叶尖开始向叶基部的居间生长后长成一定形态的叶。

叶的一生经历分化期、伸长期、功能期和衰老期4个时期。能制造和输出大量光合产物的时期称为功能期，一般是达到定长至全叶1/2变黄的时期。栽培条件对叶片功能期的长短影响很大，适当的肥水管理、适宜的密度可延长叶片功能期。

（五）作物花的生长发育

营养生长至一定阶段，茎的顶端分生组织转向分化形成花原基。然后形成花的各个部分，经有性生殖过程，产生果实与种子。禾谷类作物的穗分化过程为：生长锥伸长、穗轴节片或枝梗分化、颖花分化、雌雄蕊分化、生殖细胞减数分裂形成四分体、花粉粒充实。双子叶作物花芽分化过程为：花萼形成、花冠和雌雄蕊形成、花粉母细胞和胚囊母细胞形成、胚囊母细胞和花粉母细胞减数分裂形成四分体、胚囊和花粉粒成熟。作物生殖器官的分化顺序多数是由外向内分化，直至性细胞成熟。

1. 花的组成与基本结构

（1）双子叶植物花的组成与基本结构
双子叶植物的花多为典型花，由花梗、花托、花被、雄蕊群和雌蕊群5部分组成（图3-5）。花梗是着生花的小枝，花柄的顶端部分为花托。花被着生于花托边缘或外围，有保护和传送花粉的作用。多数作物的花被有内外两轮，外轮多为绿色的花萼，由数个萼片组成；内轮多为鲜艳颜色的花冠，由数片花瓣组成。一朵花中有一定数目的雄蕊群及雌蕊群。多数作物的雄蕊分化成花药和花丝两部分，花药内产生花粉。雌蕊群由1至多枚雌蕊构成。组成雌蕊的单位称为心皮，每枚雌蕊可由1

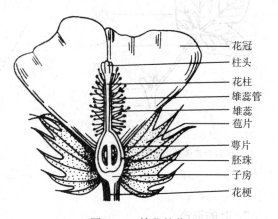

图3-5　棉花的花
（引自季道藩，1998）

至数个心皮构成，多个心皮可联合或分离。雌蕊一般分为柱头、花柱和子房3部分。柱头位于顶端可接受花粉。花柱连接柱头和子房。子房是雌蕊基部膨大的部分，着生于花托上。子房内有数量不等的子房室，其数目与心皮数相等。子房室内心皮腹缝线或中轴处着生1至数个胚珠，由珠被、珠心、胚囊等组成。成熟的胚囊中有8个核7个细胞，即1个卵细胞、2个助细胞、1个中央细胞（含2个极核）和3个反足细胞。

（2）单子叶植物花的组成与基本结构　禾谷类作物的花序统称为穗，常由小穗排成穗状（例如小麦、黑麦和大麦的穗）、肉穗状（玉米的雌穗）、圆锥状（例如稻、燕麦、高粱、粟和黍的穗）等型式。穗由小穗和小花组成，每个小穗由两片护颖和一个或多个小花构成，每个小花内有内颖和外颖（稃）各1片、雄蕊3个或6个（稻）和雌蕊1枚，外颖与内颖中有2个小薄片（称为鳞被或浆片），柱头常为羽毛状，小花授粉后发育成籽粒（图3-6）。

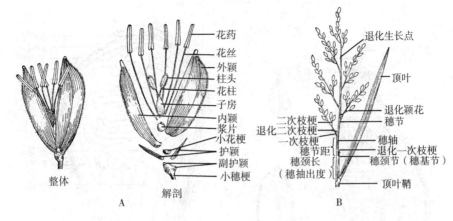

图 3-6 水稻的花（A）和穗（B）
（引自孙晓辉，2002）

2. 开花、授粉和受精 当雌雄蕊发育成熟时，花被打开，花粉散放，完成传粉过程。落在柱头上的花粉粒，其花粉管萌发，通过花柱进入子房（胚囊），完成双受精。即花粉粒中一个精细胞与卵细胞结合后发育成胚，另一个精细胞与极核结合后发育成胚乳，从而完成有性发育过程。

花粉借助于一定的媒介力量被传送到同一朵花或另一朵花的柱头，称为授粉。花粉落到同一朵花柱头上称自花授粉，有些作物是严格自花授粉的，例如水稻、小麦、大麦、大豆、豌豆、花生。一朵花的花粉落在另一朵花柱头上称为异花授粉，例如苎麻、大麻、白菜型油菜、玉米等。棉花、高粱、蚕豆等作物的异交率在 5%～40%，属常异花授粉作物。传送花粉的外力有风、动物、水等。

（六）作物果实与种子的生长发育

1. 作物果实的形成与结构 受精后，子房发育成果实，其内的胚珠发育成种子。果实由果皮和种子组成，果皮之内包藏种子。果皮可分为外果皮、中果皮和内果皮。在仅由子房发育形成的果实中，果皮是由子房壁发育成的，有些作物的花托等结构也参与了果皮的形成。

果实停止生长后发生的一系列生理生化变化过程为果实的成熟过程。成熟的果实色、香、味及质地等都发生了一系列的转变。其生物学意义在于有利于种子的传播，而为人类食用的果实，其商品价值也很重要。果实自身产生的乙烯和外源的乙烯都能诱导果实成熟。

2. 作物种子 作物胚囊内的受精卵产生合子，经球形胚、心形胚、鱼雷胚和成熟胚 4 个发育阶段，形成具有胚根、胚轴、胚芽和折叠子叶的成熟胚，即种仁部分。在胚发育的同时，初生胚乳核细胞增殖发育形成胚乳。

（1）种子的构造 种子形状有圆形、椭圆形、心形、肾形等；种子颜色有白色、红色、黄色、绿色、黑色等，许多种子具有花纹。种子的基本结构由胚、胚乳和种皮 3 部分组成，有些种子具有外胚乳或假种皮（图 3-7 和图 3-8）。

① 胚：胚是构成种子的最重要部分，是新一代作物体的幼体，作物器官的形态发生从胚开始。胚由胚根、胚轴、胚芽和子叶 4 个部分组成。胚根由根端生长点和根冠组成。胚芽由茎端生长点和幼叶组成。连接胚根和胚芽的轴状结构为胚轴，当种子萌发时，胚轴生长变长。子叶可认为是作物最早的叶，不同种子有 1 片或 2 片，以此为依据分为单子叶作物和双子叶作物。

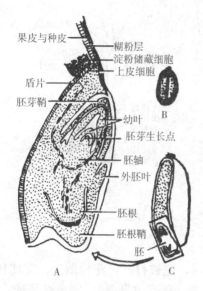

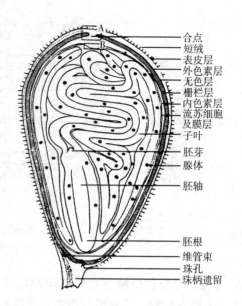

图 3-7 小麦颖果的结构

A. 胚的纵切面　B. 籽粒外形　C. 籽粒纵切

（引自余德谦和朱旭彤，1992）

图 3-8 棉花种子的结构

（引自余德谦和朱旭彤，1992）

② 胚乳：胚乳位于种皮和胚之间，是营养物质的储藏场所，所储藏的营养物质供种子萌发时利用。胚乳或子叶含有丰富的营养物质，主要是糖类、脂类和蛋白质，亦有少量的无机盐和维生素，这些化合物在种子中的相对含量随作物种类不同而变化很大。以干物质计，禾本科作物小麦和玉米的淀粉含量较高，占 70%～80%；而豆类作物（例如豌豆和菜豆）种子中淀粉占 50% 左右；油菜和芥菜种子中含有 40% 的脂类和 30% 的蛋白质，大豆中则含有 20% 的脂类和 40% 的蛋白质。

③ 种皮：种皮是包被在种子最外面的结构，可保护种子内的胚，避免水分的丧失、机械损伤和病虫害的侵入，有些作物的种皮还与控制萌发的机制有关。棉花种皮具有很长的表皮毛，是收获的产品纤维。种皮细胞内含有色素，使种子呈现不同的颜色。

成熟种子的种皮上一般还有种脐、种孔、种脊等结构。种脐是种子成熟后与果实脱离时留下的痕迹。种孔是原来胚珠时期的珠孔，种子萌发时，胚根首先从种孔处突破种皮（图 3-9 和图 3-10）。

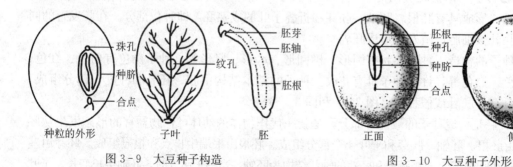

图 3-9 大豆种子构造

图 3-10 大豆种子外形

（2）作物种子的类型　按照胚乳的有无，将种子分为有胚乳种子和无胚乳种子。

① 有胚乳种子：有胚乳种子种子成熟后具有胚乳，并占据种子的大部分。多数单子叶作物和部分双子叶作物的种子是有胚乳种子，例如蓖麻、荞麦、黄麻、烟草、小麦、水稻等的种子。

② 无胚乳种子：无胚乳种子在种子成熟过程中，胚乳中养料转移到子叶中，因此常具有肥厚的子叶，例如花生、蚕豆、棉花、油菜、大豆、芝麻、甜菜、大麻等的种子。

第二节　作物产量及其形成

一、作物产量

作物栽培的目的是获得较多的有经济价值的农产品，单位面积土地生产的农作物产品数量即为作物产量。通常把作物的产量分为生物产量和经济产量。

（一）生物产量

作物利用太阳光能，通过光合作用，同化二氧化碳、水和无机物质，进行物质和能量的转化和积累，形成各种有机物质。作物在整个生育期间生产和积累有机物质的总量，即整个植株（一般不包括根系）的干物质量称为生物产量。组成作物体的全部干物质中，有机物质占 90%～95%，其余为矿物质。因此光合作用形成的有机物质积累是农作物产量形成的主要物质基础。

（二）经济产量

经济产量是指单位面积上所获得的有经济价值的主产品数量，也就是生产上所说的产量。由于人们栽培目的所需要的主产品不同，不同作物所提供的产品器官也各不相同。例如禾谷类、豆类和油料作物的主产品是籽粒，薯类作物的产品是块根或块茎，棉花的主产品是种子上的纤维，黄红麻的主产品为茎秆的韧皮纤维，甘蔗的主产品为蔗茎，甜菜的主产品为肉质根，烟草和茶叶的主产品是它们的叶片，绿肥饲料作物的产品是全部茎叶。同一作物因利用目的的不同，产量概念也随之变化，例如纤维用亚麻，产量是指麻皮产量；油用亚麻，产量是指种子产量。玉米作为粮食作物时，产量指籽粒产量；作为饲料作物时，产量包括叶、茎、果穗等全部有机物质的产量。

（三）经济系数

一般情况下，作物的经济产量仅是生物产量的一部分。在一定的生物产量中，获得经济产量的多少，要看生物产量转化为经济产量的效率，这种转化效率称为经济系数或收获指数，即经济系数等于经济产量与生物产量的比率。在正常情况下，经济产量的高低与生物产量呈正比，尤其是收获茎叶为目的的作物。经济系数是综合反应作物品种特性和栽培技术水平的指标。

不同类型作物经济系数差异较大（表 3-2），这与作物所收获的产品器官及其化学成分有关。一般以营养器官为主产品的作物（例如薯类、烟草等），形成主产品过程简单，经济系数高。以生殖器官为主产品的作物（例如禾谷类、豆类、油菜籽等），经济系数低。同样是收获种子的作物，主产品化学成分不同，经济系数也不同。以糖类为主的，形成过程中消耗能量较少，经济系数较高，而产品以蛋白质和脂肪为主的，形成过程中消耗能量较多，经济系数较低。

表 3-2　不同作物的经济系数
(引自董钻等，2010)

作物	经济系数	作物	经济系数
水稻、小麦	0.35~0.50	大豆	0.25~0.35
玉米	0.30~0.50	籽棉	0.35~0.40
薯类	0.70~0.85	皮棉	0.13~0.16
甜菜	0.60~0.70	烟草	0.60~0.70
油菜	0.28	叶菜类	1.00

二、作物产量构成因素及其形成

(一) 作物产量构成因素

作物产量是指单位土地面积上的作物群体的产量。作物产量可以分解为几个构成因素，并依作物种类而异（表 3-3）。田间测产时，只要测得各构成因素的平均值，便可计算出理论产量。由于该方法易于操作，在作物栽培及育种中被广泛采用。

表 3-3　各类作物的产量构成因素
(引自曹卫星，2001)

作物种类	代表作物	产量构成因素
禾谷类	稻、麦、玉米、高粱	穗数、每穗实粒数、粒重
豆类	大豆、蚕豆、豌豆、绿豆	株数、每株有效分枝数、每分枝荚数、每荚实粒数、粒重
薯类	甘薯、马铃薯	株数、每株薯块数、单薯重
棉花	棉花	株数、每株有效铃数、单铃籽棉重、衣分
韧皮纤维作物	苎麻、红麻、亚麻、大麻	有效茎数、单株鲜茎或鲜皮重量、出麻率
油菜	油菜	株数、每株有效分枝数、每分枝角果数、每角果粒数、粒重
甘蔗	甘蔗	有效茎数、单茎重
烟草	烟草	株数、每株叶数、单叶重
绿肥作物	苜蓿、紫云英、苕子	株数、单株鲜重

(二) 作物产量形成的特点

作物的产量构成因素是在作物整个生长发育期内随着生育进程依次叠加形成。不同作物由于收获的产品器官不同而具有不同的产量形成特点，可归纳为下述两个类型。

1. 收获营养器官的作物　麻类作物、烟草、饲料作物，收获产品是茎、叶，主要在营养生长期收获。栽培管理技术相对简单，不需协调营养生长与生殖生长的矛盾。特别是绿肥饲料作物，以争取最大生物产量为目标。烟草、麻类作物在生育前中期，采用合理密度、水肥管理等各项栽培措施，以使营养器官迅速而均匀地生长为主，同时需考虑品质形成。

薯类作物以地下部肥大的薯块作为主要收获物。薯块的形成与膨大，主要依靠地下部分的茎的髓部或根的中柱部分形成层活动产生大量薄壁细胞，随着薄壁细胞体积增大和细胞中积储营养物质，地下部分的根或茎体积膨大增粗。薯块形成的迟早、数量多少、形成后膨大持续期长短与速度等，决定着薯块产量的形成过程及最终产量。在产量形成过程中，需要经过比较明显的光合器官的形成、储藏器官的分化和膨大等时期，前期有较大的光合同化系统，才能有适宜的储藏器官分化及有利于储藏器官膨大的基础，最终获得理想产量。

2. 收获种子的作物

（1）禾谷类作物　禾谷类作物产量构成因素需经历完整的生育前期、中期和后期3个阶段，按穗数、每穗实粒数和粒重顺序进行，但在生育进程中各产量构成因素相互间又依次重叠。穗数形成从播种开始，分蘖期是决定阶段，拔节孕穗期是巩固阶段。每穗实粒数取决于分化小花数、退化小花数、可孕小花数的受精率及结实率4个因素，开始于分蘖期，决定于幼穗分化期至抽穗期以及扬花、受精结实过程。粒重取决于籽粒容积以及充实度，主要决定时期是受精结实、果实发育成熟时期。

（2）双子叶作物　一般而言，单位面积的果数（如棉花铃数、油菜角果数、花生和大豆的荚数）取决于密度和单株成果数。因此双子叶收获种子的作物产量构成因素自播种出苗（或育苗移栽）就开始形成，中后期开花受精过程是决定阶段，果实发育期是巩固阶段。每果种子数开始于花芽分化，决定于果实发育。粒重（衣分、油分）决定于果实种子发育时期。这类作物在产量因素的形成过程中常是分化的花芽数多结果少，或分化的胚珠数多结籽少，或籽粒充实度不够而饱粒少，千粒重低。其中大豆、棉花、蓖麻和花生是一种类型，它们的花果在植株上下各部都有（花生主要在下部），都是边开花结果，边进行营养器官生长，营养生长与生殖生长的矛盾比较突出，易发生蕾、花、果的脱落（花生则是能否入土和发育饱满的问题），结果数是影响产量的主要因素。另一类作物是向日葵、红花、油菜、芝麻、亚麻等，它们的果实着生在植株顶部或上部，在营养生长基本结束或结束之后（芝麻还有小部分营养生长）才开花结实，先开的花较易结实，后开的花常因环境已不适或植株衰老而不能结实，先结的果实中结籽率高低常成为影响产量的主要因素。

（三）作物产量构成因素间的相互关系

1. 相互制约　各产量构成因素的数值愈大，产量则愈高。但生产实践上，这些因素的数值很难同步增长，在一定的栽培条件下，它们之间有一定的相互制约关系。例如禾谷类作物，在单位面积上穗数增至一定程度后，每穗粒数就有减少的趋势，粒重也会降低。油菜、大豆等分枝型作物，单位面积的株数增至一定程度后，每株荚数、每荚粒数都会有所减少。棉花单位面积株数多时，每株着生铃数就减少，铃重也有下降趋势；相反，当单位面积株数减少时，单株铃数就相对增多，铃重也会出现增大的趋势。

产量构成因素之间的相互制约关系，主要是由于光合产物的分配和竞争引起的。由于作物群体是由个体组成，单位面积上密度增加后，各个体所占的营养面积及空间就减少，个体的生物产量就有所削弱，因此表现出每穗粒数（或荚数）等器官的生长发育受到制约。如果单位面积上穗数（株数）的增加能弥补并超过每穗粒数（每株荚数）减少的损失，仍可表现增产；反之为减产。不同作物在不同地区和栽培条件下，有其获得高产的产量构成因素最佳组合。

2. 相互补偿　作物具有自动调节和补偿功能，这种功能是指后期形成的产量构成因素，可在一定程度上自动补偿前期所形成的产量构成因素。这种补偿能力在生育的中后期陆续表现出来，并随着发育进程的进一步发展而降低。作物种类不同，补偿能力也有差异。主茎型作物（例如玉米和高粱）、单秆型作物（例如芝麻等）补偿作用较弱，而分蘖型或分枝型作物（例如水稻和棉花）补偿能力较强。

水稻、小麦等基本苗不足或播种密度低，可通过发生分蘖以形成较多穗数来补偿；穗数不足，可通过每穗粒数和粒重的增加来补偿。生长前期补偿作用往往大于生长后期。补偿程度取决于作物种类或不同品种及生长条件。一般分蘖习性能调节和维持田间一定的群体和穗数；每穗粒数可以调节和补偿穗数的不足；每穗粒数减少，粒重也会有所增加。

棉铃多少，同样存在调节、补偿的功能。棉铃可分为伏前桃、伏桃和秋桃。通常棉田的三桃分配有一定的比例，但遇到天气异常或突发病虫，使伏前桃和伏桃大量脱落时，就会出现秋桃增多的补偿现象。若棉田存在大量伏前桃和伏桃，则棉田的秋桃会自动减少。

三、作物产量形成的生理基础

（一）作物产量和光合作用

作物产量的形成是作物整个生育期内利用光合器官将太阳能转化为化学能，将无机物转化为有机物，最后转化为具有经济价值的收获产品的过程，因此光合作用是产量形成的生理基础。光合作用与生物产量、经济产量的关系式为：

生物产量＝光合面积×光合强度×光合时间－消耗（呼吸、脱落等）

经济产量＝生物产量×经济系数

利用适宜的光合面积、提高光合强度、有效地延长光合时间、减少消耗、提高经济系数等均可提高产量。

1. 光合面积 光合面积是指作物上所有的绿色面积，包括具有叶绿体、能进行光合作用的各部位（禾谷类包括幼嫩的茎、叶片、叶鞘、颖片，豆科作物包括幼嫩的茎、叶、枝、豆荚，棉花的叶、嫩茎、苞叶、花瓣、蕾和幼铃等）。其中叶面积与产量关系最密切，是最易控制的部分。

2. 光合强度 光合强度也称为光合速率，是指单位时间内单位叶面积吸收、同化二氧化碳的量 $[mg/(dm^2 \cdot h)]$。不同作物的光合强度有一定差异，例如玉米为 $60\ mg/(dm^2 \cdot h)$ 左右，甘蔗为 $49\ mg/(dm^2 \cdot h)$ 左右，麦类、烟草为 $20\ mg/(dm^2 \cdot h)$ 左右。同一类作物的种和品种间也有差别，如某些野生棉的光合强度明显高于栽培种，鸡脚棉型的棉花光合强度则明显高于普通品种。

外界条件对光合强度的影响有光照度、温度、二氧化碳浓度、水分、营养条件等。

3. 光合时间 作物的有效光合时间与作物的生育期长短、日照时数、太阳辐射强度及叶片有效功能期长短有密切关系。

在同一地区，一般选用生育期较长（较晚熟）的品种，采用早播、早栽、早管、促进早发等措施，充分利用生长期，其产量明显高于早熟品种。作物叶片有一定寿命，生长一定时间后则进入衰老期，其光合强度下降。延缓叶片衰老，延长功能期，可明显增加光合产物的积累。

4. 光合产物的消耗 光合产物的消耗主要包括呼吸消耗、器官脱落、病虫危害等，对光合产物的累积不利，因而应尽量减少消耗。呼吸作用消耗光合产物的 30% 左右或更多，但呼吸作用同时又提供维持生命活动和生长所需要的能量及中间产物，因而正常的呼吸作用是必要的。C_3 作物的光呼吸增加了呼吸消耗，特别是在二氧化碳浓度较低、光照较强时，光呼吸旺盛。不良环境条件，例如高温、干旱、病菌侵染、虫食等都会造成呼吸增强，超过生理需要而过多消耗光合产物。温度是影响呼吸消耗的最主要因素，一般温度高，呼吸加速，消耗增多，尤其是夜温偏高时，呼吸消耗更多。

（二）作物群体和群体光能利用率

1. 作物群体的概念　作物群体是指某种作物许多个体的集合体。大田作物生产的基本形式是以群体为对象进行种植管理的。作物群体不是单纯个体的简单相加，而是由个体组合成为一个有机的整体。作物群体具有自身结构、特性以及生理调节功能。

在作物群体中，个体与群体之间、个体与个体之间都存在着密切的相互关系。在作物生产上必须根据作物群体与个体以及群体中个体与个体之间的相互关系，采取有效的农业技术措施，调控群体发展过程，提高群体的光合作用与物质生产能力。

2. 作物群体特点及内部关系

（1）群体自动调节功能　水稻、小麦如品种相同，同时播种的植株，在其他条件一致的情况下，密度较大群体的分蘖数目会较早达到高峰，且分蘖高峰维持时间较短；相反，在密度较小的群体中，分蘖高峰到达的时间较晚，且维持的时间较长。这说明分蘖的消长不仅是植株个体特性的表现，而且还与群体的大小有关。

（2）个体与群体　群体的结构和特性是由个体数及个体生育状况决定的，而个体的生育状况又反映出群体的影响。这是因为群体内部如温度、光照、二氧化碳、湿度、风速等环境因素，是随着个体数目而变化的。群体内部的环境因素又反过来影响单株数目和个体生长发育。

以棉花为例，随着单位面积上种植密度的增加，田间小气候、土壤湿度等环境条件发生相应变化，例如通风透光条件变差、相对湿度增加等。这些环境条件的变化，限制了个体的生长发育，例如分枝数目减少、叶面气孔变少、棉株中下部叶片变黄甚至枯死等，从而使个体削弱和数目减少。说明群体中的个体不能超过环境的容纳量，否则就会削弱个体生长。

（3）个体与个体　群体中每个个体不可能单独占有自身周围的环境，而必须相互共享。这就导致了群体中的植株个体间对环境条件（光、温、水、肥、空间等）的相互争夺，争夺的结果必然会造成个体间获得量的差异，导致个体间生长发育不平衡，较弱个体生长发育受到抑制，甚至成为无效个体。

3. 作物群体结构　作物群体结构主要指群体的组成、大小、分布、长相、动态变化、整齐度等，与产量和品质有着密切关系，既反映群体的特性，又影响个体生长发育。

（1）作物群体组成　作物群体组成是指构成群体的作物种类以及主茎与分枝（蘖）的比例和分布情况。同一作物组成的群体称为单一群体；不同种或品种（尤指生育期不同的品种或株高差异大的作物）组成的群体，称为复合群体，如间作、套作、混作的群体。

（2）群体大小　作物群体大小的衡量指标有密度、干物质积累量、茎蘖（枝）数、叶面积指数、穗（铃、角、荚）数、根系发达程度等。除密度外，群体大小是随生育进程而动态消长的。

4. 作物群体分布　群体分布是指群体内个体以及个体各个器官在群体中的时空分布和配置。

（1）作物群体的时间分布　作物群体的时间分布是指随生育进程出现的群体发展状况。例如棉花伏前桃、伏桃、秋桃就是按时间分布来划分的。这一方面反映群体结构的动态发展；另一方面，这种动态发展与生育进程是否同步也可反映群体与个体之间的关系。复合群体的时间分布与配置还指作物间共生期的长短等。

（2）作物群体的垂直分布　作物群体的垂直分布可分为光合层、支持层和吸收层3个层次。①光合层，包括所有叶片、嫩茎以及水稻、小麦、油菜的果实等部位，在群体的上层。它是制造养分的场所，是群体生产的主体，应得到相应扩展，才能积累大量有机物质，形成产量。光合层主要涉及叶面积大小、叶片的空间配置、叶片光合作用的特性及功能。②支持层，主体是茎秆，支持层的功能是支持光合层，使叶片能在空间有序排列，扩大中层空间，使群体内部有良好的光照和通风条件。它涉及作物个体稀密、高矮、节间长短、叶序的排列等。支持层的适宜程度直接影响叶层的发展和功能，进而影响到产量形成和高低。③吸收层，指作物的根系及空间发育。

在作物的生长发育过程中，要使这3个层次达到协调、均衡的发展，以保证形成最佳的产量。除了垂直分布中的根、茎、叶3个主要器官外，还有一个最重要的是产品器官。产品器官在不同作物中的分布是不一样的，也可能是根、茎、叶的一部分，但较多的是生殖器官的花、果实和种子。它的分布可能在垂直面的上部，也可能在中部或下部。稻、麦、油菜的结实层在上部，玉米的结实层在中部，花生的结实层在下部（土中），大豆、棉花的结实层在全株上下均有分布。棉花的结铃空间分布又可分为内围铃和外围铃等。油菜的结角层包括了油菜所有产量因素，同时又是后期的光合器官，结角层结构质量直接反映产量与品质。生产上，要协调发展光合层、支持层和吸收层，其最终目的是使产品器官获得最大的发展，以达到高产的目的。

（3）作物群体的水平分布　作物群体的水平分布主要指个体分布的均匀度、整齐度、株行距、套作的预留行宽度等。栽培管理上应该保证个体在土地上分布均匀，保证水平分布的合理与得当，可减少作物个体间对光能、水分、养分的竞争，并能改善通风透光条件，从而提高群体光能利用率和产量水平。

5. 作物高产群体的特点　高产群体特点主要有：①产量构成因素协调发展，有利于保穗（果）增粒增重；②主茎和分枝（蘖）协调进展，有利于塑造良好的株型，减少无效枝（蘖）的消耗；③群体与个体、个体与个体、个体内部器官间协调发展；④生育进程与生长中心转移、生产中心（光合器官）更替、叶面积指数（LAI）、茎蘖（枝）消长动态等诸进程合理；⑤叶层受光好，功能稳定，物质积累多，转运效率高。

6. 作物群体光能利用率　光能利用率是指一定土地面积上光合产物中储存的能量占照射到该土地上太阳辐射能的比例（％）。它以当地单位土地面积在单位时间内所接受的平均太阳辐射或有效辐射能与同时间内同面积上作物增加的干物质折合成热量的比值，再乘以100％来表示。作物群体光能利用率受内外多种因素的影响。

（三）源库流理论

1. 基本概念　在近代作物栽培生理研究中，常用源库流的理论来阐明作物产量形成的规律。从产量形成角度看，"源"是指光合产物供给源或代谢源，是制造和提供养料的器官，主要指作物茎、叶为主体的全部营养器官。"库"是光合产物储藏库或代谢库，主要指产品器官，例如籽粒、花果、幼叶、根系等。库容主要指其容积及接纳养料的能力。作物接纳养料的库可不止一个，可分为主库与次库。"流"则指光合产物的运转和分配，它与作物体内输导系统的发育状况及其运转速率有关。

源是产量库形成和充实的重要物质基础。一般情况下，凡源大即光合作用面积大、光合能力强、光合时间长、光合产物消耗少，加上光合产物积累和运转比例高，产量就高。要争取单位面积上有较大的库容，就必须从强化源的供给能力入手。

库容大小与作物产量密切相关。以水稻为例，产量库容大小取决于单位面积的穗数、每穗颖花数、谷壳容积。研究表明，库不单纯是储藏和消耗养料的器官，同时对源的大小，特别是对源的光合性能具有明显反馈作用。一般生长旺盛、代谢活跃的器官，竞争力较强，而且这些器官往往也是生长素、细胞分裂素等生长物质分布和含量较多的部位。因此在叶片同化产物分配构成中，这些器官就能竞争得到较多数量的同化物。稻麦等作物的穗子、马铃薯的块茎、甘薯的块根等储藏器官，之所以成为后期同化产物的输入中心，是受其本身代谢强度决定的。因此在高产栽培中，适当增大库源比，对增强源的活性和促进干物质的积累均具有重要的作用。

作物叶片光合作用形成的产物，大部分运往植株的其他器官，完成相应的生长发育或储存。从叶片制造有机物到有机物的消耗或储藏之间，有一个有机物的运输和分配过程，这个过程靠流来完成，与流有关的器官就是存在于叶、鞘、茎中的维管系统。这些维管系统发育是否良好、源和库之间的维管系统长度均影响同化物的运输速度和质量，也影响同化物向不同库的分配。

2. 源流库之间的关系　研究表明，库和源的大小及其活性对流的方向、速率、数量都有明显影响，分别起着"拉力"和"推力"的作用。凌启鸿等（1982）研究，采用剪叶、疏茎、整穗处理所造成的不同粒叶比，对稻株光合产物分配状况有明显影响。相对于叶片的库容量越大，即粒叶比越高，叶片光合产物输向穗部的越多，而滞留在叶片和茎鞘中的较少；当粒叶比减小时，光合产物分配到穗部相对减少，滞留在茎鞘中的增多。另据 Wardlaw（1965）试验，摘除小麦穗子的 2/3 籽粒时，标记的同化产物在剑叶的运输速度和运输量都不变，但当同化产物到达茎以后，在茎中向上运输到穗的速度至少比完整穗存在时减慢 1/3，同时发现标记的同化产物在根中积累增加。可见库的多少对流量、流速及流向都有明显的作用。

新生的幼嫩器官和代谢旺盛的器官，一般来说竞争力较强，同化物分配得较多。库离源的距离越近，同化物也分配得越多。棉花、大豆等腋生花序作物，主要是靠各侧叶供应其相应叶腋间花序所需的同化物。但如果将供应某棉桃的对应叶遮光，该棉桃就会从另一片受光的幼叶中夺取养分，从而导致该幼叶叶腋里的幼铃脱落。可见，库的吸力大小或库的优劣，是决定同化物分配的关键。

根据这些规律，在栽培上可设法调节和改善同化物分配方向和数量。例如稻、麦等作物分蘖的促控，拔节孕穗肥的施用，棉花整枝、打杈、摘心，以及矮壮素等生长调节剂在多种作物上的应用等，都能影响作物生长中心和代谢方式的转移，控制茎叶徒长，促进同化产物向收获储藏器官的分配，从而提高作物产量和品质。

综上所述，源、库、流在植物代谢活动和产量形成中是不可分割的统一整体，三者的发展水平及其平衡状况决定着作物产量的高低，源小库大、源大库小或源库皆小均难以获得高产。在生产上力争"源大、库足、流畅"，获得高产。

四、提高作物产量的途径

（一）作物产量现状和潜力

提高作物对太阳能的利用率是农业生产上各种增产措施的主要目的。国内外学者从不同角度，根据光能利用的基本理论，均提出作物增产的潜力还是很大的，理论光能利用率的最大值为 5% 左右。

据联合国粮食与农业组织（FAO）资料，1988—1990 年世界谷物单产平均为 2 638 kg/hm²，光能利用率仅为 0.3% 左右（崔读昌，1995）。我国目前耕地的全年太阳能平均利用率为有效辐射能的 0.4%～0.5%，丰产田可达到 1%～2%，低产田则只有 0.1%～0.2%，远低于潜在光能利用率。全国各地区之间的光能利用率亦有较大的差异，这不仅与不同地区农业技术水平有关，而且也受各地气候条件、太阳辐射的总能量不同的影响。高亮之（1984）按照水稻生育期光合辐射，计算出我国各主要地区单季水稻的潜在光能利用率为 2.9%～4.3%，潜在生产力为 16 125～26 625 kg/hm²，但实际生产力却为 8 625～14 250 kg/hm²。如能将光能利用率由 1.5%～2.0% 提高到 2.7%～3.8%，理论产量可达到 15 000 kg/hm² 以上。因此通过提高光能利用率来提高作物产量的潜力是很大的。

光能利用率不高的原因主要有：①漏光损失，作物从播种到出苗期间全部太阳辐射都不能被利用，苗期也由于很大一部分光照射在地面上而浪费，成熟期及以后一部分光也要被浪费掉；②反射和透射损失，植物体包括叶片要将一部分光反射掉，透射损失较少；③光饱和现象，光照度超过光饱和点的那部分光，植物不能利用；④环境条件不适宜，例如干旱、缺肥、温度过高或过低、盐渍涝害、二氧化碳浓度过低、病虫草害等造成光合逆境；⑤光合产物向作物经济器官的分配（常称为经济系数或收获指数）不足。

（二）提高光能利用率的途径

1. 选育高光合效率的品种　从提高光合效率的角度培育超高产品种，选择目标很复杂。因为具有高光合效率的作物群体，不仅整株的碳素同化能力强，更重要的是群体水平上的碳素同化能力强。这些光合性状的表现，涉及形态、解剖结构、生理生化代谢、酶系统等各个层次。

研究表明，提高作物生产力，应从提高群体光合生产力的性状来考虑，特别是根据植株形态特征、空间排列及各性状组合与产量形成的关系进行遗传改良，创造具有理想株型的新品种，对于提高作物产量潜力当有显著效果。例如水稻半矮秆直立叶型、直立穗型品种，玉米紧凑型杂交种等，群体叶片反射损失明显减少，单位叶面积接受的太阳辐射量有所降低，量子效率提高，同时适宜密植，增加光合面积。目前，已选育出玉米紧凑株型品种单产达到 15 000 kg/hm² 以上，单季稻直立叶型品种单产达到 13 200 kg/hm² 左右。目前在生理水平上提高光合效率的遗传改良重点正在向以下方向努力：①改变光合色素的组成与数量，改造叶片的吸光特性，提高光饱和点，缓解光抑制；②改变二氧化碳固定酶，提高酶活性及对二氧化碳的亲和力。从研究现状看，在解剖结构和形态学水平上，育种者对叶色、叶型、叶片厚度、叶片伸展角度等形态特征相当重视。

2. 提高作物群体的光能截获量　提高作物群体的光能截获量主要是提高群体叶面积指数（LAI）和叶面积持续时间（LAD）。作物群体叶面积一生中需保持最适宜的叶面积指数，低于最适宜值，即光能未充分利用；高于最适宜值，群体过大，郁闭加重，导致减产。一般要求前期叶面积增长速度快而稳，最大叶面积指数适宜，高峰期限持续的时间较长，后期叶面积降低缓慢。例如高产优质棉花群体中叶面积指数的消长动态大致是现蕾期为 0.2，初花期为 2 左右，盛花期达高峰 3.5 左右，不宜超过 4，并持续 1 个月左右的时间，吐絮期为 2.5 左右。

3. 降低呼吸消耗　通过抑制光呼吸来提高净光合生产率，例如在 3% 的低氧条件下种植水稻，光呼吸受到抑制，干物质量增加了54％。硫代硫酸钠、羟基甲烷磺酸、α-羟基-2-吡啶甲磺酸等化学药剂有抑制光呼吸的作用，但采用这些药剂喷洒植株，在大面积生产中尚未发现明显增产效果。总之，通过环境调控，防止逆境引起的呼吸过旺，减少光合产物损耗，是提高光合生产力的途径之一。

4. 改善栽培环境和栽培技术　作物的环境有两种，一种是自然环境，包括气候、地形、土壤、生物、水文等因子，难以大规模加以控制；另一种是栽培环境，指通过人工控制和调节而改变的环境，即作物生长的小环境。作物产量潜力是由自身的遗传特性、生物学特性、生理生化过程等内在因素决定的，产量的表现受外部环境物质能量输入和作用效率所制约。

（1）复种与间作套种　通过改一熟制为多熟制，采用再生稻、间作套种等种植方式，既可以相对延长光合时间，有效地利用全年的太阳能，又能在单位时间和单位面积上增加对太阳能的吸收量，减少反射、透射和漏射的损失。

（2）合理密植　适宜密度能解决作物群体与个体之间的矛盾，同时还能充分利用地力，使生长前期叶面积迅速扩大，生长中后期达到最适叶面积指数，且持续时间长，后期叶面积指数缓慢下降，以截获更多的太阳光，保持较高的光合速率，提高作物群体对光能的利用率及大田光合产物总量。

（3）培育优良株型的群体　通过合理栽培，例如采用适宜密度及肥水管理、中耕、整枝、植物生长调节剂的综合使用，能在某种程度上改善作物株型和叶型，形成田间作物群体的最佳多层立体配置，造成群体上下层次都有较好的光照条件。例如棉花在旺盛生长期使用缩节胺，对于调控株型、协调营养生长与生殖生长的矛盾十分有效。

（4）改善水肥条件　改善农田水肥条件，以培育健壮的作物群体，增强植株的光合能力。

（5）增加田间二氧化碳浓度　在大田生产中要注意合理密植及适宜的行向和行距，改善通风透光条件，促使空气中二氧化碳不断补充到群体内部，有利于增强光合作用。另外，在土壤中适当增施有机肥，肥料分解时可放出二氧化碳。在温室和塑料大棚中施用二氧化碳（如干冰）可提高产量。

（6）使用植物生长调节剂　矮壮素、缩节胺、多效唑等植物生长延缓剂不仅可有效防止植株徒长，在培育壮苗、提高植株光合能力等方面也具有很好的作用。萘乙酸等植物生长促进剂，在水稻、小麦等作物的开花末期或灌浆初期喷施，可显著调节光合产物的分配方向，达到增加粒数、千粒重和产量的作用。

第三节　作物品质及其形成

一、作物品质及其评价指标

（一）作物品质的概念

作物品质是指收获目标产品达到某种用途要求的适合度。长期以来，由于我国人均耕地较少，为了解决温饱问题，人们重视产品数量，对质量重视不够。随着我国市场经济的发展、人们生活水平的提高和加入世界贸易组织（WTO）后国际市场的冲击，人们逐渐认识到农产品质量的重要性，农产品质量已成为影响我国种植业持续发展的重要因素。

作物种类和用途不同，人们对它们的品质要求也各异。一般而言，根据人类栽培作物的目的，可大致将作物分为两大类，一类是为人类及动物提供食物的作物，例如各种粮食作物和饲料作物等；另一类是为轻工业提供原料的作物，即各种经济作物。对提供食物的作物，其品质主要包括食用品质、营养品质等方面；对经济作物而言，其品质主要包括工艺品质、加工品质等。

同一作物也会因产品用途不同，对品质的要求也不同。例如大麦作为饲料作物栽培时，要求蛋白质含量高，淀粉含量低；而作为啤酒大麦栽培时，则要求淀粉含量高，蛋白质含量低。又如大豆籽粒，用于榨油时要求脂肪含量高，用于做豆腐时要求蛋白质含量高。再如油菜籽油，作为工业用油时要求芥酸含量高，但作为食用油时要求芥酸含量必须低。

随着市场经济的发展，有时人们根据各自的经济利益，也会制定不同的质量标准。例如同样是小麦籽粒，种植者追求的是籽粒饱满、整齐度好、容重大等外观品质，面粉厂家则要求的是籽粒出粉率高、易磨等物理品质，而消费者则希望口感好等食用品质和营养丰富等营养品质。再如同样是大豆籽粒，农户追求的是籽粒光亮、饱满、淡脐等外观品质，豆腐作坊要求的是出豆腐率高，榨油厂要求的是出油率高等加工品质。

实际上，作物品质的优劣是相对的，它随着人们的需要、科学技术的进步、社会的发展等而发生变化。例如小麦的品质与加工产品有关，在不考虑加工产品时，其品质主要根据籽粒的容重划分，但要加工制作面包时，要求用强筋小麦（角质率不低于70%）；制作蛋糕和酥性饼干等食品时则要求用弱筋小麦（粉质率不低于70%）。随着人们生活水平的提高，作物产品的保健作用将会引起重视。因此作物品质的评价标准也是相对的，不可能用统一的标准去衡量种类繁多、用途各异的各种作物。

（二）作物品质的评价指标

尽管对作物品质的评价不可能有统一的标准，但随着人们对作物品质研究的深入，逐渐建立了一些评价作物品质优劣的指标。当前，用于评价各种作物品质的指标归结起来主要有两类：形态指标和理化指标。

1. 形态指标 形态指标是指根据作物产品的外观形态来评价品质优劣的指标，包括形状、大小、长短、粗细、厚薄、色泽、整齐度等，例如大豆籽粒的大小、棉花种子纤维的长度、烤烟的色泽等。

2. 理化指标 理化指标是指根据作物产品的生理生化分析结果评价品质优劣的指标，包括各种营养成分（例如蛋白质、氨基酸、淀粉、可溶性糖、纤维素、矿物质等）的含量、各种有害物质（例如残留农药、有毒重金属）的含量等。对于某一作物而言，通常以一二种物质的含量为准，例如小麦籽粒的蛋白质含量、大豆籽粒的蛋白质和油分含量、玉米籽粒的赖氨酸含量、甘蔗和甜菜的含糖量、油菜籽的芥酸含量、特用作物的特定物质含量等。

在评价作物品质时，一般需要对形态指标和理化指标加以综合评价，才能确定其优劣。作物的形态指标与理化指标不是彼此独立的，某些理化指标常与形态指标密切相关。例如优质啤酒大麦的特点为：发芽率和发芽势高，机械损伤的破粒少，谷壳比重小，蛋白质含量低，淀粉含量高。

对大多数粮食作物及饲料作物来说，除了其产品需要有良好的外观形态品质以外，判断其品质优劣的主要指标是理化性状。具体体现在食用品质和营养品质两个方面。而对大多数经济作物而言，评价品质优劣的标准通常为工艺品质和加工品质。

(三) 作物品质的主要类型

1. 食用品质　作物的食用品质是指蒸煮、口感、食味等的特性。例如稻谷加工后的精米，大约90％的内含物是淀粉，因此大米的食用品质很大程度上受淀粉的理化性状的影响，例如直链淀粉含量、糊化温度、胶稠度、胀性、香味等。又如小麦籽粒中含有的面筋是谷蛋白和醇溶蛋白吸水膨胀后形成的凝胶体，小麦面团因有面筋而能拉长延伸，发酵后加热又变得多孔柔软。为此，小麦的食用品质很大程度上取决于面筋的特性，例如谷蛋白和醇溶蛋白的含量及其比例等。

2. 营养品质　作物的营养品质主要是指蛋白质含量、氨基酸组成、维生素含量、微量元素含量等。一般来说，有益于人类健康的成分丰富，例如蛋白质、必需氨基酸、维生素和矿物质的含量越高，则产品的营养品质越好。例如高赖氨酸玉米植株外观上与普通玉米没有什么不同，主要特点是营养价值高，生物效价比普通玉米高，其胚乳赖氨酸含量一般在0.4％以上，是普通玉米的2倍多。其胚乳中蛋白质总含量与普通玉米相同，但优质蛋白质（非醇溶蛋白）的含量是普通玉米的1.5倍左右。再如小麦籽粒的蛋白质含量是小麦营养品质中最重要的指标，一等优质强筋小麦籽粒的蛋白质含量必须高于15％（干基）。

3. 工艺品质　作物的工艺品质是指影响产品质量的原材料特性，例如棉花纤维的长度、细度、整齐度、成熟度、强度等。烟叶的色泽、油分、成熟度等外观品质也属于工艺品质。工艺品质不同可以加工成不同质量的产品，为了保证产品质量的稳定性，必须根据工艺品质对原材料进行分级。不同等级的原材料用于生产不同的产品，做到物尽其用。例如棉花纤维长度与成纱指标有密切的关系，在其他品质指标相同时，纤维越长，其纺纱指数越高，强度越大。优质棉要求纤维长度为29～31 mm。棉花纤维成熟度差时，纱布棉结多，染色性能较差，纺织价值较小。

4. 加工品质　加工品质是指不明显影响加工产品质量，但又对加工过程有影响的原材料特性。例如糖料作物的含糖率、油料作物的含油率、棉花的衣分、向日葵和花生的出仁率，稻谷的出糙率、小麦的出粉率等，均属于加工品质性状。作物的加工品质会直接影响企业的效益，例如大豆籽粒的脂肪含量不同，加工后单位重量的产油量也不同，尽管产出的油质量没有大的差异，但生产同样量的产品，脂肪含量低的籽粒加工费用会明显高，使效益低。又如甜菜的含糖量低于规定要求时，生产成本会大幅度上升，甚至加工企业因无利可图而拒绝收购。

二、作物品质的形成

(一) 糖类的形成与积累

作物产量器官中储藏的糖类主要是蔗糖和淀粉。蔗糖以液体的形态、淀粉以固体（淀粉粒）的形态积累于薄壁细胞内。作物产量器官中累积的糖类，有的以蔗糖为主，例如甘蔗和甜菜中主要是蔗糖，其含量分别可达12％和20％左右；有的以淀粉为主，例如禾谷类作物种子中淀粉含量高达70％左右，薯芋类作物也可达20％左右。

蔗糖的积累过程比较简单，即通过叶片等器官形成的光合产物，以蔗糖的形态经维管束输送到储藏组织后，先在细胞壁部位被分解成葡萄糖和果糖，然后进入细胞质合成蔗糖，最后转移到液泡中被储存起来。

淀粉的积累过程与蔗糖有相似之处，光合产物以蔗糖的形式经维管束输送，并分解成葡萄糖和果糖后进入细胞质，在细胞质内果糖转变成葡萄糖，然后葡萄糖以累加的方式合成直链淀粉或支链淀粉，形成淀粉粒。通常禾谷类作物在开花几天后，就开始积累淀粉。另外，由非产量器官内暂时储存的一部分蔗糖（例如麦类作物的茎、叶鞘）或淀粉（如水稻的叶鞘），也能以蔗糖的形态（淀粉需预先降解）通过维管束输送到产量器官后被储存起来。

油菜、花生、大豆等油料作物尽管成熟种子内积累大量的脂肪，但在种子形成初期却以积累糖类为主，到种子形成后期糖类才转化为脂肪。

（二）蛋白质的形成与积累

豆类作物种子内含有特别丰富的蛋白质，例如大豆种子的蛋白质含量一般可达 40％左右。蛋白质是由氨基酸合成而来。在籽粒形成过程中，氨基酸等可溶性含氮化合物从植株的各个部位转移到籽粒中，然后在籽粒中转变为蛋白质，以不溶性蛋白质体的形态储藏于细胞内。在豆类籽粒成熟过程中，荚壳常常能起暂时储藏的作用。即从植株其他部位运输而来的含氮化合物及其他物质先储存在荚壳内，到籽粒形成后期才转移到籽粒中去。所以在豆荚发育早期，荚壳内的蛋白质含量增加；到发育后期，荚壳内的蛋白质则开始降解、转移，含量也就随着下降。大豆在开花后 10～30 d 内种子中氨基酸含量增加最快，此后氨基酸含量迅速下降，说明后期氨基酸向蛋白质转化的过程加快。蛋白质的合成和积累，通常在整个种子形成过程中都可以进行，但后期蛋白质的增长量可占成熟种子蛋白质含量的一半以上。谷类作物种子中的储藏性蛋白质，在开花后不久便开始积累。在成熟过程中，每粒种子所含的蛋白质总量持续增加，但蛋白质的相对含量则由于籽粒不断积累淀粉而逐渐下降。

（三）脂类的形成与积累

作物种子中储藏的脂类（脂肪或油分）主要为甘油三酯，它是由甘油与各种脂肪酸在脂肪酶作用下形成的产物，它们以小油滴的状态存在于细胞内。油料作物种子富含脂肪，例如向日葵可达 56％左右，花生为 50％左右，油菜为 40％左右，大豆为 20％左右。在种子发育初期，光合产物和植株体内储藏的同化物是以蔗糖的形态被输送至种子后，以糖类的形态积累起来，以后随着种子的成熟，糖类转化为脂肪，脂肪含量逐渐增加。

油料作物种子在形成脂肪的过程中，先形成的是饱和脂肪酸，然后转变成不饱和脂肪酸，所以脂肪的碘价［每 100 g 植物油可吸收的碘的量（g）］随种子成熟而增大。同时，在种子成熟时，先形成脂肪酸，以后才逐渐形成甘油三酯，因而酸值［中和 1 g 植物油中的游离脂肪酸所需的 KOH 的量（mg）］随种子的成熟而下降。所以种子只有达到充分成熟时，才能完成这些转化过程。如果油料作物的种子未完全成熟时收获，会因为脂肪的合成、转化过程尚未完成，造成种子的含油量低且油质较差。

在玉米籽粒发育的全过程中，普通玉米籽粒含油量随着籽粒的发育而缓慢增长。而高油玉米在授粉后 14～28 d，尤其在 14～21 d 含油量迅速增长，在这个阶段以前和以后增长较缓慢，在籽粒成熟的最后几天里甚至还有所减少。从脂肪酸组成的变化过程来看，授粉后 7～14 d 脂肪酸的组成变化最大，油酸占的比例迅速增加，而软脂酸和亚麻酸所占的比例迅速下降，此后的比例变化不大。

（四）纤维素的形成与积累

纤维素是植物体内广泛分布的一种多糖，但一般作为植株的结构成分存在。纤维素的积累过程与淀粉的积累过程基本相似。但纤维素不属于储藏物质，一般也不能为人类作为食物利用，而是重要的轻工业原料。作为纤维作物被人类利用的主要是棉花和麻类，棉花利用的是种子表皮纤维，麻类作物利用的是韧皮部纤维。棉花种子的纤维比例为 20％左右，棉纤维中纤维素的含量可达 93%～95%；在麻类作物中，苎麻的纤维素和半纤维素含量可占到原麻的 85%，黄麻也可达 70% 以上。

棉纤维的发育要经过纤维细胞伸长、细胞壁淀积加厚和纤维脱水形成卷曲 3 个阶段。细胞壁淀积加厚阶段是纤维素积累的关键阶段，历时 25～35 d。在开花 5～10 d 后，于初生胞壁内逐层向内淀积纤维素，使细胞壁逐渐加厚。纤维素在气温较高时淀积较致密，气温较低时则淀积疏松多孔。由于昼夜温差的关系，纤维素淀积在纤维断面上表现出明显的层次结构。

麻类作物属于不同的科、属，其纤维形成过程也有所不同。由于麻类作物主要利用茎韧皮部纤维，因此从出苗到现蕾开花期（植株快速伸长期）是纤维形成的重要时期，此后则对纤维的厚度等工艺品质有一定的影响。然而，除留种用植株外，麻类作物在果实发育盛期开始前就应收获，这样可以避免积累于茎秆内的营养物质向果实转移，影响纤维的品质。生产上常采用一些抑制生殖生长的措施来保证麻类纤维的品质。

（五）一些特殊物质的形成与积累

1. 烟碱的形成与积累　烟碱是衡量烟草质量的重要指标。烟草中生物碱含量较多，目前烟株中已鉴定出的生物碱有 45 种，其中主要的有烟碱（又称为尼古丁）、去甲基烟碱、新烟碱等。在烤烟中，烟碱占总生物碱的 90% 以上。烟碱的含量，在烤烟中为 1.5%～3.5%，雪茄烟中为 3%～6%。烟草种子中不含烟碱，随着种子萌发，幼苗中烟碱越来越多。随着烟株生长，烟碱含量不断增加，打顶之后，烟叶成熟期叶片中烟碱含量达到高峰。就不同器官而言，叶片含烟碱最多，根次之，茎最少；就叶位而言，上部叶含烟碱量高于中下部叶。烟碱在同一张叶片上分布也不均衡，自基部向叶尖渐次增加，自中脉向边缘渐次增加；在整个叶片中，叶肉积累烟碱最多，细脉次之，中脉最少。

2. 硫苷的形成与积累　菜籽饼粕中的硫苷对菜籽饼粕的利用影响较大。不同类型油菜种子的脱脂饼粕中，硫苷含量差异较大，白菜型油菜硫苷含量最高，甘蓝型最低，芥菜型居中。油菜角果开始形成时，果壳中已含有较多的硫苷，以后逐渐增加。油菜种子中的硫苷含量，初期增长缓慢，至果龄 20～30 d 时迅速增长，以后又趋缓慢。果壳和种子中硫苷含量的消长，在高硫苷和低硫苷品种之间存在极显著差异。5 d 果龄时高硫苷品种种子与果壳中硫苷含量之比为 0.14∶1，低硫苷品种为 0.13∶1，成熟时高硫苷品种为 1.12∶1，低硫苷品种则为 0.61∶1。

3. 鞣质的形成与积累　许多作物的籽粒在其外层和胚乳中累积有多酚物质，其中有一种特殊的多酚物质鞣质。鞣质（又称为单宁）是能与蛋白质互作并使之沉淀的多酚物质。在植物中有两种鞣质：可水解的鞣质和凝聚的鞣质。所谓的抗鸟害高粱，就含有相当数量的凝聚性鞣质。这种高粱的凝聚性鞣质含量与皮层中的褐色素含量有关，皮色越深，含鞣质越多。在油菜种子的种皮中也含有鞣质，菜籽饼粕中的平均含量为 3.65%。这种鞣质溶于水，并易与铁离子作用产生沉淀，使菜籽饼粕变黑，具有苦涩味。

4. 维生素的形成与积累　禾谷类作物的维生素是在营养器官，特别是在叶片中合成，当这些器官衰老时转运至籽粒。许多维生素的含量，特别是维生素 B_1 和维生素 B_2 的含量在籽粒完熟期比籽粒形成的早期阶段通常高 1.25～2.00 倍，而类胡萝卜素（维生素 A）的含量却急剧降低。维生素 B_1 在籽粒中分布极不均衡，大多数分布在胚的盾片和靠近盾片的胚乳细胞。维生素 B_1 的含量可因一系列因素而变化。例如水稻籽粒中磷含量与维生素 B_1 的含量有直接关系，水稻籽粒中含磷低于 0.4% 时，维生素 B_1 的含量就会很少。维生素 B_2 在禾谷类作物中含量较多，在整个籽粒中的平均含量为 0.1～0.3 mg/100 g。维生素 B_2 在籽粒中的分布同维生素 B_1 一样，胚和糊粉层中最多。维生素 E 在禾谷类籽粒中约含 1 mg/100 g，仅有些豆类作物和绿叶植物超过此含量。在由禾谷类籽粒的胚提取的油中维生素 E 含量特别高，例如小麦胚油中含 0.26%～0.27%，玉米胚油中含 0.23%。

三、作物品质的影响因素

与产量性状一样，作物的品质既受遗传因素的制约，也受环境条件、栽培技术等因素的影响。

(一) 遗传因素

1. 常规育种与作物品质的改良　业已证明，作物品质的诸多性状，例如形状、大小、色泽、厚薄等形态品质，蛋白质、糖分、维生素、矿物质含量、氨基酸组成等理化品质，都受遗传因素的控制。因此可以采用育种方法来有效地改良作物品质。但值得注意的是，大多数品质性状受许多具有累加效应的微效基因或基因群控制，遗传规律比较复杂，因而在作物品质改良时，有时见效甚微。例如小麦的蛋白质含量在 F_1 代有各种类型的遗传表现，但多数情况下为中间型，一般倾向于低值亲本。

作物品质改良的主要障碍是品质与产量存在相互制约关系，如禾谷类作物的蛋白质含量与产量、油料作物的含油量与产量、棉花纤维强度与皮棉产量之间常呈负相关关系。虽然这种关系并不是绝对的，但无疑会加大品质改良的难度。既高产又优质的农作物新品种是作物品质改良的重点发展方向。

另外，作物品质内部成分间也会出现相互制约现象，例如大豆的含油量与蛋白质含量之间呈负相关关系。由于油分含量和蛋白质含量均是大豆品质的重要指标，因此在确立大豆育种目标时必须根据实际需要协调二者关系，或者有所取舍，即培育专用的高油大豆或高蛋白大豆。再如水稻籽粒的蛋白质含量与食用口感之间常呈负相关关系，蛋白质含量越高，往往口感越差，有"食味与营养不可兼得"之说。因此在品质改良时要协调大米营养与食用口感之间的矛盾。

2. 利用生物技术改良作物品质　生物技术可将一些用传统育种方法无法培育出的性状通过基因工程的手段引入作物。例如将单子叶作物中的性状导入双子叶作物中，或将双子叶作物中的性状导入单子叶作物中，以提高作物的营养价值；改进食用油料和非食用油料作物的脂肪酸成分；引入甜味蛋白质改善水果及蔬菜的口味等。

人类和多数动物都不具有合成某些氨基酸（例如赖氨酸等）的能力（这些人类身体不能合成的氨基酸称为必需氨基酸），因此必须从食物中获取这些必需氨基酸。谷物和豆类是人类食物的主要来源，但种子所储存的蛋白质中所含的氨基酸种类有限，特别是赖氨酸等必需氨基酸含量偏低，严重影响作物产品的品质。科学家们正在如下方面开展品质改良工作：①将某作物的特定基因转到另一作物中，以提高相应作物中特定物质的含量。例如通过分析发现，玉米的 β 菜豆蛋白富含甲硫氨酸，将此蛋白基因转入豆科植物中，就可以大大提高豆科植物种子储存蛋白的甲硫氨酸含量，而甲硫氨酸正是豆科植物种子储存蛋白所缺少的成分。②对种子储存蛋白的编码基因进行改造，使其氨基酸组成发生改变。③用基因工程的方法提高种子中某种氨基酸的合成能力，从而提高相应的氨基酸在储存蛋白中的含量。例如可以对赖氨酸代谢途径中的各种酶进行修饰或加工，从而使细胞积累更大量的赖氨酸。

油脂是人类希望从植物中获得的另一大类物质。油菜是世界较大的油料作物之一，也是最早成功进行了基因转化的植物之一，其转化技术较为成熟。迄今为止，在世界范围种植的良种油菜有许多是转基因品种，例如用于生产人造黄油、可可奶油的含40％硬脂酸的品种，用于生产去污剂的含60％月桂酸的品种等。

3. 品质优异的作物种质资源的利用 随着市场经济的发展，人们越来越重视对品质优异的作物种质资源的利用。例如高油玉米新品种选育的材料主要来源于普通玉米，除了含油量高以外，高油玉米的其他生物学特性与普通玉米差别很小。

籼稻的直链淀粉含量通常明显高于粳稻，但当高直链淀粉含量品种与低含量品种杂交时，F_1代的直链淀粉含量表现为中等含量，且不能固定遗传下去，因此在水稻淀粉性质改良时一定需要一个直链淀粉含量中等的品种作亲本。大量的测定结果证明，糯稻的直链淀粉含量通常为0％～2％，粳稻含量在20％以下，籼稻的含量大多在25％以上。随着人们对稻米品质需求的提高，香味也就逐渐受到育种家的重视。在稻种资源中有不少香味品种，例如我国地方品种的"香粳晚"（太湖流域地区）、"香米"（陕西城固）、"香紫糯"（云南）、"有芒香"糯（广西）等。利用这些种质资源，育种家们已育成了大量香型品种以满足市场需要。

大豆蛋白中的胰蛋白酶抑制剂会妨碍人体和动物对大豆蛋白的消化利用，甚至会引起胰脏肥大和含硫氨基酸短缺，在国外大豆资源中已发现了不含胰蛋白酶抑制剂的种质（PI157440、L83-4387和L81-4590）。在大豆成熟种子中，脂氧酶占蛋白质含量的1％～2％，脂氧酶的存在会使大豆蛋白制品产生豆腥味，降低豆制品的可食性和营养价值，因此需要尽可能地降低其活性或将其除去。消除脂氧酶活性，去除豆腥味的主要手段是加热处理。但培育无脂氧酶的大豆则是消除豆腥味的根本方法。美国、日本和我国的大豆专家已从大豆资源中筛选鉴定出了脂氧酶缺失材料，并利用这些材料育成了高产优质新品种。大豆蛋白质中含硫氨基酸含量较低，例如我国大豆胱氨酸的平均含量为0.92％，但在东北大豆品种资源中却有多个品种的含量超过1.75％，"靖宇小黄豆"为1.77％，"敦化豆"高达1.79％；硫氨酸的平均含量只占蛋白质的1.42％，但"敦化豆"占1.69％，"舒兰大金毛"占1.73％。这些都是我国大豆品质改良的宝贵资源。

（二）环境因素

实践证明，很多品质性状都受环境条件的影响，这是利用栽培技术改善作物品质的理论基础。

1. 光照 由于光合作用是形成作物产量和品质的基础，因此光照不足会严重影响作物的品质。例如南方麦区的小麦品质差，其原因之一就是春季多阴雨，光照不足而引起籽粒不饱满，籽粒容重低。

日照长度也会对作物品质造成影响。韩天富等（1997）的研究证明，长日照下大豆蛋白质含量下降，脂肪含量上升。在脂肪中，棕榈酸和油酸所占比例下降，亚油酸和亚麻酸所占比例有所升高。春小麦蛋白质含量、湿面筋含量、沉降值和降落值与抽穗至成熟期的平均日照时数均呈正相关（曹广才等，2004）。

甘蔗的含糖量也与日照时数有关，9—11月的日照时数累计，在126 h以下时含糖量为11.17％，133～188 h时含糖量为12.02％，200～220 h时含糖量为12.65％（陈远贻等，1984）。

2. 温度对作物品质的影响 对禾谷类作物来说，灌浆结实期温度过高或过低均会降低粒重，影响品质。例如水稻遇到 15 ℃以下的低温，会降低籽粒灌浆速度；超过 35 ℃的高温，又会造成高温逼熟，影响品质。曹广才等（2004）的研究表明，春小麦籽粒蛋白质含量与抽穗至成熟期的平均气温呈极显著正相关，与平均昼夜温差呈负相关；湿面筋含量与同期日平均气温呈正相关。日平均气温在 30 ℃以下，随着温度升高，面团强度增强，面包烘烤品质得到改良。

气候冷凉和温差较大的地区有利于大豆油分的积累。亚麻和油菜籽的含油量则在较低温度（10 ℃）时最高（分别为 46.6% 和 51.8%），并随着温度升高而降低。向日葵和蓖麻对温度呈曲线反应，在 21 ℃含油量最高（分别为 40.4% 和 51.2%），而在较高和较低温度下的含油量较低。

棉纤维的发育需要较高的温度，日平均温度低于 15 ℃，纤维就不能伸长，低于 21 ℃，还原糖不能转化为纤维素。棉花的秋桃一般品质较差，主要与温度下降有关。

烟草是喜温作物，特别是烟叶成熟时要求的温度较高，以昼夜平均温度 24～25 ℃，并能持续 30 d 左右最佳。若温度低于 20 ℃，则叶薄，尼古丁含量低，味淡不成熟，不宜作卷烟的原料。温度过高，再加干旱，蛋白质和尼古丁含量过高，品质也不良。据国际烟草品质标准，以施木克值（总糖/蛋白质）为 2.0～2.5、糖/碱 10～15、总氮/烟碱 1 左右为最好。

温度对甘蔗糖分的积累会产生较大影响。据研究，在 9—10 月温度日较差为 3.1～6.2 ℃时，含糖量为 10.00%～11.76%，温度日较差 6.56～7.53 ℃时，含糖量为 10.84%～13.66%，温度日较差为 11.6 ℃时，含糖量为 14.22%。

3. 水分对作物品质的影响 作物品质的形成期大多处于作物生长发育旺盛期，因此需水量多、耗水量大。如果此时遭遇水分胁迫，一般都会明显降低品质。我国北方小麦灌浆后期常遇干热风天气，如果供水不足，就会严重影响粒重。但是水分过多会抑制根系的生理功能，从而影响地上部的物质积累和代谢，降低品质。研究认为，小麦籽粒蛋白质含量一般与降水量或土壤水分含量呈负相关。成熟期过多的降水会降低面筋的弹性，以致降低面包的烘烤品质。

黄淮海地区的玉米，常因降水过于集中，造成根系发育不良，导致籽粒不饱满。

在土壤湿度过大（饱和湿度的 90%）的土中，烟叶的产量大受抑制，尼古丁和柠檬酸含量也降低；土壤水分不足（饱和湿度的 30%）将降低烟叶产量，但叶中尼古丁含量则大大增加。

干旱对大豆籽粒品质的影响包括外观品质和内在品质的影响。大豆鼓粒期受旱，籽粒重量降低，体积缩小，种皮增厚，硬实比率增加。同时会使籽粒蛋白质含量增加，油分含量下降。

4. 大气污染对作物品质的影响 随着工业的发展，大气污染问题日益严重。大气污染不仅会对作物产量造成巨大损失，对作物品质也会造成极大的影响。Heagle 等（1998）研究了臭氧和二氧化碳对大豆品质的影响，证明提高臭氧浓度会降低种子中油酸的含量，而提高二氧化碳浓度则会增加油酸的含量；种子蛋白质含量不受臭氧和二氧化碳浓度的影响。大气中二氧化碳浓度的升高虽然能提高作物的光合作用速率，增加作物产量，但使作物体内糖类向氨基酸和蛋白质转换的速率下降，使作物体内氨基酸和蛋白质的含量下降（郭建平等，2001）。

二氧化碳浓度升高使小麦籽粒的蛋白质、赖氨酸、脂肪含量增高，淀粉含量下降，品质得到提高。玉米则相反，其蛋白质、赖氨酸、脂肪含量随二氧化碳浓度升高而减少，淀粉含量略有增高，品质有所下降（王春乙等，2000）。

5. 土壤对作物品质的影响　通常肥力高的土壤和有利于作物吸收矿质营养，常能使作物形成优良品质的产品。例如酸性土壤施用石灰改土，可起到明显提高作物蛋白质含量的作用。

在壤土、砂土上种植的花生总糖和蔗糖含量明显地比黏土上种植的花生高。种植在砂土上的花生油酸/亚油酸（O/L）最高，黏土上的次之，壤土上的最低。施用农家肥和氮磷钾三元复合肥有利于提高花生的总糖、蔗糖含量；不论施用何种肥料，对花生脂肪酸成分和油酸/亚油酸无大影响（张威等，2003）。

赵淑章等（2004）对河南省 8 种不同类型土壤与强筋小麦品质和产量的关系进行了研究，结果表明，在同一自然气候条件下，土壤类型本身属性与小麦籽粒产量和品质关系不大，土壤基础肥力和全氮含量对小麦籽粒产量影响较大，速效氮含量和全氮含量与小麦品质呈显著的正相关。

土壤的盐碱含量不但会影响作物产量，而且还会影响作物的品质。常汝镇等（1994）对盐胁迫下大豆籽粒品质的变化进行了研究，结果表明，盐胁迫会影响籽粒蛋白质含量，对大豆籽粒的脂肪含量影响不大，但对脂肪酸的组成有一定影响，盐胁迫使亚油酸和亚麻酸含量增加，油酸含量减少。

在土壤含盐量为 0.35%～0.76% 的非氯化钠盐土上，种植红麻比种植其他作物有较大优势。盐碱地红麻在雨季前受到不同程度的盐害，生长受到不同程度的抑制，一旦进入雨季，麻株很快解除盐害，加速生长。由于盐碱地红麻前期生长缓慢，节间短且皮厚，因而皮/骨值一般大于非盐碱地麻，有利于提高红麻纸浆质量。

（三）栽培技术对作物品质的影响

合理的栽培技术能起到提高产量和改善品质的作用，但过于偏重高产的和不合理的栽培技术也会导致作物品质的下降。

1. 种植密度和播种期对作物品质的影响

（1）种植密度对作物品质的影响　对于大多数作物而言，适当稀植可以改善个体营养，从而在一定程度上提高作物品质。当前，生产上常常出现因种植密度过大、群体过于繁茂而引起后期倒伏，从而导致品质严重下降的现象。但是对于收获韧皮部纤维的麻类作物而言，在不造成倒伏的前提下，适当密植可以抑制分枝生长，促进主茎伸长，从而起到改善品质的效果。

种植密度对烟叶品质的影响也很显著。由于烟草植株中部叶片多为优质烟叶，叶片大，单位叶面积重量大，组织细致，厚薄适中，干物质含量高，糖分高，有弹性，烟碱含量适宜，香味好。因此种植过密，会降低品质；但种植过稀，虽叶大而重，而含蛋白质和烟碱较多，品质也不良。

（2）播种期对作物品质的影响　播种期不同，植株生育和物质形成所遇到的温、光、水等条件也不同，这些条件的变化会对作物的品质产生很大的影响。例如有研究表明，播种越早，大豆籽粒的蛋白质含量越高，油分含量越低，碘价也越低。播种期不仅影响大豆油分的含量，而且影响脂肪酸的组成。与夏播相比，春播大豆的棕榈酸、硬脂酸、亚油酸、亚麻酸含量较低，油酸含量却与之相反，春播大豆高于夏播大豆。又如红麻推迟播种，主要表现是红麻茎秆中髓的比重随播种期的推迟而明显增加，细浆得率明显降低。再如随着小麦播期的推迟，籽粒蛋白质含量逐渐增加，面筋拉力逐渐增大，但不是越晚越好。

2. 施肥对作物品质的影响 一般认为施用较多有机肥时，作物品质较好，过量施用化肥作物品质较差，而且会因化肥中有毒物质的残留影响人们的健康。

从肥料种类来看，适量施用有机肥或化肥都能在不同程度上影响作物品质。高产优质的地块应强调有机肥与化肥配合施用。实践证明，大豆单施有机肥可使籽粒的含油量下降，而在施有机肥基础上再施磷肥、磷氮肥、磷钾肥，均可提高大豆籽粒的含油量。在所有的肥料中，一般氮肥对改善品质的作用最大。特别是在地力较差的中低产田，适当增施氮肥和增加追肥比例通常能提高禾谷类作物籽粒的蛋白质含量，起到改善品质的作用。譬如小麦籽粒蛋白质含量和赖氨酸含量均随施氮量增加而提高。

肥料施用过少时，作物生长发育不良，干物质积累少，产量低，品质也差。同样，肥料施用过量，尤其是化肥施用过多，容易引起物质转运不畅和倒伏等问题，反而导致品质下降，甚至会因有毒物质残留超标而影响消费者健康。孙慧敏等（2006）研究表明，适量施磷能显著提高小麦籽粒蛋白质含量，延长面团形成时间和稳定时间，改善加工品质；但在施磷过量时，小麦籽粒加工品质会下降。赵会杰等（2004）的研究也证实，随着施氮量的增加，小麦籽粒蛋白质、赖氨酸含量提高；随着磷和钾的用量增加，也可使蛋白质、赖氨酸含量提高。适当增加氮、磷、钾的用量均可明显改善小麦的加工品质，使其容重、沉降值、湿面筋含量、吸水量、形成时间、稳定时间提高，弱化度降低。但当磷、钾用量过大时，加工品质不能得到进一步改善，甚至有所下降。樊虎玲等（2005）的研究也证明，施氮能提高小麦营养品质，增强面团强度和筋力，提高籽粒氨基酸含量；氮磷钾配施和氮磷配施对小麦营养品质改良作用明显，均有利于提高面团的耐揉性、强度和筋力，降低面团的延展性。

随着氮肥用量的提高，水稻直链淀粉含量和蛋白质含量增高，但氮肥施用过多会使蛋白质含量下降，氮肥用量与垩白米率和垩白度分别呈显著和极显著正相关（柳金来等，2005）。

追肥时期对不同筋型小麦籽粒蛋白质含量的影响较大，对其他品质性状的影响较小。随着追氮时期后移，不同筋型冬小麦的蛋白质含量总体呈上升趋势。张军等（2005）的研究表明，氮肥施用时期对籽粒蛋白质含量、蛋白质产量、蛋白质组分、磨粉品质、面粉及面团品质和淀粉糊化特性均有显著的调节作用，抽穗期和开花期追施氮肥的小麦籽粒接近或达到强筋小麦品质标准，开花期追施氮肥的品质最优，但高产和优质较难协调。

不同的肥料形态也会对作物品质产生影响。例如硝态氮和硫酸钾对烟叶的产量和品质有良好作用，铵态氮和氯化钾有提高烟叶中蛋白质含量和降低燃烧性的不利影响。氮肥形态对春小麦淀粉及其组分积累的调节效应因品种而异，且对支链淀粉的调节效应高于直链淀粉（尹静等，2006）。

另外，微量元素也会对作物的品质产生影响。作物对微量元素的反应，取决于土壤中的丰缺程度、各种元素的互作和氮磷钾大量元素的供应状况。试验表明，在稻田中施锌、硼、钼、锰和铜对稻谷产量和稻米品质有明显效果。施钼或硼能提高大豆籽粒的蛋白质含量，降低大豆籽粒中钙和脂肪的含量，使大豆籽粒总氨基酸含量和必需氨基酸含量较对照明显增加。研究还证明，氮锌配合施用可提高大豆籽粒的含油量。在增施氮肥的同时，适当配合施用磷钾肥和微量元素，也是进一步提高棉花产量和改善纤维品质的关键措施之一。

龚玉琴等（2004）探讨了水稻在常规施用氮磷肥基础上，配施硅、硫、锌、锰肥对其品质和产量的影响，结果表明，配施硅、硫、锌、锰肥对大米碾磨品质、外观品质有一定的改善，并有一定的增产效果。

3. 灌溉对作物品质的影响 根据作物需水规律，适当地进行补充性灌溉，通常能促进植株代谢，增加光合产物的积累，因而能改善作物的品质。对于大多数旱田作物来说，追肥后进行灌溉，能起到促进肥料吸收、增加蛋白质含量的作用。特别是当干旱已经达到影响到作物正常生长发育的程度时，进行灌溉补水，不仅有利于高产，而且有利于保证品质。例如有研究表明，大豆花期灌水能提高籽粒含油量 0.39%～0.53%，结荚期灌水能提高籽粒含油量 0.03%～1.6%，鼓粒期灌水能提高籽粒含油量 0.01%～0.45%。

一般认为，水浇地小麦常比旱地小麦品质差。随着灌水量的增大和浇水时间的推迟，籽粒蛋白质含量和赖氨酸含量有下降趋势。据报道，灌水对品质的影响与降水量有很大关系，歉水年灌水可提高品质，丰水年灌水过多则对品质不利。灌水只有在施肥量较多时才能明显地影响籽粒蛋白质含量，在缺肥条件下，灌水对蛋白质含量基本无影响。

4. 生长调节剂对作物品质的影响 在作物的生育过程中，喷施生长调节剂一方面可以提高产量，另一方面可以改善品质。例如利用乙烯利的催熟作用，对早熟棉花和一年二熟地区棉花采用 40% 的乙烯利 1 500～2 250 g/hm²，加水 600～750 kg 于盛花后 30～40 d 进行喷雾，可以加速棉铃早熟吐絮，减少烂铃和霜后花，提高部分棉铃的铃重和品质，增加霜前花的产量。在接近采收时，用乙烯利对烟叶进行喷洒，也可提早采收，并减少尼古丁含量。

5. 收获对作物品质的影响 适时收获是获得高产优质的重要保证。禾谷类作物大多数在蜡熟期或黄熟期收获产量最高、品质最优。例如小麦不同收获时期蛋白质含量的变化趋势为蜡熟中期＞黄熟期＞迟收 5 d＞迟收 10 d＞迟收 15 d，干面筋和湿面筋含量也表现相同的变化趋势。

棉花收花过早，棉纤维成熟度不够、转曲减少；收花过晚，则由于光氧化作用，不仅会使转曲减少，而且纤维强度降低，长度变短。其他经济作物也大多有类似的问题。例如延迟收获，红麻纤维细胞的平均宽度减小，长宽比增大；韧皮部的纤维细胞壁厚度和壁腔比随收获期的推迟而减小。

（四）病虫害对作物品质的影响

1. 病害对作物品质的影响 在受到病害危害时，作物的品质会降低。例如有研究表明，感染褐斑病的大豆籽粒含油量下降 3.52%，蛋白质含量增加 1.59%；如果大豆灰斑病病斑率达 50%，籽粒含油量下降 1.71%，蛋白质含量提高 0.62%。陆京杰等（1991）证明，花叶病毒的侵染会显著地抑制大豆的碳代谢，但会明显刺激氮代谢，因而籽粒中可溶性蛋白质大大增加。玉米大斑病和玉米小斑病是叶部病害，发生时，轻者产量损失 10%～20%，重则减产 50% 以上。但对爆裂玉米来说，玉米大斑病和玉米小斑病不仅会影响产量，更会影响质量。

2. 虫害对作物品质的影响 在受到虫危害时，作物的品质也会降低。例如大豆籽粒受到食心虫危害后，油分含量下降 2.26%，而蛋白质则会提高 1.70%。再如玉米螟虫危害特种玉米时，会降低甜玉米果穗的可用性，严重时根本不能用于加工；爆裂玉米果穗受害会降低等级，甚至成为不合格产品；玉米笋被蛀后会失去利用价值；高赖氨酸玉米的果穗虫蛀后易引起果穗腐烂，降低品质。

品质优良的作物更加容易受到害虫的危害。例如高赖氨酸玉米在田间易受玉米螟、金龟子等害虫的危害，造成果穗腐烂，影响品质。在仓储过程中，高赖氨酸玉米因其松软的胚乳和高赖氨酸含量有利于害虫的繁殖，易受虫蛀，应注意仓储害虫的防治。

在病虫害防治过程中，因施药不当造成作物产品污染的事件时有发生，严重威胁食品卫生品质安全。因此在作物病虫害防治过程中，一定要选用高效、广谱、低毒、低残留农药品种，并注意施药的时间和浓度。

【复习思考题】

1. 简述作物的温光反应特性及在农业中的应用。

2. 什么叫营养生长和生殖生长？二者之间关系如何？

3. 简述作物种子休眠的概念、种子萌发的条件和过程。

4. 简述作物根、茎、叶的功能。

5. 简述作物花的结构与花的分化发育过程。

6. 简述作物的产量形成以及各产量构成因素之间的关系。

7. 什么是作物的源、库、流？源、库、流之间的关系如何？

8. 试述作物群体分布规律及高产群体特点。

9. 如何通过栽培措施提高作物的光能利用率？

10. 解释作物的品质、食用品质、营养品质、工艺品质和加工品质。

11. 试述生态环境对作物品质的影响。

12. 在作物生产中如何采用适宜的栽培措施来改善品质？

第四章 作物生产与环境条件

第一节 光

光是作物生产的基本条件之一。光在作物生产中的重要性包括间接作用和直接作用两个方面。间接作用就是作物利用光提供的能量进行光合作用，合成有机物质，为作物的生长发育提供物质基础。光对作物的直接作用是指光影响作物形态器官建成，例如光可以促进需光种子的萌发、幼叶的展开，影响叶芽与花芽的分化、作物的分枝与分蘖等。此外，光还会影响作物的某些生理代谢过程而影响作物的产品品质。

一、光对作物生长发育的影响

（一）光照度对作物生长发育的影响

光照度通过影响作物器官的形成和发育以及光合作用的强度而影响作物的生长发育。

1. 光照度对形态器官建成和生长发育的影响 充足的光照对于器官的建成和发育是不可缺少的。作物的细胞增大和分化、组织和器官分化、作物体积增大和重量增加等都与光照度有密切的关系；作物体各器官和组织在生长和发育上的正常比例，也与光照度有关。例如作物种植过密，群体内光照不足，植株会过分伸长，一方面使分枝或分蘖数量减少，改变分枝或分蘖的位置而影响作物的产量和质量，另一方面使茎秆细弱而容易导致倒伏，造成减产。

作物花芽的分化、形成和果实的发育也受光照度的制约。如果作物群体内部光照不足，有机物质生产过少，在花芽形成期，花芽的数量减少，即使已形成的花芽也会由于养分供应不足而发育不良或在早期夭折；在开花期，授粉受精受阻，造成落花；在果实充实期，会引起结实不良或果实停止发育，甚至落果。例如水稻在幼穗形成和发育期遇上多雨或阴天，稻穗变小，造成较多的空粒和秕粒。

2. 光照度对光合作用的影响 作物光合作用的能量来源于太阳光。由于作物群体的茂密程度不同、高矮不同和叶片的挺直状况不同，也由于作物种类不同而叶片的形状与大小以及叶层的构成与分布不一致，使群体内的光分布不同，即群体内不同位置（特别是不同高度）的光照度不一样，也导致叶片的受光态势不同。在正常自然条件下，上层叶片的光强一般会超过光合作用的需要，但中下部叶片常会处于光照不足的状态，会影响光合作用强度而减少物质的生产，削弱个体的健壮生长，这时光成为限制光合作用的主导因子。

光合作用强度一般可用光合速率 $[CO_2\ mg/(dm^2 \cdot h)]$ 表示，即每小时每平方分米的叶面积吸收的二氧化碳（CO_2）的量（mg）。一般情况下，光照度与光合作用强度呈正相关关系。不同的作物种类的光合速率有较大的差异，其对光照强度的要求可用光补偿点和光饱和点两个指标来表示。夜晚，基本没有光照，作物没有光合积累而只有呼吸消耗。白天，随着光照度的增加，作物的光合速率逐渐增加，当达到某一光照度时，叶片的实际光合速率等于呼吸速率，表观光合速率等于零，此时的光照度即为光补偿点。随着光照度的进一步增强，光合速率也随之上升，当达到某一光照度时，光合速率趋于稳定，此时的光照度称为光饱和点（图 4-1）。光补偿点和光饱和点不仅分别代表不同作物或不同群体光合作用对光照强度要求的低限和高限，而且分别代表不同作物或不同群体光合作用对于弱光和强光的利用能力，可作为作物需光特性的两个重要指标。

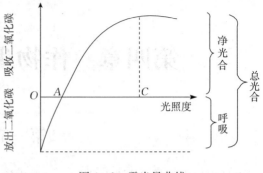

图 4-1 需光量曲线
A. 光补偿点 C. 光饱和点
（仿董钻等，2000）

根据植物对光照强度要求的不同，可把植物分为阳生植物和阴生植物。就光补偿点和光饱和点而言，阴生植物二者均低，光补偿点只在 100 lx 左右，光饱和点为 5 000～10 000 lx；阳生植物二者均较高，分别为 500～1 000 lx 和 20 000～25 000 lx。虽然作物没有阳生与阴生之分，大多数为喜光类型，一般要求较充足的光照，但不同作物类型需光量也有差别，C_4 作物（例如甘蔗、玉米等）的光饱和点高于 C_3 作物（例如水稻、小麦等），而前者的光补偿点一般又低于后者。故 C_4 作物又称为高光效作物，一般不表现午休现象。

综上所述，在了解作物光合作用与光照度关系的基础上，根据作物对光照度的反应，采用适当的措施，可以提高作物的产量和品质。在种植茎用纤维的麻类作物时，可适当密植，使群体较为荫蔽，从而促进植株长高，抑制或减少分枝，或提高分枝节位，有利于提高纤维的产量和品质。棉花周身结铃，要求群体内有充足的光照，过度密植会导致群体荫蔽，产量低且品质劣。充足的光照及较长的光周期（16 h）均有利于烟叶中烟碱的合成，烟叶中的烟碱和多酚含量随密度和留叶数增加而降低，含糖量有所提高，品质降低。

（二）日照长度对作物生长发育的影响

1. 日照长度对作物发育的影响 自然界一昼夜间的光暗交替称为光周期。从植物生理的角度而言，作物的发育，即从营养生长向生殖生长转变，受到日照长度的影响，或者说受昼夜相对长度的控制，作物发育对日照长度的这种反应称为光周期现象。根据作物发育对光周期的反应不同，可把作物分为长日照作物、短日照作物、中日照作物和定日照作物。

在理解作物光周期现象时，有两点应当加以注意：①作物在达到一定的生理年龄时才能接受光周期诱变，且接受光周期诱变的只是生育期中的一小段时间，并非整个生育期都要求这样的日照长度；②对长日照作物来说，日照长度不一定是越长越好，对短日照作物来说，日照长度也不一定是越短越好。

2. 日照长度对作物干物质生产的影响 作物积累干物质，在很大程度上依赖于作物光合速率的高低和光合时间的长短。一般情况下，日照长度增加，作物进行光合作用的时间延长，就能增加干物质的生产或积累。因此在温室栽培作物，进行补充光照，人工延长光照时间，能使作物增产。

（三）光谱成分对作物生长发育的影响

太阳光的波长可分为紫外线区（λ＜400 nm）、可见光区（400＜λ＜720 nm，从波长由短至长，可分为紫色、蓝色、青色、绿色、黄色、橙色和红光）和红外线区（λ＞720 nm）。光谱中的不同成分对作物生长发育和生理功能的影响并不是一样的，见表 4-1。

表 4-1　植物对于太阳辐射波长的反应

(引自董钻等，2000)

波长范围	植物的反应
>1 000 nm	对植物无效
1 000～720 nm	引起植物的伸长效应，有光周期反应
720～610 nm	为植物叶绿素所吸收，具有光周期反应
610～510 nm	植物无特别意义的响应
510～400 nm	为强烈的叶绿素吸收带
400～310 nm	具有矮化植物与增厚叶片的作用
310～280 nm	对植物具有损害作用
<280 nm	对植物具有致死作用

作物主要是利用波长为 400～700 nm 的可见光进行光合作用，其中红光和橙光利用最多，其次是蓝光和紫光。太阳辐射中的这部分波长的光波称为光合有效辐射。光合有效辐射占太阳总辐射量的 40%～50%。除表 4-1 中列举的作用外，很多研究都已证明，红光有利于糖类的合成；蓝光有利于蛋白质的合成；波长为 660 nm 的红光和 730 nm 的远红光影响作物的开花；紫外光对果实成熟和含糖量有良好作用，但对作物的生长有抑制作用；增加红光比例对烟草叶面积的增大和内含物的增加有一定的促进作用；蓝光处理会降低水稻幼苗的光合速率。

人工栽培的作物群体中，冠层顶部接收的是完全光谱，而中下层吸收远红光和绿光较多，这是由于太阳辐射被上层有选择性吸收后，透射或反射到中下层的是远红光和绿光偏多，所以各层次叶片的光合效率和产品质量是有差异的。在高山、高原上栽培的作物，一般接受青、蓝、紫等短波光和紫外线较多，因而一般较矮，茎叶富含花青素，色泽也较深。

二、我国光能资源的特点及利用

光能资源通常以太阳总辐射、光合有效辐射的年（季、生长季或月）总量及日照时数表示。我国的太阳辐射资源十分丰富，年总辐射量为 3 300～8 300 MJ/m²，年光合有效辐射量在 2 400 MJ/m² 以上，西部高于东部，高原高于平原，干旱区高于湿润区，青藏高原为最高值区，川黔地区为最低值区。在作物生长季节（4—10 月）内的太阳辐射占全年总辐射量的 40%～60%，水热同季，对作物生产十分有利。长江以南地区的太阳辐射在年内分配较均衡，作物可以周年生长。从日照时数的特点看，我国各地呈西多东少的趋势，在 1 400～3 400 h，总辐射高值区日照时数多在 3 000 h 以上。

光资源的特点以及光对作物生长发育的影响，对农业生产有重要的作用。例如作物的光周期现象，对不同地区间的引种极为重要。作物的需光特性和光照在群体内的分布状况，对考虑不同地区作物布局、间套种作物的搭配、通过种植密度的调节而改善某些作物的品质等方面都有重要意义。另外，提高作物光能利用率的各种措施也必须考虑光能资源的特点。

第二节　温　度

作物的生长和发育要求一定的温度。在作物生产中，温度的昼夜和季节性变化影响作物的干物质积累甚至产品的质量，而且也影响作物正常的生长与发育。作物的正常生长发育必须在一定的温度范围内才能完成，而且各个生长发育阶段所需的最适温度不一致，超出作物所能忍耐范围的极端温度，就会使作物受到伤害，生长发育不能完成，甚至过早死亡。造成这种结果，都是温度通过影响作物的正常生理、生化过程所致。此外，温度的地域性差异，也造成不同起源地的作物对温度要求的差异，因而存在作物分布的地区性差异。这些差异，与作物的物种起源和进化过程中对环境的适应性有关。了解温度对作物生长发育的重要作用，在作物生产中有重要意义。

一、温度对作物生长发育的影响

（一）作物的基本温度

各种作物对温度的要求有最低点、最适点和最高点之分，称为作物的温度三基点。在最适温度范围内，作物生长发育良好，生长发育速度最快。随着温度的升高或降低，生长发育速度减慢。当温度处于最高点或最低点时，作物只能维持其基本生命活动；当温度超出最高或最低点时，作物开始出现伤害，甚至死亡（图4-2）。一般情况下，不同类型作物生长的温度三基点不同（表4-2），这种差异是由于不同作物在各自的原产地的系统发育过程中所形成的。一般情况下，原产于热带或亚热带的作物，温度三基点较高；而原产于温带的作物，温度三基点稍低；原产于寒带的作物，温度三基点更低。同一作物不同品种的温度三基点也是不同的，同一作物的不同生育期、不同器官的温度三基点也有差异。种子萌发的温度三基点常低于营养器官生长的温度三基点，营养器官生长的温度三基点比生殖器官的低，根系生长所要求的温度比地上部生长的低，作物在开花期对温度最为敏感。

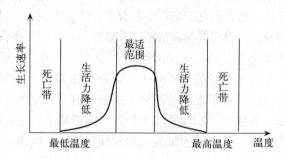

图4-2 作物生命活动温度范围

表4-2 一些作物生理活动的基本温度范围
（引自董钻等，2000）

作物名称	基本温度（℃）		
	最低温度	最适温度	最高温度
小麦	3.0～4.5	25	30～32
黑麦	1～2	25	30
大麦	3.0～4.5	20	28～30
燕麦	4～5	25	30
玉米	8～10	32～35	40～44
水稻	10～12	30～32	36～38
牧草	3～4	26	30
烟草	13～14	28	35
甜菜	4～5	28	28～30
紫花苜蓿	1	30	37
豌豆	1～2	30	35
扁豆	4～5	30	36

（二）极端温度对作物生长发育的影响

作物在生长发育过程中，常会受到低于或高于生长发育下限或上限的温度，即受极端温度的影响。

1. 低温对作物的危害　根据低温程度的不同又可分为冻害和冷害。

（1）冻害　冻害是指作物体内冷却至冰点以下，引起组织结冰而造成的伤害或死亡。作物在 0 ℃以下低温情况下，细胞间隙结冰，冰晶使细胞原生质膜发生破裂和原生质的蛋白质变性而使细胞受到伤害。作物受害的程度与降温的速度及温度回升的速度、冻害的持续时间有关。降温速度慢、温度回升速度慢和低温持续的时间较短时，作物受害较轻。

（2）冷害　冷害是指在作物遇到 0 ℃以上低温，生命活动受到影响而引起作物体损害或发生死亡的现象。有人认为冷害是由于低温下作物体内水分代谢失调，扰乱了正常的生理代谢，使植株受害。也有人认为是由于酶促反应作用下水解作用增强，新陈代谢破坏，原生质变性，透性加大使作物受害。

2. 高温对作物的危害　当温度高于最适温度后，再继续上升，就会对作物造成伤害。高温对作物的生理影响是使呼吸作用加强，使物质合成与消耗失调，使蒸腾作用也会增强，使体内水分平衡被破坏，使植株萎蔫，使作物生长发育受阻。同时，高温使作物局部灼伤。作物在开花结实期最易受高温伤害。例如水稻，开花期的高温会对其结实率产生较大的影响（表 4-3）。

表 4-3　开花期高温对水稻结实率的影响

（引自上海植物生理研究所人工气候研究室，1976）

温度（℃）	28	30	32	35	38
结实率（%）	80.9	52.2	32.6	18.9	0
秕粒率（%）	1.0	2.3	2.3	4.3	11.5
空粒率（%）	18.1	45.5	65.1	76.8	88.5

（三）积温与作物生长发育

作物生长发育有其最低点温度，这个温度也称为作物生物学最低温度。同时，作物也需要有一定的温度总和才能完成其生命周期。通常把作物整个生育期，或某个生长发育阶段内高于一定温度以上的日平均温度的总和称为某作物整个生育期或某生育阶段的积温。积温可分为有效积温和活动积温。在某个生育期或全生育期中高于生物学最低温度的日平均温度称为当日的活动温度，而日平均温度与生物学最低温度的差数称为当日的有效温度。例如冬小麦幼苗期的生物学最低温度为 3.0 ℃，而某天的平均温度为 8.5 ℃，则这一天的活动温度为 8.5 ℃，而有效温度则为 5.5 ℃。活动积温是作物全生育期或某个生育阶段内活动温度的总和，而有效积温则是作物全生育期或某个生育阶段的有效温度的总和。不同作物甚至同一作物不同品种由于其生物学最低温度的差异以及生育期的长短不同，整个生育期要求的有效积温不同。例如小麦需要 1 000~1 600 ℃的有效积温，而向日葵需要 1 500~2 100 ℃的有效积温。需要强调的是，在作物生产上有效积温一般比活动积温更能反映作物对温度的要求。

（四）温度变化与干物质积累

作物是变温植物，其体内温度受周围环境温度的影响。作物生长发育与温度变化的同步现象称为温周期。昼夜变温对作物生长发育有较大的影响。研究表明，白天温度较高，有利于光合作用和干物质生产，夜间温度较低，可减少呼吸作用的消耗，有利于干物质的积累，因而产量较高，品质较好。

（五）温度对作物质量的影响

在不同温度条件下作物所形成的产品的质量不同。研究表明，小麦籽粒的蛋白质含量与抽穗至成熟期间的平均气温呈显著正相关；玉米、水稻、大豆等作物籽粒的蛋白质含量也随气温的升高而增加；温度对油菜种子中脂肪酸组成有影响，在 15 ℃以上温度下发育成熟的种子，芥酸含量较低，油酸含量较高，而在较低温度下成熟的种子，芥酸含量较高，油酸含量较低；水稻籽粒成熟期间的温度与稻米直链淀粉含量呈负相关；甘蔗在较低温度条件下有利于糖分积累；棉花纤维素形成的最适温度为 25～30 ℃，低于 15 ℃时，所形成的纤维质量较差。

二、我国热量资源的特点及利用

（一）我国热量资源的特点

我国的热量资源丰富，但地域间差异较大，季节变化悬殊。东部季风区的热量资源随着纬度的增高而减少。例如≥0 ℃积温在海南省的南端达 9 000 ℃以上，而在黑龙江省的北部不足 2 000 ℃，在长江中下游地区为 5 000 ℃左右，在湖南为 4 400～5 300 ℃。我国西部因为地形的影响，改变了随纬度分布的地域性特征，积温随着海拔高度的升高而减少。例如青藏高原的南部谷地≥10 ℃积温在 3 000 ℃以上，高原的大部分地区为 1 700～2 000 ℃，有的地方不足 500 ℃。丰富多样的热量资源成就了不同的作物分布和各地区不同的种植制度。我国热量资源在季节和年份间很不稳定，低温冷（冻）害常有发生。

（二）热量资源的合理利用

热量资源常以稳定通过各种农业界限温度的初终日期、持续日数和积温、年平均温度、最热月平均温度、无霜期或生长期来表示。

日平均温度≥0 ℃出现至终止的日期，为农耕期，是北方土壤解冻、进行田间耕作的时期。日平均温度≥5 ℃出现至终止的日期，是耐寒作物的生长期。日平均温度≥10 ℃出现日期和持续日期分别是大多数喜温作物播种期及生长期；日平均温度≥15 ℃出现日期和持续日期分别是对温度反应敏感的喜温作物的安全播种期及生长时期。

在作物生产上，如果事先了解某作物或品种所需要的积温，再结合当地的温度条件，特别是无霜期的长短，就可以有目的地引种，合理搭配品种，确定当地的熟制，以提高复种指数，也可以根据当地气温情况确定安全播种期。在此基础上，根据植株的长势和气温预报资料，还可估计作物的生长发育速度和各生育时期到来的时间，也可根据当地长期气温预报资料，对当年作物产量进行预测，确定是属于丰产年、平产年还是歉产年。

第三节　水　　分

水是生命起源的先决条件，没有水就没有生命。植物的一切正常生命活动都必须在细胞含有水分的状况下才能发生。水是连接土壤-作物-大气系统的介质，水在吸收、输导和蒸腾过程中把土壤、作物和大气联系在一起。水是通过不同形态、数量和持续时间 3 个方面的变化对作物起作用的。不同形态的水是指水的三态：固态、液态和气态。上述 3 个方面对作物的生长、发育和生理生化活动产生重要作用，进而影响作物的产量和质量。

一、水分对作物生长发育的影响

（一）水分的生理生态作用

1. 水是细胞原生质的重要组成成分　原生质含水量在 70%～80% 或以上才能保持代谢活动正常进行。随着含水量的减少，生命活动会逐渐减弱，若失水过多，则会引起其结构破坏，导致作物死亡。一般植物组织含水量占鲜物质量的 75%～90%，水生植物含水量可达 95%。细胞中的水可分为 2 类，一类是与细胞组分紧密结合不能自由移动、不易蒸发散失的水，称为束缚水；另一类是与细胞组分之间吸附力较弱，可以自由移动的水，称为自由水。自由水可直接参与各种代谢活动，因此当自由水与束缚水比值高时细胞原生质是溶胶状态，植物代谢旺盛，生长较快，抗逆性弱；反之，细胞原生质呈凝胶状态，代谢活性低，生长迟缓，但抗逆性强。

2. 水是代谢过程的重要物质　水是光合作用的原料，水分子参与呼吸作用以及许多有机物质的合成和分解过程中。没有水，这些重要的生化过程都不能进行。

3. 水是各种生理生化反应和运输物质的介质　植物体内的各种生理生化过程，例如矿质元素的吸收和运输，气体交换，光合产物的合成、转化和运输，以及信号物质的传导等都需以水作为介质。

4. 水分使作物保持固有的姿态　作物细胞吸足了水分，才能维持细胞的紧张度，保持膨胀状态，使作物枝叶挺立，花朵开放，根系得以伸展，从而有利于植物捕获光能、交换气体、传粉受精、吸收养分等。水分不足，作物会出现萎蔫状态，气孔关闭，光合作用受阻，严重缺水会导致作物死亡。

5. 水分的生态作用　由于水所具有的特殊的理化性质，因此水在作物的生态环境中起着特别重要的作用。例如作物通过蒸腾散热，调节体温，以减轻烈日的伤害；水温变化幅度小，在水稻育秧遇到寒潮时，可以灌水护秧；高温干旱时，也可通过灌水来调节作物周围的温度和湿度，改善田间小气候。此外，可以通过水分控制肥料的释放速度从而调节养分的供应速度。

（二）旱、涝对作物的危害

1. 干旱对作物的影响　缺水常对作物造成旱害。旱害是指长期持续无雨，又无灌溉和地下水补充，致使作物需水和土壤供水失去平衡，而对作物生长发育造成的伤害。

干旱可分为大气干旱和土壤干旱两种。大气干旱是由于气温高而相对湿度小，作物蒸腾过于旺盛，叶片的蒸腾量超过根系的吸水量而破坏作物体内的水分平衡，使植株发生萎蔫，光合作用降低。若土壤的水分含量足，大气干旱造成的萎蔫则是暂时的，作物能恢复正常生长。大气干旱能抑制作物茎叶的生长，降低产量及品质。土壤干旱是由于土壤水分不足，根系吸收不到足够的水分，如不及时降雨或灌溉，会造成根毛死亡甚至根系干枯，地上叶片严重萎蔫，直至植株死亡。大田作物中比较抗旱的有糜子、谷子、高粱、甘薯、绿豆等。当然，作物比较抗旱，只是指它们能够忍受一定程度的干旱而有一定的产量，绝不是说它们不需要更多的水。在雨水充沛的年份或有灌溉的条件下，作物的产量可以比干旱年份大幅度地增加。

干旱时作物受害的原因是多方面的。干旱缺水下，作物体内合成酶的活性降低，分解酶的活性增强，作物合成的生长所需物质减少，而且蛋白质等有机物质大量被分解。干旱还使作物体内能量代谢紊乱，原生质结构破坏，营养物质吸收和运输受阻，光合速率下降。作物缺水萎蔫会引起体内水分再分配，渗透压较高的幼叶向老叶夺水，使老叶过早脱落。处于胚胎状态的组织和器官由于细胞汁液浓度较低而受害最重。此外，水分亏缺会加剧作物营养生长与生殖生长争夺水分的矛盾，引起生殖器官萎缩和脱落，特别是在干旱季节又施速效氮肥的情况下，更易发生这种情况。

不同作物耐旱能力不同，同一作物不同品种耐旱能力也有差异。干旱下，同一品种在不同生长发育阶段受害程度也有所不同，一般情况下，作物在需水临界期和最大需水期受害最重。

2. 涝害 涝害是指长期持续阴雨，或地表水泛滥，淹没农田，或地势低洼田间积水，水分过剩，土壤缺乏氧气，根系呼吸减弱，久而久之引起作物窒息、死亡的现象。土壤水分过多，抑制好氧性微生物的活动，土壤以还原反应为主，许多养分被还原成无效状态，并会产生大量有毒物质，使作物根系中毒、腐烂，甚至引起死亡。此外，根际还会积累过多的二氧化碳，使根吸收的二氧化碳量增加，二氧化碳运送到叶片会引起气孔关闭，降低光合速率。土壤渍水时，作物根系发育不良，土壤养分流失，作物产量和质量降低。

(三) 水污染对作物的影响

水体污染源一是城市生活污水，二是工矿废水，三是来自农药化肥施用不当引起的水污染。受污染的水体往往含有有毒或剧毒的化合物，例如氰化物、氟化物、硝基化合物、酸、汞、镉、铬等，还含有某些发酵性的有机物和亚硫酸盐、硫化物等无机物。这些有机物和无机物都能消耗水中的溶解氧，致使水中生物因缺氧而窒息死亡，或直接毒害作物，影响其生长发育、产量和品质，甚至间接地影响人体健康。

有毒物质如果数量极少，对于作物没有太大的毒害，但当这些有毒物质在作物体内的含量超过一定浓度后对作物就有毒害作用，有毒物质对作物开始产生毒害作用的浓度即临界浓度。超出临界浓度后，随有毒物质浓度增加，作物受害加重，表 4-4 是六价铬对水稻生长的影响情况。有研究指出，用城市污水进行合理灌溉，可增加土壤有机质和氮素含量，可能获得增产效果；也有研究表明，工业废水灌溉农田，依其含有毒物质的种类和多少，对作物的产量和品质有不同的影响，有增产也有减产的情况；但是研究也指出，污水灌区地下水受到不同程度的污染，特别是浅层地下水，会使污水中的有毒物质在土壤中积累而造成土壤污染，从而导致作物产品不同程度的污染，对人畜造成危害。

表 4-4 六价铬对水稻生长的影响

(引自董钻等，2000)

浓度（mg/L）	毒害作用
5	苗期，生长正常
10	苗期，根短而粗，生长稍受抑制
25	苗期，植株矮小，叶片狭窄，色枯黄，无分蘖，叶鞘黑褐色，溃烂，严重抑制生长
12.50~29.77	植株矮小，叶片枯黄叶鞘黑色，溃烂，根短而细，根毛极少，茎基部肿大，没有分蘖
53.10~57.35	叶片枯黄，叶鞘黑色，腐烂，严重抑制生长

二、我国水资源状况及利用

(一)我国水资源状况

1. 在水资源组成中，以地表水为主　通常水资源可分为降水资源、地表水资源和地下水资源。据估计，我国地表水资源和地下水资源的总量为 2.8×10^{12} m^3，居世界第五位。其中，地表水资源占 2.7×10^{12} m^3，地下水资源才占 1.0×10^{11} m^3。这种情况是由我国的自然地理特征所决定的。

2. 水资源总量不少，但人均、单位土地面积占有量不足　尽管我国水资源总量在世界第五位，但人均占有量为世界平均值的 1/4，单位土地面积占有量为世界平均数的 70%。可见农业用水资源十分短缺。

3. 水资源的时空分布不均衡，差别悬殊　我国水资源的地域分布不均衡，呈现南多北少、东多西少的局面，与我国耕地分布状况极不相称。在时间分布上，年变化和季节变化都很大，水资源越少的地区，这种变化就越大。全国大部分地区连续最大 4 个月的降水量要占年降水量的 70%，一部分地区 7—8 月的径流量就占全年径流量的 70%。季节性变化方面，除我国南方部分水资源较丰富的地区外，大部分地区的降水都集中在 6—8 月的夏季。

4. 地下水开采过量，水质污染加剧　一些地区为满足农业用水，过量开采地下水资源而造成地下水位下降，地下漏斗面积扩大，地面局部沉降，沿海地区的海水入侵，水质恶化。人为造成的水资源污染问题日益严重，大部分未经处理的废污水直接排入水域，使江湖库塘和地下水的水质受污染。据估计，在已进行评价的河流中，有 66% 的水质达不到饮用水标准，11% 的水质不符合农田灌溉要求，6% 的有毒物质含量超过排放标准或者受到有机物污染而达到黑臭的程度。水质污染给农业生产和农业环境带来了一系列问题。

(二)我国水资源的合理利用

水资源在我国是十分珍贵的自然资源，保护和合理利用水资源，节约用水是我国长期坚持的一项基本国策。目前，我国水资源总用水量中有 80% 左右用于农业，包括灌溉、农村人畜用水及牧业用水。因此保护和合理利用水资源是我国农业持续发展的关键。

1. 合理灌溉，发展节水型农业和旱作农业　应该实行经济用水，充分有效地利用自然降水；改革耕作制度；选用耐旱作物；推广节水栽培技术。

2. 改善水质，扩大水源　北方干旱、半干旱地区可通过科学处理污水，再供农业利用，这种用处理后的污水灌溉农田的方法是缓解水资源紧张状况的有效途径之一。

3. 兴修水利工程，增加蓄水能力　合理地开发利用地下水资源、提高水资源的重复利用率、跨流域调水、工程蓄水等，都是扩大水资源利用的有力措施。

第四节 空 气

空气的成分非常复杂，在标准状态下，按体积计算，氮约占 78%，氧约占 21%，二氧化碳约占 0.032%，其他气体成分都较少。在这些气体成分中，与作物生长发育关系最密切的有二氧化碳、氧、氮、氮氧化物、甲烷、二氧化硫、氟化物等。氧气影响作物的呼吸作用，二氧化碳是光合作用的原料，氮气影响豆科作物的根瘤固氮，二氧化硫等有毒气体造成大气污染而直接或间接地影响作物的产量和品质。

一、空气对作物生长发育的影响

（一）氧气对作物生长发育的影响

氧气主要是通过影响作物的呼吸作用而对作物的生长发育产生影响。依据呼吸过程是否有氧气的参与，可将其分为有氧呼吸和无氧呼吸，其中有氧呼吸是高等植物呼吸的主要形式，能将有机物较彻底地分解，释放较多的能量。在缺氧情况下，作物被迫进行无氧呼吸，不但释放的能量很少，而且产生的酒精对作物有毒害作用。作物地上部分一般不会出现缺氧现象，但地下部分会因土壤板结或渍水造成氧气不足，这是造成作物死苗的一个重要原因，特别是油料作物。另外，在作物播种前的浸种过程中，应经常搅动，否则会因氧气不足而影响种子的萌发。

（二）二氧化碳对作物生长发育的影响

1. 二氧化碳对作物的光合速率和干物质积累的影响　二氧化碳影响作物的生长发育主要是通过影响作物的光合速率而造成的。光照下，二氧化碳浓度为零时作物叶片只有光呼吸和暗呼吸，光合速率为零。随着二氧化碳浓度的增加，光合速率逐渐增强；当光合速率和呼吸速率相等时，环境中的二氧化碳浓度即为二氧化碳补偿点；当二氧化碳浓度增加至某一值时，光合速率便达到最大值，此时环境中的二氧化碳浓度称为二氧化碳饱和点。C_4 作物（例如玉米、高粱、甘蔗等）的二氧化碳补偿点比 C_3 作物（例如水稻、小麦、花生等）的要低，因此，C_4 作物对环境中二氧化碳的利用率要高于 C_3 作物。

同一作物在不同的二氧化碳浓度环境中，其光合速率也不同。很多试验研究结果表明，提高环境中二氧化碳浓度，作物的产量有不同程度的增加。国际水稻研究所（1976 年）在塑料温室的控制条件下用"IR8"水稻品种进行的试验表明，二氧化碳浓度由 300 $\mu L/L$ 提高到 1 200 $\mu L/L$，稻谷产量由 10 t/hm^2 增加到 14.5 t/hm^2。有人在人工气候室种植半矮秆春小麦，注入分别含二氧化碳 675 $\mu L/L$ 和 1 000 $\mu L/L$ 的气流，结果单株籽粒重分别比对照植株的籽粒重（23.5 g）增加 14.0 g 和 14.5 g。

2. 作物群体内二氧化碳的来源和分布　作物群体内二氧化碳主要是来自于大气中的二氧化碳，即来自群体以上的空间。此外，作物本身的呼吸作物也排放二氧化碳，土壤表面枯枝落叶的分解、土壤中微生物的呼吸、已死亡的根系和其他有机质的腐烂都会释放出二氧化碳。据估计，这些来自于群体下部空间的二氧化碳约占供应总量的 20%。

根据群体内二氧化碳的来源，二氧化碳在群体内的垂直分布有较大的差异，近地面层的二氧化碳浓度一般比较高。在一天中，午夜和凌晨，越接近地面，二氧化碳浓度就越高。白天，群体中部和上部的二氧化碳浓度较小，下部较大。因此在光照较强的群体中上部由于二氧化碳的限制而达不到较强的光合速率，而二氧化碳浓度较高的下部群体又由于光照较弱而光合速率较弱，这是作物生产上十分重视田间通风透光的原因所在。

（三）氮气与豆科作物的固氮作用

豆科作物通过与它们共生的根瘤菌固定和利用空气中的氮素。据估计，每公顷每年的固氮量，大豆达到 57~94 kg，三叶草达到 104~160 kg，苜蓿为 128~600 kg，可见不同豆科作物的固氮能力有较大的差异。豆科作物根瘤菌所固定的氮素占其需氮总量的 1/4~1/2，虽然根瘤固氮并不能完全满足作物一生对氮素的需求，但减少了作物生产中氮肥的投入。因此合理地利用豆科作物是充分利用空气中氮资源的一种重要途径。

（四）大气环境对作物生长发育的影响

1. 温室效应对作物生长发育的影响　温室效应主要是由于大气中二氧化碳（CO_2）、甲烷（CH_4）、一氧化二氮（N_2O）等气体含量的增加所引起。甲烷来自水稻田、自然湿地、天然气的开采、煤矿等，一氧化二氮是土壤中频繁进行的硝化和反硝化过程中生成和释放的。温室效应使地球变暖，对作物生产的影响表现在几个方面：①使地区间的气候差异变大，气温上升，降水量分布发生变化，一些地区雨量明显减少；②大气中二氧化碳浓度增加，作物和野草的产量都会增加，出现栽培植物与野生植物之间的竞争加剧，杂草防治更加困难；③由温室效应导致的气温和降水量的变化，会进一步影响作物病虫的发生、分布、发育、存活、迁移、生殖、种类动态等，从而加剧某些病虫害的发生。

2. 二氧化硫、氟化物和氮氧化物对作物生长发育的影响　二氧化硫、氟化物和氮氧化物都会造成大气污染，对作物生长发育乃至产量和品质都会产生各种直接的或间接的影响。二氧化硫和氟化物的长期或急性毒害，通过影响作物的生理过程而使作物叶片出现焦斑，植株生长缓慢和产量降低，而氮氧化物引起大气中氮氧化物含量过高可导致植物群落的变化而影响作物生产。而且，氮氧化物还是酸雨的组成成分，并与空气中分子态氧反应形成臭氧。

3. 臭氧对作物生长发育的影响　臭氧主要是由人类活动排放的氮氧化物，碳氢化合物等污染物经光化学反应过程产生的。臭氧浓度较高时，影响作物的生理过程和代谢途径，从而引起作物生长缓慢，早衰，产量降低。臭氧浓度的增加与作物减产率呈正相关。

4. 酸雨对作物生长发育的影响　酸雨（大气酸沉降）是指 pH$<$5.6 的大气酸性化学组分通过降水的气象过程进入到陆地、水体的现象。严格地说，它包括雨、雾、雪、尘等形式。调查研究表明，我国 pH$<$5.6 的降水面积约占全国土地面积的 40%，已成为世界上第二大酸雨区。

酸雨在落地前先影响叶片，落地后影响作物根部。酸雨对叶片的影响主要是破坏叶面蜡质，淋失叶片养分，破坏呼吸作用和代谢，引起叶片坏死；对处于生殖生长阶段的作物，缩短花粉寿命，减弱繁殖能力，以致影响产量和质量。酸雨还会降低作物的抗病能力，诱发病原菌对作物的感染。酸雨也抑制豆科作物根瘤菌生长和固氮作用。

5. 煤烟粉尘和金属粉尘对作物生长发育的影响　煤烟粉尘是空气中粉尘的主要成分。工矿企业密集的烟囱和分散在千家万户的炉灶是煤烟粉尘的主要来源。烟尘中大于 $10\,\mu m$ 的煤粒称为降尘，它常在污染源附近降落，在各种作物的嫩叶、新梢、果实等柔嫩组织上形成污斑。叶片上的降尘能影响光合作用和呼吸作用，引起褐色，生长不良，甚至死亡。果实在早期受害，被受害部分木栓化，果皮粗糙，质量降低；在成熟期受害，则受害部分易腐烂。

金属粉尘是粉尘粒径小于 $10\,\mu m$ 的颗粒，其中有相当部分极其微小，甚至比细菌（$0.8\,\mu m$）还小。金属飘尘能长时间飘浮在空气里，对农作物和农田土壤的污染，主要是下降到地面的部分危害大。例如镉是低沸点元素，冶炼中很容易挥发进入大气，造成对农业的污染。炼锌厂的废气中含镉，在离炼锌厂 $0.5\,km$ 的农田，仅经 6 个月的废气污染，其表土中含镉量即由 $0.7\,mg/kg$ 增加到 $6.2\,mg/kg$。随着工业的发展，排入空气中的金属逐渐增加，例如铅、镉、铬、汞等以飘尘形式污染空气。它们的毒性很大，对人类健康的危害，已超过农药和二氧化硫。

二、空气污染的应对策略

(一) 治理污染源

加强工厂二氧化硫、氟化物等污染气体的排放治理，减少其对周围作物和环境的污染，这是防治大气污染的根本。2000 年，国家环境保护总局要求全国所有工业污染源必须达到国家排放标准。工厂应加强管理，严格执行排放标准，从生产工艺及原料上进行改进，最大限度地降低污染气体的排放浓度，严禁污染气体的跑、冒、滴、漏，避免事故性排放。

治理燃烧过程中排出污染物的主要措施有：①改变燃料的结构组成，发展煤气设施；②改用低毒高能燃料，尽量采用无毒能源，如地热、太阳能、风能、水力能等，还可以氢气作为新能源代替燃煤，从而根本消除二氧化硫污染源；③用清洁燃料运转汽车发动机，可减少和消除尾气中二氧化碳以及碳氢化合物的污染；④研制可代替氯氟烃的制冷剂，能减少对臭氧层的破坏等；⑤改进燃烧装置和燃烧技术，尽量使燃料充分燃烧，消除燃烧不充分的污染物；⑥实行集中供热，减少排出的烟雾量；⑦限制燃料中含硫量，改善燃烧条件，安装脱硫、消烟、除尘设备，采取洗涤、过滤、吸附等方法，消除燃烧过程中的烟尘；⑧采取高烟囱排放烟尘，减少地区性污染。

在可能的情况下，气体排放要避开作物敏感生育期，例如在水稻抽穗扬花期，若附近工厂对产生二氧化硫、氟化物的生产工艺进行停产检修 15 d 左右，就可以避免或减轻危害。免耕播种结合秸秆还田，可避免焚烧秸秆对大气的污染。

(二) 监测农田大气污染

制定和实施农田大气环境质量标准，通过执行标准，及时掌握大气胁迫动态并采取相应措施，可减少大气胁迫危害。

低浓度的大气污染物用仪器测定时有困难，但可利用某些作物对某污染物特别敏感的特性来监控当地的污染程度。例如葛兰，在氟胁迫污染达 5 $\mu g/kg$ 时，就会出现叶片受损，枯燥症状。虽然氟含量很高时才对作物有害，可指示作物的这种反应可以提醒人们及早发现大气污染。实践中根据工厂排出的大气污染物种类，相应地栽种敏感指示作物作为生物报警，可防止污染的进一步扩大。

(三) 栽植抗性林木

在大气污染源周围或农田的上风口大片种植吸收污染物或抗污染能力强的树木和花草，或大量植树造林形成防护林带，既可阻止大气污染物传播，又可吸收污染物、杀死细菌、吸滞尘埃，从而起到净化大气的作用。充分利用树木等的吸收、净化和阻挡作用，不仅能提高环境对污染的自净能力，而且能减轻空气污染对附近作物的危害。可以用植物对各种污染物敏感性差异的特点来保护环境。通过作物本身对各种污染物的吸收、积累和代谢作用，能达到分解有毒物质、减轻污染的目的。作物不断地吸收工业燃烧和生物释放的二氧化碳并放出氧气，使大气层的二氧化碳和氧气处于动态平衡。

粉尘也是大气污染的主要污染物之一，每年全球粉尘量达 $1.0 \times 10^6 \sim 3.7 \times 10^6$ t。工厂排放的烟尘除了碳粒外，还有汞、镉等金属粉尘。植物特别是树木对烟尘和粉尘有明显的阻挡、过滤和吸附作用。

据日本测定，每年每公顷槭树和橡树混交林可阻留尘埃 68 t。我国研究认为，刺楸、榆树、朴树、重阳木、刺槐、臭椿、构树、悬铃木、女贞、泡桐等都是比较好的防尘树种。总之，绿化植物的吸尘作用是肯定的，但吸尘效率与树种、林带的宽度和高度、绿地面积大小、种植密度等因素有关。

（四）作物合理布局

通过对种植的作物进行田间合理布局，可有效降低大气胁迫危害。选择种植抗相应大气污染的作物，可以降低产量损失，减轻污染胁迫危害。例如在污染源下风方向附近的田地种植抗性强或较强的甘薯、甘蔗等作物，将对二氧化硫、氟化物等污染气体较敏感的作物种植在远离污染源的田块。在种植食用作物时，还应考虑作物可食部位大气污染物的残留积累。

（五）加强田间管理，增强作物抗性

改善土壤营养条件，提高植株生活力，可增强对胁迫的抵抗力。如当土壤 pH 过低时，施入石灰可以中和酸性，改变植物吸收阳离子的成分，可增强植物对酸性气体的抗性。根据各作物的不同生育时期合理使用氮、磷、钾肥，结合叶面施肥，再配合田间耕作管理，就能使作物生长健壮，增强对大气胁迫的抗性。

在作物上喷施某些化学物质可以减少大气污染胁迫危害的作用。例如用石灰乳、碳酸钡或碳酸钙的悬浊液作展着剂，经常喷洒作物叶面，可以防治或减轻大气胁迫危害；在叶面上喷维生素 C（又名抗坏血酸），能提高作物的抗性，使用抗坏血酸钠的效果更好。用维生素和植物生长调节物质喷施柑橘幼苗，或加入营养液让根系吸收，可提高对臭氧的抗性。

（六）减避设施内空气污染胁迫的农艺措施

1. 合理施肥　设施内栽培作物，应尽量少施氮肥，不施饼肥和人粪尿，适当增施磷钾肥，坚持"以底肥为主，追肥为辅"，以及追肥"少量多次"的原则。

2. 减少污染源，保持设施内通风换气　设施内采用煤火加温时，要使燃料充分燃烧，并安装烟囱。同时，在不影响温度的情况下，应尽可能地延长通风换气时间，以使有毒有害气体及时排出设施以外。

3. 选用无毒棚膜　建造温室和大棚时，尽量不使用加入增塑剂或者稳定剂的薄膜作棚膜。

4. 气体污染的补救　作物受到二氧化硫危害时，可喷洒碳酸钡、石灰水、石硫合剂或0.5% 合成剂。当作物受到氨气危害时，可在叶面喷洒 1% 的食醋溶液，以减轻危害。

第五节　土壤条件

土壤是植物赖以生存的基础，是农业生产所必需的重要自然资源。作物的土壤环境包括物理环境、化学环境和养分环境。当然，植物在作物的土壤环境中也有重大作用。植物与土壤的 3 大环境相互影响、相互作用，有着极为复杂的相互关系，构成了土壤-植物生态系统的基本内容。

一、土壤的种类

（一）土壤的基本概念

土壤是指地球陆地表面上能够生长植物的疏松表层。"陆地表面"指出了土壤的地理位置，而"疏松"是指土壤的物理结构性，以区别于坚硬、块状岩石。"能够生长植物"指出了土壤具有肥力的特征。土壤肥力是指土壤能够同时而且不断地供应和协调作物生长发育所

必需的水分、养分、空气、热量和其他生活必需条件的能力。其中养分和水分是通过植物根系从土壤中吸收的，而植物之所以能立足于自然界，经受得起风雨的侵蚀而不倾倒，是由于其根系伸展在土壤中，从而获得土壤的机械支持之故。

土壤是陆地生态系统的组成部分。整个自然界可以划分为大气圈、水圈、土壤圈、岩石圈和生物圈。生物圈包括凡是有生物活动的所有场所，即整个水圈、土壤圈、大气圈下层和岩石圈上层。从土壤圈在环境中所占据的空间位置来看，它正处于岩石圈、水圈、大气圈和生物圈相互交接的地带，是联结自然界中无机界和有机界的中心环节。在一定条件下，生态系统通过自身的调节或人类干预，其物质和能量的输入和输出接近相等，系统的功能处于相对稳定状态，称为生态平衡。反之，如不能恢复到原初的稳定状态，就称为生态平衡的破坏或生态失衡。例如土壤污染、水土流失、土壤沙化、土壤退化、土壤次生盐碱化、洪涝灾害等，均是生态失衡所带来的恶果。土壤除了具有生产力、能生长植物以外，还具有缓冲自调和净化两大功能，但是土壤的缓冲自调和净化功能是有限度的，污染物超过了土壤的环境容量后土壤本身也被污染了。

（二）土壤的形成

1. 自然土壤 按照俄罗斯土壤发生学派奠基人道库恰耶夫提出的土壤形成的五大成土因素学说，土壤的发生与演变受到母质、气候、生物、地形和时间五大因素的影响。岩石在成土因素影响下形成的具有肥力特征的土壤称为自然土壤。

土壤是先由岩石经过风化作用成为母质，在成土因素的综合作用下，母质经过成土过程而形成的。土壤与母质之间具有本质的区别。母质含有的黏粒数量有限，而土壤含有较多的黏粒；母质中没有有机质，也没有氮素，而土壤的一个重要特征就是具有有机质和氮素。母质中含有少量的矿质养分，为自养型细菌的生长提供了条件。当母质中出现黏粒、有机质和氮素时，土壤也就形成了。随着自养型细菌依次向苔藓、藻类、裸子植物、被子植物过渡，土壤肥力形成。土壤上出现了绿色植物以后，土壤肥力才得以发展和提高。随着气候的变化、植被的演替和时间的延续，形成了自然界形形色色的土壤。自然土壤的肥力特征称为自然肥力。

2. 农业土壤 自然土壤在人为开垦、种植作物等农业活动影响下，土壤的肥力特性发生了变化，这种土壤称为农业土壤，其肥力称为人为肥力。农业土壤是自然成土因素与人为因素综合作用的结果，其中人为因素是农业土壤形成的主要因素。例如山区坡地土壤易于发生水土流失，结果是土层浅薄，肥力低下。但是人们通过坡改梯等工程措施，结合耕作、施肥使土壤熟化，从而直接影响了土壤的发育、组成和性质。

（三）我国土壤的分布

土壤是各种成土因素综合作用的产物。而成土因素，特别是生物气候条件，当然也包括地形因素，都具有特定的地带性规律。因此土壤类型及其分布也必然反映出地带性规律。

我国的土壤由南到北、由西向东具有水平地带性分布规律，在东部湿润半湿润地区，表现为自南向北随着气温带而变化，大体上热带为砖红壤，南亚热带为赤红壤，中亚热带为红壤和黄壤，北亚热带为黄棕壤和黄褐土，暖温带为棕壤和褐土，温带为暗棕壤，寒温带为漂灰土，其分布与纬度基本一致。在北部干旱半干旱区域，表现为随着干燥度而变化的规律。

我国的土壤还表现出土壤的垂直地带性分布规律。土壤垂直地带性分布决定于地带性土壤类型和山体的海拔高度。例如海南岛五指山东北坡的土壤垂直为：砖红壤（海拔小于400 m）→山地砖红壤（海拔 800 m）→山地黄壤（海拔 1 200 m）→山地黄棕壤（海拔 1 600 m）→山地灌丛草甸土（海拔 1 879 m）。又如大兴安岭北坡的土壤垂直分布为：黑土（海拔小于 500 m）→山地暗棕壤（海拔 1 200 m）→山地棕色针叶林土（山地漂灰土，海拔 1 700 m）。又例如喜马拉雅山由山麓的红黄壤起，经过黄棕壤、山地灰棕壤、山地漂灰土、亚高山草甸土、高山草甸土、高山寒漠土，直至雪线。

我国土壤分布还具有区域性。所谓土壤分布的区域性，是指同一纬度带内由于地形、地质、水文等自然条件不同，形成了不同于地带性土壤的非地带性土壤类型。例如在东北平原黑土带内，由于地势低洼、滞水出现草甸土、盐渍土或沼泽土；又如四川的紫色土、广西的红色石灰土、全国各地的水稻土等均属于区域性土壤。

二、土壤的性质

（一）土壤组成

土壤是由固、液、气三相物质组成的复合物。

1. 土壤固相　土壤固体部分主要由矿物质和有机质组成，约占土壤组成的 50%。土壤矿物质一般占固体部分的 95%，犹如土壤的骨架，支撑着植物的生长。矿物质既可以直接影响土壤的物理性质和化学性质，又是植物养分的重要来源。土壤有机质部分包括处于不同分解阶段的死亡的各种动植物残体、施入的有机肥料以及腐殖质。土壤有机质一般不足 5%，但它在土壤肥力的形成和发展中起到特殊而又非常重要的作用。

2. 土壤液相　土壤液体部分主要是土壤溶液。水分进入土壤后，可与土壤固体部分发生相互作用，浸出可溶性物质，含有各种可溶性物质的土壤水，称为土壤溶液。土壤溶液约占土壤组成的 25%。土壤溶液包括水分、溶解在水中的盐类、有机无机复合物、有机化合物以及最细小的胶体物质。

3. 土壤气相　土壤气体部分主要是指土壤中的空气。土壤空气基本上来自大气，也有一部分空气是土壤中进行的生物化学过程产生的。

土壤的三相物质是土壤各种性质产生和变化的物质基础，也是土壤肥力的基础。改良土壤，首先就是改造土壤的固相组成，调节三相比例，使之适合作物生产的要求。

（二）土壤物理性质

土壤物理性质是指土壤固、液、气三相体系中所产生的各种物理现象和过程，包括土壤质地、孔隙、结构、水分、热量、空气状况等方面。各种性质和过程是相互联系和制约的，其中以土壤质地、土壤结构和土壤水分居主导地位，它们的变化常引起土壤其他物理性质和过程的变化。

土壤的物理性质制约土壤肥力，影响植物生长，是制定合理耕作、灌排等管理措施的重要依据。土壤物理性质除受自然成土因素影响外，人类的耕作、栽培活动（包括轮作、灌排和施肥等）也能使之发生变化。因此可在一定条件下，通过农业措施、水利建设以及化学方法等对土壤不良的物理性质进行改良、调节和控制。

1. 土壤质地　土壤质地是指土壤中不同大小的矿物颗粒的组合状况。通俗地说，土壤质地就是土壤的砂黏性。随手抓一把土，掺一些水，搓揉一下，就会产生黏手或爽手的感觉。这就是土壤质地的反映。土壤质地对作物生长的影响是通过土壤通气、透水、供肥、保水、保肥、导热、耕性等因素的作用而实现的。

　　土壤中的矿物颗粒可按其直径大小分为若干等级（粒级），按土壤中各粒级的构成情况，可以把土壤质地分为 3 类 9 级（卡钦斯基的土壤质地分类制），即砂土类（粗砂土、细砂土）、壤土类（砂壤土、轻壤土、中壤土、重壤土）、黏土类（轻黏土、中黏土、重黏土）。各类土壤的特性如下。

　　（1）砂土类　砂土类土粒以砂粒（粒径为 1.00～0.05 mm）为主，占 50% 以上。土粒间孔隙大，大孔隙多，小孔隙少。土质松，易耕作；透水性强，保水性差；保肥能力差。在这种土壤上生长的作物，容易出现前期猛长，后期脱肥早衰的现象，施肥管理宜勤施少施。砂土类土壤对块根类作物的生长有利，也适宜种植生长期短而耐瘠薄的植物，例如芝麻、花生、西瓜等。

　　（2）黏土类　黏土类土粒以细粉粒（粒径<0.001 mm）为主，占 30% 以上。总孔隙度大而土粒间孔隙小，土质黏重，干时紧实板结，湿时泥泞，不耐旱也不耐涝，适耕期短，湿犁成片，耙时成线，耕作困难。黏土类土壤通气透水差，易积水，有机质分解慢，保水保肥强；植物常有缺苗现象，幼根生长慢，表现为发老苗不发小苗，适宜种植小麦、玉米、水稻等。

　　（3）壤土类　壤土类是介于砂土和黏土之间的土壤。土粒以粗粉粒（粒径为 0.05～0.01 mm）为主，占 40% 以上，细粉粒少于 30%。壤土类土粒适中，通气透水良好，有较好的保水保肥能力，供肥性能好，耐旱耐涝，适耕期长，耕性良好，表现为发小苗也发老苗，是耕地中的当家地和高产田，适于种植各种作物。

　　2. 土壤孔隙　土壤孔隙不仅承担着对作物水分、空气的供应，而且孔隙本身也对作物生长具有重要作用。一般肥沃的土壤都具有相当数量直径 250 μm 以上的大孔隙，以使作物根系顺利伸展。土壤中还应有 10% 以上直径不小于 50 μm 的中等孔隙，这些孔隙形成的网络是土壤具备良好排水功能的基础。土壤中必须有大于 10% 的直径为 0.5～50 μm 的小孔隙，这是土壤具有良好保水性能的条件。

　　3. 土壤结构　土壤结构是指土壤固相颗粒的排列形式、孔隙度以及团聚体的大小、多少及其稳定度。这些都能影响土壤中固、液、气三相的比例，进而影响土壤供应水分、养分的能力，影响通气和热量状况以及根系在土壤中穿透情况。良好的土壤结构是土壤肥力的基础，土壤结构愈好，土壤肥沃度愈高。疏松的土壤耕作时轻松爽利，紧实的土壤容易板结成块，耕作困难。这两种不同性状是土粒的排列和组合不同造成的。常见的土壤结构类型有：块状、片状、柱状、团粒结构。团粒结构是各种结构中最为理想的一种，其水、肥、气、热的状况是处于最好的相互协调状态，为作物的生长发育提供了良好的生活条件，有利于根系活动和吸取水分、养分。

　　4. 土壤水分　土壤水分主要来自降雨、降雪和灌水，若地下水位较高，地下水也可上升补充土壤水分。充足的土壤水分是植物正常生长发育的先决条件，也是影响作物营养的主导因素。土壤水分不足（对湿生作物）和过多（对旱地作物）都会影响作物对养分的吸收。土壤水分与土壤空气、土壤养分关系密切。土壤水分本身或通过土壤空气和土壤温度来影响养分的生物转化、矿化、氧化、还原等，因而与土壤养分的有效性有很大的关系。土壤水分还能调节土壤温度，对于防高温和防冷害冻害有一定的作用。所以控制和改善土壤的水分状况，例如提高土壤蓄水保墒能力，进行合理灌溉，是提高作物产量的重要措施。

　　5. 土壤空气　土壤空气是土壤的重要组成分之一，与土壤水同时存在于土壤孔隙之中。

较细小的毛管孔隙通常被水分所充满，而较大的通气孔隙常为空气所占据。土壤空气来源于大气，故其组成接近于大气。但由于土壤中生物的活动，使得土壤空气中二氧化碳为大气的十至数百倍，氧气含量低于大气。土壤通气性好坏直接影响土壤空气的更新，影响土壤的氧化还原状况。旱地土壤通气性好，土壤中物质以氧化态占优势，氧化还原电位高，铁、锰等易变价元素以氧化态存在，作物常会出现缺铁、缺锰所引起的失绿症。长期淹水的土壤通气性差，土壤中物质以还原态占优势，氧化还原电位低，铁、锰、硫等易变价元素以低价态存在，作物常会出现亚铁、亚锰或硫化氢中毒症。

6. 土壤热量　土壤热量状况对作物生长、土壤养分转化等有一系列的影响：①影响作物种子发芽和生长发育、根系对养分的吸收及其在体内的转化；②影响土壤中有机质分解、矿物风化和养分形态的转化过程和速率；③对土壤微生物的活性产生显著的影响；④影响土壤中气体的交换、水分的运动及其存在形态。由此可见，土壤热量状况与土壤肥力因素之间关系十分密切。

（三）土壤化学性质

土壤化学性质是指土壤中的物质组成、组分之间和固液相之间的化学反应和化学过程，以及离子（或分子）在固液相界面上所发生的化学现象。土壤化学性质包括土壤矿物和有机质的化学组成、土壤胶体、土壤溶液、土壤电荷特性、土壤吸附性能、土壤酸度、土壤缓冲性、土壤氧化还原性等。

土壤化学性质和化学过程是影响土壤肥力水平的重要因素之一。除土壤酸度和氧化还原性对植物生长产生直接影响外，土壤化学性质主要是通过对土壤结构状况和养分状况的干预间接影响植物生长。土壤矿物的组成、有机质的数量和组成、土壤交换性阳离子的数量和组成等对土壤质地、土壤结构直至土壤水分状况和生物活性产生影响。土壤胶体数量和性质、电荷特性、氧化还原程度和土壤溶液的组成与土壤物理性质（例如土壤质地、土壤结构和土壤水分状况）关系密切。土壤有机质的积累、分解和更新以及腐殖质的形成与土壤生物，尤其是土壤微生物关系密切。进入土壤中的污染物的转化及其归宿也受土壤化学性质的制约。

1. 土壤胶体的离子吸附和交换作用　土壤颗粒中小于 0.002 mm 的土粒具有胶体的性质，称为土壤胶体。土壤胶体一般带有静负电荷。带负电荷的土壤胶体可吸附阳离子。土壤胶体所吸附的阳离子和土壤溶液中的阳离子以及不同胶体上的阳离子由于静电引力和离子热运动可互相交换，称为离子的交换吸附作用。在一定 pH 时土壤所含有的交换性阳离子的最大量称为阳离子交换量（CEC）。阳离子的交换作用是土壤中植物有效阳离子的主要保存形式。阳离子交换量高表明土壤的保肥性好。阳离子交换量是高产土壤的重要指标之一，也是衡量土壤缓冲性和环境容量的参数之一。

2. 土壤酸碱性　通常土壤溶液中存在少量的 H^+ 和 OH^-，其相对数量的多少决定土壤溶液的酸碱性。土壤溶液中 H^+ 离子浓度的负对数称为 pH。当土壤溶液中 H^+ 离子浓度大于 OH^- 离子浓度时土壤就呈酸性。土壤呈酸性主要是由土壤胶体上所吸附的 H^+、Al^{3+} 和各种羟基铝离子所引起的。当土壤溶液中 H^+ 离子浓度小于 OH^- 离子浓度时土壤就呈碱性。土壤中含有碳酸钙或重碳酸钙时土壤呈碱性，含有碳酸钠或重碳酸钠时呈强碱性。

我国南方分布有大面积的酸性红黄壤，而北方和内陆有大面积的碱性、石灰性土壤。

土壤酸碱度对植物生长影响很大，各种植物生长适宜的土壤酸碱度不同（表 4 - 5）。自然界，一些植物对土壤酸碱性要求非常严格，它们只能在某个特定的酸碱范围内生长，这些植物可以为土壤酸碱度起指示作用而被称为指示植物。例如杜鹃、茶为酸性土指示植物，碱蓬、盐蒿为碱性土指示植物。认识这些植物对于在野外鉴别土壤的酸碱性有帮助。

表 4-5 主要栽培植物生长适宜 pH 范围

（引自沈其荣，2001）

大田作物		园艺植物		林业植物	
作物名称	适宜 pH	作物名称	适宜 pH	作物名称	适宜 pH
水稻	6.0~7.0	豌豆	6.0~8.0	槐	6.0~7.0
小麦	6.0~7.0	甘蓝	6.0~7.0	松	5.0~6.0
大麦	6.0~7.0	胡萝卜	5.3~6.0	洋槐	6.0~8.0
大豆	6.0~7.0	番茄	6.0~7.0	白杨	6.0~8.0
玉米	6.0~7.0	西瓜	6.0~7.0	栎	5.0~6.0
棉花	6.0~8.0	南瓜	6.0~7.0	柽柳	6.0~8.0
马铃薯	4.8~5.4	黄瓜	6.0~8.0	桦	5.0~6.0
向日葵	6.0~8.0	柑橘	5.0~7.0	泡桐	6.0~8.0
甘蔗	6.0~8.0	杏	6.0~8.0	油桐	6.0~8.0
甜菜	6.0~8.0	苹果	6.0~8.0	榆	6.0~8.0
甘薯	5.0~6.0	桃、梨	6.0~8.0		
花生	5.0~6.0	栗	5.0~6.0		
烟草	5.0~6.0	核桃	6.0~8.0		
紫云英、苕子	6.0~7.0	茶	5.0~5.5		
紫花苜蓿	7.0~8.0	桑	6.0~8.0		

土壤酸碱度影响营养元素的有效性，从而影响作物生长。一般而言，在 pH 接近 6~7 范围内，大多数土壤养分元素都有较高的有效性。pH<6，可溶性铝、铁、锰的数量相对增加，特别是铝离子的大量存在，对作物产生不利影响。此时土壤中的磷素常与铁、铝等离子化合产生沉淀或被固定为不溶性的铁、铝磷酸盐，降低了土壤中磷素的有效性。在碱性土中，土壤中的磷素常与钙离子化合形成难溶性磷酸钙。根据土壤酸碱度影响磷素有效性的特点，土壤 pH 接近或高于 8 时，土壤中铁、锰有效性降低而供给不足，植物出现"黄化"症。微量元素中铜、锌、钼的有效性对土壤 pH 极为敏感。在 pH>7 时，铜和锌的有效性显著下降。硼有效的 pH 范围与磷有些相似，在 pH<5 和 >7.5 时，其有效性有降低的趋势。当土壤酸碱度不适宜的时候，需要对其进行调节。例如对酸性土壤施用石灰、碱性土壤施用石膏、硫黄等来改良。

3. 土壤缓冲性 把少量的酸或碱加入到水溶液中，溶液的 pH 立即发生变化，但是将这些酸或碱加入到土壤里，土壤 pH 的变化却不大，这种对酸碱度变化的抵抗能力，称为土壤的缓冲性能或缓冲作用。土壤缓冲作用可以稳定土壤溶液的反应，使酸碱度的变化保持在一定的范围内，不会因土壤环境条件的改变（例如施肥、有机质的分解）而产生剧烈的变化。这样就为植物生长与微生物的活动，创造了一个良好、稳定的土壤环境条件。

（四）土壤生物特性

土壤生物特性是土壤动物、植物和微生物活动所造成的一种生物化学和生物物理学特征。土壤生物除参与岩石的风化和原始土壤的生成外，对土壤的形成和发育、土壤肥力的形成和演变以及高等植物的营养供应状况均有重要作用。

1. 土壤微生物 土壤微生物包括细菌、放线菌、真菌、藻类和原生动物 5 大类群。土壤微生物在土壤中的作用是多方面的，主要表现在：①是土壤的活跃组成部分；②参与土壤有机物质的矿化和腐殖质化过程，同时通过同化作用合成多糖类和其他复杂有机物质，影响土壤的结构和耕性；③参与土壤中营养元素的循环，包括碳素循环、氮素循环和矿物元素循环，提高植物营养元素的有效性；④某些微生物有固氮作用，可借助其体内的固氮酶将空气中的游离氮分子转化为固定态氮化物；⑤与作物根际营养关系密切。作物根际微生物以及与植物共生的微生物（例如根瘤菌、菌根和真菌等）能为植物直接提供氮素、磷素和其他矿质元素营养以及各种有机营养，例如有机酸、氨基酸、维生素、生长刺激素等。

2. 土壤酶 土壤酶是土壤中的生物催化剂，具有加速土壤生化反应速率功能的一类蛋白物质。土壤中的一切生化过程，包括各类植物物质的水解与转化、腐殖物质的合成与分解以及某些无机物质的氧化与还原，都是在土壤酶的参与下完成的。土壤酶在参与生化反应的过程中有很强的专一性，在反应前后自身不发生任何变化。不同的土壤酶类多以酶-有机质复合体存在，具有共同的作用底物。

3. 矿化作用 矿化作用是在土壤微生物作用下，土壤中有机态化合物转化为无机态化合物过程的总称。有机氮、磷和硫的矿化作用对植物营养有重要意义。矿化作用的强度与土壤的理化性质有关，还受被矿化的有机化合物中有关元素含量比例的影响，例如有机氮化合物的矿化作用的强弱，与碳氮比值的大小有关，通常碳氮（C/N）比值低于 25 的有机氮化合物易于矿化作用，否则不仅没有任何氮释放出来，而且还从土壤中吸收无机氮，这就是土壤氮素的微生物固定，又称为氮素生物固定。碳的转化也受 C/N 比的影响，例如生产上秸秆还田后，需施入适量氮肥，有助于降低有机肥中的 C/N 比，进而促进其矿化。

4. 腐殖化作用 腐殖化作用是动植物残体在微生物的作用下转变为腐殖质的过程，广泛发生于土壤、水体底部的淤泥、堆肥、沤肥等环境。腐殖化作用有助于土壤肥力的保持和提高。生物残体的化学组成、环境的水热条件、土壤性质（特别是 pH 和石灰反应）影响土壤的腐殖化作用。

5. 菌根 菌根是特定真菌菌丝与植物根联合组成的共生体。具有这种能力的真菌称为菌根真菌或菌根菌。

菌根中的菌根菌伸出根外的菌丝具有与植物根毛相似的吸收能力。由于其伸长的范围常超过根毛，菌根实际上起了扩大植物根对营养元素吸收面的作用，对于增大植物对在土壤中迁移缓慢的磷、铜、锌等营养元素的吸收量有重要作用。

（五）土壤有机质

土壤有机质是土壤固相物质组成之一，是土壤中除碳酸盐（CO_3^{2-}、HCO_3^-）及二氧化碳以外的各种含碳化合物的总称。土壤有机质与土壤性质和作物营养关系密切，是影响土壤肥力水平的重要因素。土壤有机质被认为是土壤肥力的中心，是评定土壤肥瘦、好坏的重要标志之一。

1. 土壤有机质的来源、组成和转化 土壤有机质主要来自植物及土内的微生物和动物，以及各种有机肥料（包括秸秆还田和绿肥）。

从存在的形态看，土壤有机质可分为 3 大类：①新鲜的有机物，即未被分解或很少分解的动植物残体；②部分被分解的有机物，变成暗褐色，松脆易碎，对疏松土壤有良好的作用；③被微生物彻底改造过的有机物，即腐殖质，它已变成胶体状态与矿质土粒紧密结合，是土壤有机质的主要部分。土壤中如果有机质不断积累，而且处于淹水状态，则形成泥炭。

从化学元素看，土壤有机质主要含碳、氢、氧、氮、磷、钾、钙、镁等植物生长必需的营养元素。

有机质的转化有两个方向：①分解作用，又称为矿质化过程，有机质由复杂的有机化合物变成简单的矿质化合物，如水、二氧化碳、氨等，这是一个释放养分的过程，有机质经分解就可以释放出植物能够吸收的养分；②分解-合成作用，即腐殖化过程，是微生物将有机质分解的中间产物合成复杂的腐殖质，这个过程既可将养分暂时储存起来，以后再陆续分解供植物利用，又形成了对土壤性质起重要作用的有机胶体。

2. 土壤有机质含量 各类土壤有机质含量（土壤有机质含量＝土壤全碳含量×1.724）的变化幅度很大，主要取决于成土因素，即土壤有机质含量是各种成土因素的函数，即

$$土壤有机质含量＝f（气候、植被、母质、地形、时间……）$$

多数矿质土壤的有机质含量在5%以下。某些沼泽土、泥炭土或高山土壤，其表层有机质含量在20%以上或更高（50%以上），此类土壤称有机土壤。

3. 土壤有机质与土壤肥力的关系 土壤中有机质的存在对提高土壤肥力有多方面的作用，主要表现在：①有机质有助于提高土温和增强土壤保水性能；②有机质常与土壤矿物质发生各种反应，可促进土壤团聚体和结构的形成，增加土壤的渗透性；有的可提高 Cu^{2+}、Mn^{2+} 和 Zn^{2+} 等微量元素对植物的有效性；③土壤有机质有较大的比表面积（800～900 m^2/g），有助于增强土壤的保肥性和缓冲性；④有机物质矿化后释放出 CO_2、NH_4^+、NO_3^-、$H_2PO_4^-$、SO_4^{2-} 等，为作物提供大量有效养分；⑤土壤有机质中若干低分子脂肪酸、腐殖酸等对作物生长起促进作用或抑制作用；⑥有机质还可与进入土壤中的化学农药（或其他合成有机物）结合，影响农药的生物活性、持续性、生物降解性、挥发性、淋溶状况等。因此土壤有机质的含量是评价土壤肥力水平的重要指标。

需要指出，我国多数耕作土壤中的有机质含量偏低，因此增施有机肥料是提高土壤有机质含量和提高土壤肥力的重要措施。

（六）土壤养分状况

土壤中能直接或经转化后被植物根系吸收的矿质营养成分，包括氮（N）、磷（P）、钾（K）、钙（Ca）、镁（Mg）、硫（S）、铁（Fe）、硼（B）、钼（Mo）、锌（Zn）、锰（Mn）、铜（Cu）、氯（Cl）和镍（Ni）14 种元素。

1. 土壤养分的形态及有效性 土壤养分按其化学形态可分有机态和无机态两大类。植物以吸收无机态养分为主，吸收有机态养分较少。按其存在状态可分为溶解态、吸附态和难溶态，溶解态即溶解于土壤溶液中的呈离子态存在的土壤养分，例如 NH_4^+、NO_3^-、PO_4^{3-}、K^+ 等。吸附态即吸附在土壤胶体表面的离子态养分，主要是吸附在带负电荷胶体表面的阳离子，例如吸附性 NH_4^+、吸附性 K^+、吸附性 Ca^{2+} 等。难溶态即存在于土壤矿物和有机质及难溶性盐类中的养分，其组成和结构都较复杂。

对作物的有效性而言，溶解态养分是最易被作物吸收的有效养分。吸附态养分在转变为液相溶解态养分后也能为作物吸收，而且这个转变过程进行较快，故也属有效养分。难溶态养分必须经历一系列生物化学过程或化学反应逐步转化为吸附态和溶解态养分时，才能为作

物吸收，属潜在养分。这 3 种状态的养分在土壤中处于相互转化的动态平衡之中。

土壤的养分状况决定于养分的总量和其中的有效部分，后者对当季作物的养分供应起重大作用，而前者则代表土壤养分的供应潜力。

2. 土壤养分含量与养分供应能力

（1）土壤养分含量　我国耕作土壤的主要养分含量为：氮 0.03%～0.35%；磷（P_2O_5）0.04%～0.25%；钾（K_2O）0.1%～3%；其他养分含量通常分别在百万分之几或十万分之几。土壤养分的总储量中，有很小一部分能为当季作物根系迅速吸收同化的养分称有效养分；其余绝大部分必须经过生物的或化学的转化作用方能为作物所吸收的养分称潜在养分。一般而言，土壤有效养分含量约占土壤养分总储量的百分之几至千分之几或更少。

（2）土壤养分供应能力　土壤养分总量是作物养分的储备，与一季作物的需要量相比要大得多，例如我国中等肥力的土壤，其养分含量，假定能被全部利用，每公顷耕地的土壤氮可供年产 112 500 kg 的作物利用 15～30 年，磷为 30～45 年，钾为 140～300 年。但是对当年作物来说，只有土壤中有效的部分才是有意义的。一般土壤中，这一部分所占比例很小，比如土壤中的有效氮只占全部氮的 0.05% 以下，磷、钾通常只占 0.03%～0.05%，甚至更低。据统计，我国耕地几乎普遍缺乏有效氮素，近 2/3 的耕地缺乏有效磷素，有 1/3 的耕地缺乏有效钾素，必须借助施用肥料以弥补其不足。

作物主要是从土壤溶液中吸取养分，固相部分的养分一般需要先进入土壤溶液才能被作物利用。因此土壤养分状况的基本标志之一是土壤溶液中的养分水平，它是土壤养分供应的强度因素。土壤养分即使在施肥的情况下也起着重要作用。据粗略估计，在一般施肥情况下，在中等产量水平时，植物吸收的氮中有 30%～60%、磷有 50%～70%、钾有 40%～60% 是来自土壤。当然不同作物、不同施肥量和不同土壤有很大差别，但从上述粗略估计中已可看到土壤养分环境对作物营养的重要作用。长期试验证明，有丰富养分储备的土壤与贫瘠土壤，即使施用同量的肥料，前者更容易获得高产。

土壤对养分具有一定的缓冲能力。由于土壤溶液中养分的浓度在一般情况下都是比较低的，尽管它可能已经达到最适水平，但在作物吸收而消耗了部分养分之后，为了避免养分下降，土壤必须有能力迅速补充这一部分被吸收的养分，而使土壤继续保持在最佳的养分浓度水平，这种能力就是土壤的养分缓冲能力。土壤的这种缓冲能力决定于固相与液相处于平衡的养分数量，这种养分称为养分供应的数量因素。

所以土壤养分状况取决于 3 大因素：土壤养分的强度因素、数量因素和缓冲能力，这 3 大因素代表土壤养分供应能力，受前述土壤物理因素、化学因素、生物因素等的综合制约。

3. 影响土壤养分有效性的主要因素　影响土壤养分有效性的因素为：①难溶态养分转化为溶解态养分的速度，受土壤矿物类型、有机质含量、质地、通气和水分状况、pH 等的制约；②土壤溶液中养分的强度因素和数量因素；③土壤养分与作物根表的接触，有效养分如不与作物根表接触，仍属无效养分。

三、我国土壤资源特点及利用

土壤资源是具有农、林、牧业生产力的各种类型土壤的总称。

（一）我国土壤资源特点

我国的陆地面积约为世界陆地面积的 6.49%，占亚洲大陆面积的 21.8%。全部国土从

北到南横跨不同的热量带,其土壤资源具有以下特点:

1. 土壤类型多,资源丰富 我国土壤资源可分为 14 个土纲和 39 个亚纲、138 个土类和 588 个亚类。各自具有不同的生产力和发展农、林、牧的适宜性。

2. 山地土壤资源多 各种高山和山地丘陵的土壤资源占国土陆地面积的 65% 以上,宜于发展多种经济林木。

3. 耕地面积小 我国多山,耕地面积小,人均占有量少。我国现有耕地为 $1.350\,537 \times 10^8\ hm^2$,占农用地面积的 20.92%,只占世界同类耕地的 7%。人均耕地面积仅 $0.093\ hm^2$,远低于世界平均水平($0.287\ hm^2$)。因此进一步挖掘土壤资源的生产潜力是十分迫切的问题。

(二)土壤资源开发利用中存在的主要问题

我国农业历史悠久,劳动人民的长期耕种实践,具有精耕细作的优良传统及用地养地的丰富经验,培育了不少高产稳产农田,加速了土壤的进化过程。但是由于长期忽视对土壤资源的保护,土壤资源利用与破坏的矛盾日益突出,影响着我国农林牧业生产的发展。当前,我国土壤资源开发利用存在的主要问题是耕地逐年减少,人地矛盾突出;土壤侵蚀;土壤退化生产力下降;土壤盐碱化;土地沙化;土壤污染。

(三)土壤资源的合理利用与保护

为了使土壤资源长期为人类利用,并满足后代需要,必须对土壤资源实行科学管理、合理利用与保护。

1. 耕地的利用与保护 应采取有效措施,实行"十分珍惜和合理利用每一寸土地,切实保护耕地"的基本国策。具体措施有:①实行耕地总量不减少措施;②提高土地利用率;③提高耕地质量。

2. 防治土壤侵蚀 核心是进行水土保持,具体措施有以下 3 个。

(1)生物措施 应因地制宜,实行退耕还林、还草。

(2)工程措施 包括水利工程和水土保持工程。

(3)农业措施 主要采用水土保持农业技术措施,如横坡耕作、沟垄种植、生物覆盖、少免耕、深耕改土等。

3. 改造中低产耕地,提高土壤生产能力 采取排水措施,排除土壤渍害,防止土壤潜育化。对盐碱地采用合理水灌和种植,也可以改良土质。应用掺砂和掺黏的客土法改良土壤过黏或过砂的不良性状。施用石灰防治土壤酸化。施用有机肥料全面提高土壤肥力等。

4. 防治结合,减少土壤污染 首先控制污染源,可通过制定和贯彻防止土壤污染的有关法律法规,建立土壤污染监测、预报与评价系统,以控制和消除土壤污染源。同时采取相应的农业技术措施进行治理,如生物修复、施用化学物质、增施有机肥料、改变轮作制度等。

第六节 营养条件

土壤为作物生长提供了支撑条件,同时也是作物吸收养分的场所。但是自然土壤往往难以满足作物生长发育所需要的营养条件,为补充土壤养分的不足,必须施肥以营造良好的营养条件。了解作物生长发育所需的营养元素种类和数量、各种营养元素的作用,并在此基础上通过施肥手段为作物提供充足的养分，创造良好的营养条件，才能达到提高作物产量和改善产品品质的目的。

一、作物必需的营养元素及其生理功能

绿色植物从外界环境中吸取其生长发育所需的养分，并用于维持其生命活动，称为营养。植物体所需的化学元素称为营养元素。营养元素转变为细胞物质或能源物质的过程（合成与分解）称为新陈代谢。

（一）作物必需的营养元素

所谓作物必需的营养元素，是指作物正常生长所必需的，缺乏它作物就不能正常生长，而其功能又不能为其他元素所替代的元素。作物体内的元素究竟是否是必需营养元素，有三条判断标准：①由于该元素的缺乏，作物生育发生障碍，不能完成生活史；②除去该元素，则表现出专一的缺乏症状，而且这种缺乏症状是可以预防和恢复的；③该元素在作物营养生理上应表现出直接的效果，不是因土壤或培养基的物理、化学、微生物条件的改变，产生的间接效果。

迄今为止已确认的作物必需元素有 17 种，它们是：碳（C）、氢（H）、氧（O）、氮（N）、磷（P）、钾（K）、钙（Ca）、镁（Mg）、硫（S）、铁（Fe）、锰（Mn）、铜（Cu）、锌（Zn）、硼（B）、钼（Mo）、氯（Cl）和镍（Ni）。前 9 种作物需要量较大，称为大量元素；后 8 种作物需要量极微，稍多会发生毒害，故称为微量元素。

作物对氮、磷、钾需要量较多，而土壤又往往不能满足作物的需要，需要以肥料的形式加以补充，故合称为肥料三要素。

（二）作物必需营养元素的生理功能及缺素症状

必需营养元素在作物体内的生理功能有 3 个方面：①细胞结构物质的组成成分；②作物生命活动的调节者，参与酶的活动；③起电化学作用，即离子浓度的平衡、胶体的稳定和电荷中和等。大量元素同时具备上述 2~3 个作用，大多数微量元素只有酶促功能。作物必需的 17 种元素中，碳、氢和氧是从空气和水中获得的，这里只介绍作物从土壤吸收的其余 14 种必需营养元素。

1. 氮　作物需要多种营养元素，而氮素尤为重要。从世界范围看，在所有必需营养元素中，氮是限制作物生长和形成产量的首要因素。一般作物含氮量占作物体干物质量的 0.3%~5.0%。豆科作物含有丰富的蛋白质，含氮量也高。禾本科作物一般含氮量较少，大多在 1%左右。

氮是作物体内许多重要有机化合物的组分，例如蛋白质、核酸、叶绿素、酶、维生素、生物碱、一些激素等都含有氮素。

作物氮素营养充足时，植株叶片大而鲜绿，光合作用旺盛，叶片功能期长，分枝（分蘖）多，营养体健壮，产量高。

作物氮素缺乏时，缺乏症状首先在下部叶片上表现，开始是绿色减退，生长减缓，植株矮小。继而下部叶变成柠檬黄色或橘黄色，叶片焦枯，并逐渐脱落。从作物幼苗到成熟期的任何生长阶段里都可能出现氮素的缺乏症状。

苗期缺氮，由于细胞分裂减慢，植株生长受阻而显得矮小、瘦弱，叶片薄而小。禾本科作物表现为分蘖少，茎秆细长；双子叶作物则表现为分枝少。

后期若继续缺氮，禾本科作物则表现为穗短小，穗粒数少，籽粒不饱满，并易出现早衰而导致产量下降。

作物缺氮不仅影响产量，而且使产品品质明显下降。供氮不足致使作物产品中的蛋白质含量减少，维生素和必需氨基酸的含量也相应地减少。

2. 磷 作物体的含磷量相差很大，为干物质量的 $0.2\%\sim1.1\%$，而大多数作物的含量为 $0.3\%\sim0.4\%$，其中大部分是有机态磷，约占全磷量的 85%，而无机态磷仅占 15% 左右。油料作物含磷量高于豆科作物，豆科作物高于谷类作物；生育前期的幼苗含磷量高于后期老熟的秸秆；幼嫩器官中的含磷量高于衰老器官，繁殖器官高于营养器官，种子高于叶片，叶片高于根系，根系高于茎秆等。

磷的营养生理功能主要表现在它是大分子物质的结构组分。又是多种重要化合物核酸、磷脂、三磷酸腺苷（ATP）的组分。磷参与体内的糖类代谢、氮素代谢、脂肪代谢等，也能提高作物抗逆性和适应能力。

当作物体内磷素缺乏时，首先在老叶上出现缺磷的症状。植株缺磷初期，下部叶片呈反常的暗绿色或紫红色，叶狭长而直立，继而植株矮小，呈簇生状态。缺磷作物根系不发达，影响地上部生长。

3. 钾 许多作物吸收钾的数量都很大，它在作物体内的含量仅次于氮。一般作物体内的钾（K_2O）占干物质量的 $0.3\%\sim5.5\%$，有些作物含钾量比氮高。通常，含淀粉、糖等糖类化合物较多的作物含钾量较高。谷类作物种子中钾的含量较低，茎秆中钾的含量则较高。薯类作物的块根、块茎的含钾量也比较高。钾在作物体内不形成稳定的化合物，而呈离子状态存在。至今尚未在作物体内发现任何含钾的有机化合物。

钾的营养生理功能为促进光合作用，提高二氧化碳的同化率，促进蛋白质合成，影响细胞渗透调节作用，影响作物的气孔运动与渗透压、压力势，激活酶的活性，增强作物的抗逆性。此外，钾营养对作物品质有重要影响。

一旦作物缺钾，下部叶的尖端及边缘便出现典型的缺绿斑点，斑点的中心部分随即死去；这些斑点逐渐扩大，并且干枯，变为棕色；叶片中心部分的绿色变深，枯死的组织往往脱落，以至叶片出现残缺。在叶片枯死斑点出现以前，叶片向下卷曲。作物前期缺钾时，生长缓慢的情况不马上表现出来，而大多是在生长旺盛的中期表现出来。

4. 钙 高等植物对钙的需要量大，钙在叶片中大量存在。其正常含量范围为 $0.2\%\sim1.0\%$。钙对细胞膜构成和渗透性起重要作用。钙参与第二信使传递，在细胞伸长和分裂方面起重要作用。

作物缺钙时，症状首先发生在幼叶上，叶色变成淡绿色，然后顶芽幼叶的尖端向下弯卷，接着幼叶的尖端及边缘枯腐，叶形残缺不整。而较老的叶片可仍保持正常状态。

缺钙时，作物生长受阻，节间较短，因而一般较正常生长的植株矮小，而且组织柔软。缺钙植株的顶芽、侧芽、根尖等分生组织首先出现缺素症，易腐烂死亡，幼叶卷曲畸形，叶缘开始变黄并逐渐坏死。

5. 镁 作物体中的镁的含量一般为 $0.1\%\sim0.4\%$。镁是叶绿素分子中仅有的矿质组分，也是核糖体的结构组分，参与同磷酸盐反应功能团有关的转移反应。作物缺镁时，症状在下部叶片上首先出现。根据缺乏的程度，叶片绿色可减退至白色，而叶脉及其紧邻部分仍保持正常的绿色，绿色减退由尖端及边缘开始向叶基及中心扩展，失绿症状与正常组织的深绿色的差别非常明显，而氮、硫缺乏造成的失绿没有这么显著。作物在镁素极缺乏的情况下，下部的叶片几乎变成白色，但仍极少干枯或产生枯死的斑点。作物缺镁后根系生长数量明显减少。

6. 硫 作物根系几乎只吸收硫酸根离子（SO_4^{2-}）。低浓度气态 SO_2 可被作物叶片吸收并在植株体内利用，但高浓度气态硫有毒害作用。植株中硫含量一般为 $0.1\% \sim 0.4\%$。在小麦、玉米、菜豆、马铃薯等作物中硫与磷含量相同或略低，但在苜蓿、卷心菜和萝卜中其量甚大。

在作物生长和代谢中硫有多种重要功能，胱氨酸、半胱氨酸、蛋氨酸等含硫氨基酸需要硫。蛋白质或多肽中硫的主要功能是在多肽链中形成二硫键。合成辅酶 A、硫胺素（即维生素 B_1）和谷胱甘肽也需要硫，硫还是其他含硫物质的组分，作物合成叶绿素也需要硫。

作物缺硫会使整个植株变成淡绿色，幼叶较老叶的颜色更为浅淡。下部老叶的缺乏症状不像缺氮那样发生焦枯现象，据此可与氮素缺乏症状区别。硫素缺乏后，作物生长可能有些缓慢，叶尖常常向下卷缩，叶面上会发生一些突起的泡点。硫素缺乏大多发生在作物的生长早期，特别是在干旱的季节易发生。

7. 硼 硼在单子叶植物和双子叶植物中的含量通常分别为 $6 \sim 18$ mg/kg 和 $20 \sim 60$ mg/kg。大多数作物成熟叶片组织中硼含量水平在 20 mg/kg 以上就足够了。硼在作物分生组织的发育和生长中起重要作用，尤其在分生组织新细胞的发育，花粉管的稳定性和花粉的萌动及其生长、正常授粉、坐果和结籽，糖类、氮和磷的转运，氨基酸和蛋白质合成，豆科植物结瘤，调节糖类代谢等方面起重要作用。

硼一旦缺乏，植株便出现嫩叶基部退淡，然后叶片在基部折断，有的再生，有清楚的折痕。缺硼严重时，茎尖生长点生长受抑制坏死或畸形扭曲，嫩叶芽未开展时就从基部坏死，生长停滞，叶片生长受阻，根系明显瘦小；生殖器官发育受阻，结实率低，果实小、畸形。缺硼导致种子和果实减产，严重时有可能绝收。我国油菜上发生的"花而不实"现象与植株缺硼有关。

8. 铁 作物中铁的正常含量范围一般是 $50 \sim 250$ mg/kg。通常以干物质计铁的含量在 50 mg/kg 或以下时可能出现缺铁症。铁既作为结构组分，又充当酶促反应的辅助因素。

作物缺铁时，下部叶片绿色，渐次向上褪淡，新叶全部黄化或脉间黄化，老叶仍保持绿色。缺铁的玉米其新生叶片黄化，中部叶片叶脉间失绿，呈清晰的条纹状，但是下部叶片仍保持绿色。缺铁的油菜，新生叶片脉间失绿黄化，老叶仍保持绿色。

9. 锰 锰在植株中的正常含量一般为 $20 \sim 500$ mg/kg。通常植株地上部锰的含量水平低于 20 mg/kg 时就会表现缺锰。锰参与光合作用，特别是氧释放；也参与氧化还原过程、脱羧和水解反应。在许多磷酸化反应和功能团转移反应中锰能代替镁。在大多数酶系统中镁与锰同样有效地促进酶转变。

作物缺锰时，症状首先在幼叶出现，叶色失绿，但叶脉及叶脉附近仍保持绿色，叶片外观呈绿色纱网状，状同缺镁，但缺镁首先发生在下部叶。缺锰使植株矮化，颜色淡绿，组织坏死。

在田间条件下，明显的锰缺乏症状不易见到。可能与锰缺乏常与土壤碱性有关，而在这种土壤上，有利于作物根黑腐病的发生，当作物感染了根黑腐病后，同时也隐蔽了锰素缺乏的病症。

10. 铜 铜在作物组织中的正常含量为 5～20 mg/kg。若以作物干物质计，降到 4 mg/kg 水平以下时可能表现缺乏。铜参与以下酶系统或代谢过程：氧化酶（包括酪氨酸酶、虫漆酶和抗坏血酸氧化酶）、细胞色素氧化酶的末端氧化作用、质体蓝素介导的光合电子传递。

作物在铜素不足时，下部叶片首先出现枯死斑，继而整个植株生育不良，植株显暗绿色。缺铜严重时，上部叶片膨压消失，花序以下的茎弯曲，出现似永久萎蔫症状。缺铜常有一个明显的特征，即某些作物花的颜色发生褪色现象，例如蚕豆缺铜时，花的颜色由原来的深红褐色变为白色。

11. 锌 锌在作物干物质中的正常含量为 25～150 mg/kg，低于 20 mg/kg 则缺锌，叶片中锌含量水平超过 400 mg/kg 发生毒害。锌在作物体内参与多种酶活动，但不能肯定其中锌究竟是功能性、结构性还是调节性辅助因子。锌参与以下酶系统或代谢过程：生长素代谢、色氨酸合成酶、色胺代谢、脱氢酶、磷酸二酯酶、碳酸酐酶（存在于叶绿体中）、过氧化物歧化酶、促进合成细胞色素 c、稳定核糖体。

作物缺锌时，下部叶片缺绿，出现不规则的枯斑，植株生长缓慢，节间短，植株失绿。生长受抑制，尤其是节间生长严重受阻，并表现出叶片的脉间失绿或白化症状。

12. 钼 一般作物干物质中钼含量低于 1 mg/kg，缺钼植株中通常低于 0.2 mg/kg。因土壤溶液中含 MoO_4^{2-} 极少，所以植株中钼含量一般很低。钼是硝酸还原酶的必需组分。植株中大多数钼都集中于这种酶中，这种酶为水溶性钼黄蛋白，存在于叶绿体被膜中。钼是固氮酶结构组分。已观察到豆科作物根瘤中 10 倍于其在叶片中的钼浓度。钼在作物对铁的吸收和运输中起着不可替代的作用。

缺钼的作物下部叶片缺绿，边缘由黄到白色，伴随坏死斑点，叶片皱缩呈波浪状，根系弱。缺钼还有可能引起早花。缺钼的共同特征是植株矮小，生长缓慢，叶片失绿，且有大小不一的黄色或橙黄色斑点，有时叶片扭曲呈杯状，老叶变厚、焦枯，以致死亡。

13. 氯 直到 20 世纪 50 年代，氯元素才被证实为作物生长所必需。一般认为，作物需氯几乎与需硫一样多。氯的生理作用主要表现在参与光合作用、调节气孔运动、激活 H^+ 泵和 ATP 酶、抑制病害发生等方面。

作物缺氯时，叶片会出现失绿、凋萎。在大田中很少发现作物缺氯症状，因为即使土壤供氯不足，作物还可从雨水、灌溉水，甚至从大气中得到补充。实际上，氯过多倒是生产上的一个问题。

14. 镍 相对于其他必需营养元素而言，镍是最晚（1987 年，Brown P. H. 等）被提出是作物必需元素的。植物体内镍的含量一般为 0.05～10.00 mg/kg。镍的主要生理功能是刺激种子发芽和幼苗生长，催化尿素降解。镍是脲酶的金属辅基，脲酶是催化尿素水解为氨和二氧化碳的酶。此外，镍还影响植物衰老、氮代谢和铁吸收。豆科植物对镍的需求比较明显。

作物缺镍时叶尖积累较多的脲，出现坏死现象。

二、作物营养的临界期与最大效率期

(一) 作物营养临界期

作物在生长发育的某一时期，对养分的要求虽然在绝对数量上并不多，但要求很迫切。如果这时缺乏某种养分，作物的生长发育就会受到明显抑制，产量也受到严重影响。此时造成的损失，即使以后补施该种养分，也很难弥补。这个时期称为作物营养临界期。

一般说来，作物在生长初期，对外界环境条件比较敏感，此时如养分供应不足，不仅会影响作物生长，而且还会明显地反映在产量上。

大多数作物的磷营养临界都在幼苗期，例如棉花一般在出苗后 $10\sim20\ d$，玉米一般在出苗后 $7\ d$ 左右（3 叶期）。作物幼苗期正是由种子营养转向土壤营养的转折时期。此时种子中储藏的磷营养已近于耗尽，急需从土壤中获得磷营养。但此时大部分幼根在土壤表层，尚未伸展，且吸收养分的能力弱，对磷的需要就显得十分迫切。而土壤溶液中磷的浓度往往很低，且移动性很小，难以迅速迁移到根表。所以作物幼苗期容易表现出缺磷。采用少量磷肥作种肥，常有很好效果。

作物氮营养临界期一般比磷营养临界期稍晚，往往是在营养生长转向生殖生长的时期。例如冬小麦的氮营养临界期是分蘖和幼穗分化期（这两个时期都是临界期），此时如缺乏氮素，则表现为分蘖少、产量低。生长后期补施氮肥，对增加单位面积穗数和穗粒数已无济于事，无法弥补关键时期所造成的损失。棉花氮营养临界期是现蕾初期。

作物钾营养临界期的确定有一定难度。因钾在作物体内流动性大，有高度被再利用的能力，一般不易判断。据资料报道，水稻的钾营养临界期可能在分蘖期和幼穗形成期。

（二）作物营养最大效率期

在作物生长发育的过程中的某个时期，作物对养分的要求，不论是在绝对数量上，还是吸收速率上都是最高的。此时使用肥料所起的作用最大，增产效率也最为显著。这个时期就是作物营养最大效率期。这个时期常常出现在作物生长的旺盛时期，其特点是生长量大，需养分多。因此为夺取作物高产，应及时补充养分。不同营养元素的最大效率期也不一致，例如甘薯在生长初期，氮素营养效果较好；而在块根膨大时，则磷、钾营养的效果最好。就氮素而言，其最大效率期，玉米一般是大喇叭口到抽穗初期，小麦是拔节到抽穗期，棉花则是开花结铃期。

作物营养虽有其阶段性和关键时期，但也不可忽视作物吸收养分的连续性。

三、作物有机营养

尽管作物是以无机营养为主，但随着作物营养研究的不断深入，作物的有机养分过程和作用逐渐为人们认识。已经证明，作物主要吸收无机养分，同时也吸收一些有机养分。而且一些有机养分优先于无机养分被吸收，一些有机养分的肥效比与之相当的无机养分高。

（一）作物对含氮有机物的吸收

作物所能吸收的含氮有机物主要有尿素、氨基酸、核酸（DNA 和 RNA）和酰胺。其营养作用常因作物而异。三叶草、豌豆能较好地吸收天冬氨酸和谷氨酸，而大麦和小麦则不能，但可吸收甘氨酸和 α-丙氨酸。

作物不仅能吸收氨基酸和酰胺，而且还能使它们在体内迅速转运和转化。给水稻秧苗施以 ^{14}C-甘氨酸，5 min 后就能在自显影照片上观察到水稻根吸收了少量甘氨酸，5 h 后甘氨酸已转运到叶部，48 h 后吸收量达最大值。^{14}C-甘氨酸吸收后就开始转化为其他氨基酸、糖类、有机酸等一系列化合物而进入各种代谢系统，从而产生营养效果。

（二）作物对含磷有机物的吸收

含磷有机物亦能被作物吸收利用。有试验用标记的 1-磷酸葡萄糖和 1,6-二磷酸葡萄糖在大麦、小麦和菜豆上进行试验。结果表明，作物能够很好地吸收有机磷。而且，当营养液中有磷酸盐离子存在时，含磷有机物照样能顺利地进入作物体内并参与代谢。

除 RNA 和 DNA 外，作物还能吸收核酸的降解产物，例如核苷酸、嘧啶、嘌呤、磷酸肌醇等。用化学纯的六磷酸肌醇进行无菌培养，以无机完全培养液作对照，在等养分条件下比较，六磷酸肌醇处理的稻苗生长更好，表明六磷酸肌醇的营养效果明显优于无机磷。进一步的研究证明，不同作物吸收利用含磷有机物的能力并不完全相同，有菌根的作物吸收利用有机磷的能力一般比无菌根的作物强。

（三）作物对糖类、酚类等有机物的吸收

有机肥中含有多种可溶性糖，包括蔗糖、阿拉伯糖、果糖、葡萄糖、麦芽糖等。其中葡萄糖含量较高，是植物最易吸收的一种中性糖。孙羲等以水稻为材料，用 ^{14}C-葡萄糖进行无菌培养试验，分别在培养 1 d 及 5 d 后取样分析。结果表明，1 d 内 ^{14}C-同化物已达穗部，5 d 内 ^{14}C-同化物已分布到水稻植株各部分。

作物除吸收可溶性糖外，还能吸收一些酚类、有机酸类等物质。据研究，作物幼苗可吸收腐殖质中的羟苯甲酸、香草酸、丁香酸等。当它们被麦苗根系吸收后，只有极少量被输送到芽部，一部分被氧化为醌类化合物，大部分被转化成葡萄糖苷或葡萄糖脂的形态。

外源羧酸对作物呼吸代谢、光合作用、碳氮代谢以及生长发育和产量影响方面的研究已取得不少进展，但是外源羧酸对作物品质的效应研究甚少。事实上，羧酸对作物物质代谢的影响既表现在产量上，同时也对品质产生一定影响。据研究，不同施氮水平，根外喷施一定浓度乙酸和柠檬酸对水稻籽粒粗蛋白和淀粉有明显影响。

有研究证明植酸具有抑制淀粉酶和促进淀粉合成酶合成淀粉的作用。从水稻碾米品质看，用植酸喷施后的稻米米粒硬度较强，不易破碎。喷施植酸后，稻米的碱消值以抽穗期和齐穗期处理的平均值略高于对照（即糊化温度低），其他处理的结果与对照相当。

聚乙烯醇系长链状高分子碳氢化合物，农业上一般作土壤改良剂。近年有研究报道，将聚乙烯醇系长链状高分子碳氢化合物用于烟草生产有较好的结果，试验证明，土壤浇施 0.6% 聚乙烯醇系长链状高分子碳氢化合物，对烟草产量、化学成分产生明显的影响，中上等烟率明显高于对照处理，均价、产值均达极显著水平。

此外，作物能较好地吸收激素和生长调节物质，例如生长素（即吲哚乙酸）、赤霉素、细胞分裂素、脱落酸、乙烯等，并在促进和调节作物生长发育、提高产量、改善品质上起到一定作用。

【复习思考题】

1. 分别叙述光照度、日照长度和光谱成分对作物生长发育的影响。
2. 简述我国光能资源的特点及光能资源的利用。
3. 何谓作物温度的三基点？极端温度对作物会产生何种危害？
4. 有效积温和活动积温各是什么？积温在作物生产上有什么作用？
5. 试述水分对作物生长发育的重要作用。
6. 简述干旱、涝害和水体污染对作物生长发育的影响。
7. 简述我国水资源的状况和提高水资源利用率的措施。
8. 试述田间二氧化碳的来源及分布、二氧化碳浓度与作物产量的关系。

9. 简述温室效应、二氧化硫、氟化物、氮氧化物、臭氧、酸雨和粉尘对作物的危害及其治理措施。

10. 土壤质地有哪些主要类型？各类型土壤对农业生产的影响如何？

11. 土壤酸碱性对农业生产的影响有哪些？

12. 简述土壤有机质与土壤肥力的关系，讨论如何有效增加土壤有机质含量。

13. 作物必需的营养元素有哪些？各自的生理功能如何？

14. 作物营养关键时期对施肥的意义是什么？

15. 简述氮、磷、钾缺素症状发生特征及特点。

第五章　作物生产技术

第一节　土壤的培肥、改良和整地

一、土壤培肥

高产土壤具备的基本特征是土地平整，排灌条件良好，适合机械化作业；有良好的土体结构，上虚下实；有机质和速效养分含量高；土壤水分特性好，渗水快，保水能力强；土性温暖，稳温性强；土壤微生物多，活性强；适耕期长，耕性好。一般的土壤需通过培肥，才能达到高产土壤条件。土壤培肥的途径与措施有以下几个。

（一）增厚活土层

合理深耕和增加客土可以增厚活土层。深耕可破除土层板结，使土层比较疏松。客土可改变土壤质地组成，促进微生物活动和改善养分状况，增加土壤团粒结构，改善土壤松紧度和孔隙状况，提高土壤的通透性，有利于透水、蓄水和通气，减少径流。增厚活土层可促进作物根系伸展，使 10 cm 以下土层中根系增多，以充分利用土壤深层水分和养分；还可减少杂草和病虫害的危害。

（二）合理施肥，增施有机肥

合理施肥特别是施用大量有机肥可以改善土壤的各种性状，不断培肥和熟化土壤，提高土壤肥力。有机肥（例如各种厩肥、堆肥、绿肥、经沤制的秸秆等）本身有疏松多孔的特点，在土壤中又能转化为腐殖质，促进团粒结构的形成，使土壤容重变小，孔隙度和大孔隙增加，土壤疏松，耕性改善。有机肥本身吸水力强，持水性好，施入土壤后，可增加土壤的吸水和透水性，一般可使土壤含水量增加 2%～4%。有机质分解形成的腐殖质是组成有机无机复合胶体的物质基础，土壤胶体增多，可以提高土壤保蓄养分的能力。

（三）合理轮作，用养结合

我国古农书《齐民要术》中就提到"谷田必须岁易"。用地作物和养地作物合理轮换种植或间套种植，可调节和增加土壤养分，培肥土壤。合理轮作可以改善土壤物理性状。例如水旱轮作可使土壤干湿交替，结构改善，土质变松，耕性变好；不同作物的轮作还可减少病虫草害。

二、土壤改良

土壤改良是通过农业措施，促进土壤向良性发展，防止土壤退化和恶化，有利于农业的持续发展。

（一）盐碱地改良

盐土、碱土及各种盐化、碱化土壤统称为盐碱土。由于盐碱土的土壤结构、耕性和通透性差，不利于作物生长发育。在盐碱地种植作物，常表现为种子发芽率低，幼苗生长不良，缺苗断垄严重，开花成熟迟。盐碱土还会影响作物对养分的吸收，造成营养失调。盐分过多还影响土壤微生物的活动，降低土壤肥力。

盐碱地的形成，是由于土壤中的各种简单的无机盐类随水分运动而上升，在一定条件下重新集聚在土壤中，形成局部的盐碱土。

1. 盐碱土的治理原则　改良盐碱土的基本原则是解决土壤地下水问题，任何使地下水水位升高的因素都可使盐碱程度加重，因而调控土壤水的运动是防止土壤盐碱化的关键。改良盐碱土，必须排除过多的盐碱，提高土壤肥力，把除盐与土壤培肥结合起来，把水利措施与生物措施结合起来，采用综合措施，因地制宜，对症下药。

2. 改良盐碱土的主要措施

（1）明沟排水，降低地下水位　排水是改良盐碱土的关键措施，其作用是加速排除由洗盐、灌溉和降雨所淋下的盐分；控制地下水深度，防止盐分在地表积累。

（2）灌水洗盐　将水灌入地里，使盐分溶解于水，自上而下地把土壤中可溶性盐随水排走，可达到洗盐效果。

（3）放淤改碱　把带有大量淤泥的河水，通过有控制的渠系灌入盐碱地，再减小水的流速使淤泥沉淀下来，淤积在地面，淤泥盐分少，养分含量高，改土效果较好。同时，大量的放水还有一定的洗盐效果。

（4）种稻改碱　在有灌溉条件的地区合理种植水稻是一项利用和改良结合的有效方法。例如河北省滨海盐土地区，种稻 1 年后，地下水的矿化度由原来的 30～35 g/L 降低到 3.0～9.8 g/L。

（5）增施有机肥，种植绿肥　有机肥可消除盐碱土的瘦、死、板等不良性状，提高土壤肥力，增强作物的抗盐能力。绿肥的茎叶繁茂，根系发达，耕翻后可增加土壤有机质，改良土壤物理性状，提高降雨的淋盐效果。

（6）植树造林，建立护田林带　树林能显著降低地下水位，减少盐分的积累。

（7）化学改良　对碳酸和重碳酸钠较多的盐碱土，可施用石膏或其他化学改良剂来降低盐碱程度。

（8）秸秆还田。

（二）红壤改良

红壤是各种红色、黄色酸性土壤的统称。红壤多处于我国南方高温多雨地区，其形成过程是富铝化与生物富集化相互作用的结果，由于该地区的硅酸盐类矿物遭到分解、淋溶，而铁、铝氧化物在土体内大量聚积，使整个土体呈酸性反应。红壤低产的原因主要是瘦、酸、黏、易受干旱等。红壤改良的主要措施有以下几个。

1. 搞好水土保持　红壤地区雨水多，水土流失严重，有机质和养分损失较多，水土保持可减弱地表径流，积蓄雨水，提高土壤养分含量。

2. 增施有机肥　红壤有机质含量低，缺乏稳固性团粒结构，磷、钾、钙、镁等元素含量较低，增施有机肥可补充土壤的有机质和养分，改善土壤结构，提高肥力。施用磷肥或钾肥增产幅度在 10%～100%。另外，腐殖酸具有改良土壤和增产的效果。

3. 施用石灰　施石灰可降低铝离子含量，消除酸性和大量铝离子对作物的毒害。施石灰可增加土壤中钙的浓度，改良土壤结构，减少磷素的固定。

4. 水旱轮作　红壤水旱轮作后，能改善土壤的理化性质。据统计，种旱作 2 年后改种水稻 7 年，平均每年单产为连续 9 年旱作的 3.5 倍。旱地改水田后要合理轮作，加大豆科作物的比重，不断提高土壤肥力。

三、整地

农田整地是作物生产的重要组成部分，是作物生产的基础环节。它通过农具的机械作用调节土壤理化特性和肥力因素。其主要作用有：为作物生长发育提供适宜的土壤表面和良好的耕层结构；掩埋前作物残茬和表面的肥料，为播种提供良好的苗床；防除、抑制杂草和病虫害；熟化土壤和保蓄水分。

（一）土壤耕作措施

以相应的农具对土壤起特定作用的单项耕作作业称为土壤耕作措施，按其对土壤作用的性质和范围，可分为两类：基本耕作措施和表土耕作措施。基本耕作措施的耕作深度是整个土壤耕层，能改变整个耕层的性质，对土壤各种性状作用大，影响深，而且消耗动力较多，包括翻耕、深松耕和旋耕。表土耕作措施是在基本耕作基础上，对土壤表面进行较浅作业，影响土壤表层（0～10 cm）结构，包括耙地、耱地、镇压、中耕等，其目的是配合翻耕等基本耕作，为作物创造良好的播种出苗和生长条件，因此也称为辅助耕作。

1. 基本耕作措施

（1）翻耕　翻耕是用有壁犁进行耕地，可翻转土层。翻耕对土壤具有 3 方面的作用：翻土、松土和碎土。首先将土壤上下层换位，在换位的同时将肥料、作物残茬、杂草及草籽、病虫、绿肥等一并翻至土壤下层，清洁地面。其次，翻耕使耕层土壤散碎、疏松，改善土壤通气透水性能，熟化土壤，强化土壤微生物活动。

翻耕的方式由于犁的结构和犁壁形式不同分为 3 种：半翻垡、全翻垡和分层翻垡。

翻耕的深度是犁地质量的主要指标之一，是影响作物根系生长发育进而影响地上部生长发育的一个重要因素。翻耕深度增加，耕层则厚，有利于储水保墒和通气，能加速有机质矿化，改善养分状况。但在某些条件下，如多风、高温、干旱地区，会增加土壤水分的蒸发，土壤疏松而提墒性差，作物吸水困难而出现旱情，且在通气良好条件下土壤有机质不易积累。同时因肥料翻埋过深，使作物苗期缺肥，且容易翻出底层的还原性物质。因此翻耕的深度应根据作物种类、气候特点和土壤特性确定。一般直根系和植株高大的作物宜深；黏质土、土层深厚的宜深；多雨地区宜深，以利于储水，同时还可改善耕层土壤的通气性。此外翻耕深度还应考虑经济效益，耕地越深，工作效率越低，成本越高。当前我国翻耕的深度，畜力犁一般为 15～18 cm，机耕为 20～22 cm，一般不超过 25 cm。由畜耕转向机耕时，原则上不能一次加深，应逐年加深。

翻耕一般在作物收获后至下茬作物播种前进行。北方一年一熟或一年二熟地区，主要在夏收作物收后的休闲地上进行伏耕，秋作物收后进行秋耕，部分地区还有春耕。伏耕、秋耕在接纳蓄积雨水、减少地表径流、储墒抗旱等方面比春耕效果大。盐碱地可利用夏秋高温进行翻耕而加速洗盐效果。北方地区春耕效果不好，翻耕易造成土壤水分大量蒸发。南方地区，土壤的排水通气是农作时的关键问题所在，因此该地区以耕翻为主，包括水稻收获后的秋冬深翻，翻后耙地；旱作收获后的春耕翻，耕翻后注重晒垡，以提高土壤的通水透气性。

（2）深松耕　用无壁犁、凿形犁、深松铲等对土壤进行全面或局部松土为深松耕。与翻耕相比较，深松耕的特点是只松土不翻土，土层上下不乱，松土深厚，松土深度可达 30～50 cm，能打破犁底层和不透水黏质层，对接纳雨水、防止水土流失、提高土壤透水性及改良盐碱土有良好效果。深松耕后能留茬保护地面，防止风蚀。用松土铲和凿形犁松土，能提高功效、节约能耗。但深松耕也存在一些问题，例如不能翻埋肥料、残茬和杂草，一般深松的田间杂草较多。

（3）旋耕　旋耕能利用犁刀片的旋转，把土切碎，同时使残茬、杂草和肥料随土翻转并混拌。旋耕后地表平整松软，一次作业能达到耕松、搅拌、平整的效果，节省劳动力。旋耕的碎土能力很强，北方多用于麦茬地、水浇地和盐碱地的浅耕，南方多用于水稻田插秧前的整地和收获后秋耕种麦。根据各地试验结果，水稻田用旋耕机整地具有明显的增产效果和经济效益。但旋耕深度较浅，一般只有 12 cm 左右，起不到加深耕层的作用。旋耕用作表土作业，对消灭杂草、创造疏松表土层、破除板结效果良好。

2. 表土耕作措施

（1）耙地　耙地有疏松表土、破碎土块、透气保墒、平整地面、混合肥料、耙碎根茬、清除杂草、覆盖种子等作用。耙地使用的工具有钉齿耙和圆盘耙，耙地的深度一般为 3～10 cm。不同地区不同条件下耙地的作用不同，使用工具也不同。钉齿耙一般用于耕后、播前、雨后、灌水后、早春土壤化冻前后、播种前后以及出苗遇到不利条件时运用。而圆盘耙一般用于作物收后的浅耕灭茬，清除和翻埋杂草、绿肥。有时也用圆盘耙耙地代替翻耕。

（2）耱地　耱地也称为盖地、擦地、耢地，是旱地和水田生产中常用的一项表土耕作。耱地主要有平土、碎土和轻微压土的作用，在干旱地区还能减少地面蒸发，起到保墒的作用。传统耱地使用的工具多用耐摩擦的荆条、柳条等树枝编织而成，或用木板，现用的农机具大部分都带有耐磨的铁皮耱地机具。耱地作用于土壤的深度为 3 cm 左右。一般耱地与耙地联合作业，即耙后紧跟耱地，因耙地后留有耙沟，耱地可填平耙沟，平整地面，使表土形成一层疏松的覆盖层，减少水分蒸发，有利于保墒。播种后耱地能促进种子与土壤紧密接触，有利于吸水发芽出苗。

（3）镇压　镇压即以重力作用于土壤，其作用为破碎土块，压紧耕层，平整地面和提墒。镇压使用的工具有 V 型镇压器、网型镇压器、圆筒型镇压器。传统的镇压工具有石磙子、石砘子等。镇压作用于土壤的深度一般为 3～4 cm，如果用重型镇压器可达 9～10 cm。

正确运用镇压可起到良好效果。例如土壤过松时，镇压可使上层土壤紧实，以减少水汽扩散和水分损失；冬麦越冬前镇压，可防冻和防旱，保证安全越冬；作物播种前镇压，可增加毛管孔隙，使底层水分上升到表层，供种子发芽利用；作物播种后镇压，可使种子与土壤紧密接触，以便吸水发芽和扎根，特别是小粒种子更为重要。镇压运用不当，会引起一些不良后果，例如土壤过湿时镇压，会使土壤结成硬块，表层形成结皮。镇压不宜在盐碱地或含水较多的黏质土上进行，也不宜在砂质土上进行。

（4）中耕　中耕也称为耪地、锄地，是在作物生育期间进行的一项表土耕作。中耕有松土、保墒、除草和调节土温的作用。中耕的工具有中耕机、耘锄以及人工操作的手锄和手铲。中耕的次数依作物种类和生长状况、田间杂草的多少、土质、灌溉条件的有无而定。一般作物生育期长、封行迟、田间杂草多、土质黏重、盐碱较重或灌溉地，中耕需进行 3～4 次。中耕的深度应按浅、深、浅的原则，即在作物苗期根系浅、苗小的时候，中耕应浅，以免伤苗、压苗；作物生育中期，随着根系下扎，幼苗长大，中耕加深，有利于根系的发育和松土通气、保墒、除草；到作物接近封行时，根系已向纵深发展，中耕又要浅，以免伤根。如果为宽行距，中耕与培土应结合进行。中耕次数不宜太多，否则会造成行间过分疏松，好气性微生物分解有机物质的矿质化过程过于旺盛，造成养分的非生产性消耗和土壤结构的破坏。在风多地区或坡地上，中耕易造成风蚀和水蚀。

（5）起垄培土　起垄是某些作物或某些地区特需的一种表土耕作。起垄可为块根块茎作物地下部分生长创造深厚的土层，在高纬度地区（即寒冷地区）有利于提高地温，在某些多雨或低洼地区可以排水和提高地温。在水浇地上起垄，有利于灌水，使灌水均匀，节约用水。

培土的主要作用是固定植株，抗风防倒，特别是对植株高大的作物及多风地区更为重要。另外，培土可扩大作物根系活动范围，增加根系对水分和养分的吸收。培土还有利于排水防涝，消灭杂草。

目前国内外用于耕作的机械主要有铧式耕作犁、深松机、旋耕机、镇压机等。为了能减少机械在田间的通行次数，简化作业过程，提高作业效率，争取农时，及时进行播种或栽插，研制了能一次完成耕地、整地等多种作业项目的联合耕作机，实现一次性完成土壤的基本耕作和表土耕作。

3. 少耕和免耕　过分的土壤耕作易破坏土壤结构，风蚀加重，水土流失，土壤理化性状恶化。因此 20 世纪 70 年代，许多国家开始进行少耕和免耕的研究与推广。少耕和免耕的特点是不翻耕或减少翻耕，加之残茬物的覆盖，减少水蚀、风蚀和水分蒸发，保蓄土壤水分，增加土壤有机质。同时节省能耗，适时播种。

（1）少耕　少耕是指在一定的生产周期内合理减少耕作次数或间隔减少耕作面积，其方法为以深松代翻耕、以旋耕代翻耕、间隔带状耕种等。从 20 世纪 50 年代起，各国提出了多种类型的少耕法，我国的松土播种法就是采用凿形犁或其他松土器进行平切松土，然后播种。带状耕作法是把耕翻局限在行内，行间不耕地，作物残茬留在行间。

（2）免耕　免耕是指作物播种前不耕作，直接在留茬地上播种，播种后不中耕，用化学除草剂代替机械除草。国外的免耕法由 3 个环节组成：①利用前作残茬或播种牧草作为覆盖物；②采用联合作业的免耕播种机将开沟、喷药、施肥、播种、覆土、镇压等作业一次性完成；③采用农药防治病、虫、杂草。

（二）实施土壤耕作的基本原则

土壤耕作的实施必须依据土壤、气候和其他生产条件确定，这样才能发挥它的功能。

1. 根据土壤特性进行合理耕作　各类农业土壤，具有各自的理化特性、生物特性和剖面构造。土壤耕作必须根据这些特性进行，才能创造出适宜作物生长的土壤环境。例如西北地区的黄绵土是处于干旱气候带的旱地土壤，土质松散，易受水蚀和风侵蚀，土壤耕作要以蓄水保墒、防止水蚀和风蚀为主要目的。对质地黏重、结构差、通透不良、潜在肥力高而有效肥力低的土壤，应采用伏耕秋耕、晒垡冻垡、熟化土壤、早春及时耙地保墒等措施。地下水位高的下湿土壤，耕作应有利于排水散墒，提高地温，改善通气性状。无水稳性结构的土壤，土壤耕作应及时破除板结以利于渗水通气，保证幼苗出土。在盐碱地上，土壤耕作要根据盐碱在土层中的运移规律和盐碱地板、瘦的特点进行，要有利于排水脱盐，防止水分蒸发而积盐。水田因长期淹水，土壤物理性状差，耕作应有利于土壤松软，防止水分渗漏，促进土壤氧化，改进长期淹水的潜育过程，降解还原毒害物质，例如深耕晒垡、水耙水耖等措施。

2. 与气候条件相适应　气候对土壤的影响既有有利的一面，也有不利的一面。土壤耕作能在一定程度上协调气候、土壤与作物之间的矛盾。影响土壤耕作措施的气候条件主要有下述几个方面。

（1）降雨与蒸发　降雨是土壤水分的重要来源，而蒸发则造成土壤水分散失，因此降雨和蒸发决定了土壤的水分状况。我国北方地区雨水少，年内分布不均匀，全年降水量的一半以上分布在夏秋季节，早春少雨干旱，土壤水分不足，所以抗旱保墒的土壤耕作措施是我国北方重要的土壤耕作技术。

（2）干湿交替和冻融交替　干湿交替是根据土壤胶体湿胀干缩的特性，利用水分因素季节变化引起土壤水分的变化，使土壤变得松碎，促进团粒结构的形成。冻融交替是利用冬季低温，当土壤含水量充足的情况下水分结冰体积膨胀，促使土壤崩解，有助于团粒结构的形成和土壤松碎。干湿交替和冻融交替，对提高耕作质量有辅助作用，有利于降低作业成本。

（3）水蚀和风蚀　水蚀是由于降水量过大或灌溉水量大而造成的耕地水土流失，在坡耕地上尤为突出。为防止水土流失，坡地土壤耕作应以等高耕作为主，或少耕免耕，以减少地面径流，增加土壤储水。我国北方地处大陆季风区，每年冬春季都有不同程度的大风出现。大风不仅加速土壤水分蒸发，造成土壤干旱，同时吹走表层土壤，尤其是砂性土壤风蚀更为严重。因此有风蚀地区的土壤耕作，应创造紧密的表土层，减少耕作次数，保持良好的表土结构。常采取的措施有：地面留茬和覆盖，或耕作时开沟起垄，加大地表的粗糙度以降低地面风速，防止风蚀。

3. 土壤耕作应与其他生产因子相结合　农业生产中的其他生产因子也要求相应的土壤耕作措施配合，才能发挥最大效益。例如作物茬口特性不同，采取的土壤耕作措施不同。大豆茬为肥茬、软茬，其后可不进行翻耕而采用耙茬即可；高粱、谷子等是瘦茬、硬茬，收获后要进行深耕松土，熟化土壤。又如施肥数量、时期和肥料种类不同，耕作方法和耕深也都不同。灌溉条件的有无所采取的土壤耕作措施也不相同。

第二节　播种和密度

播种是作物生产的基础环节，播种质量的好坏直接影响到苗全、苗齐、苗匀、苗壮。密度的大小直接关系到作物的生长发育和群体发展，是调节群体与个体关系的关键，是作物高产的基础。

一、播种

播种是按计划密度将种子播入一定深度的土壤中，并加以覆土、镇压（北方旱作农区）。播种技术包括种子的选择、种子处理、播种方法、播种期、播种量的确定等。

（一）选用优良品种和种子

采用良种是保证作物高产优质最经济、最有效的措施之一。生产上必须根据当地的气候、土壤和生产条件选用相适应的优良品种。选好品种后，还应对其种子进行选择，要选用生活力强、粒大饱满、整齐度高、纯度净度高、健康的种子。

1. 生活力强　种子的生活力用种子的发芽势和发芽率表示。发芽势是指在规定时间（一般 3 d）内发芽种子占供试种子的比例（％），它表示种子发芽出苗的整齐程度。发芽率是指正常发芽的种子占供试种子的比例（％）。发芽率是在实验室内测定的，播种以后的实际出苗率受很多因素影响而低于发芽率。大多数禾谷类作物（例如麦类、水稻、谷子、玉米等）田间出苗率可达 90％左右。棉花、高粱、大豆等作物种子易受土壤病菌的侵染，虽发芽率很高，但出苗率可能偏低。种子发芽率太低（60%～70%）时不能作种子用。

2. 粒大饱满 粒大饱满的种子含养料多，生活力强，播种以后出苗快，生根多而迅速，幼苗健壮，产量高。据报道，采用大粒种子比小粒种子增产5%～18%。种子的大小和饱满程度用千粒重（1 000粒种子的重量即质量）表示。

3. 整齐度高 用整齐一致的种子播种，幼苗生长整齐健壮，植株发育均匀，一般产量较高。

4. 纯度净度高 用作种子时，品种纯度一般应在98%以上，净度应在96%以上。

5. 无病虫害 种子外部及内部没有感染病害，没有被害虫蛀蚀，也没有病虫潜伏其中。

（二）播种前种子处理

1. 清选 清除种子中的杂物和秕瘦粒，留整齐饱满的大粒种子播种，易实现壮苗。经过清选的种子，一般要求纯度达98%以上，净度96%以上，发芽率在95%以上。清选的方法有筛选、风选和密度选。筛选是根据种子大小，采用适宜的金属筛，对种子进行分离、分级，除去杂物，选取充实饱满的种子。风选是依据成熟度不同的种子和杂物密度不同，在气流作用下飞越距离不同的原理，采用天然和人工方法吹去密度较小的杂物和成熟度不好的种子；密度选则是利用一定的密度液体将轻、重种子分开，除去浮起的空瘪粒，保留饱满种子作用。采用密度选时，不同作物种子应采用适宜密度的液体，例如水稻选种宜用密度为1.08～1.13 g/cm^{3}的液体，油菜选种宜用密度为1.06～1.08 g/cm^{3}的液体，大麦选种宜用密度为1.12～1.22 g/cm^{3}的液体。有时为提高选种效果，可采用筛选、风选和比重选结合。

2. 晒种 播前晒种1～2 d，可促使种子后熟，打破休眠，提高种子发芽率。有资料表明，播种前晒种比不晒种发芽率提高5%左右，发芽势提高10%～20%。在水泥地上晒种要薄摊勤翻，防止暴晒，以免影响发芽率。

3. 种子消毒 许多病虫害是靠种子传播的，例如水稻的稻瘟病、棉花的枯萎病和黄萎病等，种子消毒可预防这些病害的传播。常用的消毒方法有以下几种。

（1）石灰水浸种 1%石灰水可有效地杀灭种子表面的病菌。浸种时间视温度而定，一般35 ℃浸种1 d即可，20 ℃时需要3 d。浸种后必须用清水洗净种子。浸种时还应注意防止种子吸水膨胀破坏石灰水膜，影响消毒效果。

（2）药剂浸种 药剂耕种可杀死种子内部的病原菌。具体应用时，不同作物、不同病害、不同地区应选用不同的药剂浸种。浸种的药剂有些有毒，操作时一定要注意安全。同时注意浸种时间和药剂浓度，以免产生药害。浸种时不能用铁器作容器，以免影响药效。处理后的种子要随即播种。

（3）药剂拌种 药剂拌种可使种子表面附着药剂，杀灭种子内外和出苗初期的病菌及地下害虫。拌用的药剂较多，常用的杀菌剂有多菌灵、三唑酮、克菌丹、甲基硫菌灵、福美双、戊唑醇等，杀虫剂有克百威、辛硫磷、吡虫啉等。拌药后的种子可立即播种，也可储藏一段时间后播种。

4. 硫酸脱绒 脱绒主要应用于棉花种子。脱绒后的棉花种子直接接触土壤，能加快种子吸水速度，促进发芽，提高出苗率。种子脱绒也有利于机械播种。同时也可利用脱绒过程中硫酸和高温的作用杀灭病菌。硫酸脱绒方法，先将棉花种子倒入缸内，按每10 kg棉花种子加入密度为1.8 g/cm^3、温度为110～120 ℃的粗硫酸1 000 mL，边倒边搅拌，10 min左右，待短绒全部溶解，种壳变黑变亮时捞出，用清水反复冲洗干净，然后将棉花种子摊开晾干，以备播种用。

5. 种子包衣　种子包衣是国内外普遍采用的种子处理技术。其集农药拌种、浸种、施肥等措施为一体，将杀虫剂、杀菌剂、植物生长调节剂、抗旱剂、微肥等，加适当的助剂复配成种衣剂，对种子进行包衣。包衣剂的成分可根据作物、土壤病虫害情况而配置，能有效控制种传病害和土传病虫的危害，提供作物苗期生长的养分，促进种子发芽出苗。包衣种子由专门的工厂生产，并有一定的标准和商品化要求。种子包衣可以代替播种前种子处理全过程，节约成本和提高种子处理的效果。

6. 浸种催芽　浸种催芽可为种子发芽提供适宜的水分条件，使种子的发芽整齐一致，提高出苗率。浸种的时间和温度，依作物的种类和外界的温度条件而定，一般气温高时浸种时间短。在浸种过程中，水中的氧气会逐渐减少，二氧化碳和有毒物质含量增加，影响种子的发芽。为此，要注意经常换水，保持水质清洁。

（三）播种期的确定

在一定的地区，每种作物都有它适宜的播种期。适期播种不但能保证种子萌发需要的生态条件，而且有利于作物一生的生长发育，及时成熟，并为后茬作物适时播种创造有利条件，达到全年增产。

1. 播种期的分类　根据不同作物发芽出苗条件和种植制度，生产上一般把作物的播种期分为春播、夏播、秋播或冬播。

（1）春播　春播根据作物对温度的要求又分为早春播和晚春播两种情况。一些耐低温作物（例如甜菜、马铃薯和亚麻等）适合在较低的温度条件下发芽生长；谷子、棉花、大豆、花生、芝麻等，发芽要求的温度较高（8～12 ℃上以），幼苗耐寒能力差，过早播种易受晚霜危害。

（2）夏播　夏播在夏收作物收获后及时播种。夏季地温较高，种子发芽出苗快，为充分利用生长季节，生产上要尽量早播，保证下茬作物及时成熟。夏播作物包括夏玉米、夏大豆、夏高粱、夏谷子、绿豆、甘薯等。

（3）秋播或冬播　适合秋播的作物有冬小麦、油菜、蚕豆和一些越冬的绿肥作物。这些作物要求适时播种，以利于安全越冬。如果冬小麦播种过早，冬前拔节旺长，抗寒力下降，越冬死苗严重；若播种过晚，幼苗生长弱，分蘖少，产量低。油菜若播种过早，易冬前抽薹，不利于越冬。

2. 播种期的确定　在计划播种期内，具体播种期的确定应根据气候条件、品种特性、种植制度、病虫发生情况等综合考虑。

（1）气候条件　温度、日照、降水等气象要素和灾害性天气出现的时段都是确定播种期的依据。春季作物播种过早，易受低温或晚霜危害，且不易全苗。播种过迟，则不能充分利用生长季节，产量不高。适期播种的主要指标是土壤温度满足作物发芽出苗对热量的要求。北方旱地雨养作物播种期的确定，除考虑温度和土壤墒情指标外，还应使作物需水的高峰期与当地降雨高峰期吻合，以充分利用降雨，提高作物产量。棉花的吐絮期要避开阴雨天气，以减少烂铃。

（2）品种特性　作物品种类型不同，生育特性不同，安排播种期应有差异。一般晚熟品种宜早播，早熟品种宜晚播。春性强的冬小麦、油菜品种要适当晚播，早播易引起早拔节、抽薹，冻害严重，产量低；反之，冬性强的品种要适当早播，以利于发挥品种特性，提高产量。早稻感温性强，晚播生育期短，营养生长不足；中稻基本营养生长期较长，有一定的感光性，早播早熟，晚播晚熟，适期播种的范围较大；晚稻感光、感温性强，过早播种，营养生长期过长，群体矛盾突出，并不早熟，而过迟播种不能安全齐穗，适宜播种期范围较小。

（3）种植制度　适宜播期还要考虑当地种植制度。一年多熟的地区，收种时间紧，季节性强，播种过早或过迟，不仅影响当季作物产量，对下茬作物播种也不利。育苗移栽可提早播种，以充分利用季节。间作套种的播期除要考虑上下作物接茬，还要考虑到共生期长短。

（4）病虫害　病虫害发生与气候条件有密切关系，有相对固定的高峰期。调节播种期，使作物的易发病期和病虫发生高峰错开是综合治理病虫害的有效措施。小麦、油菜播种过早时，蚜虫及病毒病危害严重；水稻早播可避开第3代三化螟、稻飞虱、稻瘟病等病虫危害。

（四）播种深度

选择播种深度时要考虑种子大小、出苗习性、土壤质地、土壤有效水含量等因素。一般种子较大、子叶不出土、土壤质地较轻、土壤含水量较低时，宜深播；反之，应浅播。在正常播种深度范围内，应提倡浅播。若播种过深，出苗率降低，幼苗生长慢；若播种过浅，发芽出苗所需水分不能保证。有些种子的发芽出苗需要光照（例如烟草种子），播种时一定要浅播。水稻一般只盖一层草木灰或将种子用扫帚拍入泥土中即可，麦类、玉米等作物播种深度以 3~4 cm 为宜。

（五）播种方法

合理的播种方法能充分利用土地和空间，有利于作物生长发育，协调群体与个体的矛盾，提高作物产量，又便于田间管理，提高工作效率。生产上常用的播种方法有以下几种。

1. 撒播　撒播是把种子均匀地撒播在地面，然后覆土，北方部分旱区要镇压。这种播种方法简单，适合于土质黏重、整地粗放、新开垦地、绿肥作物或播种密度较大的育苗田，例如水稻、蔬菜育秧。其优点是省工、省时、操作简单，作物苗期对光、地力的利用率高。其缺点是种子和植株在一定的面积内分布不匀，无行间相隔，不利于耕作、除草、防治病虫等田间作业。密度大时，群体难以控制，通风透光较差，易倒伏。

2. 条播　条播是在田间按作物生长所需行距和播种深度开沟，将种子均匀播于沟内，然后覆土，部分地区需镇压。条播的优点是种子在田间分布比较均匀，播种深浅一致，便于机械化作业。可根据生产要求和不同作物的生长特点随意改变行距，例如宽行条播，行距一般在 45~70 cm，适用于玉米、高粱、棉花等植株较大的作物。由于行距较宽，出苗后根据计划密度间苗，作物生长期间可根据需要进行中耕、除草、起垄培土等田间作业。密植作物植株较小，行距可变窄到 10~30 cm。生产上还可采用宽窄行方式，窄行保证密度，宽行便于田间管理和通风透光，高产田多采用宽窄行播种。宽幅条播的播种行有一定幅度，兼有撒播和条播的优点，一般播幅为 12~15 cm，行距为 15~20 cm，种子撒播幅内，浅覆土。此法适用于麦类、谷子等密植作物。

3. 穴播　穴播又称为点播，是在宽行条播的基础上发展起来的播种方式，具体操作是在行内按一定的距离，穴播数粒种子，出苗后按计划密度进行间苗。其优点是能保证密度，种子入土深浅一致，出苗整齐，用种量少，便于集中施肥。其缺点是费工。此法适用于蚕豆、玉米等大粒种子和丘陵山区肥水条件较差的地区。株行距的合理配置是提高单位面积产量的关键因素，适当加大行距，缩小株距，对于改善通风透光条件有很大作用。

4. 精细播种　随着现代农业和精细控制技术的发展，精细播种机或播种机器人，能按人们对株距和行距的要求，播种单粒种子，且为播下的每粒种子提供良好的发芽条件，省去了间苗环节，达到苗全、苗壮和节约种子的目的。精细播种的种子质量要有绝对保证，以免造成缺苗。精细播种和种子包衣结合是作物现代化生产的主要措施之一。

二、密度

单位面积的作物株数即密度，是作物生长发育、群体发展的基础。群体结构指群体的组成和方式，例如作物种类、数量、排列方式等。群体结构代表群体的基本特性，是产生各种不同影响的主要根源，与产量、品质的关系十分密切。建立一个合理群体结构来协调群体与个体的关系十分重要，这也是合理密植的关键问题。

（一）合理密植增产原因

1. 合理密植能协调产量构成因　素密度的高低决定了单位面积上的株数，密度太小，收获的株数少，尽管个体产量高，群体产量不会高；密度过高，群体与个体的矛盾突出，个体产量低，也不能高产。

2. 合理密植可建立适宜的群体结构　理想的群体结构是高产的基础，合理密度是群体调节的基础。密度的高低决定群体的规模是否适度、群体的分布是否合理、群体的长相是否正常等，最终影响群体质量的好坏和产品数量及质量的高低。

3. 合理密植能保证适宜叶面积　欲提高群体的物质生产量，就必须适当增加叶面积和提高光合强度。在一定范围内，密度越大，总叶面积越大，光合产物越多。但当密度超过一定值时，群体过大，下部叶片光照不足，群体光合速率降低，影响群体物质产量。

（二）确定合理密度的原则

合理密度的确定，要根据作物种类和品种类型、环境因素及生产条件、栽培技术水平、目标产量、经济效益等综合决定。

1. 作物种类和品种类型　不同作物对密度的反应差别很大，植株高大、分枝（分蘖）性强、单株生产潜力大的类型，种植密度要稀；反之，宜密。同一类型的作物，早熟品种的生育期短、个体生长量小、单株产量潜力低，应发挥群体的优势增产，种植密度应大些；晚熟品种宜稀。不同株型，应采用不同密度，例如玉米、棉花等作物，株型紧凑的品种，叶片上冲，分枝紧凑，群体消光系数小，适宜的叶面积指数大，宜密；而平展型品种，株型松散，密度宜稀。

2. 气候条件　有些作物对温度和光周期反应非常敏感，当温度和光照条件变化时，生育期变化很大。喜温短日照作物（例如水稻、玉米等），随种植地区向南推移，生育期缩短，提早成熟，宜密；反之，密度宜稀。长日照作物（例如麦类、亚麻、马铃薯等），随种植区向南推移，生育期变长，个体潜力变大，密度宜稀；反之，宜密。作物生长季节气候条件适宜，密度宜稀；气候条件差的地区，作物成熟的收获率低，密度宜大。

3. 肥水条件和栽培水平　土壤肥沃、施肥水平高的地块，个体生长良好，密度宜稀；土壤贫瘠、肥源不足，施肥少的田块，个体发育差，生长不良，应适当增加密度。灌溉便利的地块，作物生长较好，密度宜稀；反之，无灌溉条件的地块，密度可适当增加，但是易旱地块密度不宜过大。

4. 种植方式和收获目的　同一作物不同种植方式，密度应有差异。撒播密度可适当高些；条播由于植株相对集中，密度太大时个体之间矛盾突出。条播时采用宽窄行播种方式，密度可适当提高；点播密度应适当低些。以茎、叶等营养体为收获目的的作物，种植密度宜大；以种子为收获目的，尤其是以加大种子繁殖为目的时，密度要稀。

5. 地势 地势高，山坡地，狭长地块或梯田，通风透光条件好，密度宜密；反之，密度宜稀。

6. 病虫草害 病虫草等灾害危害严重的地块，为保证密度和群体，播种量应适当增加；反之，密度宜稀。

（三）播种量的确定

1. 精确播种量 对密植作物（例如麦类、水稻、谷子、油菜等），首先要根据要求，确定一定的基本苗，再根据种子质量、粒重和田间出苗率计算播种量，其计算公式为

$$播种量（kg）= \frac{基本苗数×千粒重}{发芽率×出苗率×1\,000×1\,000}$$

种子的千粒重（g）、发芽率（%）等，播种前通过种子检验获得。出苗率可根据常年出苗率的经验数字或通过试验获得。

2. 均匀播种 生产上撒播一般是由有实践经验的农民，按播种量将种子撒在土壤表面。为保证适宜密度，可将地块分成小面积田块，按小田块将种子分开，以保证播量均匀。对于比较小的种子，可采用种子包衣加大种子体积，减少播量误差。机播时，调好播种机的出种量，控制播量。

3. 定苗 中耕作物无论是采用条播还是穴播，实际播种量往往要比计划密度多 2～4 倍，播种出苗后适时间苗、定苗，根据计划确定留苗密度。

第三节　科学施肥

作物生产系统是一个开放生态系统，随着作物产品的不断输出，作物在形成产品器官的同时，连年从土壤中吸收大量矿质养分。原系统内的物质和能量不断减少，如果不采取合理的措施，土壤肥力将逐年下降，作物生产的持续发展将难以实现。合理施肥是根据作物生长发育、产量和品质形成的需要，由人工方法向作物生产系统补充物质和能量，以不断提高作物产量、品质和农产品的商品价值，增强作物对不良环境的抵抗能力，改善土壤理化性状，培肥和改良土壤的一种措施。合理施肥是作物生产的一项基本措施。我国农民在长期的生产实践中，积累了丰富的经验，十分重视施肥在作物生产中的重要作用。但施肥不当也会造成土壤和大气污染，使地下水和江湖水体富营养化。因此在施肥的同时需注意保护环境，防止肥料污染。

一、施肥的基本原则

肥料效果受多种因素的影响，合理施肥必须根据作物需肥特性、收获产品种类、土壤肥力、气候特点、肥料种类和特性等因素来确定施肥时间、施肥数量、施肥方法和各种肥料的配比，做到看天、看地、看苗施肥，瞻前顾后，综合考虑。

（一）影响肥效的环境条件

1. 气候条件对肥效的影响 气候因素对肥效的影响是综合的。温度升高能促进肥料的

分解，加快作物代谢过程，增强作物根系对养分的吸收。温度太低或超过适宜温度时，作物代谢受到影响，水分和养分吸收减少。作物吸收养分最适温度因作物而异，水稻最适温度在30℃左右，麦类在25℃左右，棉花为28～30℃，马铃薯为20℃，玉米为25～30℃，烟草为22℃。

光照强弱影响光合作用，进而影响根系活力，从而影响作物对养分的吸收。同时，光照不足时作物蒸腾弱，养分吸收也少。

营养元素只有在溶解状态下才能在土壤中移动和被作物吸收。水分还关系到土壤微生物活动和有机物的矿化等。干旱使作物根系发育差，生长缓慢。土壤水分过多，氧气供给不足，影响根系呼吸，养分容易淋失。二者均对作物养分吸收不利，使肥效下降。

2. 土壤条件对肥效的影响　土壤特性直接影响作物对营养物质的吸收，也影响肥料在土壤中的变化及施肥效果。土壤 pH 既影响土壤中养分的有效性，又会影响作物根系对养分的吸收。大多数作物适宜于中性或弱酸性土壤，过酸过碱的土壤都不适宜作物生长，肥料利用率低。

土壤养分含量、供肥保肥性能对施肥效果影响很大。除黑土和栗钙土含氮较多外，其他多数土壤都不同程度缺氮。除东北黑土和四川紫色土含磷较高外，多数土壤缺磷。土壤钾含量较多，但因钾肥施入量较少，我国土壤缺钾的现象越来越严重，以黄壤和红壤为甚。土壤保肥性能与土壤类型有关，砂土保肥性差，施肥应少量多次；黏壤土保肥性好，每次施肥量可适量增加，施肥次数可相应减少。

（二）养分作用规律

1. 最少养分律　植物生长所需养分种类和数量有一定的比率，如果其中某种养分元素不足时，尽管其他养分元素充足，作物生长仍受此最少养分元素的限制，称为最少养分律（俗称木桶定律）。增加最少养分元素的供应量，作物生长即显著改善。施肥时应注意肥料的平衡，判断土壤中哪种养分元素最缺乏，并及时补充，才能得到预期效果。

2. 报酬递减律　报酬递减律就是在低产情况下，产量会随施肥量的增加而成比例增加，但当施肥量超过一定量后，单位施肥量的报酬会逐步下降。因此施肥量要合适，超过限量，不但无益，甚至有害。通过对报酬递减律的研究利用，可以选择最佳的施肥量，力争用最小的投入换取最大的收益。

3. 养分互作律　两种肥料配合施用对作物的效应要大于每种肥料单独施用时效应的总和，称为养分的协同作用。二者配施效应小于二者单施效应之和，称为养分的拮抗作用。这是因为两种养分在植物体内有一定的比例范围，超过此范围对作物生长产生不良影响，如大量施钾有可能导致缺镁；铁与锰、钙与氢之间也有拮抗作用，氢离子浓度过高，造成土壤弱酸性，要施用适量钙离子加以改善。施肥时应尽量避免肥料配施时的拮抗效应。

（三）作物的营养特性

不同作物或同一种作物的不同器官对营养元素的吸收具有选择性。一般说来，谷类作物需要较多的氮、磷营养，糖料作物和薯类作物需要较多的磷、钾营养；豆科作物因与根瘤菌共生，能利用空气中的氮素，不需大量施用氮肥。

作物不同生育时期所需营养元素的种类、数量、比例都不相同（表 5-1）。一般生长前期因植株较小，吸收营养的数量、强度均较低；生长中期，生长量大，需养分多；生长后期，需要的养分数量又逐渐减少。

表 5-1 主要作物不同生育期养分吸收占全生育期养分吸收总量的比例（%）

（引自谭金芳，2011）

作物	生育时期	N	P	K
冬小麦	越冬期	14.87	9.07	6.95
	返青期	2.17	2.04	3.41
	拔节期	23.64	17.78	29.75
	挑旗期	17.35	25.74	36.08
	开花期	13.94	37.91	23.81
	乳熟期	20.31	—	—
	成熟期	7.72	7.46	—
水稻	秧苗期	0.50	0.26	0.40
	分蘖期	23.16	10.58	16.95
	拔节期	51.40	58.03	59.74
	抽穗期	12.31	19.66	16.92
	成熟期	12.63	11.47	5.99

影响肥效的因素是多方面的，凡能影响作物生长发育和土壤肥力的因素都能影响肥效，施肥时应综合考虑。制订施肥计划时，还必须做到有机肥料与无机肥料配合施用，单纯施用化肥会导致土壤潜在肥力降低，肥料利用效率降低，成本增加。大量的科学试验和生产实践表明，有机肥与无机肥配合施用，可培养地力，提高肥效，增加产量，降低成本；肥料配施的效果明显优于单一肥料施用。为此，按作物对肥料的要求，将氮、磷、钾、微量元素肥料按需求比例混合施用，可以取得较高的肥料效益。

二、肥料种类

肥料种类很多，按其来源可分为农家肥料和商品肥料，按其化学组成可分为有机肥料和无机肥料，按化学性质可分为酸性肥料、中性肥料和碱性肥料，按肥效快慢可分为速效性肥料和迟效性肥料，按其元素成分可分为单一肥料和复合肥料，按肥料形态可分为固体肥料、液态肥料和气态肥料。下面重点介绍有机肥料、无机肥料和微生物肥料。

（一）有机肥料

有机肥料又称为农家肥料，是农村中就地取材、就地积存的自然肥料的总称。其包括人畜粪尿、厩肥、堆肥、沼气池肥、沤肥、泥杂肥、泥炭、饼肥、绿肥、青草、秸秆等，可见其来源广，成本低。有机肥种类多，其共同点是含有数量不等的有机质。施用有机肥后能增加土壤有机质，土壤微生物的生命活动需要的能源主要来自土壤有机质，经常施用有机肥，可维持和促进土壤微生物的活动，保持土壤肥力和良好的生态环境。有机质分解时产生的有机酸，能够促进土壤中难溶性磷酸盐的转化，提高磷的有效性，也能提高含钾、钙、硅等矿物质的有效性。有机质在微生物的作用下，经过矿化和腐殖化过程，释放养分及形成腐殖质，可改良土壤理化性状，提高土壤肥力。有机肥养分含量全面，养分释放慢，肥效稳长，养分损失少、残留量高，当季不能用完时，下季仍可继续发挥作用。

绿肥除具有有机肥的一般特点外，还有特殊作用。绿肥多为豆科作物，能固定土壤及空气中的游离氮；根系发达，入土较深，可吸收深层养分；适应性强，可种植在农田和荒山坡地，减少水土流失。

有机肥适合各种作物和土壤，常用作基肥施用，用前需腐熟，作基肥时在耕地前施入土壤。经腐熟的或速效的有机肥（例如人粪尿、饼肥）也可用作追肥和种肥。有机肥与无机肥料配合施用，可以取长补短，缓急相济，提高肥效。

（二）无机肥料

无机肥料又称为化学肥料。根据肥料中所含的主要成分可分为氮肥、磷肥、钾肥、微量元素肥料复合肥料等。无机肥料易溶于水，养分含量高，肥效快，持续时间短，能为作物直接吸收利用。无机肥料可与有机肥配合或单独用作基肥，也可作追肥、种肥和叶面肥施用。

1. 氮肥　氮肥在化学肥料中品种最多，可分为 3 类：铵态氮肥、硝态氮肥和酰胺态氮肥。

（1）铵态氮肥　铵态氮肥包括液体氨、碳酸氢铵、硫酸铵、氯化铵等。铵态氮肥施入土壤中形成铵离子，与土壤胶粒上的离子代换形成代换养分，肥效较硝态氮肥长，但遇碱性物质后分解而释放氨气，造成氮素损失。

（2）硝态氮肥　硝态氮肥包括硝酸铵、硝酸钙、硝酸钠等，施入土壤中，氮素以硝态氮的形式存在。硝态氮肥料不易被土壤胶粒吸附，因此不能用于水田，也不宜作基肥和种肥。在通气不良的条件下，硝态氮肥料易反硝化而使氮素损失。

（3）酰胺态氮肥　酰胺态氮肥主要有尿素，与前两者不同，尿素施入土壤后一般需要经微生物的作用转化成铵态氮肥才能被作物吸收利用，此类肥料要提前 1 周施用。尿素在转化之前，易溶于土壤溶液中，不易被吸附，随水分流失。因此尿素在水田中施用后，不宜立刻灌水；在旱田施用，也要注意深埋和覆土，防止转化成碳酸铵后挥发损失。

2. 磷肥　磷肥的原料是磷矿石，对磷矿石的加工方法不同，所得到的磷肥产品也不同。一般按磷酸盐的溶解性质把磷肥分为 3 类：水溶性磷肥、弱酸溶性磷肥和难溶性磷肥。

（1）水溶性磷肥　水溶性磷肥包括普通过磷酸钙和重过磷酸钙，其主要化学成分为磷酸二氢盐，多为磷酸一钙。水溶性磷酸盐易被作物吸收，肥效快，在土壤中不稳定，易转化为弱酸溶性磷酸盐，甚至进一步变为难溶磷酸盐，且磷在土壤中的移动性很小，一般不超过 1~3 cm。因此提高水溶性磷肥肥效的关键是，一方面减少肥料与土壤颗粒的接触，另一方面应将肥料施于根系集中的土层。为达到这个目的，生产上常采用集中施用、与有机肥混用、制成颗粒、根外追肥等方法。

（2）弱酸溶性磷肥　弱酸溶性磷肥包括沉淀磷肥、钙镁磷肥、钢渣磷肥等，其主要化学成分是磷酸氢钙。它不溶于水，能被弱酸溶解，逐渐被作物吸收，肥效缓慢、持久，适合作基肥。弱酸溶性磷肥在石灰性土壤中易转化为难溶性盐。

（3）难溶性磷肥　难溶性磷肥的主要代表是磷矿粉，由磷矿石粉碎制成，其特点是肥效慢。发挥其肥效的关键是创造酸性条件，增加其溶解度，或施于吸磷较强的作物，例如豆类、荞麦等。

3. 钾肥　钾肥的主要品种是氯化钾和硫酸钾。二者易溶于水，是速效肥料，施入土壤中呈离子状态存在，能直接被作物吸收利用或形成代换性钾。钾在土壤中移动性小，宜施于根系密集的土层。钾肥在砂地上可采用分次施用的方法，防止肥料损失。氯化钾价格低，但有些作物忌氯，例如烟草、马铃薯、甜菜等，只能施用硫酸钾。除此之外，还有碳酸钾、硝酸钾等。

4. 微量元素肥料　微量元素肥料主要包括硼、锌、钼肥等。对硼敏感的作物有豆科、十字花科、甜菜、麻类、小麦、玉米、水稻、棉花等。常用的硼肥有硼砂、硼酸和硼泥。对锌敏感的作物有玉米、水稻、棉花、亚麻、甜菜、大豆等。常用的锌肥有硫酸锌和氯化锌。豆科作物对钼肥比较敏感，常用的钼肥有钼酸铵和钼酸钠。小麦、玉米、谷子、棉花、花生等作物对锰敏感，常用的锰肥有硫酸锰、氯化锰等。对铜敏感的作物有小麦、大麦、燕麦等，主要铜肥有硫酸铜、铜矿渣等。

5. 复合肥　含有两种以上营养元素的肥料称为复合肥，一般是氮磷钾复合或加多种微量元素。复合肥种类很多，为了方便，常用肥料所含三要素的有效成分来命名。例如 15 - 12 - 10 表示肥料中含 N 15%、P_2O_5 12% 和 K_2O 10%；15 - 12 - 10 - 1.5 Zn 表示含 N 15%、P_2O_5 12%、K_2O 10% 和锌 1.5%。复合肥的优点是有效成分含量高，物理性状好，包装、运输和施用费用低。不足之处是养分含量固定，难以满足不同土壤、不同作物、不同生育时期的需求差异。为了满足某种作物的养分需要或达到某种目的，也可选用专用复合肥。

6. 缓控释肥料　缓控释肥是指通过各种调控机制使养分缓慢释放，延长作物对养分吸收利用的有效期，使养分按照设定的释放率和释放期缓慢或控制释放的肥料。这种肥料的释放率和释放期与作物生长规律有机结合，从而可提高肥料利用率，减少施用量与施肥次数，降低生产成本，减少环境污染，提高农作物产品品质，被称为 21 世纪高科技环保肥料，成为肥料产业的发展方向。其中，缓释肥是指能延缓养分释放速度的新型肥料，一般在水中的溶解度很小，施入土壤后，在化学因素和生物因素的作用下，肥料逐渐分解，氮素缓慢释放，满足作物整个生长期对养分的需求。控释肥是通过外表包膜的方式把水溶性肥料包在膜内使养分缓慢释放。当包膜的肥料颗粒接触潮湿土壤时，土壤中的水分透过包膜渗透进入内部，使部分肥料溶解。根据成膜物质不同，分为非有机物包膜肥料、有机聚合物包膜肥料、热性树脂包膜肥料，其中有机聚合物包膜肥料是目前研究最多、效果较好的控释肥。

（三）微生物肥料

微生物肥料是以微生物生命活动获得特定肥料效应的制品，又称为菌肥。制品中的活微生物起关键作用。常用的有根瘤菌、固氮菌、抗生菌、磷细菌、钾细菌等。这种肥料中并不含营养元素，而是通过微生物的生命活动，增加土壤营养元素的有效性，促进作物对营养元素的吸收，增进土壤肥力，刺激根系生长，抑制有害微生物的活动。例如各种联合或共生的固氮微生物肥料可增加土壤氮素的来源；多种分解磷钾矿物的微生物，可以将土壤中难溶的磷、钾溶解出来，转变为作物能吸收利用的磷钾元素。根瘤菌肥可以制造和协助农作物吸收营养，将空气中的氮素转化成氨供豆科作物吸收利用。有些微生物肥料还可增强植物抗病和抗旱能力。微生物肥料节约能源，不污染环境，将会在未来的农业生产中起重要作用。由于各种微生物作用方式不同，施用时应注意与有机肥料、无机肥料配合，创造适合微生物生活的环境，才能充分发挥肥料效果。例如根瘤菌与豆科作物固氮，需要一定的营养条件，其中对磷、钾、钼、硼等营养元素比较敏感，配合施用这些化学肥料可提高根瘤菌的增产效果。

三、施肥技术

（一）施肥量的确定

确定合理施肥量是一个比较复杂的问题。最可靠的方法是进行田间试验，结合测土和作物诊断综合决策。目前，我国施肥量估算方法较多，诸如目标产量施肥法、肥料效应函数法、土壤有效养分系数法、土壤肥力指标法、土壤有效养分临界值法等，应用较多是前两种。

1. 目标产量施肥法　此法根据作物的单产水平对养分的需要量、土壤养分的供给量、所施肥料的养分含量及其利用率等因素来估测施肥量，一般可用下式计算。

$$肥料需要量（kg）=\frac{目标产量需肥量（kg）-土壤养分供应量（kg）}{肥料中该养分含量（\%）\times 肥料利用率（\%）}$$

$$目标产量需肥量=目标产量\times 单位产品养分需要量$$

生产每千克产品养分需要量可通过测定获得，表5-2所列资料可供参考。

表5-2　不同作物形成100 kg经济产量所需养分的量

（引自浙江农业大学，1991）

作物	收获物	从土壤中吸收的数量（kg）		
		N	P_2O_5	K_2O
水稻	稻谷	2.1~2.4（1.8~2.2）*	1.25	3.13
冬小麦	籽粒	3.0	1.25	2.50
春小麦	籽粒	3.0	1.00	2.50
大麦	籽粒	2.7	0.90	2.20
荞麦	籽粒	3.3	1.60	4.30
玉米	籽粒	2.57	0.86	2.14
谷子	籽粒	2.5	1.25	1.75
高粱	籽粒	2.6	1.30	3.00
甘薯	块根	0.35	0.18	0.55
马铃薯	块茎	0.5	0.20	1.06
大豆	豆粒	7.2	1.80	4.00
豌豆	豆粒	3.1	0.86	2.86
花生	荚果	6.8	1.30	3.80
棉花	籽棉	5.0	1.80	4.00
油菜	菜籽	5.8	2.50	4.30
芝麻	籽粒	8.2	2.07	4.41
烟草	干叶	3.4	1.05	4.65
大麻	纤维	8.0	2.30	5.00
甜菜	块根	0.4	0.15	0.60

*凌启鸿，水稻精确定量栽培理论与技术，2007。

目前各种土壤测试方法还难以测出土壤对作物供应养分的绝对数量，土壤养分供应量参数不能直接采用土壤养分测试值，一般是由田间无肥区农作物产量推算，从作物产量与吸肥量关系中求得土壤养分利用系数。据浙江、上海、辽宁省农业科学院用[15]N标记土壤氮和湖北省用[32]P标记土壤磷的试验表明，水稻吸收氮的59%~84%、磷的58%~83%来自土壤。

肥料的当季利用率受肥料种类、作物、土壤、栽培技术等因素影响，需要根据本地区的试验数据提出。我国当季肥料利用率的大致范围，氮肥为30%~60%，磷肥为10%~25%，钾肥为40%~70%。影响化肥利用率的还有化肥用量本身，随着化肥用量的增加，化肥的利用率呈下降趋势，在推荐施肥中应加以考虑。

2. 肥料效应函数法　通过田间试验，配置出一元、二元或多元肥料效应回归方程，描述施肥量与产量的关系，利用回归方程式计算出代表性地块不同目标值最大相应施肥量。大量研究结果表明，肥料的增产效应一般呈二次曲线趋势。当土壤养分含量严重不足，作物某种营养元素缺乏时，起初增施该养分的目标值（产量、产值、品质等）为递增，但超过一定的限度后，增施单位剂量养分的目标增量便开始递减，当其递减为零时，作物生产目标值达到最大值。此时，再增加肥料量则导致产量及效益的降低。借助于导数或其他数学方法求最大值的原理，得到不同优化目标（产量、产值、品质等）的最佳施肥量。

3. 应用系统工程确定最佳施肥模型　近年来，国内外在拟订作物施肥方案时，采用系统工程方法确定各种肥料的合理比例、最佳施肥量和施肥时期。应用系统工程的方法，可使决定作物产量和肥料效果的各种因素之间复杂的相互关系系统化，计算机的应用促进了该项工作的不断发展。

建模前需收集各种原始资料，包括土壤类型、前作的特点、土壤有效养分的含量、现有有机肥料量、气候条件、上年随产量取走的养分量、作物产量和质量、利润等。为了编制施肥建议，应用这种方法并根据各种作物的特殊需要，计算出各种作物氮、磷、钾、钙、镁的最佳用量（基本模型）和对微量元素的需要量（补充模型）。在计算中要考虑有机肥料的使用、土壤质地、土壤有效养分的供应状况、气候和天气的特点、前作以及经济因素（计划利润、肥料成本和增产量）等。最后提出关于最佳施肥方法、施肥时期和肥料品种的建议。

（二）施肥时期

作物的整个生育期可分若干个阶段，不同生长发育阶段对土壤和养分有不同的要求，同时各生长发育阶段所处的气候条件不同，土壤水分、热量和养分也发生变化，因此作物施肥一般不是一次就能满足作物整个生育期的需要。目前国内外主要施肥方式有基肥、种肥和追肥。

1. 基肥　作物播种（定植）前结合土壤耕作施用的肥料称为基肥。作基肥施用的肥料主要为有机肥、缓控释肥和部分速效化肥。一般基肥的施用量大，是夺取作物丰产的重要物质基础。基肥施用方式可分为结合深耕施用（撒施法）和集中施用（条施法、穴施法）。结合深耕施用是在土壤耕翻前将有机肥或化肥均匀撒施，耕翻入土，使土肥相融，供作物整个生育期用。集中施用是在肥料不足时，为了提高肥效而采用的一种方法，将少量肥料集中施在作物播种行内或穴内，对磷钾肥来说，与有机肥混合集中施用，可减少与土壤的接触面，防止土壤固定，提高肥料利用率。

为提高基肥的肥效，应做到：①结合深耕施用，使肥料分布于根层土壤，对磷、钾等移动性小的肥料效果较好；②肥料较少时，集中施用，采用开沟或穴施的方法较好；③多种肥料混合施用，将有机与无机、速效与缓效、常量与微量等混合施用，保证作物对各种养分的需求。

2. 种肥　作物播种（定植）时施于种子附近或与种子混播的肥料称为种肥。施种肥的目的是为培育壮苗创造良好的条件，促进作物壮苗早发，特别是在肥量不足，施肥水平较低且有机肥腐熟程度较差的情况下，增产效果较好。种肥施用要注意肥料的种类和性质，用量不宜过多，避免有些肥料与种子直接接触，以防止烧种、烧苗；其次是肥料酸碱度要适中，对种子发芽无毒害作用。种子和种肥分别施入最为安全，但须集中施在种子附近，以保证幼苗早发所需的速效养分。凡浓度过大的溶液或为强酸、强碱以及产生高温的肥料，例如氨水、碳酸氢铵和未经腐熟的有机肥，都不宜作种肥。

3. 追肥 作物生长期间施用的肥料称为追肥，其作用是满足作物生长发育过程中对养分的需求。追肥以速效性肥料为主，分期施入。例如水稻追肥有分蘖肥、促花肥、保花肥等，棉花追肥有苗肥、蕾肥、花铃肥等。追肥能提供作物不同生育时期所需的养分，减少肥料损失，提高肥料利用率。

追肥的主要方法有深施覆土、撒施结合灌水、灌溉施肥、根外追肥等。深施覆土适合中耕作物，例如玉米等；撒施灌水适合密植作物，例如小麦等。根外追肥是把化学肥料配成一定浓度的溶液，借助于喷洒器械将肥料溶液喷洒在作物叶面。一般是在作物生长后期，根系吸收能力变差或因病虫害致使根受损、吸收能力下降时，以叶面施肥代替土壤施肥，但叶面施肥一次不能施用大量肥料，浓度也不能太高，尿素溶液浓度一般为 1‰～2‰，过磷酸钙或磷酸二氢钾为 2‰～3‰。叶面施肥只能作为一种辅助性追肥措施，喷施在生理活性旺盛的新叶上较喷施在老叶上的效果好；喷施时以叶片上下表面湿润均匀，不成水滴下落为宜。为加强肥料附着力，提高液体肥料的利用率，可加入黏附剂。为节省施肥、喷药的用工，可结合防治病虫进行叶面施肥，并选择在晴天露水初干时进行。

作物合理施肥应以有机肥和无机肥相结合，用地与养地相结合；因土、因作物、因肥分期追施；以深施为主，做好分层施肥；各种肥料配合施用时，注意酸性肥料勿与碱性肥料配合施用。肥料间能否配合施用可参考表 5-3。

表 5-3 常用化学肥料配合施用一览表

（引自浙江农业大学，1991）

肥料种类	氨水	尿素	碳酸氢铵	硫酸铵	氯化铵	磷酸铵	硝酸铵	硝酸盐(钠、钾、钙)	过磷酸钙	钙镁磷肥	磷矿粉	氯化钾、硫酸钾	石灰、草木灰	粪尿肥	厩肥、堆肥
氨水	√	√	√	×	√	○	√	√	○	×	×	○	×	○	√
尿素	√	√	○	√	√	√	×	√	√	√	√	√	√	√	√
碳酸氢铵	√	○	√	√	√	√	√	√	√	√	√	√	×	×	√
硫酸铵	×	√	√	√	√	√	√	√	√	√	√	√	×	√	√
氯化铵	√	√	√	√	√	√	√	√	√	√	√	√	×	√	√
磷酸铵	○	√	√	√	√	√	√	√	√	√	√	√	×	√	√
硝酸铵	√	×	√	√	√	√	√	√	√	√	√	√	×	√	√
硝酸盐（钠、钾、钙）	√	√	√	√	√	√	√	√	√	√	√	√	√	√	√
过磷酸钙	○	√	√	√	√	√	√	√	√	×	×	√	×	√	√
钙镁磷肥	×	√	√	√	√	√	√	√	×	√	√	√	√	√	√
磷矿粉	×	√	√	√	√	√	√	√	×	√	√	√	√	√	√
氯化钾、硫酸钾	○	√	√	√	√	√	√	√	√	√	√	√	√	√	√
石灰、草木灰	×	√	×	×	×	×	×	√	×	√	√	√	√	×	×
粪尿肥	○	√	×	√	√	√	√	√	√	√	√	√	×	√	√
厩肥、堆肥	√	√	√	√	√	√	√	√	√	√	√	√	×	√	√

注：√表示可以混合；○表示随混随用；×表示不可以混合。

第四节 灌溉与排水

适宜的土壤水分是农作物正常生长的必要条件之一。灌溉与排水是人工调节和控制农田土壤水分状况的两种主要措施，目的在于满足作物生长发育对适宜水分的要求，同时改善土壤空气、水分、热量状况，为作物生长发育和产量形成创造良好环境。由于全球水资源日趋紧缺，推行节水灌溉技术，提高水分利用效率，已成为农业可持续发展的重要内容。

一、作物需水量与需水临界期

农田水分的消耗主要由 3 部分组成：①作物根系吸水，这部分水分的绝大部分（99%以上）是通过植株蒸腾消耗，另有不到 1% 的水分留在植株体内，成为作物组织的组成部分；②作物植株间土壤或田间的水分蒸发，又称为棵间蒸发；③水分向根系吸水层以下土层的渗漏。蒸发耗水量、蒸腾耗水量与田间渗漏量之和统称为农田耗水量。旱作物通常不考虑渗漏水量，只将田间蒸发量和蒸腾量之和（田间腾发量）作为需水量，水稻的需水量除植株蒸腾量和棵间蒸发量之外还包括渗漏量。

作物田间需水量的多少及变化，取决于气候条件（例如日照、土温、空气湿度、风速、气压、降水等）、作物种类和品种、土壤性质以及栽培条件。这些因素对作物田间需水量的影响是相互联系、错综复杂的。我国几种主要作物在不同地区、不同年份的田间需水量大体范围见表 5-4。不同作物的田间需水量不同，同一作物在不同地区、不同年份和不同栽培条件下也不同。一般情况是干旱年份比湿润年份多，干旱、半干旱地区比湿润地区多，耕作粗放的比耕作精细的多。

表 5-4 我国几种主要作物的需水量（m³/hm²）

（引自沈阳农学院，1980）

作 物	地 区	需水量		
		干旱年	中等年	湿润年
双季稻（每季）	华中、华东	4 500～6 750	3 750～6 000	3 000～4 500
	华南	4 500～6 000	3 750～6 000	3 000～4 500
中稻	华中、华东	6 000～8 250	4 500～7 500	3 000～6 750
单季晚稻	华中、华东	7 500～10 500	6 750～9 750	6 000～9 000
冬小麦	华北北部	4 500～7 500	3 750～6 000	3 000～5 250
	华北南部	3 750～6 750	3 000～6 000	2 400～4 500
	华中、华东	4 250～6 750	3 000～5 250	2 250～4 200
春小麦	西北	3 750～5 250	3 000～4 500	—
	东北	3 000～3 750	2 700～4 200	2 250～3 750
玉米	西北	3 750～4 500	3 000～3 750	—
	华北	3 000～3 750	2 250～3 000	1 950～2 700
棉花	西北	5 250～7 500	4 500～8 250	—
	华北	6 000～9 000	5 250～7 500	4 500～7 250
	华中、华东	6 000～9 750	4 500～7 500	3 750～6 000

同一作物不同生育阶段对水分的要求也是不同的。一般在作物生育前期，因植株幼小，需水量较少，且以棵间蒸发为主。至生育中期随着茎叶的迅速增长，生长旺盛，需水较多，且以作物蒸腾为主。生育后期，随着籽粒逐渐成熟，叶片逐渐衰亡，需水量又减少。在作物全生育期中对水分亏缺最敏感、需水最迫切以至对产量影响最大的时期称为需水临界期。不同作物需水临界期不同（表5-5）。概括起来，大多数作物的需水临界期在生殖器官发育至开花期，或正当开花时期。

表5-5 主要作物需水临界期

(引自李建民，1997)

作物	需水临界期	作物	需水临界期
水稻	稻穗形成期	黍类	抽花序至灌浆期
麦类	孕穗至抽穗期	豆类、花生	开花期
玉米	开花至乳熟期	向日葵	葵盘形成至灌浆期
棉花	开花结铃期	马铃薯	开花至块茎形成期

二、作物灌溉制度与灌溉方法

（一）作物灌溉制度

作物的灌溉制度是为了保证作物适时播种、移栽和正常生长发育，实现高产和节约用水而制定的适时、适量的灌水方案。其内容包括作物的灌水次数、灌水时间、灌水定额和灌溉定额。单位面积一次灌水量称为灌水定额。灌溉定额指播种前以及全生育期内单位面积的总灌水量。二者常以 m^3/hm^2 或 mm 表示。作物灌溉制度随作物种类、品种、自然条件及农业技术措施不同而异，通常根据群众丰产灌水经验、总结灌溉试验资料和按水分平衡原理等来分析制定。

按水分平衡原理确定灌溉定额，常采用如下计算公式：

$$M = E + W_2 - P - W_1 - K$$

式中，M 为灌溉定额（m^3/hm^2），E 为全生育期作物田间需水量（m^3/hm^2），W_2 为作物生长期末土壤计划湿润层的储水量（m^3/hm^2），P 为全生育期内有效降水量（m^3/hm^2），W_1 为播种前土壤计划湿润层的原有储水量（m^3/hm^2），K 为作物全生育期内地下水利用量（m^3/hm^2）。

根据作物生产主要目标，灌溉制度可分为丰产灌溉制度和节水灌溉制度两种。

1. 丰产灌溉制度 丰产灌溉制度又称为充分灌溉制度，是指按作物的需水规律安排灌溉，使作物各生育时期的水分需要都得到最大程度的满足，从而保证作物良好的生长发育，并取得最大产量所制定的灌溉制度。丰产灌溉制度的制定通常不考虑可利用水资源量的多少，它是以获得单位产量最高为主要目标。在水资源丰富、并有足够的输配水能力的地区，通常采用这种灌溉制度。

2. 节水灌溉制度 节水灌溉制度又称为非充分灌溉制度，是在水资源总量有限，无法使所有田块按照丰产灌溉制度进行灌溉的条件下发展起来的。节水灌溉制度的总灌溉水量要比丰产灌溉制度下的总灌水量明显减少。由于总水量不足，在作物全生育期如何合理地分配有限的水量，以期获得较高的产量或效益，或者使缺水造成的减产损失最小，是节水灌溉制度要解决的主要问题。在我国北方干旱地区，根据作物在不同生育阶段水分亏缺对产量的影响不同，将有限的水资源用于作物关键需水期进行灌溉，即所谓灌关键水；在南方稻作区采用浅、湿、晒三结合的灌溉技术均是节水灌溉制度的实例。

（二）作物灌溉方法

作物灌溉方法是指灌溉水进入田间或作物根区土壤内转化为土壤有效水分的方法，亦即灌溉水湿润田间土壤的形式。良好的灌溉方法及与之相适应的灌水技术是实现灌溉制度的手段。根据灌溉水向田间输送与湿润土壤的方式不同，一般把灌水方法分为地面灌溉、喷灌、微灌和地下灌溉4大类。

1. 地面灌溉 地面灌溉是使灌溉水通过田间渠沟或管道输入田间，水在田面流动或蓄存过程中，借重力作用和毛管作用下渗湿润土壤的灌水方法，又称为重力灌水方法。这种灌溉方法所需设备少，投资省，技术简单，是我国目前应用最广泛、最主要的一种传统灌溉方法。地面灌溉按其田间工程和湿润投入方式又可分为畦灌法、沟灌法、膜上灌法和淹灌法。

（1）畦灌法 畦灌法是将田块用畦埂分隔成为许多平整小畦，水从输水沟或毛渠进入畦田，以薄水层沿田面坡度流动，水在流动过程中逐渐渗入土壤的灌水方法。此法适宜于密植条播或撒播作物。在进行各种作物的播前储水灌溉时，也常用畦灌法，以加大灌溉水向土壤中下渗的水量，使土壤储存更多的水分。为提高畦灌法的灌水均匀性，减少深层渗漏损失，可采用小畦灌、长畦分段灌、水平畦灌等节水灌溉技术。

（2）沟灌法 沟灌法是在作物行间开沟灌水，水在流动过程中借毛管作用和重力作用向沟的两侧和沟底浸润土壤的灌水方法。沟灌不破坏土壤结构，不导致田间板结，节省水量，适用于棉花、玉米、薯类等宽行距作物。沟灌法灌水技术主要是控制和掌握灌水沟间距、单沟流量和灌水时间。在缺水地区采用隔沟灌溉是一种有效的节水措施。

近年来国外推行的涌流灌溉法（又称为波涌灌溉或间歇灌溉），是对地面沟灌法和畦灌法的发展，该法是把灌溉水断续地按一定周期向灌水沟（畦）供水，与传统的地面沟灌法和畦灌法不同，它向水沟或畦供水不连续，灌溉水流也不是一次就推进到灌水沟或畦的末端，而是水在第一次供水输入灌水沟或畦达到一定距离后，暂停供水，然后过一定时间后，再继续供水，如此分次间歇反复地向灌水沟或畦供水，以达到节省灌溉水的目的。

（3）膜上灌法 膜上灌法是指在地膜覆盖基础上，将膜侧流改为膜上流，利用地膜输水，通过放苗孔和膜侧旁渗水给土壤的灌溉技术。膜上灌水便于控制灌水量，加快输水速度，减少土壤的深层渗漏和蒸发，增加土壤的热容量，提高地温且使地温稳定，为作物生长发育创造有利的生态环境，保水保肥，加速土壤中有效成分的分解和吸收，因而节水增产效应明显。这项技术在新疆已大面积推广，与常规种植玉米、棉花时的沟灌相比，省水40%～60%，且有明显的增产效果。

从推广使用范围来看，凡是实行地膜种植的地方和作物，都可推广使用膜上灌技术，特别是高寒、干旱、缺水、气温低、蒸发量大、坡度大、土壤板结、保水保肥性差的地方，更适宜推广膜上灌技术。

（4）淹灌法 淹灌法是先使灌溉水饱和土壤，然后在土壤表面建立并维持一定深度水层的地面灌水方法。淹灌需水量大，仅适用于水田，例如水稻、水生蔬菜、盐碱地冲洗改良等。近年来，我国北方水稻灌区，为节约用水，大面积推广湿润灌溉，在水稻整个生育期间不建立水层（控制土壤含水量在田间持水量的70%～80%或以上），根据生育阶段自然降水后的缺水情况进行补充灌溉。

2. 喷灌 喷灌是利用一套专门的设备将灌溉水加压（或利用水的自然落差自压），并通过管道系统输送压力水至喷洒装置（喷头），喷射到空中分散形成细小的水滴降落田间的一种灌溉方法。喷灌系统主要由水源、水泵、动力机、管道、喷头和附属设备组成，按管道的可移动性，可分为固定式、移动式和半移动式 3 种。喷灌可根据作物的需要及时适量地灌水，具有省水、省工、节省沟渠占地、不破坏土壤结构、可调节田间小气候、对地形和土壤适应性强等优点，并能冲掉作物茎叶上的尘土，有利于植株的光合作用。但喷灌需要一定量的压力管道和动力机械设备，能源消耗、投资费用高，而且存在如下局限性：①受风的影响大，一般在 3～4 级风时应停止喷灌；②直接蒸发损失大，尤其在旱季，水滴落地前可蒸发掉 10%，因而宜在夜间喷灌；③容易出现田间灌水不均匀、土壤底层湿润不足等情况。为达到省水增产的目的，喷灌必须保证有较高的灌水质量，其基本技术要求是：喷灌强度要适中，喷洒要均匀，水滴雾化要好。

3. 微灌　微灌是通过一套专门设备，将灌溉水加低压或利用地形落差自压、过滤，并通过管道系统输水至末级管道上的特殊灌水器，使水或溶有肥料的水溶液以较小的流量均匀、适时、适量地湿润作物根系区附近土壤表面的灌溉方法。微灌系统由水源、首部枢纽（包括水泵、动力机、控制阀、过滤设备、施肥施药装置、压力及流量测量仪表等）、输配水管网和灌水器 4 部分组成。依灌水器的出流方式不同可分为滴灌、地表下滴灌、微喷灌和涌泉灌 4 种类型。微灌使灌溉水的深层渗漏和地表蒸发减少到最低限度，省水、省工、省地，可水肥同步施用，适应性强。微灌的缺点是投资较大，灌水器孔径小容易被水中杂质堵塞，只湿润部分土壤，不利于根系深扎。

4. 地下灌溉　地下灌溉又称为渗灌，是利用地下管道将灌溉水输入到埋于地下一定深度的渗水管道或人工鼠洞内，借助于毛细管作用湿润土壤的灌水方法，可分为地下水浸润灌溉和地下渗水暗管（或鼠洞）灌溉两种类型。

地下水浸润灌溉是利用沟渠及其调节建筑物，将地下水位升高，再借助毛细管作用向上层土壤补给水分，以达到灌溉目的。在不灌溉时开启节制闸门，使地下水位下降到一定的深度，以防作物受渍害。此法适用于土壤透水性强，地下水位较高，地下水及土中含盐量较低的地区。

地下渗水暗管（鼠洞）灌溉是通过埋设于地下一定深度的渗水暗管或人工钻成土洞（鼠洞）供水，适用于地下水位较深，灌溉水质好，土壤透水性适中的地区。

地下灌溉主要优点是灌溉后不破坏地中土体结构，不产生土壤表面板结，减少地表蒸发，节地、节能。其主要缺点是表土湿润差，不利于作物种子发芽和出苗，投资高，管理困难，易产生深层渗漏。

三、排水技术

农田排水的任务是排除农田中多余的水分（包括地面以上及根系层中的），防止作物涝害和渍害。涝害是因降雨过多，在地面形成径流水层和低洼地汇集的地面积水而使得作物受害。渍害则是由于雨后平原坡度较小的地区和低洼地，在排除地面积水以后，地下水位过高，根系活动层土壤含水量过大，土层中水、肥、气、热关系失调而使作物生长受害。针对这两种情况的农田排水分别称为除涝排水和防渍排水。

农作物除涝排水标准是以农田的淹水深度和淹水历时不超过农作物正常生长允许的耐淹深度和耐淹历时为标准。防渍排水标准是指控制农作物不受渍害的农田地下水排降标准，即地下水位应在旱作物耐渍时间内排降到农作物耐渍深度以下，以消除由于土壤水分过多或水稻田土壤通气不良所产生的渍害。通常以农作物在不同生育阶段要求保持的一定的地下水适宜埋藏深度，也即土壤中水分和空气状况适宜于农作物根系生长的地下水深度作为设计排渍深度。作物的耐淹水深和耐淹历时、耐渍深度和耐渍时间因作物种类、品种、生育阶段而不同，一般应根据当地或邻近地区有关试验或调查资料分析确定。

农田排水方式一般有水平排水和垂直排水两种。水平排水主要指明沟排水和地下暗管排水，明沟排水就是建立一套完整的地面排水系统，把地上、地下和土壤中多余的水排除，控制适宜的地下水位和土壤水分。地下暗管排水是通过埋设地下暗管（沟）系统，排除土壤多余水分。垂直排水也称为竖井排水，能在较大的范围内形成地下水位降落漏斗，从而起到降低地下水位的作用。

第五节　机械化生产技术

一、机械化播种技术

播种作业是作物生产过程的关键环节，必须做到适时、适量、满足农艺要求，使作物获得良好的生长发育基础。机械化播种较人工均匀准确，深浅一致，而且效率高，速度快，是实现作物生产现代化的重要技术手段之一。

（一）播种机类型及作业方式

1. 播种机类型　播种机按作物种植方式可分为撒播机、条播机和点（穴）播机，按作物类型可分为谷物播种机、棉花播种机、牧草播种机和薯类播种机，按牵引力分为畜力播种机、机引播种机、悬挂播种机和半悬挂播种机，按排种原理分为机械强排式播种机、离心播种机和气力播种机，按作业模式可分为施肥播种机、旋耕播种机、铺膜播种机、通用联合播种机等。随着农业生产技术、生物技术和机电一体化技术的发展，又出现了精量播种机、免耕播种机、多功能联合作业机等新型播种机具。

播种机的播种质量通常用如下性能指标评价：①播量稳定性，指排种器的排种量不随时间变化而保持稳定的程度；②各行排量一致性，指一台播种机上各个排种器在相同条件下排种量的一致程度；③排种均匀性，指从排种器排种口排出种子的均匀程度；④播种均匀性，指播种时种子在种沟内分布的均匀程度；⑤播深稳定性，指种子上面覆土层的厚度一致性；⑥种子破碎率，指排种器排出种子时，受机械损伤的种子量占排出种子量的比例（%）；⑦穴粒数合格率，穴播时，每穴种子粒数以规定值±1或规定值±2为合格，合格穴数占取样总穴数的比例（%）即为穴粒数合格率；⑧粒距合格率，单粒精量播种时，设 t 为平均粒距，则 $1.5t \geqslant$ 粒距 $> 0.5t$ 为合格，粒距 $\leqslant 0.5t$ 为重播，粒距 $> 1.5t$ 为漏播。

2. 作业方式　根据耕地特点和种植的作物综合考虑机械播种作业方式。播种方式可分为平播、垄播、沟播、畦播等。专用的起垄播种机可一次完成两项作业，也可以用普通播种机和起垄机配合，先起垄后播种，或先播种后起垄。畦播可在做畦后再进行播种，但联合作业可一次完成做畦和播种，减轻土壤压实，提高作业效率。对于一些特殊的地形和特殊的农艺要求，可灵活地采用专用的农机具，也可对原有的机具进行调整和改造。

机械化套种可采用跨行作业或钻行作业，即机组跨在田面前作的作物带上，或者钻入前作的作物带间空行，播种后作作物种子。钻行作业的小型机组的外廓宽度须小于空幅宽度。钻行作业方式生产效率较低，有时不如采用人畜力播种。跨行作业应在细致安排下进行，拖拉机和农机具的行走轮应在前作空幅内通过，机组的机架距地面最低高度应高于前作的茎秆高度，前作小麦可以允许的倾倒斜角不超过45°。跨行套播机组幅宽较大，对技术要求较高。

近年来，整地播种联合作业机发展较快，一些小麦联合播种机可完成旋耕、平畦、播种、镇压等工序。破茬播种机应用在秸秆留茬地块上，一次性完成苗带松土、开沟、排种、施肥、覆土、镇压等多道工序。铺膜播种联合作业机可一次性完成播种、铺膜、钻孔等工序。地膜的回收目前主要靠人工完成，机械回收地膜作业尚待研究推广。

（二）机械化精量播种技术

1. 机械化精量播种的含义 机械化精量播种是指降低播种量，提高播种质量，使单粒种子的三维空间坐标符合要求，即使种子在田间具有精确的播深、行距、株距的机械化种植技术。其工作原理是，按照当地的农艺要求，以一定的播种量、行距、株距，通过开沟、播种、施肥、覆土、镇压等一系列作业，将作物种子均匀地播入一定深度的土壤中。通过机械化精量播种作业，可提高播种质量，减轻劳动强度，提高农业生产效率，节约种子，改善土壤结构，增强土壤保墒能力，实现农业增产增收。

2. 机械化精量播种的关键技术

（1）精选种子 精量播种时必须对种子进行清选，使种子纯度在95％以上，净度在97％以上，发芽率在98％以上。播种前，用防病和地下害虫的药物进行拌种。

（2）选择适宜的精量播种机 选择精量播种机要因地制宜、因动力机而异，根据说明书或标牌，选择与所用配套拖拉机功率相匹配和挂接方式相同的播种机。

（3）合理密植 各地应按照当地不同作物的品种特性确定合适的播种量，保证单位面积株数符合农艺要求。精量播种的作业标准是：单粒率≥85％，空穴率＜5％，伤种率≤1.5％；株距一致，株距合格率≥80％；苗带的直线性要好，种子左右偏差≤4 cm，以便于田间管理。

（三）少免耕机械化播种技术

1. 少免耕机械化播种技术 目前，我国实施的保护性耕作中，应用的少免耕播种技术主要有：带状旋耕播种、带状粉碎播种、免耕直播、垄作播种等。带状旋耕播种是对播种带进行浅旋耕，创造疏松的种床和保证开沟器顺利通过，搅动土壤不超过行宽的1/3，适宜于大行距作物。带状粉碎播种只粉碎播种带上的秸秆残茬并推向两侧，保证开沟器不被秸秆堵塞，顺利完成开沟播种，相对带状旋耕播种或带状粉碎播种土壤搅动小，动力消耗少。免耕直播是在有作物残留物覆盖的未搅动土壤上，直接用免耕播种机一次性完成开沟播种、施肥、覆土、镇压等作业。免耕直播方式对土壤搅动小，功率消耗少，适合多种土壤和作物，但不适合在作物秸秆覆盖量大、根茬粗大以及土壤质地黏重和土壤过湿环境中应用。垄作播种有两种方式，一种是垄上播种，即在垄台上破茬播种或整平垄台后播种，秸秆残留物置于垄间，中耕时原垄起垄；另一种是垄间播种，即在原有垄之间的垄沟中播种，中耕时破旧垄起新垄。垄作播种适宜早春低温地区。

2. 少免耕机械播种的配套技术

（1）作物收获后留根茬和秸秆还田覆盖 以根茬固土、秸秆覆盖减少风蚀和土壤水分的蒸发，是保护性耕作的核心。因此各种作物少免耕机械化播种技术规范的制定，必须以留根茬和秸秆还田覆盖为基础。

（2）减少对土壤翻耕作业 为尽可能减少机械作业，播种时尽可能采用复式播种作业机具。

（3）控制杂草及病虫害　播种前种子用药剂拌种，出苗期喷洒除草剂，生育期间进行机械或人工锄草。

二、机械化插秧和栽植技术

（一）水稻机械化插秧技术

1. 秧块质量　秧块长为 58 cm，宽为 28 cm，土层厚为 2.0～2.5 cm，其中秧块宽度最重要，它是由插秧机秧箱宽度决定的，过大则造成秧块下移受阻，不能正常栽插，过小则漏穴率上升；其次是秧块厚度，过厚或过薄都会加重秧苗植伤，过薄还会造成秧块起运中折断，在秧箱中起拱。秧块四角垂直方正，不缺边、缺角。秧苗群体质量均衡，无明显弱苗、病株和虫害。秧苗分布均匀，每平方厘米成苗 1～3 株。根系盘结牢固，盘根带土厚薄一致，秧苗韧性强、弹性好，秧块柔软能卷成筒，提起不断、不散，底面布满白根，形如毯状。

起秧移栽时，秧块湿度适宜，绝对含水率为 35%～45%。湿度过大时，秧块易变形，下滑受阻，造成漏插。秧块过干时，既下滑受阻，又造成分秧困难，还易损坏秧针。要求秧苗叶龄为 3～5 叶，苗高为 12～20 cm，茎基粗扁，叶挺色绿，根系发达，根多色白。

2. 育秧技术　按育秧载体不同，可分为硬盘育秧、软盘育秧、双膜育秧和其他育秧方式。不同育秧方式，均可采用旱育秧和湿润育秧。旱育秧苗易控制苗高，根系发达，盘结力强，秧龄弹性大，栽后缓苗期短，更有利于高产。近年来工厂化育秧发展较快，工厂化育秧有效避免了春季低温、阴雨等灾害性天气对水稻育秧的影响，降低了育秧的自然风险，抗逆性强，秧苗素质好，产苗量大，适合水稻机械化插秧。

按秧本比 1∶80～100 准备秧田。旱育秧按 1.8～1.9 m 开厢整地，秧床厢面净宽为 1.4 m，厢边走道宽为 0.4～0.5 m。苗床应无杂物、杂草，床面平整一致。秧床四周开围沟，确保排水畅通。在铺盘前应浇足秧床底水，并提浆刮平秧床；或者不浇底水，压平压实床面，播种摆盘后再浸润床土。厢面质量标准为"实、平、光、直"。

湿润育秧则将耕耙好的秧田沉实 1～2 d 后做湿润秧厢，厢面宽为 1.4 m，沟宽为 0.4～0.6 m。秧板做好后进行晾晒处理，若采用秧沟里的泥浆作床土，则沟宽为 0.6 m，且取土前秧沟内保持半沟水，确保秧沟内的泥浆不板结。晾晒至厢面沉实，排布软盘前还要铲高补低，填平裂缝，保证畦面平实。

工厂化育秧可选多用途可移动秧床，床边高度为 3 cm，秧床与地面相距 70～90 cm，单床床面宽度为 150 cm 或 180 cm；其次为多层架式秧床，层与层间隔 60～100 cm；再次为在地面上直接制作秧床。

采用全自动播种流水线完成铺底土、洒水、播种、盖土等工序。底土厚度为 1.8～2.0 cm，杂交稻播种量为 50～80 g/盘，常规粳稻为 120～180 g/盘，盖土厚度为 0.5 cm。湿润秧床从厢沟中取淤泥，以淤泥到盘沿为止。装入育秧软盘的淤泥应剔除石子、植物根茎等硬物杂质，然后刮平。手工播种，分次撒播、细播、匀播。

苗齐后揭膜，用 0.1% 敌克松溶液进行淋洒，预防立枯病，1 叶 1 心后开始炼苗。遇倒春寒则保温，气温过高则采用降温措施，防止高温烧苗。2 叶 1 心和移栽前 2 d 追施尿素 5～10 g/m²。2～3 d 补水 1 次，每次补水至盘内营养土或基质达水分饱和。插秧前 2～3 d 及时脱水，起秧时床土软硬适当。育好的软盘秧带盘运输，硬盘秧先脱盘，然后卷成筒放到运秧架或车厢中运输。

3. 整田和机械化栽插技术　耕深为 15～20 cm，耕整后，泥土上细下粗、上烂下实、细而不糊，面层无残茬、秸秆、杂草等。耕整后的田块在插秧前应进行泥浆沉实，以便插秧时不陷机、不壅泥。泥浆沉实后达到泥水分清，沉实不板结，水清不浑浊，水深保持 1～3 cm。一般质地较轻的砂壤土沉实 1 d，质地黏重的壤土沉实 2～3 d。

手扶式插秧机的作业行数一般为 4 行，其价格低廉，适合千家万户使用。乘坐式高速插秧机作业行数一般为 4～6 行，其价格较高，适合较大规模作业。栽插时应保持行直、苗足、浅栽，行距一致，不压苗，不漏苗。作业时的天气条件为晴天或阴天，风力不超过 4 级。作业第一趟是插秧的基准，应注意保持直线。作业时要求漏插率≤5%，均匀度合格率≥85%，伤秧率≤4%，漂倒率≤3%，作业覆盖面≥95%，栽秧深度为 1～2 cm。在每次作业开始时要试插一段距离，并检查每穴苗数和栽插深度。

（二）旱地作物机械化移植技术

旱地机械化育苗移栽应用的作物主要有玉米、棉花、油菜、烟草、甜菜等。按栽植器结构特点分为盘夹式栽植机、链夹式栽植机、盘式栽植机、导苗管式栽植机、吊筒式栽植机、带式喂入栽植机等。

1. 盘夹式栽植机　盘夹式栽植机工作时人工将秧苗放置在转动的苗夹上，秧苗被夹持随圆盘转动，到达苗沟时，苗夹打开，秧苗落入苗沟，然后覆土，完成栽植过程。这种栽植机结构简单，成本低，但穴距调整困难，栽植速度低，一般为 30～45 穴/min，适用于裸苗移栽。

2. 链夹式栽植机　链夹式栽植机的苗夹安装在链条上，链条由镇压轮驱动，秧苗由人工喂入到苗夹上，由苗夹将秧苗栽植到田间，适合于裸苗移栽。链夹式栽植机与盘夹式栽植机工作原理相同，由于价格低，在我国有一定市场，但缺点是生产率低并有伤苗等问题而推广受到限制。

3. 盘式栽植机　盘式栽植机由两片可以变形的挠性圆盘夹持秧苗，由于不受苗夹数量的限制，它对穴距的适应性较好，在小穴距移栽方面具有良好的推广前景，但栽植深度不稳定。适用于裸苗和纸筒苗移栽。圆盘一般由橡胶材料或薄钢材料制成，结构简单，成本低，但圆盘寿命短。工作时，喂秧手将秧苗均匀地放置到供秧传送带的槽内，传送带将秧苗喂入栽植器中，以保证穴距均匀，并减轻劳动强度。

4. 吊筒式栽植机　吊筒式栽植机工作时，吊筒在偏心圆盘作用下始终垂直于地面。当吊筒运行到上部位置时，栽植手将秧苗放入吊筒，当吊筒运行到最低位置时，吊筒的底部尖嘴对开式开穴器在导轨作用下被压开，钵苗落入穴中，部分土壤流至钵苗周围，压密轮随之将其扶正压实。栽植圆盘继续转动，脱离导轨的开穴器在弹簧作用下合拢，进行下一轮循环。吊筒式栽植机适合钵体尺寸较大的钵苗移栽，尤其适合于地膜覆盖后的打孔栽植。其优点是在栽植过程不受冲击，缺点是结构复杂，喂苗速度慢，生产效率不高。

5. 带式喂入栽植机　这种机器前进时，开沟器开出栽植沟，与地轮同轴的链轮通过链条把运动按一定的传动比传给输送带，盛满钵苗的钵苗盘预先放在盘架上，盘上的纵向栅格将钵苗分成若干排。作业操作者将钵苗盘取下，放在喂入机构后方使一排钵苗与输送带对齐，然后将一排钵苗推入输送带，钵苗经过输送、分钵、扶正完成喂入过程。经导苗管下落后被覆土、镇压，完成栽植过程。

6. 导苗管式栽植机　导苗管式栽植机采用倾斜的导苗管将苗体引向开沟器开出的苗沟内，在开沟器和覆土轮之间所形成的覆土流的堆压作用下扶正压实。该栽植机结构简单，不伤苗，适应性广。

三、机械化田间管理技术

（一）机械化施肥技术

1. 施肥机械的分类　施肥机械可按施肥方式的不同分为撒施机、条施机和穴施机，可按施用肥料类型的不同分为固态化肥施肥机、液态化肥施肥机、厩肥撒施机和厩液施洒机，可按作物不同生长时期所需的施肥要求分为专用基肥撒施机、耕作施肥联合作业机、施肥播种联合作业机和中耕追肥机。

2. 化肥深施机械化技术　化肥深施技术就是通过机械将化肥按农艺要求，施于土壤 6～15 cm 深的土层中。

（1）化肥深施机械化技术的分类　化肥深施技术主要有基肥深施、种肥深施和追肥深施。

①基肥深施机械化技术：基肥深施机械化技术可与土壤翻耕结合起来，目前有两种方法：一种是边翻耕边将化肥施于犁沟内；另一种是先撒施肥料后翻耕，在翻耕过程中，将地表化肥翻于犁沟底部。

②种肥深施机械化技术：种肥深施机械化技术是在播种的同时完成施肥作业，主要是通过安装在播种机上的肥箱和排肥装置来完成。

③追肥深施机械化技术：追肥深施机械化技术是按照农作物生产和农艺要求，使用追肥作业机具，一次性完成开沟、排肥、覆土和镇压等多道工序的作业。

（2）化肥深施注意事项　机械化深施肥过程中，应注意以下问题。

①注意施肥深度，施肥过深会影响肥效，过浅易挥发，最佳深度为 10 cm 左右。

②注意施肥位置，种肥深施时，化肥与种子应保持 3～5 cm 距离，以免烧种，影响发芽出苗。追肥深施时，化肥与作物侧距保持 10 cm 左右。

③注意施肥均匀，机手要根据单位面积施肥量计算好排肥量，把肥料均匀施于田间。

④注意水分管理，稻田化肥深施时，翻耕稻田尽量淹浅水，翻耕施肥后，管好水，防止肥料流失。

（二）机械化植物保护技术

1. 植物保护机械概述　随着农用化学药剂的发展，喷施化学制剂的机械已日益普及。这类机械的用途包括：喷洒杀菌剂或杀虫剂防治作物病虫害；喷洒除草剂，消灭杂草；喷洒药剂对土壤消毒、灭菌；喷洒生长调节剂调控植物生长发育。目前，植物保护机械总的趋势是向着高效、经济、安全方向发展。在提高劳动生产率方面，采用加大喷雾机的工作幅宽、提高作业速度、发展一机多用、联合作业机组等方式，同时还广泛采用液压操纵、电子自动控制，以降低操作者劳动强度。在提高经济性能方面，提倡科学施药，适时适量地将农药均匀地喷洒在作物上，并以最少的药量达到最好的防治效果。要求施药精确，机具上广泛采用施药量自动控制和随动控制装置，使用药液回收装置及间断喷雾装置，同时还积极进行静电喷雾应用技术的研究应用。此外，更注意安全保护，减少污染，随着农业生产向着深度和广度发展，开辟了植物保护综合防治手段的新领域，生物防治和物理防治器械和设备的应用，例如超声技术、微波技术、激光技术等。

2. 喷雾机械　喷雾机械的功能是使药液雾化成细小的雾滴，并使之喷洒在农作物的茎叶上。田间作业时对喷雾机械的要求是：雾滴大小适宜，分布均匀，能达到被喷目标需要药物的部位，雾滴浓度一致，机器部件不宜被药物腐蚀，有良好的人身安全防护装置。喷雾机械按药液喷出的原理分为液体压力式喷雾机、离心式喷雾机、风送式喷雾机、静电式喷雾机等。此外，按单位面积施药液量的大小来分，可分为高容量喷雾机、中容量喷雾机、低容量喷雾机和超低量喷雾机等。

3. 喷粉机械 喷粉机喷撒的粉状固体制剂，颗粒大小为 $3\sim5~\mu m$。喷粉的优点是作业效率高，不需要载体物质，不用加水，因而节省劳力和作业费用。喷粉的主要缺点是粉粒在植株上的附着性差，容易滑落。

4. 喷烟机械 喷烟机产生直径小于 $50~\mu m$ 的固体或胶态悬浮体。烟雾的形成分为热雾、冷雾和常温烟雾 3 种。热雾是将很小的固体药剂粒子加热后喷出，粒子吸收空气中的水分，使之在粒子外面包上一层水膜。冷雾则是液体汽化后冷凝而产生烟雾。常温烟雾机是指在常温下利用压缩空气使药液雾化成 $5\sim10~\mu m$ 的超微粒子的设备。由于在常温下使农药雾化，农药的有效成分不会被分解，并且水剂、乳剂、油剂等均可使用。与热烟雾机相比，常温烟雾机不苛求某种特定的农药，无需加扩散剂等添加剂，故可扩大机具的使用范围。喷烟机械主要用于防治温室内生长作物的病虫害，可由人工控制，也可实现自动控制。

5. 航空喷药 航空机械的发展已有几十年的历史，近年来发展很快，除了用于病虫害防治外，还用于播种、施肥、除草、人工增雨等许多方面。我国在农业航空方面使用最多的是多用途小型机，设备比较齐全，低空飞行性能好，在平坝区作业时，可距离作物顶部 $5\sim7~m$。起飞、降落占用的机场面积小，对机场条件要求比较低。在机身中部安装喷雾或喷粉装置，可以进行多种作业。

四、机械化收获技术

(一) 稻麦收割机械化技术

1. 稻麦机械化收获方式 稻麦收获应满足如下农业技术要求：①收割作业干净，掉穗落粒损失小；②割茬低，便于提高后续的耕作质量；③铺放整齐，以便于人工打捆或机械捡拾，且不影响下一趟机具作业；④适应性好，即对不同地区、不同田块、不同作物品种的收割，以及对作物状况（倒伏及植株密度等）的适应性较好。

收获作业由收割、脱粒、分离清选、谷粒装袋运回等工作组成，不同稻麦机械化收获方式的程序和特点见表 5-6。

表 5-6　稻麦机械化收获方式的比较

(引自李宝筏，2003)

收获方式	收获程序	特　点
分段收获	收割机先将作物切割后在田间铺放或捆束，然后在田间或运至脱粒场地用脱粒机脱粒	技术上比较成熟，机械较多、生产率低，在捆、垛、运、脱等工序中损失大，劳动强度大
联合收获	一次完成收割、脱粒、分离茎秆、清选谷粒、装袋或随车卸粮各项工作	机械化程度高，生产效率高，省工、省时，清选效果好，损失小，但机械年利用率低
分段、联合收获	收割机、拾禾器与联合收割机配合使用，实现前期割晒、中期拾禾、晚期直接收获	机械利用率高，购机投资回收快，生产率高，机械化水平高；缓解收获期紧张状况，抢农时；利用谷物的后熟作用，提高谷物的品质和产量。在北方小麦产区常用

2. 稻麦联合收割机的分类 稻麦联合收割机的动力配置方式有牵引式、自走式和悬挂式

等。牵引式联合收割机由拖拉机牵引作业，其优点是造价低、拖拉机可全年充分利用，其缺点是机器编组庞大、机动性能差、不适应长途转移和跨区作业。自走式联合收割机整机设计紧凑，其突出优点是机动性能好，收割时不需要人工打割道，地头转弯半径小、生产效率高。自实现跨区作业以来，更充分体现了自走式联合收割机的优点。目前自走式联合收割机是收割机家族中的主导机型。悬挂式联合收割机自身没有底盘，整台收割机（割台、输送装置、脱粒清选装置等）组装在拖拉机上，其优点是机动性能好，和牵引式相比，造价低；其缺点是整机配置松散，割、脱中间的过渡带太长，驾驶员视野较差，劳动条件差；由于割台在前，影响发动机水箱散热，发动机易开锅，更为重要的是粮食清选性能差，每次向拖拉机上装卸都费时费工。

按谷物的加入方式和流向分类，分为全喂入式和半喂入式。半喂入联合收割机用夹挟输送装置夹住被割下谷物茎秆，只将谷物穗头部分喂入脱粒滚筒，并沿滚筒轴线方向运动进行脱粒。由于茎秆不进入脱粒滚筒，因而降低了功率消耗，并保证了茎秆的完整性，有利于茎秆的再开发利用。这种结构形式主要应用在水稻联合收割机上。

（二）玉米收获机械化技术

目前，国外的玉米收割机主要有两种机型，一种是以美国和德国为代表的大功率联合收割机配套用的玉米摘穗台，另一种是以前苏联生产的 KCKY - 6 型为代表的玉米联合收割机。其主要特点是在田间直接收割玉米籽粒，能一次完成玉米摘穗、剥皮和秸秆粉碎还田。

我国目前开发研制的玉米收割机大致可分为背负式、自走式和玉米割台几种。背负式单行玉米收割机配套 9～22.2 kW 四轮拖拉机，具有摘穗、集穗、秸秆粉碎还田等功能。这类机型开发时间较早，其特点是结构简单、操作方便、配套动力来源广泛，适应中小地块作业，不存在行距适应性问题；其缺点是生产率较低，重复压地。

自走式机型为多行（3 行和 4 行），配套动力为 55.5～88.8 kW，具有摘穗、剥皮、集穗、秸秆粉碎还田等功能，生产效率高。自走式摘穗机基本采用已定型的前苏联或美国摘穗板-拉茎辊-拨禾链组合机构，其籽粒损失率较小。秸秆粉碎装置有青贮型和还田型两种。青贮型为铡草式，铡草机一般为滚刀式配抛射筒，动刀与定刀构成剪刀，保证切碎长度为20～60 mm，以适于用作喂养牲畜的饲料。还田型粉碎装置一般采用甩刀式秸秆粉碎机，刀端的线速度不低于 38 m/s，割茬可调整。

玉米割台又称为玉米摘穗台，可与中型稻麦联合收割机配套，完成摘穗、集穗、秸秆粉碎还田等作业。

（三）经济作物收获机械化技术

1. 油菜收获机械化技术　油菜收获机械化技术按作业方式不同分为机械分段收获和联合收获两种。

（1）分段收获　油菜分段收获是先割晒再捡拾、脱粒的收获方式。在油菜角果成熟前期，大约八成熟时，人工或用割晒机将油菜割倒，铺放于田间，晾晒至七八成干时，由油菜捡拾收获机进行捡拾收获，或人工捡拾已晾晒好的油菜植株，均匀喂入到经改装的联合收割机的割台里，实现油菜的脱粒、清选和秸秆粉碎还田。机械分段收获油菜时应注意两点，一是油菜晾晒不可过干，否则暴壳多，损失大；二是人工喂入要均匀、适量，喂入过多容易堵塞，过少影响工效。

（2）联合收获　油菜机械化联合收获是将收割、脱粒、清选作业等几个环节一次性完成的收获方式。即在油菜的角果成熟后期，用油菜专用联合收割机或改装的稻麦联合收割机一次性完成所有的收获作业环节。机械联合收获的关键是掌握好收获适期，最佳收获期是完熟期。适割期的特征为：全田植株叶片基本落光，角果黄熟，籽粒呈固有颜色。

2. 大豆收获机械化技术 大豆收获机械化技术作业方法一般可采取分段收获和直接收获法。分段收获是选用收割机械对大豆整株进行切割铺放、晾晒，待豆荚充分干燥后，进行捡拾、脱荚、收集联合作业或用脱粒机作业。直接收获法是用专用的大豆联合收获机一次完成切割、脱荚、清选、收集作业。

直接收获的适宜时期是在完熟初期。此期大豆叶片全部脱落，茎、荚和籽粒均呈现出原有品种的色泽，籽粒含水量降至 20%～25%，用手摇动植株会发出清脆响声。分段收获时要将收割期适当提前，一般认为黄熟期是最佳收割期，此期大豆叶片脱落 70%～80%，豆粒开始发黄，少部分豆荚呈原色。

3. 棉花收获机械化技术 目前广泛用于生产的棉花收获机有美国生产的水平摘锭式采棉机和前苏联研发的垂直摘锭式采棉机。其他类型的采棉机，例如气吸式、气流吹吸式、气吸振动式采棉机等应用于生产较少。

美国发展采棉机已有 100 多年历史，培育了一些机采棉品种。采摘器采摘棉花的要求为：棉花株高为 700～800 mm，棉铃吐絮位置应离根部 200～300 mm，棉花成熟吐絮时间一致。机收棉花需要使用化学脱叶技术，在棉花成熟度达到 60% 以上，棉花正常发育有 80% 的棉株吐絮 2～3 个棉铃时，喷施化学药剂，促使棉花成熟脱叶，以利于机械采收。

第六节 其他生产技术

一、地膜覆盖栽培技术

地膜覆盖栽培是利用聚乙烯塑料薄膜在作物播种前或播种后覆盖在农田上，配合其他栽培措施，以改善农田生态环境，促进作物生长发育，提高产量和品质的一种保护性栽培技术。我国自古就有粪、草覆盖、砂石覆盖等农田保护栽培历史。20 世纪中叶，随着塑料工业的发展，尤其是农用塑料薄膜的出现，一些工业发达的国家利用塑料薄膜覆盖地面，进行蔬菜和其他作物的生产均获得良好效果。20 世纪 50 年代末，我国也开始应用塑料薄膜覆盖的小拱棚进行水稻育秧试验，20 世纪 60 年代初用小拱棚覆盖进行蔬菜的早熟和延后栽培。1978 年从日本引进了包括地膜覆盖方法、专用地膜、覆盖机械等一整套地膜覆盖技术体系，经过试验示范和改进，在多种作物上迅速推广应用，成为我国农业生产的一项重大革新技术。目前，地膜覆盖已成为农业生产上的一项常规技术。

（一）地膜覆盖的作用

1. 增温效应 普通透明地膜透光性好，透气性差，地膜覆盖后抑制土壤水分蒸发，阻碍膜内外近地面气层的热量交换，产生增温效应。一般早春地膜覆盖较露地土表日平均温度提高 2～5 ℃。我国农区辽阔，地膜覆盖土壤的增温效应不尽一致，除受地理位置影响外，还受覆盖方式及管理措施的制约。一般特点是：地膜覆盖春播作物从播种到收获，随着大气温度的升高和叶面积的增大，增温效应逐渐减小；地膜覆盖农田的地温变化，有随土层加深逐渐降低的明显趋势；不同气候条件下增温效应有明显差异，晴天增温多；覆盖度大，增温保温效果好；东西行向增温值比南北行向高；地膜覆盖中心地温比四周高，高垄覆膜比平作覆膜增温高。由于地膜覆盖的增温作用，使土壤有效积温增多，可加速作物生育进程，促进作物早熟。

2. 保墒效应 地膜覆盖因其物理的阻隔作用，切断了土壤水分与大气交换通道，抑制了土壤水分向大气的蒸发，使大部分水分在膜下循环，土壤水分较长时间储存于土壤中，具有保墒作用。同时，由于盖膜后土壤温度上下层差异加大，使较深层的土壤水分向上层运移积聚，具有提墒作用。因此覆膜土壤耕层含水量较露地明显提高，且相对稳定。但地膜覆盖也阻隔了雨水直接进入土壤，增加了降水的径流，一般情况下，农田覆盖度不宜超过80%。

3. 保土效应 地膜覆盖后可防止雨滴直接冲击土壤表面，又可抑制杂草，因而减少了中耕除草及人、畜、机械田间作业的碾压和践踏，同时地膜覆盖下的土壤，受增温和降温过程的影响，使水汽胀缩运动加剧，有利于土壤疏松，容重减少，孔隙度增加。也避免了因灌溉、降水等引起的土壤板结和淋溶，减少了土壤受风、水的侵蚀。膜下的土壤能长期保持疏松状态，水、气、热协调，为根系生长创造了良好条件。

4. 对土壤养分的影响 地膜覆盖后，由于土壤水、热条件好，土壤微生物活动增强，有利于土壤有机质矿化，加速有机质分解，从而提高了土壤氮、磷、钾有效养分的供应水平。但由于地膜覆盖作物生长旺盛，消耗土壤养分多，往往会发生作物生育后期脱肥现象，所以地膜覆盖栽培必须增施有机肥，并注意后期追肥。

5. 对近地表环境的影响 地膜覆盖后，由于地膜的反光作用，使作物叶片不仅接受太阳直接辐射，而且还接受地膜反射而来的短波辐射和长波辐射，特别是中下部叶片光照条件得到改善，有利于提高群体光合作用。反光地膜（银色和银灰色）的反光作用比透明地膜更高。

由于地膜覆盖的特殊效应，地膜覆盖栽培对发展我国高产优质高效农业具有重要作用：①可大幅度提高单产，增加收入。可使多种作物增产30%～50%，多者1倍以上，产值增加50%以上。对粮食作物、油料、棉花及其他多种经济作物增产增收效果稳定可靠，是集约化栽培、提高单产的有效途径。②有利于扩大作物的适种区和提高复种指数。覆盖后作物生育期积温增加200～300℃，使作物适种区向高纬度北移2°～3°，向高海拔延伸500～1 500 m，使无霜期短的高寒山区开发高产、高效农业脱贫致富成为可能。北方一些地区过去一年一季有余、两季不足，应用地膜后可达到两季。有的地区应用地膜后推动了间套种的发展，使复种指数提高。③地膜覆盖有利于增强抗灾能力。我国是多种自然灾害频繁发生的国家，地膜覆盖后对抗御旱灾、水灾、低温、冷害、盐碱、风沙等自然灾害均有明显效果。④可节约灌溉用水，为我国干旱、半干旱地区解决农业水资源不足开辟了一条新途径。⑤有利于提高作物产品品质。例如覆膜棉花霜前花比率、纤维强度增加；覆膜西瓜含糖量提高；覆膜番茄果实大、色泽好，并增加了含糖量、维生素含量等。

（二）地膜覆盖栽培基本技术

1. 地膜的选择 当前生产上使用的地膜主要是聚乙烯地膜，其产品和功能多种多样。普通透明地膜具有透光增温性好、保水保肥、疏松土壤等多种效应，是使用量最大、应用最广泛的地膜种类，约占地膜用量的90%。此外，为满足覆盖技术的多种需求，有色地膜、功能性特殊地膜的应用也迅速发展起来，可以有针对性地优化栽培环境，克服不利的自然因素。常见地膜种类及其功能特性如表5-7和表5-8所示，应根据不同的生态条件、作物特性与覆盖栽培目的选用。特别是除草地膜有严格的选择性，不能错用。另外，发明了多功能可降解液态地膜，它是以褐煤、风化煤或泥炭对造纸黑液、海藻废液、酿酒废液或淀粉废液进行改性，通过木质素、纤维素和多糖在交联剂的作用下形成高分子，再与各种添加剂、硅肥、微量元素、农药和除草剂混合制取获得。

表 5-7 普通透明地膜的功能与适应性

(引自董钻和沈秀瑛，2000)

地膜种类	合成材料、厚度	使用优缺点	功能与作用	适用地区	适用作物
高压低密度聚乙烯地膜（简称高压膜）	低密度聚乙烯树脂，0.016 mm	与地面密贴，压土严实，不易被风吹损	增温、保水、保肥、疏松土壤	广泛应用于全国各地	棉花、水稻、小麦、玉米、花生、蔬菜、糖料、烟草等
低压高密度聚乙烯地膜（简称高密度膜或微膜）	高密度聚乙烯树脂，可达 0.008 mm	质脆，膜面光滑，作业性及密贴性不如高压膜，易被风吹损，用量少，成本低	增温、保水、保肥、疏松土壤	广泛应用，但不适于砂质土壤	菜、瓜、棉、玉米、甘薯等，不宜用于花生
线性低密度聚乙烯地膜（简称线性地膜）	线性低密度聚乙烯树脂，0.008～0.010 mm	除具有 LDPE 膜性能外，耐冲击和撕裂	增温、保水、保肥、疏松土壤	广泛应用于全国各地	棉花、水稻、小麦、玉米、花生、蔬菜、糖料、烟草等
共混地膜	低密度聚乙烯树脂、高密度聚乙烯树脂、线性低密度聚乙烯树脂中的 2 种或 3 种按比例共混吹塑制膜，0.008～0.014 mm	强度较高，耐候性较好，易与畦面密贴，作业性改善	增温、保水、保肥、疏松土壤	广泛应用于农业生产	棉花、玉米、蔬菜、西瓜、糖料、花生等大宗作物

表 5-8 有色地膜及功能性特殊地膜的作用与适应性

(引自董钻和沈秀瑛，2000)

地膜种类	合成材料、厚度	作用	适用地区	适用作物
黑色地膜及半黑地膜	在聚乙烯中加 2%～3% 的炭黑母料，0.01～0.03 mm	灭草、保温、护根	多草而劳力紧张及早春提温不是主要矛盾地区	番茄、莴苣、马铃薯、洋葱、食用菌等
绿色地膜	在聚乙烯中加入一定量绿色母料，价格较高，易老化，0.010～0.015 mm	抑制杂草、增温	适于湿润杂草多的地区	可用于经济价值高的作物或设施栽培
银灰色地膜	在聚乙烯中加入含铝的银灰色母料，0.015～0.020 mm	驱避蚜虫、防病、抗热、提高烟叶品质	普遍适应	烟草、棉花、蔬菜
银色反光地膜	在挤出吹塑过程中，混入含铝母料，镀铝或复合铝箔制成，0.008～0.020 mm	反光隔热，降低地温、除草、改进果实品质	普遍适应	番茄、苹果、葡萄等
黑色双面地膜	由乳白色膜和黑色膜二层复合而成，0.020～0.025 mm	增加近地面反射，降低地温，保湿、灭草、护根等	夏季高温地区	瓜果蔬菜类的抗热栽培
银黑双面膜	由黑色及银灰色两种地膜复合而成，0.020～0.025 mm	反光、避蚜、防毒病、降低地温、灭草、保温、护根	夏季高温病虫害多发地区	瓜果蔬菜类等多种作物
除草地膜	在地膜中加入除草剂母料或直接添加除草剂和其他助剂制成，0.02～0.03 mm	除草，药效期长	普遍适应	各种作物（除草膜有严格选择性）

2. 整地作畦（起垄）　整地质量是地膜覆盖栽培的基础。结合整地彻底清除田间根茬、秸秆、废旧地膜及各种杂物，施足有机肥后耕翻碎土，使土壤疏松肥沃，土壤内无大坷垃，土面平整。为蓄热提高地温，地膜覆盖一般要求作高畦或高垄，畦（垄）高度因地区、土质、降水量、栽培作物种类及耕作习惯而异。北方干旱半干旱地区畦（垄）高以 10～15 cm 为好；南方地下水位高的多雨地区，畦（垄）高度可达 15～25 cm，以防雨涝。畦（垄）的宽度，根据作物和薄膜宽度确定，一般 70 cm 地膜覆盖宽度为 30～35 cm 的高垄；90～100 cm 宽地膜，覆盖畦面宽 55～65 cm。

3. 施足基肥　地膜覆盖地温高，土壤微生物活动旺盛，有机质分解快，作物生长前期耗肥多。为防止中后期脱肥早衰，在整地过程中应充分施入迟效性有机肥，基肥施入量要高于一般露地 30%～50%，注意氮磷钾肥的合理配比，在中等以上肥力地块，为防止氮肥过多引起作物前期徒长，可减少 10%～20% 氮肥用量。

4. 播种与覆盖　根据播种和覆盖工序的先后，有先播种后覆膜、先覆膜后打孔播种和播种与覆膜同时进行 3 种方式。先播种后覆膜的优点是能够保持播种时期的土壤水分，有利于出苗，播种时省工，有利于用条播机播种；其缺点是放苗和围土较费工，放苗不及时容易烧苗。先覆膜后打孔播种的优点是不需要破膜引苗出土，不易高温烧苗，干旱地区降雨之后可适时覆膜保墒，待播期到时，再进行播种；其缺点是人工打孔播种比较费工，如果覆土不均或遇雨板结易造成缺苗。播种与覆膜同时进行主要是利用地膜覆盖机与播种联合作业，其优点是提高作业效率，减少用工量，减轻劳动强度和降低作业成本；其缺点是畦（垄）面上地膜松弛，畦（垄）间距不一致，膜边覆土过多甚至影响采光面，覆膜时地膜易断裂等。应根据劳力、气候、土壤等条件灵活运用，育苗移栽可采用先覆膜后打孔定植的方法。

5. 田间管理　地膜覆盖栽培必须抓好如下田间管理环节。

（1）检查覆膜质量　覆膜后为防地膜被风吹破损，可在畦上每隔 2～3 m 压 1 个小土堆，并经常检查，发现破损及时封堵。

（2）及时放苗出膜、疏苗定苗　当幼苗出土时，要及时打孔放苗，防止高温伤苗。按播种方式，条播条放，穴播穴放，用刀片或竹片在地膜上划十字形口或长条形口，引苗出膜。一般在幼苗具有 3～4 片真叶时可进行定苗。

（3）灌水追肥　地膜覆盖栽培，作物生育期中灌水要较常规栽培减少，一般前期要适当控水、保湿、蹲苗、促根下扎，防徒长，中后期蒸腾量大，耗水多，应适当增加灌水，结合追施速效化肥，防早衰。

（4）加强病虫害防治　地膜覆盖栽培时，由于农田光、热、水条件改善和作物旺盛生长，除个别病虫有所减轻外，大部分病虫危害均加重，应及时有效地防治。

6. 地膜回收　聚乙烯地膜在土壤中不降解，土壤中残留的地膜碎片，对土壤翻耕、整地质量和后茬作物的根系生长及养分吸收都会产生不良影响，容易造成土壤污染，所以作物收获时和收获后必须清除地膜碎片。

二、人工控旺技术

作物生产需要协调作物与环境的关系、群体与个体的关系、作物体内各器官生长间的关系。在高产条件下，往往因肥水充足，群体过大，个体旺长，导致株间竞争激烈，群体与个体矛盾突出。同时个体内部矛盾也加大，主要表现在产品器官与营养器官、根与地上部分对同化物的竞争上。非产品器官（主要是营养器官）的过旺生长，会消耗大量同化物，使得向产品器官的物质分配减少，从而导致经济产量下降。因此必须对作物进行合理调控。除了密度、肥水、化学调控等技术措施外，许多人工控旺技术，也具有良好的调控效果，可根据作物合理使用。

（一）深中耕

在许多旱地作物生长前期，利用一定的器械在行间或株间人工深耕土壤，切断部分根系，减少根系对水分和养分的吸收，从而减缓茎叶生长，达到控制旺长的目的。例如小麦在群体总茎数达到合理指标时，适当深耕断根，可抑制高位分蘖潜伏芽的萌发，促进小分蘖衰亡，使主茎和大蘖生长敦实茁壮，有利于壮秆防倒。小麦中耕深度一般为 7 cm 左右。对于有旺长趋势的棉田，也常在蕾期进行深中耕控制棉株生长，中耕深度为 13 cm 以上。

（二）镇压

镇压的作用是多方面的，播种后镇压，可压实土壤，使种子与土壤紧密接触，并使土壤水分上移，增加地表墒情，有利种子萌发和幼苗生长。但在作物苗期连续镇压或重度镇压可控制地上部旺长。对早播、冬前苗期有徒长现象的麦田，采取连续镇压，可抑制主茎和大蘖徒长，缩小大蘖与小蘖的差距，对生长过头的麦苗镇压还有利于越冬防冻。在小麦拔节初期，一般在基部节间开始伸长、未露出或刚露出地表时对壮苗和旺苗镇压，可使基部节间缩短、株高降低，并可促进分蘖两极分化，成穗整齐，壮秆防倒。但节间伸长后不宜镇压，以免损伤幼穗生长点。谷子田常在谷苗 2～3 叶期镇压，起蹲苗作用。

（三）晒田

晒田是水稻生产上重要的促控结合措施，一般在水稻对水分不太敏感的分蘖末期至幼穗分化初期，当田间茎蘖数达到预期的穗数时排水晒田。其主要作用是改变土壤环境，促进根系发育，抑制无效分蘖和地上部徒长，使基部节间短粗充实。一般说来，长势猛、蘖数多的应早晒重晒，相反可轻晒或不晒，盐碱地一般不宜晒田。近年来，水肥管理上多采取平稳促进的方式，避免大促大控，晒田也以早晒、轻晒、多次晒居多。

（四）打（割）叶

在过早封行、群体郁闭的严重旺长田，可采用手摘或刀割的方法去掉一部分叶片，减少叶片的消耗，改善田间通风透光条件，这样有利于生殖器官的生长发育。禾谷类作物（例如小麦和水稻）出现过分旺长时，将上部叶片割去一部分，可控制徒长，有利于防倒。玉米在保留棒三叶的情况下可去除基部脚叶，并应在拔节前去除部分植株长出的分蘖。无限花序作物（例如棉花、油菜、豆类等）出现茎叶旺长时，可采取人工摘去中部和基部的老叶，以缓解营养器官和生殖器官争夺养分的矛盾，改善植株的通风透光条件，有利于花蕾的发育。番茄、茄子、菜豆等蔬菜也常于生长后期将下部老叶摘去，以利于通风，减少病虫害蔓延。

（五）打顶（摘心）

无限花序作物在整个生育期间，只要顶芽不受损，均能不断分化出新的枝叶，摘去主茎顶尖，能消除顶端优势，抑制茎叶生长，使营养物质重新分配，减少无效果枝和叶片，提高铃（荚）数和铃（籽）重。打顶一般适用于正常和旺长田块，长势差的田块可不必打顶。打顶适宜时期，棉花、蚕豆为初花期，大豆为盛花期。棉花除打顶外，长势旺的棉田果枝顶端也应摘除（称为打边心）。烟草生产上也需进行现蕾打顶，即当花蕾出现长约 2 cm 时，将花梗连同附着的几片小叶摘去，打顶后结合多次抹枝（抹去腋芽）可减少营养物质消耗，提高烟叶产量和品质。玉米在抽雄始期，及时隔行去雄，能够增加果穗穗长和穗重，使双穗率提高，使植株变矮，田间通风透光得到改善，因而籽粒饱满，产量提高。

（六）整枝

整枝主要指摘除无效枝、芽，人工塑造良好株型，减少物质消耗。这在许多作物上均有应用。对生长旺盛的棉田，常在现蕾后，将第一果枝以下的叶枝幼芽及时去掉。盛花后期打去空果枝、抹去赘芽，可改善田间通气透光条件，促使养分集中供应结铃果枝。有的向日葵品种有分枝的特性，分枝一出现，就会造成养分分散，影响主茎花盘发育，应及时去掉。大豆、蚕豆等豆类作物摘除无效枝、芽，可减少落花落果，有利于增产。

（七）压蔓

蔓生蔬菜（例如南瓜、冬瓜等）爬地生长，经压蔓后，可使植株排列整齐，受光良好，管理方便，可促进果实发育，同时可促进不定根发生和增加养分吸收。

三、化学调控技术

作物化学调控技术是指运用植物生长调节剂促进或控制作物生化代谢、生理功能和生育过程的技术，目的是使作物朝着人们预期的方向和程度发生变化，从而提高作物产量和改善农产品品质。自 20 世纪 60 年代以来，植物生长发育的化学调控技术日益为人们所重视。

（一）植物生长调节剂的种类和作用

植物激素（plant hormone 或 phytohormone）是指植物体内合成的、在低浓度下能对植物生长发育产生显著调节作用的生理活性物质。迄今为止有充足证据证明并被公认为植物激素的有 6 类：生长素（auxin，IAA）、细胞分裂素（cytokinin，CTK）、赤霉素（gibberel-lin，GA）、脱落酸（abscisic acid，ABA）、乙烯（ethylene，ETH）和油菜素内酯（brassinolide，BR）。其中油菜素内酯（BR）是在 1998 年第 16 届国际植物生长物质学会会议上被新确认的甾类植物激素。植物生长调节剂（plant growth regulator）泛指那些从外部施加给植物、低浓度即可影响植物内源激素合成、运输、代谢及作用，调节植物生长发育的人工合成或人工提取的化合物。植物生长调节剂与植物激素在化学结构上相似，也可能有很大不同，有些本身就是激素。这些物质施加给作物后主要是通过影响和改变作物内源激素系统从而起到调节作物生育的作用。

目前生长上应用的植物生长调节剂主要有以下几种。

1. 植物生长促进剂　凡是促进细胞分裂、分化和延长的化合物都属于植物生长促进剂，它们促进营养器官的生长和生殖器官的发育。生长素类、赤霉素类、细胞分裂素类、油菜素内酯、三十烷醇等都属于植物生长促进剂。

（1）生长素类　生长素类植物生长促进剂有吲哚化合物、萘化合物和苯酚化合物，例如吲哚乙酸、吲哚丁酸、萘乙酸、复硝酚钠等，其主要作用是促进细胞增大伸长，促进植物的生长。生长素类生长促进剂在农业上用于促进插条生根或新根生长，促进生长、开花、结果，防止器官脱落，疏花疏果，抑制发芽和防除杂草等。

（2）赤霉素类　赤霉素是一种广谱性的植物生长调节剂，植物体内普遍存在着天然的内源赤霉素。赤霉素是促进植物生长发育的重要激素之一，主要促进细胞的伸长，几乎不影响细胞分裂。外源赤霉素进入植物体内，具有内源赤霉素同样的生理功能，例如促进细胞分裂和伸长，刺激植物生长（茎伸长、叶片扩大、果实生长、促进开花等）；打破休眠，促进萌发；促进坐果，诱导无籽果实。登记用于生产的主要为赤霉酸 GA_3、赤霉酸 GA_4+GA_7，广泛应用于杂交水稻制种、促进叶菜类生长、生产无核葡萄、促进柑橘等果实增大、促进花卉提前开花、增加人参发芽率等。

（3）细胞分裂素类　细胞分裂素类植物生长促进剂有卞氨基嘌呤、氯吡脲等，其主要功能为促进细胞分裂和细胞增大；减缓叶绿素的分解，抑制衰老，保鲜；诱导花芽分化；打破顶端优势，促进侧芽生长。细胞分裂素类植物生长促进剂常用于调节果蔬生长、增产。

（4）油菜素内酯　油菜素内酯是植物体内普遍存在的甾醇类生长物质，被认为是新的一类植物激素，表现有生长素、赤霉素、细胞分裂素的某些特点，既促进营养生长，又有利于生殖生长。油菜素内酯可经叶、茎、根吸收传导到作用部位，强化生长素的作用等，效应浓度极低，一般用量为 $10^{-5}\sim10^{-2}$ mg/L，常用于调节粮油作物或果蔬生长、增产。

（5）其他植物生长促进剂　三十烷醇、胺鲜酯、噻苯隆、超敏蛋白等也常用于促进作物生长。三十烷醇是一种广泛存在于蜂蜡及植物蜡质中的天然长碳链物质，可提高小麦、棉花、花生、烟草等的产量。胺鲜酯是一种叔胺类植物生长调节剂，对多种收获营养器官的作物增产作用明显。噻苯隆是一种取代脲类植物生长调节剂，高浓度可刺激乙烯生成，提高果胶和纤维素酶活性，促进成熟叶片的脱叶，加快棉桃吐絮，常用于棉花脱叶。低浓度噻苯隆有细胞激动素的作用，能诱导一些植物的愈伤组织分化出芽。超敏蛋白是一种天然蛋白质，通过提高植物自身的免疫力和植株的素质，抵御病虫危害和其他不良环境的影响；在烟草、番茄、辣椒上均有应用，主要作用为调节生长、增产、抗病。

2. 植物生长延缓剂　植物生长延缓剂指那些抑制植物亚顶端区域的细胞分裂和伸长的化合物，其主要生理作用是抑制植物体内赤霉素的生物合成，延缓植物的伸长生长。因此可用赤霉素消除生长延缓剂所产生的作用。常用的植物生长延缓剂有矮壮素、多效唑、烯效唑、甲哌鎓等。

（1）矮壮素　化学名称为 2-氯乙基三甲基氯化铵（CCC）。矮壮素最明显的作用是抑制植物伸长生长，使植株矮化，茎秆变粗，叶色加深。生产上可用于防止小麦等作物倒伏，防止棉花徒长，减少蕾铃脱落，也可促进根系发育，增强作物抗旱、抗盐能力。

（2）多效唑　多效唑在国外称为 PP_{333}。多效唑的调节活性主要有：减弱作物生长的顶端优势，促进果树花芽分化，抑制作物节间伸长，提高作物抗逆性。水稻苗期施用多效唑，可控制徒长，增加分蘖。在小麦、水稻拔节期应用可防止倒伏。

（3）烯效唑　烯效唑是三唑类的植物生长延缓剂，通过抑制赤霉素的生物合成使细胞伸长受抑。烯效唑跟多效唑一样，不仅有很强的矮化作用，还有一定的杀菌效果。其生物活性是多效唑的 2～6 倍。烯效唑主要通过叶、茎组织和根部吸收，进入植株后，活性成分主要通过在木质部的转移向顶部输送。烯效唑在水稻、小麦等作物上广泛应用。

（4）甲哌鎓　又称为缩节安、助壮素，能抑制细胞伸长，延缓营养体生长，使植株矮化，株型紧凑，能增加叶绿素含量，提高叶片同化能力，可调节同化物分配。甲哌鎓已在棉花生产上普遍应用。

（5）乙烯利　乙烯利为有机磷类生长调节剂，可促进成熟和衰老，经茎、叶、花、果吸收，传导到作用部位分解生成乙烯。乙烯利可提高雌花比例，促进某些植物开花，矮化水稻、玉米等，增加茎粗，诱导不定根形成，刺激某些植物种子发芽，加速叶和果成熟、衰老和脱落。乙烯利可促进橡胶树增产，可用于玉米和大麦防倒，可用于棉花、烟草、香蕉、柿子催熟等。

（6）其他植物生长延缓剂

①脱落酸：脱落酸是植物体内天然存在的具有倍半帖结构的植物激素，人工合成主要通过发酵生产，能诱导植物抗逆性，故被称为胁迫激素，在水稻、烟草苗床、棉花、番茄上均有应用。

②1-甲基环丙烯：1-甲基环丙烯是一种新型的乙烯受体抑制剂，属环丙烯类的小分子化合物，能有效阻止内源乙烯的合成和外源乙烯的诱导作用，降低果蔬储藏期间的呼吸强度和乙烯释放，以保持较高的硬度和可溶性固形物含量，从而延长储藏期，常用于果蔬及鲜花保鲜等。

③抗倒酯：抗倒酯属环己烷羧酸类植物生长调节剂，为赤霉素生物合成抑制剂，通过降低赤霉素的含量控制植物旺长，常用于小麦防倒和草坪控旺。

④调环酸钙：调环酸钙主要用水稻降高防倒。

3. 植物生长抑制剂 这类生长调节剂也具有抑制植物生长，抑制顶端优势，增加侧枝和分蘖的功效。但与生长延缓剂不同的是，生长抑制剂主要作用于顶端分生组织区，且其作用不能被赤霉素所消除。它包括青鲜素、氟节胺等。

（1）青鲜素 青鲜素又称为抑芽丹，是丁烯二酰肼类植物生长调节剂，进入顶芽可抑制顶端优势，使光合产物向下输送；进入腋芽、侧芽或块茎块根，可控制这些芽萌发。青鲜素生产上常用于抑制马铃薯、洋葱和其他储藏器官的发芽，抑制烟草腋芽生长，并可抑制路旁杂草的丛生。

（2）氟节胺 氟节胺是一种含氟的硝基类植物生长调节剂，为接触兼局部内吸型侧芽抑制剂，经烟草茎、叶表面吸收，有局部传导性能。氟节胺进入烟草腋芽部位，可抑制腋芽内分生细胞的分裂、生长，抑制腋芽萌发，广泛用于抑制烟草腋芽生长。

（二）作物化学调控技术的应用

1. 作物化学调控技术的作用 作物化学调控技术是以应用植物生长调节剂为手段，通过改变植物内源激素系统影响植物生长发育的技术。它与一般作物调控技术相比，主要优势在于它直接调控作物本身，从作物内部操纵作物生命活动，使作物生长发育能得到定向控制。这种控制主要表现在以下3方面。

（1）增强作物优质、高产性状的表达，发挥良种的潜力 例如增加有效分蘖、分枝，促进根系生长，矮化茎秆，延缓叶片衰老，增加叶绿素含量，提高光合作用，促进籽粒灌浆，提高结实率和粒重，促进早熟等。

（2）塑造合理的个体株型和群体结构，协调器官间生长关系 许多生长调节剂能对植物的伸长生长进行有效的控制，从而起到控上促下（控制地下部生长，促进根系生长）、控纵促横（增粗茎秆）、控营养生长促生殖生长的作用。

（3）增强作物抗逆能力 化学调控直接改善植株的生理机能，提高作物对逆境的适应性。许多植物生长调节剂都能有效地增强作物的抗寒、抗旱、抗热、抗盐和抗病性。由于化学调控技术的特殊优势，正成为农作物安全高产、优质高效的重要技术而应用。

2. 作物化学调控技术的应用模式 目前，我国化学调控技术已经发展为以下3种应用模式并存的技术体系。

（1）"对症"应用技术 这是针对作物生育过程中传统技术难以解决的局部问题而应用

生长调节剂的方法。此种技术的特点是具有应急性，操作简便、安全。例如应用乙烯利催熟、应用多效唑防倒伏、应用乙烯利解决玉米加密后的抗倒问题等。

（2）定向诱导的系统化学调控技术　根据作物器官发育的有序性，按照一定的作物生长目标要求，在全生育期内分次应用生长调节剂，持续地影响植物内源激素系统，从而定向诱导器官良好发育和增强生理功能。例如棉花应用缩节安系统化学调控技术，用于种子处理可促根壮苗、提高棉苗的抗逆能力，可缩短移栽棉苗的缓苗期；用于苗蕾期处理可促进根系发育、壮苗稳长、定向整形、壮蕾早花，增强抗旱涝能力、协调水肥管理、简化前期整枝；用于初花期处理可塑造株型、优化冠层结构、提早结铃、促进棉铃发育、推迟封垄、增强根系活力、简化中期整枝；用于盛花期处理可增结伏桃和早秋桃、增铃重、防贪青晚熟、简化后期整枝；成熟吐絮期用乙烯利处理可促早熟，提高棉花的产量和品质。

（3）作物化学调控栽培工程　可把植物生长调节剂的应用作为一项必备的常规措施导入作物生产，在作物生产过程中，采用一系列生长调节剂调控作物生长发育，并与传统栽培措施、品种应用结合，互补协调，从而使作物生产过程接近于有目标设计，可控制生产流程的农艺工程。目前，已在棉花、水稻、小麦、玉米上开展了这方面研究。这是作物管理技术发展的重要方向，在现代农业生产中将发挥重要的作用。例如赤霉素用于杂交水稻制种解决父母本花期不遇、噻苯隆促进棉花脱叶与棉花机械摘花结合、乙烯利用于玉米矮化密植栽培、多效唑用于水稻机插秧适龄壮秧培育等，都已成为现代作物栽培的常规技术。

第七节　收获、粗加工和储藏

栽培农作物的最终目的是收取农产品，在田间收取作物产品的过程称收获。收获后作物产品通常需经粗加工处理，以便出售或储藏。收获时期和方法、粗加工与储藏方法对作物产量和品质有很大影响。

一、收获的时期与方法

（一）收获时期

适期收获是保证作物高产、优质的重要环节，对收获效率和收获后产品的储藏效果也有良好作用。若收获过早，种子或产品器官未达到生理成熟或工艺成熟，产量和品质都会不同程度地降低。若收获不及时或过晚，往往会因气候条件不适（例如阴雨、低温、风暴、霜雪、干旱、暴晒等）引起落粒、发芽霉变、工艺品质下降等损失，并影响后季作物的适时播种。作物的收获期，决定于作物种类、品种特性、休眠期、落粒性、成熟度和天气状况等。一般掌握在作物产品器官养分储藏及主要成分达最大、经济产量最高、成熟度适合人们需要时为最适收获期。当作物达到收获适期时，在外观上，诸如色泽、形状等方面会表现出一定的特征，因此可根据作物的表面特征判断收获适期。

1. 种子和果实类的收获适期　种子和果实类作物的收获适期一般为生理成熟期，包括禾谷类、豆类、花生、油菜、棉花等作物。例如禾谷类作物穗子各部位种子成熟期基本一致，可在蜡熟末期和完熟初期收获。油菜为无限花序，开花结实延续时期长，上下角果成熟差异较大，熟后角果易开裂损失，以全田 $70\% \sim 80\%$ 植株黄熟、角果呈黄绿色、植株上部尚有部分角果呈绿色时收获，可达到"八成熟，十成收"的目的。棉花因结铃部位不同，成熟差异大，以棉铃边开裂边采收为宜。豆类以茎秆变黄，植株中部叶片脱落，荚变黄褐色，种子干硬呈固有颜色时为收获适期。如果用联合收割机收获，必须叶全部变黄、豆荚变黄、子粒在荚中摇之作响时，才能收获。花生一般以中下部叶片脱落、上部叶片转黄，茎秆变黄，大部分荚果已饱满，荚壳内侧已着色，网脉变成暗色时为收获适期。

2. 块根和块茎类的收获适期 块根、块茎类作物的收获物为营养器官，无明显的成熟期，地下茎叶也无明显成熟标志，一般以地上部茎叶停止生长，逐渐变黄，块根、块茎基本停止膨大，淀粉或糖分含量最高，产量最高时为收获适期。甘薯的收获，要根据种植制度和气候条件，收获期安排在后作适期播种之前，气温降至 15 ℃时即可开始收获，至 12 ℃时收获结束。过早收获会降低产量，而且在较高温度下储藏消耗养分多；过迟收获会因淀粉转化而降低块根出粉率和出干率，甚至遭受冷害，降低耐储性。马铃薯在高温时收获，芽眼易老化，晚疫病易蔓延，低于临界温度收获也会降低品质和储藏性。我国主要甜菜产区，工艺成熟期为 10 月上中旬，亦可将气温降至 5 ℃以下时，作为甜菜收获适期的气象指标。

3. 茎叶类的收获适期 甘蔗、麻类、烟草、青饲料等作物，收获产品均为营养器官，其收获适期是以工艺成熟期为指标，而不是生理成熟期。甘蔗应在叶色变黄、下位叶片部分脱落，仅梢头部有少许绿叶，节间肥大，茎变硬、茎中蔗糖含量较高、还原糖含量最低、蔗糖最纯、品质最佳时收获。烟草叶片由下向上成熟，当叶片由深绿色变为黄色，叶起黄斑，叶面绒毛脱落，有光泽，茎叶角度加大，叶尖下垂，背面呈黄白色，主脉乳白、发亮变脆时即达工艺成熟期，可依次采收。麻类作物的中部叶片变黄，下部叶脱落，茎稍带黄褐色时，茎部纤维已充分形成，纤维产量高，品质好，剥制容易即为收获适期。若过迟收获，纤维会过度硬化，产量虽高，但品质变劣。青饲料作物收获期越早，产品适口性越好，营养价值越高，但过早收获的品质产量低，为兼顾产量与质量，三叶草、苜蓿、紫云英等作物，最适收获期在开花初至开花盛期。

（二）收获方法

收获方法因作物种类而异，主要有以下几种。

1. 刈割法 禾谷类、豆类、牧草类作物适用此法收获。国内部分地区仍以人工用镰刀刈割。禾谷类作物刈割后，再进行脱粒。油菜要求早晚收割并运至晒场，堆放数天待完成后熟后再脱粒。机械化程度高的地区采用机械分段收获或联合收获，例如稻麦联合收割机、油菜分段收割机、油菜联合收割机、大豆分段收割机、大豆联合收割机等。

2. 采摘法 棉花、绿豆等作物收获用此法。棉花植株不同部位棉铃吐絮期不一，可分期分批人工采摘，也可在收获前喷施乙烯利，然后用机械统一收获。摘棉机从裂开的棉桃中摘取棉花，把没有裂开的棉桃和空棉桃留在树上。机器上一个旋转的转头把纤维从棉桃中抓取出来。棉桃机械采摘机是把整个植株上裂开和未裂开的棉桃都摘下来。机械收获要求植株有一定的行株距，生长一致，株高适宜，棉花吐絮期气候条件良好。绿豆收获，可根据果荚成熟度分期分批采摘，集中脱粒。玉米收割机也可将摘穗、集穗、秸秆粉碎还田等功能集为一体。

3. 掘取法 甘薯、马铃薯等作物，先将作物地上部分用镰刀割去，然后人工挖掘或用犁翻出块根或块茎。采用薯类收获机或收获犁，不仅收获效率高，而且薯块损坏率低，作业前应除去薯蔓。大型薯类收获机可将割蔓和掘薯作业一次完成。甘蔗收获时先用锄头自基部割取蔗茎或快刀低砍，蔗头不带泥，再除蔗叶、去蔗尾；也可用甘蔗收割机采收。甜菜收获可用机械起趟，并要做到随起、随捡、随切削（切去叶与青皮）、随埋藏保管等连续作业，严防因晒干、冻伤造成甜菜减产和变质。

二、收获物的粗加工

作物产品收获后至储藏或出售前，进行脱粒、干燥、去除杂物、精选及其他处理称为粗加工。粗加工可使产品耐储藏，提高品质，提高产品价格，缩小容积而减少运输成本。

（一）脱粒

脱粒的难易及脱粒方法与作物的落粒性有关，易落粒的品种，容易自行脱粒，易受损失。脱粒法可采用简易脱粒法，使用木棒等敲打使之脱粒，如禾谷类、豆类、油菜等可用此法；也可采用机械脱粒法，例如禾谷类作物刈割后除人工脱粒外，可用动力或脚踏式滚动脱粒机脱落。玉米脱粒，必须待玉米穗干燥至种子水分含量达 18%～20% 时才可进行，可采用人工脱粒，也可采用玉米脱粒机脱粒。脱粒过程应防止种子损伤。联合收获机可一次性完成水稻、小麦、油菜、大豆等的收割、脱粒、清选等项作业；割晒机和场上作业机械可分别完成收割、脱粒、清选等项作业，适用于油菜、大豆等的分段收获。

（二）干燥

干燥的目的是除去收获物内的水分，防止因水分含量过高而发芽、发霉、发热，造成损失。干燥的方法有自然干燥法和机械干燥法。

1. 自然干燥法　自然干燥法利用太阳干燥或通风干燥。依收获物的摆放方式分为平干法、立干法和架干法。平干法将作物收取后平铺晒干，扬净，适用于禾谷类、油料作物。立干法在作物收获后绑成适当大小之束，互相堆立，堆成屋脊状晒干，如胡麻等作物用此法。架干法先用竹木造架，将作物绑成束，在架上干燥。自然干燥成本低，但受天气条件的限制，且易把灰尘和杂质混入收获物中。

2. 机械干燥法　机械干燥法利用鼓风和加温设备进行干燥处理。此法干燥速度快，工作效率高，不受自然条件限制，但须有配套机械，操作技术要求严格，使用不当种子容易丧失生活力。加热干燥切忌将种子与加热器接触，以免种子烤焦、灼伤；应严格控制种温；种子在干燥过程中，水分含量不能一次降低太多；经烘干后的种子，需冷却到常温才能入仓。粮食机械化干燥，能最大限度地减少粮食损失，确保丰产丰收；同时能提高粮食品质和收购等级，有效增加收入，具有显著的经济效益。随着我国农业规模化经营的发展，一大批种粮大户和种粮企业出现，粮食干燥机械化将迅速推开。

（三）去杂

收获物干燥后，除去夹杂物，使产品纯净，以便利用、储藏和出售。去杂的方法通常用风扬，利用自然风或风扇除去茎叶碎片、泥沙、杂草、害虫等夹杂物。进一步的清选可采用风筛清选机，通过气流作用和分层筛选，获得不同等级的种子。

（四）分级和包装

农产品分级包装标准化，可提高产品价值，更符合市场的不同需求，尤其是易腐蚀性产品，分级和包装可避免运输途中遭受严重损害而降低商品价值。例如棉花必须做好分收、分晒、分藏、分扎和分售的"五分"工作，才能保证优质优价，既提高棉花的经济效益又符合纺织工业的需要。

（五）烟和麻类粗加工

烟和麻类作物产品必须经初步加工调制才能出售。烟草因种类不同，初制方法也不同。晒烟是利用自然光照、温度、湿度使鲜叶干燥定色，有的还要经发酵调制，产品可直接供吸用，也可作为雪茄烟、混合型卷烟的原料。烤烟主要是作香烟原料，利用专门烤房干燥鲜叶，使叶片内含物转化分解，达到优质。

麻类收获后应进行剥制、脱胶等初加工，才能作为纺织工业原料。苎麻在剥皮和刮制后，要进行化学脱胶。红麻、黄麻、大麻、苘麻等则需沤制，将麻茎浸渍水中，利用微生物使果胶物质发酵分解，晒干后整理、分级和出售。

三、储藏

收获的农产品或种子若不立即使用，则需储藏。储藏期间，若储藏方法不当，容易造成霉烂、虫蛀、鼠害、品质变劣、种子发芽力降低等现象，造成很大损失。因此应根据作物产品的储藏特性，进行科学储藏。

（一）谷类作物的储藏

大量种子或商品粮用仓库储藏。仓库必须具备干燥、通风与隔湿等条件，构造要简单，能隔离鼠害，内窗能密闭，以便用药品熏蒸害虫和消毒。

1. 谷物水分含量　谷物的水分含量与能否长久储存关系密切，水分含量高时，呼吸速率高，谷温升高，霉菌、害虫繁殖也快且能助长粮堆发热而使粮食很快变质。一般粮食作物（例如水稻、玉米、高粱、大豆、小麦、大麦等）的安全储藏水分含量必须低于 13%。

2. 储藏的环境条件　谷物的吸湿、散湿对储粮的稳定性有密切的关系，控制与降低吸湿是粮食储藏的基本要求。在一定温度和湿度条件下，谷物的吸湿量和散湿量相等，水分含量不再变动，此时的谷物水分称为平衡水分。一般而言，与相对湿度 75% 相平衡的水分含量为短期储藏的安全水分最大限量值。高温会加速害虫、微生物和谷物的呼吸速率。温度在15 ℃以下时多数昆虫和霉菌生长停止，30 ℃以上时则生长繁殖加快。谷仓内谷温必须均匀一致，否则会造成谷物间隙的空气对流，使相对湿度变化，形成水分移动。新谷物入仓应与仓内原有谷物湿度相同，以免含水量变化，造成谷物的损坏。随着农业的发展，人为控制环境的能力大大提高，新型的超低温储藏、超低湿储藏和气调储藏（增加惰性气体比例）也在研究应用中。

3. 仓库管理　谷物入仓前要对仓库进行清洁消毒，彻底清除杂物和害虫。仓库内应有仓温测定设备，随时注意温度的变化，每天上午和下午各 1 次固定时间记录仓温。在入仓前和储存期间定期测定水分，严格控制谷物含水量在 13% 以下。注意进行适度通风，以降低谷物温度并使谷堆温度均匀，避免热点的产生，还可以去除不良气味。谷温比气温高 5 ℃以上且相对湿度不太高时，开动风机通风。注意防治仓库害虫和霉菌，密闭良好的仓库用熏蒸剂熏蒸。熏蒸、低水分含量和低温储存是控制害虫和霉菌的有效方法。另外，还要消灭鼠害。

（二）薯类作物储藏

鲜薯储藏可延长食用时间和种用价值，是薯类产后的一个重要环节。薯块体大皮薄水分多，组织柔嫩，在收获、运输、储藏过程中容易损伤、感染病菌、遭受冷害，造成储藏期大量腐烂，薯类的安全贮藏尤为重要。

1. 储藏的环境条件　甘薯储藏期适宜温度为 10～14 ℃，低于 9 ℃会受冷害，引起烂薯。相对湿度维持在 80%～90%最为适宜，相对湿度低于 70%时，薯块失水皱缩、糠心或干腐，不能安全储藏。马铃薯种薯储藏温度应控制在 1～5 ℃，最高不超过 7 ℃；食用薯储藏温度应保持在 10 ℃以上，相对湿度维持在 85%～95%。

2. 储藏期管理　储藏窖的形式多种多样，其基本要求是保温、通风换气性能好、结构坚实、不塌不漏、干燥不渗水以及便于管理和检验。入窖薯块要精选，凡是带病、破伤、虫蛀、受淹、受冷害的薯块均不能入窖，以确保储薯质量。在储藏初期、中期和后期，由于薯块生理变化不同，要求的温度和湿度不一样；外界温度和湿度的变化，也影响窖内温湿度。因此要采取相适应的管理措施。甘薯入窖初期管理以通风、散热、散湿为主，当窖温降至 15 ℃以下时，再行封窖。中期在入冬以后，气温明显下降，管理以保温防寒为主，要严密封闭窖门，堵塞漏洞，使窖温保持在 10～13 ℃，严寒地区应在窖四周培土，窖顶及薯堆上盖草保温。后期开春以后气温回升，雨水增多，寒暖多变，管理以通风换气为主，以稳定窖温，使窖温保持在 10～13 ℃，还要防止雨水渗漏或窖内积水。

（三）其他作物产品的储藏

种用花生一般以荚果储藏，晒干后装袋入仓，水分控制在 9%～10%，堆垛温度不超过 25 ℃。食用或工业用花生一般以种仁（花生米）储藏，脱壳后的种仁如水分在 10%以下可储藏过冬，如水分在 9%以下能储藏到次年春末；如果要保存至次年夏季必须使水分降至 8%以下，同时种温控制在 25 ℃以下。

油菜种子吸热性强，通气性差，容易发热，因含油分多，易酸败。应严格控制入库水分和种温，一般应控制种子水分在 9%～10%。

大豆种子吸湿性强，导热性差，高温高湿时易丧失生活力，蛋白质易变性，破损粒易生霉变质。经晾晒充分干燥后低温密闭储藏，安全储藏水分控制在 12%以下，入库 3～4 周后，应及时倒仓过风散湿，以防发热霉变。

【复习思考题】

1. 简述高产土壤的特点和土壤培肥的措施。

2. 简述土壤基本耕作和表土耕作的作用和方法。

3. 简述种子播种前处理的方法和步骤。

4. 如何确定作物的播种期？

5. 简述合理密植增产的原因、确定适宜密度的原则和实现合理密度的方法。

6. 简述合理施肥应考虑的因素。

7. 简述生产上施用的肥料种类和使用方法。

8. 简述推荐施肥技术、施肥量的确定和施肥方法。

9. 简述作物灌溉制度的内容及确定方法。

10. 比较不同灌溉方法的优缺点。

11. 如何正确应用作物化控技术与人工控旺技术？

12. 以当地作物为例，谈谈地膜覆盖栽培技术要点。

第六章 作物种植制度

第一节 种植制度

一、种植制度的概念和功能

(一)种植制度的概念

种植制度是指一个地区或生产单位的作物组成、配置、熟制与种植方式的总称。种植制度主要包括种什么作物、各种多少、种在哪里,即作物的布局;作物在耕地上一年种一季还是几季,以及哪一个生长季节或哪一年不种,即复种或休闲;种植作物时采用什么样的种植方式,即单作、间作、混作或套作;不同生长季节或不同年份作物的种植顺序如何安排,即轮作或连作。

(二)种植制度的功能

种植制度作为全面组织种植业生产的制度,在农业生产中起着举足轻重的作用,其功能主要表现在下述两个方面。

1. 技术指导功能 种植制度具有较强的应用技术特征,与研究某种作物的具体栽培技术相比,它侧重于全面持续增产稳产高效技术体系与环节,涉及作物与气候、作物与土壤、作物与作物、作物生产与资源投入等方面的组合技术。种植制度的技术指导功能是种植制度的主体,包括作物的合理布局技术、复种技术、间作和套作立体种植技术、轮作连作技术、农牧结合技术等。与单项技术不同,种植制度技术体系往往带有较强的综合性、区域性、多目标性,因而它在生产上所起的作用更大。当然上述有关技术的实施要考虑作物与天、地、人、物的关系,因而难度也较大。

2. 宏观调优功能 种植制度以系统科学、生态学、区域发展学等理论为基础,强调系统性、整体性与区域性;注重从宏观上把握一个农业区域或生产单位的资源与生产的配置关系,协调其发展与环境资源的关系;并从作物生产的战略目标出发,根据当地自然和社会经济条件,制定土地合理利用布局、作物结构与配置、熟制布局、养地对策以及种植制度分区布局的优化方案。种植制度要求统筹兼顾、主次分明,既要从当前的实际需要出发,也要考虑长远目标的需要,实现种植业的全面协调可持续发展。

二、建立合理种植制度的原则

一个合理的种植制度应与当地的自然资源和社会资源相适应,并能促进农业生产的全面可持续发展。具体来说,建立合理的种植制度应遵循以下几个原则。

(一)合理利用农业资源,提高资源利用率

1. 农业资源的类型 农业资源大体分为两大类:自然资源和社会资源。自然资源指在一定的经济技术条件下,自然界对农业生产有用的一切物质和能量,包括气候资源(太阳能、温度、大气等)、水资源(自然降水、地表水、地下水等)、土地资源、生物资源(动

物、植物、微生物等）等。社会资源指人类从事农业生产所涉及的一切人工要素和物质基础，包括农用物资、农机具、劳动力、畜力、资金、交通、电力、技术等。随着传统农业向现代农业转化进程的推进，科学技术和信息技术正成为日益重要的社会资源。

2. 农业资源的基本特性与合理利用

（1）资源的有限性及经济利用　无论自然资源还是社会资源，在一定时限或一定地域内均存在数量上的上限，即使光、热等气候资源也不例外。因此合理的种植制度在资源利用上应充分而经济有效，使有限的资源发挥最大的生产潜力。在多种可供选择的措施中，尽可能采取耗资较少的措施，或采用开发当地数量充裕资源的措施，以发挥资源的生产优势。

（2）自然资源的可更新性与合理利用　农业中的生物种群，通过生长、发育、繁殖，年复一年地自我更新，土壤中的有机质、矿质营养等资源也借助生物循环、更新而得以长期使用。气候资源尽管年际变化大，但仍可年年持续供应，永续利用，属可更新资源。人力、畜力也属可更新资源范畴。然而农业资源的可更新性不是必然的，只有在合理利用下，在资源可供开发的潜力范围内，才能保持生物、土地、气候等资源的可更新性，超过其潜力范围的利用，会适得其反，资源的可更新性就会丧失。因此合理种植制度一定要合理利用农业资源，协调好农林牧渔之间的关系，不宜农耕的土地应退耕还林还牧，以增强自然资源的自我更新能力，为农业生产建立良好的生态环境。

（3）社会资源的可储藏性与有效利用　投入农业生产的化肥、农药、机具、塑料制品、化石燃料，以及附属于工业原料的生产资料等物化的社会资源，不能循环往复长期使用，是不可更新资源，但却具有储藏性能。这类资源的大量使用，不仅会增加农业生产成本，而且会加剧资源的消耗，导致某些资源的枯竭。对这类资源应选择最佳时期和数量，做到有效利用。

3. 提高光能利用率　目前生产上作物对太阳能的转化效率是很低的，一般只有0.1%～1.0%，与理论值5%左右相比，存在着巨大潜力。在南方地区，采用麦—稻—稻一年三熟制，年产量达15 000 kg/hm²，光能利用率也只有2.8%。若光能利用率达5%，在四川攀枝花市，水稻产量可达42 000 kg/hm²，小麦产量可达到30 000 kg/hm²，可见提高光能利用率对提高作物产量潜力巨大。

在生产上提高作物的光能利用率应从改良品种和改善环境两方面考虑：①选育高光效作物或品种，选用生育期较长的品种等；②进行合理的间作、套作、复种，合理密植，合理肥水管理等。

4. 提高土地利用效率　作物生产系统是一个开放性系统，要保证系统的良性循环和可持续发展，必须做到用地与养地相结合，这是建立合理耕作制度的基本原则。用地过程中地力的损耗主要有以下原因：作物产品输出带走土壤营养物质、土壤耕作促进有机质的消耗、土壤侵蚀严重损坏地力。通过作物自身的养地机制和人类的农事活动，可以达到培肥地力的目的。提高土地利用效率的途径有：提高单位播种面积产量；实行多熟种植，提高复种指数；因地种植，合理作物布局；增加投入，提高土地综合生产能力；保护耕地，维持土地的持续生产能力。

（二）协调社会需要，提高经济效益

种植制度是全面组织作物生产的宏观战略措施。种植制度合理与否，不仅影响作物生产自身的效益，而且对整个农业生产甚至区域经济产生决定性影响。因此在制定种植制度时，应综合分析社会各方面对农产品的需求状况，确立与资源相适宜的种植业生产方案，尽可能实现作物生产的全面、持续增产增效，同时为养殖业等后续生产部门的发展奠定基础。要按照资源类型及分布，本着"宜农则农，宜林则林，宜牧则牧"的原则，使农田、森林、草地、水面占有比例得当，以发挥当地的资源优势，满足各方面的需要；合理配置作物，实行合理轮作、间作、套作以及复种等，避免农作物单一种植，降低作物生产风险，提高经济效益。

第二节 作物布局

一、作物布局的含义、地位和作用

（一）作物布局的含义

作物布局是指一个地区或生产单位作物组成与配置的总称。作物组成包括作物种类、品种、面积与比例等；作物配置是指作物在区域或田块上的分布。作物布局应以满足社会需要为目的，以农业资源为基础，以社会经济和科学技术为条件，对本地区或生产单位在一定时间内种什么、种多少和种在哪里做出时间和空间上的生产部署。作物布局的范围可大可小，大到全国、全省、全市，小到1个生产单位或1家1户；时间上可长可短，长到5年、10年、20年的作物布局规划，短到1年或1个生长季节的作物种植安排。在多熟制地区，作物布局既包括各季作物的平面布局，又有连接上季与下季的熟制布局。因此作物布局是种植制度的主要内容和基础。作物组成确定后，才可以进行适宜种植方式（即复种、间作、套作、轮作、连作等）的安排。因而不同的种植方式会受到作物布局的制约，作物布局又受到间作、套作、复种、轮作、连作等的影响。

（二）作物布局的地位

由于作物布局是一个地区或生产单位的作物生产部署（种植计划或规划），是一项复杂的、综合性较强的、影响全局的生产技术设计，因而在农业生产上占据十分重要的地位。

1. 作物布局是农业生产布局的中心环节 农业生产布局是指农林牧渔各部门生产的结构和地域上的分布，作物布局必须在整体的农业生产布局的指导下进行。作物布局关系到增产增收、资源合理利用、农村建设、农林牧结合、多种经营、环境保护等农业发展的战略部署，是农业生产的中心环节。

2. 作物布局是农业区划和规划的主要依据 综合农业区划必须以各种单项区划和专业区划为基础，农作物种植区划则是各种单项区划与专业区划的主体，而它又是以作物布局为前提。作物布局还是制定农业发展规划、土地利用规划、农业基本建设规划等各种农业规划的依据。

3. 作物布局是种植业较佳方案的体现 一个合理的作物布局方案应该综合气候、土壤等自然环境因素和各种社会因素，统筹兼顾，以满足个人和社会的需要，充分合理利用土地资源和其他自然资源与社会资源，以最少的投入，获得最大的社会效益、经济效益与生态效益。

（三）作物布局的作用

合理作物布局是根据社会需要，将作物安排在相对最适的生态条件和生产条件下进行生产，以充分发挥农作物的生产优势，促进农林牧渔的持续发展，因而它具有如下作用：①充分利用自然资源与社会资源，生产出数量多、种类全、质量优的农产品，满足人们的生活需求；②因地制宜，适地适作，合理利用和保护资源，实现农业的可持续发展；③协调各类作物争地、争光温水肥、争季节和劳畜力及机械的矛盾，有利于充分发挥作物的生产潜力，提高生产效益；④有利于促进林牧渔及其他生产部门的发展。

二、作物布局原则

(一) 农产品的社会需求是导向

农业生产的主要目的是满足社会对农产品的需求，而农产品的社会需求又是农业生产不断发展的原动力，作物布局也要服从和服务于这个根本目的。农产品的社会需求包括两个方面，一是自给性需要，即直接用于生产者吃穿用等；二是商品性需要，即市场经济需要。农产品要转变为商品，其数量结构、品种结构、产品质量、产品规格、产品标准、上市时间、投放区域等都要与国内外市场消费需求结构进行有效对接。社会需求状况和发展变化，制约作物布局类型，引导作物布局的发展方向。我国正处在由传统农业向现代农业转变的时期，作物生产的商品性特征越来越明显，市场对作物布局的制约和导向作用也愈加突出。作物布局要有前瞻性和战略远见。

(二) 作物生态适应性是基础

作物的生态适应性是指作物的生物学特性及其对生态条件的要求与某地实际环境条件相适应的程度，简单讲就是作物与环境相适应的程度。生态适应性较广的作物分布较广，种植的面积可能较大；生态适应性较差的作物分布较窄。生态条件较好的地区，适宜种植的作物种类多，作物布局的调整余地大；生态条件较差的地区，适宜种植的作物种类少，作物布局的调整余地小。在制定作物布局时，要以生态适应性为基础，以发挥当地资源优势，克服资源劣势，扬长避短，适地适作。

(三) 社会经济和科学技术是保障

社会经济和科学技术可以改善作物的生产条件如水利、肥料、劳力和农机具等，为作物生长发育创造良好的环境，解决能不能种植某作物的问题。同时，也为作物的全面高产、优质高效、持续发展提供保障，解决能否种好的问题。因此在进行作物布局调整时，必须考虑当地的社会经济和科学技术状况。

农产品的社会需求、作物生态适应性、社会经济和科学技术对作物布局的影响各具特色，同时彼此间又相互联系、相互影响。在自然状态下不能种植某作物的地区和季节，通过社会经济和科学技术的投入，可使种植该种作物成为可能。社会对某种产品需求迫切性的增加，也会促进社会经济向该方面增加人力、物力、财力和科技的投入，从而促进该作物面积的扩大、产品数量的增加和质量的改善。

三、作物布局设计

(一) 明确产品的社会需求

对农产品的社会需求包括自给性与商品性需求。进行作物布局设计时，要了解需求产品的种类、数量和质量，以及产品的市场价格、对外贸易、交通运输、加工储藏、农村政策等内容。

(二) 调查生产环境条件

1. 自然条件

(1) 光照条件　光照条件包括全年与各月辐射量、年日照时数等。

(2) 热量条件　热量条件包括≥0 ℃积温、≥10 ℃积温、年平均温度、最冷月平均温度、最热月平均温度、冬季最低温度、无霜期等。

(3) 水分条件 水分条件包括年降水量与变率、各月降水量、干燥度、空气相对湿度、地表径流量、地下水储量、地下水位深度、水源水质等。

(4) 地貌条件 地貌条件包括海拔高度、大地形（山、丘陵、河谷、盆地、平原、高原等）、小地形（平地、洼地、岗坡地等）、坡度、坡向等。

(5) 土地条件 土地条件包括总面积、土地利用状况（农田、林地、草地、荒地等）、耕地面积、水田面积、水浇地与旱地面积、人地比等。

(6) 土壤条件 土壤条件包括土壤类型、土层厚度、平坦度、质地、土壤 pH、土壤有机质含量、氮磷钾养分含量、土壤水分状况、土地整治与水土流失状况等。

(7) 植被条件 植被条件包括乔木、灌木、草等。

(8) 灾害情况 灾害情况包括旱灾、涝灾、病虫害等。

2. 生产条件

(1) 肥料条件 肥料条件包括肥料种类、肥料数量、施肥水平、养分平衡等。

(2) 能源条件 能源条件包括燃油、电、煤、生物能源等。

(3) 机械条件 机械条件包括农机种类、数量、质量、普及率等。

(4) 种植业现状 种植业现状包括作物种类、面积、产量、比例、生产力等。

(5) 畜牧业现状 畜牧业现状包括畜禽种类、数量、比例、生产力等。

3. 社会条件

(1) 市场供需 市场供需包括国家收购、自由市场、外贸市场、地理位置、交通状况等。

(2) 产品价格 产品价格包括各种农产品收购价格与市场价格、各种生产资料价格等。

(3) 涉农政策 涉农政策包括收购政策、奖励政策、商品流通政策、外贸政策等。

(4) 产值收入 产值收入包括总产值收入、每人每年纯收入、农林牧副渔各业产值与收入、粮食与多种经营收入等。

(5) 从业者状况 从业者状况包括从业者数量、素质、年龄、性别、构成等。

(6) 技术与管理 技术与管理包括劳动者的技能、素质、组织管理水平等。

(三) 确定作物生态适应性

研究作物生态适应性的方法有：作物生物学特性与环境因素的平行分析法、地理播种法、地区间产量与产量变异系数比较法、产量和生长发育与生态因子的相关分析、生产力分析法等。通过研究，区分出各种作物生态适应性的程度。

(四) 划分作物生态区和种植适宜区

1. 作物生态区 在确定作物生态适应性的基础上，可以划分作物的生态区，从光、热、水、土等自然生态角度区分作物的生态最适宜区、适宜区、次适宜区与不适宜区。作物的生态区划是作物布局的内容之一，它提供了自然条件方面的可能范围。另一方面，为了生产应用的目的，单纯从自然角度划分或选择适生地是不够的，必须在社会经济和科学技术条件相结合的基础上，进一步确定作物的生态经济区划或种植适宜地区的选择，这就要在光、热、水、土的基础上考虑水利、肥料、劳力、交通、工业等条件。

2. 作物种植适宜区 作物的种植适宜区可划分为下述 4 级。

(1) 最适宜区 在作物种植最适宜区，光热水土以及水利、劳力等条件都很适宜，作物稳产高产、品质好、投资省、效益高。

（2）适宜区　在作物种植适宜区，作物生态条件存在少量缺陷，但人为采取某些措施（例如灌溉、排水、改土、施肥）后容易弥补，作物生长与产量较好，产量变异系数小。投资有所增大，经济效益仍较好，但略低于最适宜区。

（3）次适宜区　在作物种植次适宜区，作物生态条件有较大缺陷，产量不够稳定，但通过人为措施可以弥补（例如盐碱地植棉），或者投资较大，产量较低，但综合经济效益仍是有利的。

（4）不适宜区　在作物种植不适宜区，自然条件中有很多缺陷，技术措施难于改造，投资巨大，技术复杂，虽勉强可种，但产量、经济上或生态上得不偿失。

（五）确定作物生产基地和商品基地

选定了作物的种植适宜区和适生地，再结合历史生产状况和远景生产任务，大体上可以选出某种作物的集中产地，进一步选择商品生产基地。商品生产基地的条件是：①生产技术条件较好，生态经济分区属最适宜区或适宜区；②有较大的生产规模，土地集中连片；③生产水平较高；④资源条件好，有较大发展潜力，包括目前经济落后，但发展有潜力的地区；⑤农产品的商品率高。

（六）确定作物量比结构

在单一的各个作物适宜区与适生地选择的基础上，确定各种作物间的比例数量关系，包括：①种植业在农业中的比重；②粮食作物与经济作物、其他作物的比例；③春夏收作物与秋收作物的比例；④主导作物和辅助作物的比例；⑤禾谷类作物与豆类作物的比例。

（七）拟定作物种植区划

在确定作物结构（同时考虑到复种、轮作和种植方式）后，进一步要把它配置到各种类型土地上去，即拟定种植区划，在较小规模上（如农户）则直接把作物配置在各块土地上。为此，按照相似性和差异性的原则，尽可能把相适应相类似的作物划在一个种植区，划出作物现状分布图与计划分布图。

（八）进行可行性鉴定

将作物结构与配置的初步方案进行下列各项可行性鉴定与论证：①布局方案是否能满足各方面需要；②自然资源是否得到了合理利用与保护；③经济收入是否合理；④肥料、土壤肥力、水、资金、劳力是否平衡；⑤加工、储藏、市场、贸易、交通等的可行性；⑥科学技术、文化、教育、农民素质方面的可行性；⑦是否促进农林牧、农工商综合发展等。

确定一个较小单位（例如农户）作物结构与布局，其内容较为简化，自我调节能力也较大，主要涉及因素是自给性与商品性作物的比例。比重小或零散地上的商品性作物，牵涉面小，主要看价格是否有利。大比例的商品性作物则一方面要处理好自给性作物与商品性作物的比例，另一方面要充分考虑市场容量、价格变化、加工、储藏、政策、交通、竞争等因素。

第三节　复　种

一、复种的概念与意义

（一）复种的概念

复种是指在同一田地上一年内种植（或收获）两季或两季以上作物的种植方式。复种方法有多种，可在上季作物收获后，播种或移栽下季作物，也可在上季作物收获前，将下季作物播种或移栽在其株行间（即套作），还可以通过上季作物留茬再生实现复种。

根据在同一田块上一年内种植作物的季数，把一年种植一季作物称为一年一熟；一年种植两季作物称为一年二熟，例如冬小麦—夏玉米（符号"—"表示年内复种）；一年种植三季作物称为一年三熟，例如小麦（绿肥或油菜）—早稻—晚稻；两年内种植三季作物，称为二年三熟，例如春玉米—冬小麦—夏甘薯、棉花—小麦/玉米（符号"—"表示年间作物接茬种植，"/"表示套作）。

为表明大面积耕地复种程度的高低，通常用复种指数（与国际上通用的种植指数含义相近）来表示，即全年作物总收获面积占总耕地面积的比例（%），其计算公式为

$$复种指数 = \frac{作物总收获面积}{总耕地面积} \times 100\%$$

式中，"作物总收获面积"包括全年所有作物的收获面积在内。实际应用中，既可以计算某生产单位全部作物或全部耕地的复种指数，也可以计算某种作物或某种类型耕地的复种指数。套作是复种的一种方式，计入复种指数，而间作、混作则不计。一年二熟的复种指数为200%，一年三熟的复种指数为300%，二年三熟的复种指数为150%。

（二）复种的意义

1. 扩大播种面积，提高单位面积年产量 发展复种，提高土地利用率是发展作物生产的一条重要途径，也可充分发挥现有耕地的增产潜力。以1990年为例，全国复种指数为155.07%，复种面积为 0.53×10^8 hm²，粮食平均产量为 3 930 kg/hm²，因复种增加粮食 $2.069\ 8 \times 10^8$ t，全国70%以上的粮食作物、经济作物是由复种地区生产的。根据中华粮网遥感监测结果，2012年耕地复种指数，华南地区为263.42%，华东地区为229.11%，华中地区为215.07%，西南地区为143.85%，华北地区为122.10%，西北地区为108.74%，东北地区为100.44%。

复种指数的高低受当地热量、土壤、水分、肥料、劳力、科学技术水平等条件的制约。热量条件好、无霜期长、总积温高、水分充足是提高复种指数的基础。经济发达和农业科学技术水平高，则为复种指数的提高创造了条件。实践证明，只要因地制宜，合理推广多熟种植，提高复种指数，就能促进农业生产全面发展。今后我国人口还将增加，而耕地面积正逐年减少，实行合理复种与提高单产是解决人多地少矛盾行之有效的方法。

2. 缓解作物争地矛盾，实现全面增产 合理扩大复种面积，有利于缓和粮、经、饲、果、菜等作物争地的矛盾，实现全面增产。例如在棉区，实行麦棉套种，有利于解决粮棉争地矛盾。在水稻产区，冬季种植一定比例的小麦、油菜、绿肥，形成麦—稻—稻、油—稻—稻、肥—稻—稻等一年三熟种植方式，粮、油、肥均得到合理安排与发展，既解决对油料作物需要，又解决了对肥料的需要，实现作物的全面增产增收。

3. 抗御自然灾害，实现稳产高产 我国属季风气候，四季分明，降水量在区域间及季节间分配极不均匀，突出特点是南涝北旱，旱涝灾害较为频繁。尤其是随着全球气候的变暖，极端气候事件出现频率呈增加趋势，给农业生产带来极大影响。如果遇严重的自然灾害，一年一熟往往造成大幅减产甚至绝收。实施复种可以抗御自然灾害对农业生产的影响，实现年内作物产量的稳定性，有利于全年产量互补。在我国夏秋损失冬春补、夏粮损失秋粮补已极为常见，为大灾之年减损增收做出了贡献。

4. 调节土壤肥力，减轻水土流失 采用用养结合的复种方式，安排一定比例的绿肥或豆

科作物，可以补充和增加土壤有机质与氮素养料，加速物质循环，维持农田的物质动态平衡。复种可以增加地面覆盖，延长植被覆盖时间，从而减少地面径流、土壤冲刷和养分的流失。

二、复种的条件

一定的复种方式要与一定的自然条件、生产条件和技术水平相适应。影响复种的自然条件主要是热量和降水量，生产条件主要是劳畜力、机械、水利设施、肥料等。

(一) 热量

一个地区能否复种和复种程度的高低，首先取决于热量条件。因为各种农作物生长发育都要求有一定量的热量（积温）和生长期以保证其适时播种、生长、开花、结实和成熟收获，当地的热量条件只有能够满足一茬以上作物对热量的要求，才有复种的可能性。主要采用以下方法来确定。

1. 年平均气温法 年平均气温可以表示一个地区的热量状况。在我国，一般以年均气温 8 ℃以下为一年一熟区，8～12 ℃为二年三熟区或套作两熟区，12～16 ℃为一年二熟区，16～18 ℃以上为一年三熟区。

2. 积温法 在我国，一般情况下≥10 ℃积温低于 3 600 ℃只能一年一熟，3 600～5 000 ℃可以一年二熟，5 000 ℃以上可以一年三熟。中国农业科学院气象研究所以≥0 ℃积温作指标，一年一熟区低于 4 000 ℃，一年二熟区为 4 000～5 500 ℃，一年三熟区为 5 500 ℃以上。

一个地区复种程度的高低以及采取何种复种方式，除取决于当地积温外，还取决于不同作物完成一个生育期对积温的要求。不同作物对积温的要求不同（表 6-1）。复种所要求的积温，不仅是复种方式中各种作物本身所需积温之和，而且应再加上农耗期的积温，并根据多年的热量资料统计其安全保证率。例如重庆地区≥0 ℃积温为 6 518.4 ℃，稻麦两熟（用中熟品种）共需≥0 ℃积温 4 800 ℃，加上农耗期的积温 150 ℃，共 4 950 ℃，还余 1 568.4 ℃，

表 6-1 不同作物对≥10 ℃或≥0 ℃积温的要求

作 物	积温条件	早熟种	中熟种	晚熟种
冬小麦	≥0 ℃	1 700～2 000	2 000～2 200	2 200～2 400
春小麦	≥0 ℃	1 700～2 100	2 100～2 300	—
冬油菜（直播）	≥0 ℃	1 200～2 200	2 200～2 400	2 400～2 600
冬油菜（移栽）	≥0 ℃	1 400～1 600	1 600～1 800	1 800～2 000
玉米	≥10 ℃	2 000～2 200	2 500～2 800	>3 000
高粱	≥10 ℃	2 100～2 400	2 500～2 800	>2 800
水稻	≥10 ℃	2 400～2 500	2 800～3 200	>3 000
甘薯	≥10 ℃	1 600～2 100	2 500～3 000	3 500～4 000
马铃薯	≥10 ℃	1 000	1 400	1 800
谷子	≥10 ℃	1 700～2 100	2 100～2 500	>2 500
大豆	≥10 ℃	1 650～2 100	2 500	2 900
棉花	≥10 ℃	3 200～4 000	4 000～4 500	>4 500
花生	≥10 ℃	2 200～2 400	3 200	>3 400

还可以种植一季生育期短的作物，如蔬菜、马铃薯、秋甘薯等。旱地小麦—玉米—大豆复种一年三熟共需≥0 ℃积温为 7 000 ℃，加上农耗 200 ℃为 7 200 ℃，差 681.6 ℃，因此西南地区旱地只有通过套作，才能满足小麦—玉米—大豆一年三熟种植。华北地区春玉米—冬小麦—早熟夏玉米二年三熟积温的计算，第一年是春玉米所需积温，加上玉米收获到冬小麦播种时的农耗积温，再加上冬小麦播种到冬前停止生长所需积温，即春玉米 2 900 ℃＋农耗 100 ℃＋冬小麦越冬前 550 ℃＝3 550 ℃；第二年所需积温是冬小麦返青至成熟 1 600 ℃＋农耗积温 100 ℃＋早熟夏玉米积温 2 200 ℃＝3 900 ℃，即上述二年三熟制所需积温为 3 900 ℃。

3. 生长期法 生长期以无霜期来表示，一般无霜期 140～150 d 为一年一熟区，150～250 d 为一年二熟区，250 d 以上为一年三熟区。例如华北地区小麦收后到初霜 60～75 d 的以冬小麦—糜子为宜，75～89 d 的以冬小麦—早熟大豆（谷子）为宜，85 d 以上的可种植冬小麦—早中熟玉米。

（二）水分

一个地区具备了复种的热量条件，能否实行复种就要看水分条件。水分包括降水量及季节分布、灌溉水、地下水等。就降水量来看，我国降水量与复种的关系是：小于 600 mm 为一年一熟区，600～800 mm 为一年一熟、两熟区，800～1 000 mm 为一年二熟区，大于1 000 mm 可以实现多种作物的一年二熟或一年三熟。降水的季节分布对复种的作物组成及其成功率有重要影响，例如华北地区年降水量为 500～800 mm，但年内降水季节分配不均，夏秋雨水充沛，十年九春旱，对一年一熟保证率最高；对二年三熟保证率只有 30%，只能满足小麦需水量的 40%～60%；对一年二熟的保证率只有 16.7%。只有在灌溉有保证的条件下，复种才不受降水量及季节分布的限制。

（三）肥料

复种指数提高后，多种了作物，就要增施肥料，才能保证土壤养分平衡和高产多收。因此提高复种指数，除安排养地作物外，必须增施肥料，否则多种不能多收。

（四）劳力、畜力和机械条件

复种是从时间上充分利用光热和地力的措施，提高复种指数，必然增大劳力、畜力和机具投入。南方多熟地区，一年有 2～3 次"双抢"，即收麦（油菜等）时抢插水稻和抢种玉米，收水稻和甘薯时抢栽油菜或抢种小麦，季节十分紧张，特别四川丘陵区，在两季有余三季不足的情况下，必须抢种抢收，才能发展一年三熟制。因此有无充足的劳畜力和机械化条件是事关复种成败的一个重要条件。

（五）技术条件

品种、栽培耕作技术等必须满足复种的要求。另外，复种还必须考虑经济效益的高低。

三、复种技术

复种是一种时间集约、空间集约、技术集约的高度集约经营型作物种植方式，在季节、肥水、劳力、机械化、品种等方面有许多矛盾，需要采用合理的技术加以解决。

（一）作物组合技术

首先要根据当地的自然条件确定熟制，然后根据各种作物对热量的要求和当地热量条件的许可来确定作物组合，在热量条件满足的情况下还要根据水肥等条件进行不同作物组合的搭配。例如华北区水利灌溉较紧张，可选择小麦—玉米、小麦—谷子、小麦—甘薯、小麦—

大豆的配合，肥源短缺的地方可选择小麦—大豆、小麦—绿肥等等，使用地和养地相结合。而且多种作物组合的搭配，也有利于防止不测的灾害。四川丘陵旱地 2 000 年前主体种植模式为小麦/玉米/甘薯，现在小麦/玉米/大豆则比较普遍。大豆较甘薯耐储藏，大豆替换甘薯，不仅节约劳动力，还可减少水土流失，有利于培肥地力等，更适合于新时期社会需求。在实际应用中，作物组合可考虑以下几个方面。

1. 充分利用休闲季节增种一季作物　例如南方利用冬闲田种植小麦、大麦、油菜、蚕豆、豌豆、马铃薯、冬季绿肥等作物；华北、西北以小麦为主的地区，小麦收后有 70~100 d 的夏闲季节可供复种开发利用，例如可种荞麦、糜子、早熟大豆、谷子、早熟夏玉米等。

2. 利用短生育期作物替代长生育期作物　浙江杭嘉湖地区麦—稻—稻一年三熟制生育期较紧，用生育期较短的大麦、元麦（青稞）代替生育期较长的小麦，可有效解决复种与生育季节紧张的矛盾；甘肃和宁夏灌区的胡麻（油用亚麻）生育期长达 120 d，产量不高，改种生育期较短的小油菜，能与小麦、谷子、糜子、马铃薯等作物复种。

3. 种植填闲作物　短生育期的绿肥、饲料、蔬菜等可作为填闲作物种植。四川成都平原小麦—水稻一年二熟制稻收至麦种还有 2 个月左右的时间，可增种一季秋甘薯或萝卜、莴苣、大白菜、紫云英等生育期短的作物。

4. 发展再生稻　再生稻生育期为 50~70 d，比插秧的短 1/2 以上，产量一般可达到一季稻或早稻的 30%~40%。在重庆和川南一带，再生稻生产较常见，有发展空间。

（二）品种搭配技术

作物组合确定后，选择适宜的品种是进一步协调复种与热量条件矛盾的重要措施。一般来说，生育期长的品种比生育期短的增产潜力大。但复种要从全年着眼，既要保证该季作物增产，还要有利于后季作物，尤其是不误后季作物农时，使各季作物都增产。华北地区要根据麦收至麦播间的积温，选择中早熟、抗逆性强、适应性广的品种，既充分利用生长季节和热量，又不影响秋播作物的适期播种。此外，还可将不同品种的作物进行搭配，以错开季节，缓和劳畜力及机械的紧张，保证各作物的适时耕种管收。浙江双季稻一年三熟制以"一早两迟"为主，即冬作物选早熟作物，双季稻以晚熟品种的产量最高。

（三）争时技术

1. 育苗移栽　育苗移栽是在劳力充足、水肥条件较好地区重要的争时技术。将作物集中育苗，苗期后移栽到大田，这样就缩短了本田期，避免了不同作物复种后生长期不足的矛盾，被广泛应用于水稻、甘薯、油菜、烟草、棉花、蔬菜等作物上。例如中稻的秧田期一般为 30~40 d，双季稻秧田期可长达 75~90 d。长江下游≥10℃积温为 5 600℃，大麦—双季稻、元麦—双季稻一年三熟制现行品种需积温 5 500℃，加上农耗期温度，总积温不能满足。但早稻育秧争取了 650℃积温，晚稻育秧争取了 1 200℃积温，弥补了本田期积温的不足。

2. 套作　套作是提高复种指数的一种有效方法，例如中稻/绿肥、小麦/棉花或玉米或花生或烤烟、玉米/大豆以及西南丘陵旱地的小麦/玉米/大豆等。

3. 地膜覆盖　采用地膜覆盖可提高地温，抑制土壤水分蒸发，可适当提前播种，有利于作物快发早熟。

4. 化学调控　玉米、棉花、烤烟上施用乙烯利，可提早成熟，有利于下茬作物种植。水稻育秧中施用多效唑等，可延缓生长，控上促下，也有利于增加秧龄弹性。

5. 少免耕　少免耕可减少农耗期。据原宁夏农学院试验，麦收后复种大豆，7 月 10—

15 日播种，平均每晚播 1 d，大豆减产 75 kg/hm²。免耕播玉米、棉花，板田或板田耙茬播种小麦，板茬栽油菜，机械化播种等，都是行之有效的方法。

四、主要复种方式

（一）二年三熟

二年三熟是指在同一块地上二年内收获 3 季作物，是一年一熟与一年二熟的过渡类型。二年三熟制主要分布于暖温带北部一季有余两季不足，≥10 ℃积温为 3 000～3 500 ℃的地区。目前，二年三熟制主要分布在山西东南部、河南西部山区、及山东中南部山区、甘肃东部及渭北平原，其主要形式有：春玉米—冬小麦—夏大豆（夏甘薯）、冬小麦—夏大豆（或绿豆、糜子、谷子）—冬小麦、春甘薯—小麦（或大麦）—夏芝麻（或夏大豆、夏花生）、小麦—小麦—夏玉米等。

（二）一年二熟

≥10 ℃积温为 3 500～4 500 ℃的暖温带是旱作一年二熟制的主要分布区域，例如黄淮海平原、汾渭谷地。≥10 ℃积温为 4 500～5 300 ℃的北亚热带是稻麦两熟的主要分布区域并兼有部分双季稻的分布，例如江淮丘陵平原的油菜—水稻和小麦—水稻一年二熟、四川成都平原的小麦—水稻、油菜—水稻等。

（三）一年三熟

一年三熟主要是稻田三熟制，稻田三熟多是以双季稻为基础，主要分布在中亚热带以南的湿润气候区域，北亚热带有少量分布。冬作双季稻一年三熟制，包括麦—稻—稻、油菜—稻—稻、蚕豆—稻—稻等形式，分布在上海、浙江、江西、湖南、湖北、安徽南部及华南各地。小麦（或大麦、元麦）—双季稻，是双季稻一年三熟制的主要形式，主要分布于浙江杭嘉湖和宁绍地区、上海、湖南、湖北、江西、福建等地。在一年三熟制地区，由于水源的限制，常采用两旱一水的一年三熟制，例如小麦—玉米—水稻（安徽南部、湖南）、小麦—大豆（或花生）—稻（福建、广东）、小麦—水稻—花生（福建、广东）。旱地一年三熟制，以南方丘陵旱地的油菜—芝麻（或大豆）—甘薯和小麦/玉米/大豆为主要形式。

第四节 间作、混作和套作

一、单作、间作、混作和套作的概念及意义

（一）单作、间作、混作和套作的概念

1. 单作 单作是指在同一块田地上种植 1 种作物的种植方式，也称为纯种、清种、净种、平种，例如大面积种植水稻、玉米或小麦等作物。这种种植方式作物单一，群体结构单一，全田作物对环境条件要求一致，生育比较一致，有利于田间统一种植与管理。作物生长发育过程中，只存在植株个体之间的竞争关系。

2. 间作 间作是指在同一块田地上于同一生长期内，分行或分带相间种植两种或两种以上作物的种植方式。间作用"‖"表示，例如小麦间作蚕豆，记为"小麦‖蚕豆"。分行间作是指间作作物单行相间种植；分带间作是指间作作物成多行或占一定幅度的相间种植，形成带状，如 2 行棉花间作 4 行甘薯、2 行玉米间作 3 行大豆等。间作因为成行或成带种植，可以实行分别管理。特别是带状间作，便于机械化或半机械化作业，与分行间作相比能

够提高劳动生产率。

间作与单作不同，间作是不同作物在田间构成的人工复合群体，是集约利用空间的种植方式，个体之间既有种内竞争又有种间竞争。间作时，不论间作的作物有几种，皆不增计复种面积。间作的作物播种期、收获期相同或不同，但作物共生期长，其中至少有一种作物的共生期超过其全生育期的一半。

3. 混作 混作是指在同一块田地上，同期混合种植两种或两种以上生育期相近作物的种植方式，也称为混种。混作用"×"表示，例如小麦与豌豆混作，记为"小麦×豌豆"。混作和间作都是于同一生长期内由两种或两种以上的作物在田间构成复合群体，是集约利用空间的种植方式，也不增计复种面积。但混作在田间一般无规则分布，可以同时撒播，或在同行内混合、间隔播种，或一种作物撒播于其行内或行间。另外，混作的作物相距很近或在田间分布不规则，不便于分别管理，并且要求混种作物的生态适应性要比较一致。

4. 套作 套作是指在前季作物生长后期的株、行间播种或移栽后季作物的种植方式，也称为套种、串种。套作用"/"表示，例如小麦套作玉米，记为"小麦/玉米"。与单作相比，套作不仅能在作物共生期间充分利用空间，更重要的是能延长后作物对生长季节的利用，提高复种指数，提高年总产量。套作是一种集约利用时间和空间的种植方式。

套作和间作都有作物共生期，所不同的是，套作作物共生期较短，每种作物都小于1/2的全生育期，能提高复种指数，集约利用时间；间作作物共生期较长，每种作物都大于1/2的全生育期，集约利用空间。

单作、间作、混作和套作的比较见图6-1。图6-2是套作田间情况。

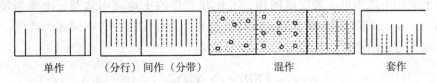

| 单作 | （分行）间作（分带） | 混作 | 套作 |

图6-1 作物单作、间作、混作和套作

图6-2 套 作

a. 小麦/玉米 b. 玉米/豌豆

（引自 Li Long 等，2013）

（二）间作、混作和套作的意义

1. 增产 合理的间作、混作和套作比单作具有增产的优越性。在单作的情况下，时间和土地都没有充分利用，太阳能、土壤中的水分和养分有一定的浪费，而间作、混作和套作构成的复合群体在一定程度上弥补了单作的不足，能较充分地利用这些资源，增加群体的干物质积累及合理分配，因此把它们转变为更多的作物产品。实行间作、混作和套作可以充分利用多余劳力，扩大物质投入，与现代科学技术相结合，实行劳动与科技密集的集约生产，在有限的耕地上，显著提高单位面积土地生产力。广西现有木薯种植面积为 2.215×10^5 hm^2，种植面积和总产量均占全国的 70%，木薯生育期长，土地及光能利用率极低，现将木薯行间间作大豆不仅不影响主体作物木薯的生长发育，还对木薯具有增产作用。

2. 增效　合理的间作、混作和套作能够利用和发挥作物之间的有利关系，可以用较少的经济投入换取较多的产品输出。间作、混作和套作是目前许多地区发展立体种植、提高种植业效益的技术手段。例如黄淮海地区大面积的麦棉两熟，一般纯收益比单作棉田提高 15%左右。四川米易县在甘蔗前期间作西瓜、黄瓜、茄子、番茄等作物，每公顷可增收 6 000～10 500 元，甘蔗产量也可适当提高。

3. 稳产保收　合理的间作、混作和套作能够利用复合群体内作物的不同特性，增强对自然灾害的抗御能力，减少病虫害发生，抑制田间杂草生长，增加土壤肥力，减少生产成本。

4. 协调作物争地矛盾　间作、混作和套作在一定程度上可以调节粮食作物与棉、油、烟、菜、药、绿肥、饲料等作物及林果间的矛盾，促进多种作物全面发展。

二、间作、混作和套作效益分析

国际上采用土地当量比来反映间作、混作和套作的土地利用效益。土地当量比（land equivalent ratio，LER）即为了获得与间作、混作和套作中各个作物同等的产量，所需各种作物单作面积之比的总和，其公式为

$$LER = \sum_{i=1}^{n} Y_i/Y_{ii}$$

式中，Y_i 代表单位面积内间作、混作和套作中的第 i 个作物的实际产量，Y_{ii} 代表该作物在同样单位面积上单作的产量，n 代表间作、混作和套作的作物数。LER>1，表示间作、混作和套作存在增产效益，其值越大增产效益愈大；LER<1，表示减产。据研究报道，当相近作物套作（例如蚕豆/豌豆）时，没有增产效应（Li，1999）。目前，我国也已较广泛地采用土地当量比来表示间作、混作和套作的增产效益。

例如玉米间作大豆，每公顷的产量分别为 5 200 kg 和 900 kg，单作玉米与单作大豆每公顷的产量分别为 6 000 kg 和 1 200 kg，则

$$土地当量比 = \frac{间作玉米每公顷产量}{单作玉米每公顷产量} + \frac{间作大豆每公顷产量}{单作大豆每公顷产量}$$

$$= 5\ 200/6\ 000 + 900/1\ 200 = 1.617$$

表明玉米与大豆间作比它们各自单作时增产 61.7%。

三、间作、混作和套作效益原理

间作、混作和套作是人类模仿自然生态系统的人工复合群体。自然生态系统具有两个重要特点：①植物在空间上的层次性，使不同植物的叶冠占据着不同的垂直层，例如森林中的

乔木（上层）、灌木（中层）、草本或苔藓植物（下层），这样群落便能充分地利用空间；②时间上的层次性，例如温带的草原群落随季节而变动，初夏双子叶植物先占优势，夏末禾本科草类植物兴起，秋季菊科、蒿类占优势，这就充分利用了生长季节。间作、混作和套作就是模拟自然生态群落的层次规律和演替的特点，在人类的干预下建立合理的人工复合群体，克服竞争，实现互补，充分利用自然资源。

（一）空间上的竞争与互补

在间作、混作和套作复合群体中，不同类型作物的高度、株型、叶型、需光特性、生育期等各不相同，把它们合理地搭配在一起，在空间上分布就比较合理，就有可能充分利用空间。若搭配不合理或密度过大，就可能使竞争激化。

1. 间作、混作和套作能提高种植密度，增加叶面积指数　单作群体的株型、叶型、植株高度、根系分布一样，对生活因素的竞争必然激烈。因此密度和叶面积指数（LAI）的增加受到了限制。而间作、混作和套种群体是由两种或两种以上的作物构成，作物有高有矮，根系有浅有深，对生活因素的要求和反应不同，有的喜光，有的耐阴，有的吸肥力强，有的吸肥力差，有的需氮多，有的需磷钾多。利用这些差别，把不同的作物合理搭配起来构成复合群体，其密度和叶面积指数将会提高，这就充分利用了空间，提高土地利用率。

2. 间作、混作和套作使光能得以充分利用　单一作物的群体在生长前期和后期叶面积指数较小，光截获（LI）低，光能利用不充分，而采用间作和套作就可以克服这个矛盾，从而提高光能利用率（LUE）。在单作时，太阳光只是从上面射来，而在间作和套作时，除上面射来的光线外还有侧面光，增加处于间作中上位作物的受光面积，也增加了中午高光强时总的受光面积。这样，尽管在单位土地面积上单位时间内光量并没有改变，但受光面积却发生了变化，提高了光能利用率。另外，能变平面用光为立体用光。单作时，上层叶片光照充足，中下部的叶片往往光照不足，有的甚至由营养器官变为消耗器官。而间作和套作把不同株型、不同叶型、不同高度的作物组合起来，改单作的平面受光为立体受光，从而提高了光能利用效率。

3. 改善冠层的通风和二氧化碳的供应状况　采用高秆作物与矮秆作物间作和套作，矮秆作物的生长带成了高秆作物通风透光的"走廊"，有利于空气的流通与扩散。据中国农业大学测定，套作玉米宽行的风速比单作玉米窄行的风速增大 1～2 倍，促进了复合群体内二氧化碳的补充和更新。

（二）地下部的竞争与互补

各种作物根系特点不同，对水、肥、气的要求就不同。①氮素营养。国外研究指出，豆科和非豆科作物有共生促进作用。非豆科作物有促进豆科作物固氮的能力，豆科作物又供给非豆科作物氮素营养。因此豆科作物与非豆科作物进行合理间作和套作，既用地又养地。②难溶性营养元素的相互交换。不同作物利用难溶性养分的能力不同，间作、混作和套作通过根系相互影响，可以提高难溶性物质的利用率。③粮食作物、棉花、油料作物与绿肥间作、混作和套作可增加土壤有机质和各种营养元素。④根系分布的深浅不同，能充分利用不同土壤耕层的养分和水分。据报道，蚕豆/玉米体系中，种间的相互作用是十有益且积极的，二者根深不同，没有明显的竞争；豆科与禾本科共生促进，蚕豆提供氮，并从中能获得较多的磷；使得玉米平均产量增效 46%，蚕豆增效 26%（Li，2007）。

（三）时间上的竞争与互补

各种作物都有一定的生育期。在单作时，只有前作收获后才能种植后作，间作时通过充分利用空间达到充分利用时间，而套作充分利用时间的效果就更显著。一般来说，作物的生育期长，产量就高，反之产量低。套种能提早作物的播种或移栽时间，相对增加了生长季节，从而延长了作物的生育期，提高单产。

国际上也强调间作和套作的时间互补。Baker（1974—1976）等认为，如果两个作物没有25%以上的生长期差别或者30~40 d 成熟期的间隔，那么间作和套作的益处不大。

（四）生物间的竞争与互补

1. 充分发挥边行优势　边际效应是指在间作和套作中相邻作物的边行产量不同于内行的现象。高位作物的边行由于所处高位的优势，通风透光好，根系吸收养分水分的能力强，生育状况和产量优于内行，成为边行优势。与此相反，矮位作物的边行往往表现为边行劣势，如在美国艾奥瓦州，玉米与大豆间作，玉米产量增加20%~24%，大豆产量降低10%~15%（Ghaffarzadeh 等，1994）。合理的间作和套作，能有效地发挥边行优势，减少劣势，使主作物明显增产，副作物少减产或不减产。

2. 减轻自然灾害，稳产保收　不同作物有不同的病虫害，对恶劣的气候条件有不同的反应。一般单作抗自然灾害的能力较低，当发生严重的自然灾害时，往往会给生产带来严重损失，甚至颗粒无收。但是采用间作、混作和套作就可以减轻损失。例如德国在气候不稳定地区，燕麦和大麦混作很普遍，在旱年大麦生长良好，在涝年燕麦生长良好，二者混播，无论是旱年或是涝年产量都很稳定。间作、混作和套作还可以减轻某作物的病虫害。例如高秆作物和矮秆作物相间种植，高秆作物的宽行距加大，荫蔽轻，可减轻玉米叶斑病、小麦白粉病和锈病；小麦与棉花套种，小麦繁殖了棉蚜的大量天敌——瓢虫，可减轻棉蚜的危害。

3. 发挥作物分泌物的互利作用　一种植物在生长过程中，通过向周围环境分泌化合物对另一种植物产生直接或间接的相生相克的影响，亦称为对等效应，对共生作物或后作可能有利，也可能有害。这种分泌物有3个来源，一是来自植物的叶片，二是来自根系，三是来自死亡植株或腐解植株。因此实行间作和套作可利用有益的一方，促进共生互利，提高产量。据国外研究，洋葱与食用甜菜，马铃薯与菜豆、小麦与豌豆、春小麦和大豆在一起种植，可互相刺激生长。农作物与蒜、葱、韭菜等间作，会使农作物的一些病虫害减轻。另外，分泌物还有抑制杂草危害的作用，例如甜菜根系分泌物有抑制麦仙翁种子萌发，荞麦根系分泌物能抑制看麦娘的生长。当然也有的根系分泌物对间作作物或下茬作物有不利的作用，例如冬黑麦与冬小麦、荞麦与玉米、番茄与黄瓜、菜豆与春小麦、向日葵与玉米或蓖麻、洋葱与菜豆等。因此在作物组合时应特别注意。

间作、混作和套作增产原因虽然是多方面的，但也有一些不利因素。例如高秆作物与矮秆作物间作时，矮秆作物的光照条件太差；套种在小麦地的玉米，易使地老虎、黏虫、蓟马、玉米螟等害虫的危害加重，套种愈早，危害时间愈长程度愈重；玉米与棉花套种时，玉米和棉花的害虫有的可以互相危害，比单作时重。因此要使间作、混作和套作增产必须采取相应的技术措施。

四、间作、混作和套作技术

（一）选择适宜的作物种类和品种

1. 不同形态的作物搭配　所选择作物的形态特征和生育特性要相互适宜，以有利于互补地利用环境。例如作物高度要高低搭配，株型要紧凑与松散对应，叶片要大小尖圆互补，根系要深浅疏密结合，生育期要长短前后交错。农民群众形象地总结为"一高一矮，一胖一瘦，一圆一尖，一深一浅，一长一短，一早一晚"。

2. 生态适应性的选择　间作和套作作物的特征特性对应互补，即选择生态位有差异的作物，才能充分利用空间和时间，利用光、热、水、肥、气等生态因素，增加产量和效益。在品种选择上要注意互相适应，以进一步加强组配作物的生态位的有利差异。间作或混作时，矮位作物光照条件差，发育延迟，要选择耐阴性强而适当早熟的品种。套作时两种作物既有共生期，又有单独生长的阶段，因此在品种选择上一方面要考虑尽量减少与上季作物的矛盾，另一方面还要尽可能发挥套种的增产作用，不影响其正常播种。

3. 不同生育期作物的搭配　在生长季节许可内，两种作物时间差异越大，竞争越小。例如间作和混作中，长生育期与短生育期作物搭配。套作中，套种时期是套种成败的关键之一。套种过早，共生期长，下茬作物苗期生长差，或植株生长过高，在上茬作物收获时下茬作物易受损害；但又不能过晚，过晚套种就失去意义。套种时期的确定应考虑多方面因素，例如配置方式、上茬长势、作物品种等。一般地说，宽行可早，窄行宜晚；上茬作物长势好应晚套，长势差应早套；套种较晚熟的品种可早，反之宜晚；耐阴作物可早套，易徒长倒伏的宜晚套。

4. 选择分泌物互利的作物搭配　例如洋葱与食用甜菜、油菜与大蒜、甜菜与小麦、荞麦与小麦、马铃薯与玉米或菜豆等进行搭配，有利于互利共生，降低虫害的发生率。

5. 综合效益高于单作　间作、混作和套作选择的作物是否合适，首先看经济效益，在增产的情况下，其经济效益比单作要高。一般来说，经济效益高的组合才能在生产中大面积应用和推广，例如我国当前种植面积较大的玉米间作大豆、麦棉套作、粮菜间作等。如果某种作物组合的经济效益较低，甚至还不如单作高，其面积就会逐步减少，而被单作所代替。其次是要考虑生态效益和社会效益。只有经济效益、生态效益和社会效益兼顾的种植模式才能得到广泛而持续的应用。

（二）确定合理的田间结构

在作物种类、品种确定后，合理的田间结构是能否发挥复合群体充分利用自然资源的优势，解决作物之间一系列矛盾的关键。只有田间结构恰当，才能增加群体密度，又有较好的通风透光条件，发挥其他技术措施的作用。如果田间结构不合理，即使其他技术措施配合得再好，也往往不能解决作物之间争水、争肥，特别是争光的矛盾。合理的田间结构包括以下几个方面。

1. 种植密度　提高种植密度，增加光合叶面积指数是间作和套作增产的中心环节。生产运用中，各种作物种植密度要结合生产的目的和水肥条件来考虑。间作或混作时，一般以一种主作物为主，其种植密度应与单作时相同或略低，以不影响主作物的产量为原则；副作物的种植密度大小根据水肥确定，水肥条件好，密度可大一些，反之，密度要小。套作时，各种作物的种植密度与单作时相同。

2. 行数、行株距和幅宽　一般间作和套作作物的行数可用行比来表示，即各作物实际行数的比值，例如 2 行玉米间作 2 行大豆，其行比为 2：2。行距和株距实际上也是密度问题，配合的好坏，对于各作物的产量和品质关系很大。

间作作物的行数，要根据计划作物产量和边际效应来确定，一般高位作物不可多于、矮位作物不可少于边际效应所影响行数的 2 倍。在实际应用时应根据具体情况增减，也要与机械配合。套作时，上茬作物和下茬作物的行数取决于作物主次。例如小麦套种棉花，以棉花为主时，应按棉花丰产要求，确定平均行距，套入小麦；以小麦为主兼顾棉花时，小麦应按丰产需要正常播种，麦收前晚套棉花。

幅宽是指间作和套作中每种作物的两个边行相距的宽度。在混作和隔行间作或套作的情况下，无所谓幅宽，只有带状间作和套作，作物成带种植才有幅宽可言。幅宽一般与作物行数呈正相关。如果幅宽过窄，对生长旺盛的高秆作物有利，但对不耐阴的低秆作物不利，如果幅宽过宽，对高秆作物增产效应不一定明显。因此幅宽应在不影响播种和适合农机具的前提下，根据作物的边际效应来确定。

3. 间距　间距是相邻作物边行的距离。这里是间作和套作中作物边行争夺生活条件最激烈的地方，若间距过大，减少作物行数，会浪费土地；若间距过小，则加剧作物间矛盾。应根据不同作物合理布局间距。

4. 带宽　带宽是间作和套作的各种作物顺序种植一遍所占地面的宽度，它包括各个作物的幅宽和间距。带宽是间作和套作的基本单元，一方面各种作物的行数、行距、幅宽和间距决定带宽，另一方面作物数目、行数、行距和间距又都是在带宽以内进行调整，彼此互相制约。

5. 高度差　间作、混作和套种的两个作物若有适当的高度差，可以在太阳高度角高的时候增加受光面积，变强光为中等光，或者使两作物生长盛期能交错地处于高位上，这样光能利用较经济合理。

6. 行向　在单作时，南北行向比东西行向增产，但在间作和套作时，为了取得两种作物丰产，缓和作物争光矛盾，东西行向在一定情况下对矮秆作物有利。

（三）作物生长发育调控技术

1. 适时播种，保证全苗　间作和套作播种时期的早晚，不仅影响一种作物，而且会影响复合群体内的其他作物。套种时期是套作成败的关键之一，套种过早或前一作物迟播晚熟时，延长了共生期，抑制后一作物苗期生长；若套种过晚，增产效果不明显。因此要着重掌握适宜的套种时期。套作中共生期的长短，应根据具体种植方式、种植规格、前作物的长相来确定。间作时，也要考虑到不同间作作物的适宜播种期，以减少彼此的竞争，并尽量照顾到它们的各生长阶段都能处在适宜的时期。混作时，一般要考虑混作作物播种期与收获期的一致性。

2. 加强水肥管理　间作、混作和套作的作物间存在肥水竞争，需要加强水肥管理，促进生长发育。在间作和混作的田间，由于增加了种植密度，对水肥的要求也相应增加。应加强追肥和灌水，强调按株数确定施肥量，避免按占有土地面积确定施肥量。为了解决共生作物需水肥的矛盾，可采用高低畦、打畦埂、挖丰产沟等便于分别管理的方法。在套作田里，矮位作物受到抑制，生长弱，发育迟，容易形成弱苗或缺苗断垄。为了全苗壮苗，要在套播之前施用基肥，播种时施用种肥，在共生期间做到"五早"：早间苗、早补苗、早中耕除草、早施肥、早防治病虫害，并注意土壤水分的管理，排渍或灌水。前作物收获后，及早进行田间管理，水肥猛促，以补足共生期间所受亏损。

3. 应用化学调控技术　应用植物生长调节剂，对复合群体条件下的作物生长发育进行调节和控制，具有控上促下、调节各种作物正常生育、塑造理想株型、促进发育成熟等一系列综合效益。它具有用量少、投资少、见效快、效益高、使用简便安全等特点。

4. 综合防治病虫害　间作、混作和套作可以减少一些病虫害，也可增添或加重某些病虫害，对所发生的病虫害，要对症下药，认真防治，特别要注意防重于治，不然病虫害的发生会比单作田更加严重。

5. 早熟早收 为削弱复合群体内作物之间的竞争关系，应促进各季作物早熟、早收，特别是对高位作物，早熟早收是不容忽视的措施。

五、间作、混作和套作主要类型

（一）间作和混作的主要类型

间作和混作的主要类型有禾本科作物与豆科作物间作，禾本科作物与非豆科作物间作，经济作物与豆科作物间作和混作，粮菜间作，林、桑、果、药与粮、豆、肥间作等。

（二）套作的主要类型

套作的主要类型有以棉花为主的套作、以玉米为主的套作、以小麦为主的套作、以水稻为主的套作等。

（三）间作和套作的主要类型

间作和套作的主要类型有粮粮间作和套作、粮经间作和套作、粮菜饲料（肥）间作和套作等，以及农鱼、农菇种养结合间套模式，例如稻田养鱼、稻田养蟹、稻田养鸭、稻田种菇、玉米和蔗田种菇、果园种菇等。

第五节　轮作与连作

一、轮作的概念和意义

（一）轮作和连作的概念

1. 轮作的概念 轮作是在同一田地上不同年度间按照一定的顺序轮换种植不同作物或不同复种形式的种植方式。例如一年一熟条件下的大豆→小麦→玉米三年轮作，这是在年间进行的单一作物的轮作。在一年多熟条件下既有年间的轮作，也有年内的换茬，例如南方的绿肥—水稻—水稻—油菜—水稻—水稻—小麦—水稻—水稻轮作，这种轮作由不同的复种方式组成，称为复种轮作。在同一田地上有顺序地轮换种植水稻和旱田作物的种植方式称为水旱轮作，这种轮作对改善稻田土壤的理化性状，提高地力和肥效，以及在防治病虫草害等方面均有特殊意义。在田地上轮换种植多年生牧草和大田作物的种植方式称为草田轮作。轮作是用地养地相结合的一种生物学措施。

2. 连作的概念 与轮作相反，连作是在同一田地上连年种植相同作物的种植方式。而在同一田地上采用同一种复种方式连年种植的称为复种连作。

生产上把轮作中的前作物（前茬）和后作物（后茬）的轮换，通称为换茬或倒茬。连作也称为重茬。

（二）轮作在农业生产上的意义

1. 提高作物产量 合理轮作是经济有效提高产量的一项重要农业技术措施，被称为不花本钱的增产措施。据调查，我国稻田的复种轮作比复种连作，一般绿肥可增产 $30\%\sim70\%$，麦类可增产 20%，水稻可增产 $10\%\sim20\%$。稻棉水旱轮作，稻棉均增产，且效益高。

2. 发挥土壤增产潜力和改善土壤理化性状 不同类型的作物轮换种植，能全面均衡地利用土中各种营养元素，充分发挥土壤的生产潜力。例如稻、麦等各类作物对氮、磷和硅吸收量较多，对钙吸收少；豆类作物对钙和磷吸收较多，吸收硅和氮较少；烟草、块根块茎类作物吸收钾的比例高，数量大，消耗氮的量也大；小麦、甜菜、麻类作物，只能利用土中可溶性磷，而豆类、十字花科作物利用难溶性磷的能力强。深根作物与浅根作物轮换，能充分利用耕层及耕层以下土中的养分和水分，减少流失，节省肥料。绿肥和油料等作物以及其残茬、落叶、根系等归还土中，直接增加土壤有机质，既用地又养地，豆科作物还有固氮作用。水旱轮作，能增加土壤非毛管孔隙，改善土壤通气条件，提高氧化还原电位，防止稻田次生潜育，促进有益的土壤微生物的繁殖，从而提高地力和肥效。

3. 减少病虫草危害 抗病作物或非寄主作物与容易感染病害的作物实行定期轮作，可以消灭或减少土壤中病菌或虫卵的数量（表6-2），从而减轻作物因病虫害所遭受的损失。种植抗病作物或非寄主作物时，病菌没有寄主而减少或死亡。水旱轮作，淹水能显著减轻旱田作物土壤病虫害感染，例如油菜菌核病病原菌，在淹水条件下其菌核在2~3个月内死去。轮作还可利用前作的根际微生物抑制某些危害后作的病菌，以减轻病害。例如甜菜、胡萝卜、洋葱、大蒜等根际分泌物可抑制马铃薯晚疫病的发生。轮作能改善土壤微生态环境，消除有毒物质。实行作物轮作，可降低病虫害危害程度，减少农药的使用量，有利于无公害农产品的生产。

表6-2 大豆轮作与连作中胞囊线虫和根瘤密度

(引自刘巽浩，1992)

项目 \ 大豆的前作	大豆	高粱	玉米	谷子	草木樨	向日葵
单株胞囊线虫数（个）	16.20	1.40	1.00	0.63	0.40	5.40
单株根瘤数（个）	39.60	87.30	124.40	83.60	76.50	88.40

危害作物的杂草，其生长季节、生态条件及生长发育习性，都与所伴生或寄生的作物相似，有时连形态也相似，不易根除，如稻田中的稗草、麦田中的野燕麦。作物长期连作，生态环境变化很小，必然有利于这些杂草的滋生，草害严重。实行轮作后，由于不同作物的生物学特性、耕作管理不同，能有效地消灭或抑制杂草。例如大豆与甘薯轮作，菟丝子就因失去寄主而被消灭。水田改成旱地后，适应水生的杂草（例如眼子菜、鸭舌草、野荸荠、藻类等）因得不到充足的水分而死亡；旱田改成水田后，旱地杂草也会因淹水而死亡。

4. 清除土壤有毒物质 某些作物根系分泌物及作物残余物分解的有毒物质能引起自身中毒，而对另一些作物又可能无害，甚至成为其能量、养料的来源。稻田长期淹水，土壤处于还原优势，往往产生硫化氢（H_2S）等有毒物质，实行水旱轮作可以改变这种状况。轮作还可改善土壤微生物区系。据湖南农业科学院分析，水旱轮作田土壤，有益的自生固氮菌、氨化细菌、硝化菌和纤维分解菌的数量均比连作田多，而有害的反硝化菌则明显减少。

二、连作及其运用

(一) 连作的危害

合理的轮作可以增产，而不适当的连作不仅产量锐减，而且品质下降。导致作物连作受害的基本原因有生物因素、化学因素和物理因素3个方面。

1. 生物因素 土壤生物学方面造成的作物连作障碍主要是伴生性和寄生性杂草危害加重，某些专一性病虫蔓延加剧以及土壤微生物种群、土壤酶活性的变化等。例如玉米的黑粉病，连作下病势加重，玉米严重减产。水稻多年连作，土壤中线虫和有关镰孢菌的种群密度锐增；大豆、玉米等作物连作使根际真菌增加，细菌减少，导致减产（刘军，2012）。

2. 化学因素 连作造成土壤化学性质发生改变而对作物生长不利，主要是营养物质的偏耗和有毒物质的积累。由于同一作物的吸肥特点固定，吸收矿质元素的种类、数量和比例相对稳定，对养分的偏好会造成连作作物土壤中某元素的匮乏，养分比例严重失调，作物产量下降。作物的活根、功能叶片和作物残体腐解过程中向周围环境分泌的化学物质对作物自身的生长发育具有抑制作用。另外，常年实行早晚季双季稻连作，产生还原性较强的有毒物质（例如硫化氢），对水稻根系的生长有明显的阻碍作用。

3. 物理因素 某些作物连作或复种连作，会导致土壤物理性状显著恶化，不利于同种作物的继续生长。例如南方在长期推行双季连作稻的情况下，因为土壤淹水时间长，加上年年水耕，土壤大孔隙显著减少，容重增加，通气不良，土壤次生潜育化明显，严重影响了连作稻的正常生长。

（二）连作的好处

但是连作运作得当，也有较好效益。首先，可多种适宜当地气候土壤条件的作物，例如苎麻适于亚热带的肥沃土壤种植，甘蔗适于热带种植。其次，连作的作物单一，专业化程度高，成本较低，技术容易掌握，能获得较高产量。另外，通过更换品种也可以减轻连作的危害，抗病虫害品种连作的受害较轻；施足化肥和有机肥可以缓解因连作对土壤养分偏耗产生的养分不平衡等问题。

（三）不同作物对连作的反应

实践证明，不同作物，不同品种，甚至是同一作物同一品种，在不同的气候、土壤及栽培条件下，对连作的反应是不同的。根据作物对连作的反应，可将其分为下述 3 种类型。

1. 忌连作的作物 忌连作作物可分为两种耐连作程度略有差异的类型。一类以茄科的马铃薯、烟草、番茄，葫芦科的西瓜及亚麻、甜菜等为典型代表，它们对连作反应最为敏感。这类作物连作时，作物生长严重受阻，植株矮小，发育异常，减产严重，甚至绝收。其忌连作的主要原因是一些特殊病害和根系分泌物对作物有害。据研究，甜菜忌连作是根结线虫病所致。西瓜怕连作则被认为是根系分泌物水杨酸抑制了西瓜根系的正常生长。这类作物需要间隔 5～6 年或更长时间方可再种。另一类以禾本科的陆稻，豆科的豌豆、大豆、蚕豆、菜豆，麻类的大麻、黄麻，菊科的向日葵，茄科的辣椒等作物为代表，其对连作反应的敏感性仅次于上述极端类型。一旦连作，生长发育受到抑制，造成较大幅度的减产。这类作物的连作障碍多为病害所致，宜间隔 3～4 年再种植。

2. 耐短期连作作物 甘薯、紫云英、苕子等作物，对连作反应的敏感性属于中等类型，生产上常根据需要对这些作物实行短期连作。这类作物连作 2～3 年受害较轻。

3. 耐连作作物 一般禾本科、十字花科、百合科的作物较耐连作，例如水稻、甘蔗、玉米、麦类、棉花、花椰菜等。它们在采取适当的农业技术措施的前提下，耐连作程度较高，如棉区底肥和有机肥充足的地块可长期连作。

（四）连作特点的应用

根据作物对连作的不同反应，利用那些在一定条件下可以忍耐短期或较长期连作的作物，在生产上可做如下应用。

①对那些较耐连作，种植面积较大，经济上又特别需要的作物，在轮作顺序中应适当增加其连作年限，以减少轮作中其他作物的组成，或延长轮作周期。

②在复种轮作中，对某季耐连作的作物可连续种植，但可轮换品种和其他季节的作物，例如绿肥—水稻—油菜—水稻—麦类—水稻等。

③在增施肥料和加强病虫害防治的条件下，可较长期连作小麦、水稻、棉花等作物，或由这些作物组成的复种连作。

三、作物茬口特性与轮作

（一）作物茬口特性的形成

作物茬口指的是作物在轮作或连作过程中，前后作物的互相衔接和相互影响的关系。茬口特性是指栽培某种作物后土壤的生产性能，它是在一定的土壤、气候条件下，作物的生物学特性及其相应的栽培管理措施共同作用的结果。评价茬口特性的好坏，主要考虑3个方面因素：①前作收获和后作播栽季节的早晚；②前作对后作土壤理化性质的影响；③前作对后作病虫害、杂草的影响。上述3个方面因素中，第①方面是茬口的季节特性表现，后面两方面是土壤肥力特性。茬口的季节早晚，主要决定于作物和品种的生育期长短、当地的气候条件与播栽季节。据河南旱农区调查，夏闲地、夏高粱和夏甘薯茬播种冬小麦的时间依次变晚，小麦小区（200 m²）产量依次为178 kg、137.5 kg 和 81.5 kg，呈下降趋势。茬口的土壤肥力特性，则受作物本身特性、栽培技术和土壤本身的理化特性、生物特性等多种复杂因素的影响。例如南方地区，种一茬豆科作物或绿肥，其良好的后效一般只及1~2茬后作，若结合深耕和大量施用有机肥，其良好后效可达数年之久。相反，某些作物的根系分泌物对同一后作的影响也可达数年，如果连作多年，其不良后效还有积累作用。

（二）各类作物的茬口特性

1. 养地作物 养地作物包括豆科作物和绿肥作物。豆类作物在轮作中的作用是：①固氮作用，因豆科作物共生的根瘤菌能固定大气中的游离氮素，直接增加和补充土壤中生物氮的积累，保持农田氮素平衡；②增加土壤有机质，因豆科作物通过落叶、残茬等归还土壤的氮素，一般为植株含氮总量的20%~30%，所产生的有机质总量中有30%~40%残留在土中；③活化土壤养分，改善土壤结构。豆类作物吸收钾和钙较多，它能分泌许多酸性物质，溶解难溶性磷酸盐，活化磷、钾和钙等易被土壤固定的元素，而钙和腐殖质结合成水稳性团粒结构所需的胶结剂，又有利于改善土壤结构。豆科作物是耗地作物的良好前作。连作多年的马铃薯土壤理化性状恶化，养分亏缺加重，轮作豆科作物后，土壤速效氮含量最高增加了476%。

绿肥作物主要是豆科植物，也有非豆科植物。旱生绿肥，冬季有紫云英、苕子、黄花苜蓿、箭筈豌豆、胡豆、油菜、肥田萝卜，夏季有田菁、绿豆、蔓豆等。水生绿肥有水浮莲、水葫芦、水花生、红萍等。绿肥作物能改善土壤养分状况，翻压后，经腐烂分解，释放氮素及其他养分，提高土壤中有效氮的含量，增加土壤有机质，是耗地作物的良好前作。例如绿肥作物与双季稻轮作种植后，水稻产量显著高于冬闲对照，绿肥作物紫云英和黑麦草处理的水稻年平均产量比冬闲提高了27.2%和18.1%。

2. 半养地作物 半养地作物包括棉花、油菜等经济作物和饲料、蔬菜作物。这些作物有大量的落叶、落花和根系残留物，多数还可作饼肥还田，或大量茎叶作绿肥和饲料。油菜有改善土壤理化性质、增加土壤含氮量、改良土壤为后作创造良好环境的作用，高菊生（2011）报道，1982—2008年在湖南南部红壤试验站采用双季稻—油菜轮作种植模式，结果表明油菜处理的水稻年平均产量比双季稻—冬闲处理提高了20.5%。饲料与蔬菜作物生育期短，一年可利用多次，成熟收获期较灵活，可作为填闲作物，插入大田轮作复种中。此外，饲料和蔬菜作物需肥多，由于大量施肥，种后土壤肥沃，是需氮多的粮食作物的良好前作。

3. 用地作物　用地作物地包括禾谷类作物、薯类作物和甘蔗、烟、麻类作物。禾谷类作物多为须根系，根系浅，耗氮和磷较多，是耗地作物，但耐连作，抗病虫害能力强，是易感病虫害的茄科、豆科、十字花科等作物的良好前作。

薯类作物需钾量大，甘薯较耐连作，马铃薯最忌连作。马铃薯是许多作物良好前作。

甘蔗、烟、麻类作物，需氮和钾较多，甘蔗较耐连作，是水稻的良好前作。麻类及烟草极不耐连作，是水稻和冬季作物的良好前作。

（三）轮作中作物品种轮换的意义

1. 减缓作物茬口的季节矛盾　利用生育期长短、生育季节不同以及耐低温程度不同的品种进行轮换，可以解决轮作中不同复种方式作物茬口的季节矛盾。

2. 减轻病虫危害　利用对病虫害抗（耐）性不同的作物品种进行轮换，可减轻病虫危害，特别是水稻的稻瘟病、小麦的锈病和白粉病、多种作物的线虫病。在一定范围内，把几个抗病性不同的品种搭配和轮换种植，可避免优势致病生理小种的形成，并造成作物群落在遗传上的异质性或多样性，能对病害流行起缓冲作用。

3. 因土种植　在复种轮作中轮换或搭配不同品种，可以更好地适应各种不同的土壤条件，做到因土种植。

四、合理轮作制的建立

合理轮作制的建立应考虑以下几方面。

（一）轮作周期的长短

轮作周期指在一个轮作田区，每轮换 1 次完整的顺序所用的时间。一个地区轮作周期的长短没有固定模式，一般取决于下述 3 个方面。

1. 组成轮作作物的种类多少和主要作物面积的大小　分带轮作中作物种类较多，或主要作物种植比重较大，年限可长一点，否则应短。

2. 轮作中各类作物耐连作的程度和需要间歇的年限　原则上不耐连作的作物参加轮作，轮作年限较长，间歇的年限就多。Lynch（2008）报道，在加拿大，被公认的有机马铃薯生产系统中，最突出特点就是延长轮作时间。比较耐连作的作物参加轮作，年限弹性较大，可长可短。

3. 养地作物后效期的长短　轮作中养地作物后效期长的年限要长一些，否则应短一些。

（二）轮作中的作物组成

轮作是否合理，首先取决于轮作中的作物组成。合理的作物组成应符合以下要求：①轮作中所有作物必须适应当地的自然条件和轮作的地形土壤等，并能充分利用当地的自然资源；②轮作中作物应有主有次，必须保证主作物占有较大面积；③根据作物茬口特性，保证一个轮作周期内用地、养地、半养地作物各占一定比例；④轮作周期内，复种指数高低应适合当时当地的机械、肥料、劳力、水利等生产条件；⑤轮作中各作物的种植面积，应成倍数或相等，以便每年每种作物都有近似面积。

（三）轮作顺序

轮作顺序的原则是前熟为后熟，熟熟为全年，今年为明年。因此轮作中一定要根据作物茬口特性，用地养地结合，合理安排轮作顺序。

五、主要轮作类型

(一) 北方地区的主要轮作类型

1. 一年一熟轮作 我国东北、西北大部分地区及河北、山西、陕西的北部地区，气温冷凉，无霜期短，多采用一年一熟轮作方式，一般种几年粮食作物后，种一茬豆科作物或休闲来恢复地力。

2. 旱田粮食作物轮作及粮经作物复种轮作 在生长期较长，水肥条件好的地区，实行二年三熟、一年二熟、三年四熟等形式。生长期不足的地区采用套作复种，并用间作、套作绿肥恢复地力等办法。

3. 水旱轮作 水旱轮作类型分布在水利条件较好的水稻产区，一般是水稻连作 3～5 年换种几年旱作，有的是年内一旱一水的一年二熟。

4. 绿肥轮作 这种轮作方式一般采用短生长期绿肥与农作物轮作。

(二) 南方地区主要复种轮作类型

1. 稻田复种轮作 稻田复种轮作的主要轮作方式有冬季作物轮换（夏秋季连年种水稻）、冬季作物轮换（夏秋季水稻与早水晚旱轮换）、冬季作物轮换（夏秋季水稻与全年旱作物轮换）、冬季作物不轮换（夏秋季水稻与旱田作物轮换）等。

2. 旱地复种轮作 南方地区多数省份旱地占耕地面积比例较小，为 40％～50％；西南各地，高原旱地占 50％～70％。旱地复种轮作有 3 种模式：①冬季作物轮换，夏秋季作物不轮换；②冬季作物不轮换，夏秋季作物轮换；③冬季作物轮换，夏秋季作物轮换。代表性的轮作方式有旱地粮粮多熟分带轮作、旱地粮经多熟分带轮作、旱地粮饲菜（肥）多熟分带轮作等。

【复习思考题】

1. 什么是作物的种植制度？建立合理种植制度的基本原则有哪些？

2. 试述作物布局的概念、地位和作用。

3. 作物布局的原则是什么？

4. 试述复种的概念和意义。

5. 复种的条件和技术有哪些？

6. 什么是复种指数？一年一熟、一年二熟、二年三熟的复种指数分别是多少？

7. 怎样计算土地当量比？其值＞1、＜1 时分别意味着什么？

8. 怎样区分间作和套作？

9. 试述间作、混作和套作的概念和效益分析。

10. 试述间作、混作和套作的效益原理。

11. 间作、混作和套作的技术有哪些？

12. 试述轮作、连作的相关概念和轮作的意义。

13. 试述连作的危害。

14. 试述作物茬口特性与轮作的关系。

15. 试列举当地的种植制度。

第七章　作物育种与种子产业

作物育种是研究作物性状遗传规律，并将这些遗传规律应用于改良经济性状，使之更符合人类生产和生活需要的理论和技术。因此作物育种的主要任务是收集、整理和创造种质资源，探索作物性状遗传规律、育种方法和技术，培育农作物新品种，研究种子生产原理与技术。

种子产业就是种子从品种选育到种子扩繁、加工、示范推广、销售、售后服务等形成的一体化产业。具体地说，种子产业就是由科研育种、种子生产、加工、推广、营销等部门联合而成的科技先导型种子集团所从事的产业工作。一个新品种经审定后，就要不断地进行繁殖，并在繁殖过程中保持其原有的优良种性，以不断地生产出数量多、质量好、成本低的种子，供经营销售与大田生产使用。

第一节　作物良种在生产中的作用

一、品种的概念

（一）种子的涵义

种子在植物学上是指由胚珠发育而成的繁殖器官。在作物生产上，可直接用来作为播种材料的植物器官都称为种子。目前世界各国所栽培的作物中，种子类型繁多，大体上可分为以下 4 大类。

1. 真种子　真种子即植物学上所指的种子，它们都是由胚珠发育而成的，例如豆类（除少数例外）、棉花、油菜及十字花科的各种蔬菜、柑橘、茶、桑、松、柏等。

2. 果实　某些作物的干果，成熟后不开裂，可直接用果实作为播种材料，例如禾谷作物的颖果（水稻和皮大麦果实外部包有稃壳，又称为假果）、苎麻的瘦果等。这两类果实的内部均含一粒种子，在外形上和真种子类似，所以又称为子实，意为类似种子的果实。

3. 营养器官　许多根茎类作物具有自然无性繁殖器官，例如甘薯和山药的块根、马铃薯和菊芋的块茎、芋和慈姑的球茎，以及葱、蒜、洋葱的鳞茎等，还有甘蔗和木薯用地上茎繁殖。

4. 人工种子　经人工培养的植物活组织幼体，外面包上带有营养物质的人工种皮即包衣剂，便可用来作种子使用。

（二）品种的涵义

在千百年历史长河中，人们根据表现型差异鉴别栽培植物群体，加以命名，可以认为是最初的品种。但是随着科技的不断发展，品种的含义也在不断变化，不同的著作对之有不同的定义。《辞海》（夏征农，1999）将品种的定义为"在生物学上，品种（cultivar）指来自同一祖先，具有为人类需要的某种经济性状，基本遗传性稳定一致，能满足人类生产物质资料及科学研究目的的一种栽培植物群体。是人类干预自然的产物，也是人类按照自身的要求经过长期选择培育得到的，能适应一定自然栽培或饲养条件，在产量和品质上必须符合人类的需要。其群体数量必须达到一定规模。"《国际栽培植物命名法规》（向其柏等译，2006）的品种定义为"品种是为某一或某些专门目的而选择，具有一致、稳定和明显区别的性状，而且经采用适当的方式繁殖后，这些性状仍能保持下来的一些植物的集合体。"《中华人民共和国种子法》规定"品种指经过人工选育或者发现并经过改良，形态特征和生物学特性一致，遗传性状相对稳定的植物群体。"可见，品种是一种重要的农业生产资料，优良品种必须具备高产、稳产、优质等优点，深受群众欢迎，生产上广为种植。如果不符合生产上的要求，没有直接利用价值，不能作为农业生产资料，也就不能称为品种。

（三）品种的特征

1. 品种的稳定性　任何作物品种，在遗传上应该相对稳定，否则由于环境变化，品种不能保持稳定，优良性状不能代代相传，就无法在生产上应用和满足农业生产的需要。

2. 品种具有地区性　任何一个作物品种都是在一定的生态条件下形成的，所以其生长发育也要求种植地区有适宜的自然条件、耕作制度和生产水平。当条件不适宜时，品种的特定性状便不能发育形成，从而失去其生产价值。

3. 品种特征特性的一致性　同一品种的群体在形态特征、生物学特性和经济性状上应该基本一致，这样才便于栽种、管理、收获，便于产品的加工和利用，但对品种在生物学、形态学和经济性状上一致性的要求，不同作物、不同育种目标要区别对待。例如许多作物品种株高、抗逆性、成熟期等的一致性对产量、机械收获等影响很大，而棉花品种纤维长度的整齐一致性对纺织加工有重要意义。

4. 品种利用的时间性　任何品种在生产上被利用的时间都是有限的。每个地区随着耕作栽培条件及其他生态条件的改变，经济的发展，生活水平的提高，对品种的要求也会提高，所以必须不断地选育新品种以更替原有的品种。对原有的品种来说，若在多个地区被淘汰，不再是农业生产资料时，也就不再称为品种，只能当作育种原始材料来使用。

二、良种在农业生产中的作用

良种是指在一定地区和栽培条件下能符合生产发展要求，并具有较高经济价值的品种。选用良种应包括两个方面，一是选用优良品种，二是选用优质种子。良种在生产中的作用主要表现在以下几个方面。

（一）提高作物单位面积产量

良种一般丰产潜力较大，在相同地区和栽培条件下，能够显著提高产量。目前，除一些栽培面积小的作物外，我国各地都普遍推广增产显著的良种，一般可增产 10%～15%，有的可达 50%，个别成倍增产。自 1985 年来，我国 3 大粮食作物中水稻和小麦的总播种面积呈下降趋势，但其总产和单产都稳步上升；玉米的播种面积、总产和单产都呈增加趋势，与 1985 年相比，2015 年全国水稻单产增加 35.2%，小麦单产增加 83.6%，玉米单产增加 63.4%。

（二）提高作物品质

随着国民经济的发展和人民生活水平的提高，在提高产品品质方面，品种起着重要的作用。在国际上，粮食作物的高产育种有了新的进展之后，出现了以提高蛋白质和赖氨酸含量为主的品质育种的新趋势；为满足纺织工业发展的需要，纤维作物在丰产的基础上，要求品质优良；"双低"油菜品种的选育，使产品品质得到明显提高。

（三）增强作物抗性

良种对常发的病虫害和环境胁迫具有较强的抗逆性，在不利环境条件下也能获得相对高产，即具有一定稳产性，在生产中可减轻或避免产量的损失和品质的变劣。

（四）扩大作物种植区域

良种要求适应栽培地区广，适应肥力范围宽，适应多种栽培水平。此外，随着农业机械化的发展，还要求品种适应农业机械操作。例如水稻和小麦品种要求茎秆坚韧，易脱粒而不易落粒等；玉米品种要求穗位整齐、脱水快等；棉花品种要求吐絮集中、苞叶能自然脱落、棉瓣易于离壳等。

（五）有利于耕作制度改进，提高复种指数

新中国成立前，我国南方很多地区只栽培一季稻。新中国成立以来，随着早稻、晚稻品种及早熟丰产的油菜、小麦品种的育成和推广，到现在南方各地双季稻、一年三熟制的面积大幅度提高，促进了粮食和油料作物生产的发展。

（六）提高农业生产的经济效益

在农业增产的诸多因素中，选育推广优良品种是投资少、经济效益高的技术措施。由于转基因新品种在增产、优质优价、低耗等方面的优势，已使全球转基因作物种植农户累计获得纯经济效益 340 亿美元，农民增收 25％ 左右。我国棉农因种植转基因棉花，每亩（667 m²）减支增收 130 元，累计实现农民增收 200 多亿元（曹茸，2009）。

第二节　作物种质资源、育种目标与程序

一、作物种质资源

种质是决定生物遗传性状、并将遗传信息由亲代遗传给子代的遗传物质。一切具有一定种质或基因、可供育种及相关研究利用的各种生物类型统称种质资源，也称为遗传资源、基因资源。古老的地方品种、新培育的推广品种、重要的育种品系和遗传材料以及野生近缘植物，都属于作物种质资源。在形态上，作物种质资源包括有性繁殖的种子和无性繁殖的块根、块茎等器官，以及植物的组织和单个细胞。

地球上约有 50 万种植物，蕴藏着丰富的种质资源，只要挖掘和利用其中的一小部分，就足以为作物育种开辟广阔天地。国际上非常重视种质资源的保护，一些发达国家（例如美国、英国等），建立了国家种子库和千年种子库，挪威的斯瓦巴全球种子库里储存的种子，其活力可保持几百年甚至上千年，并能抵御原子弹爆炸。我国也先后出台了《生物资源法》《种质资源管理办法》等多部法规，并启动了种质资源清查。迄今为止，全世界已经建成各类种质库1 400余座，收藏种质资源 700 多万份，我国建立了比较完整的种质资源保护网（图 7-1）。

（一）作物种质资源搜集和保存

1. 搜集　搜集是作物种质资源工作的首要环节和基础。搜集方式有考察、采集、征集、交换、引种等。种质资源工作的搜集是着眼于生物资源的保护，其目的是防止生物资源因农业或生态条件的变化而消失，以备现阶段和将来的需要，既顾及当前，又侧重长远。因此搜集应考虑的因素是当地该作物种质资源丰富的程度、已经搜集的程度、近期消失的可能性。其搜集的重点地区应是农作物初生起源中心和次生中心；作物最大多样性地区，尚未进行调查和考察的地区，特别是种质资源丧失威胁最大的地区。

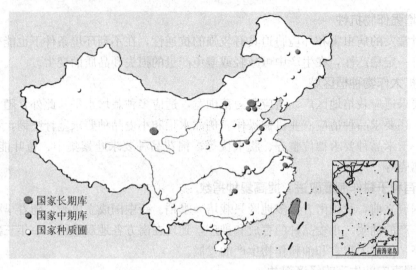

图 7-1 我国国家种质库（圃）分布网

　　我国非常重视从国外引进种质资源，本着育种急需和战略储备相结合的原则，2000—2010 年，从 30 多个国家收集引进种质资源 23 068 份，极大地丰富了我国种质资源库。作物种质资源研究也被列入国家科技攻关计划，截至 2015 年年底，中国农业科学院国家种质库收藏种质资源已突破 40 万份，达到 404 490 份，43 个国家种质圃保存种质资源 65 605 份，因此我国长期保存的种质资源总量达 470 095 份，位居世界第二，保护濒危物种 69 种。

　　2. 整理　搜集的资源材料应列表登记，登记内容包括编号、种类、品种名称、对原产地的评价、研究利用和要求、苗木繁殖年月、搜集人姓名。目前，国际上采用护照数据记录法，记录的内容包括采种日期、采种地点、采集人、产地环境、植株性状，如果是种子，还需记录入库日期、发芽率、净度、种子数、含水量等。

　　3. 保存　保存是指利用天然或人工创造的适宜环境保存种质资源，使个体中所包含的遗传物质保持其遗传完整性和活力，并能通过繁殖将其遗传特性传递下去。我国已基本建立作物种质资源保存体系。作物种质资源保存的方法因植物繁殖方式和种子类型的不同而不同。

　　（1）原生境保存　原生境保存就是将植物的遗传材料保存在它们的自然环境中。原生境保存的地方大多是自然保护区（图 7-2）（到 2013 年 9 月，我国有国家级自然保护区 381个）；另一种方法为农田种植保存（图 7-3）。

图 7-2　洞庭湖国家自然保护区

图 7-3　美国马里兰农田

（2）非原生境保存　非原生境保存就是将植物的遗传材料保存在不是它们的自然生境的地方。非原生境保存方式有：植物园（图7-4）、种子库（图7-5）、种质圃、试管苗库、超低温库等。保存方法有：种子保存、种植保存、离体保存和基因文库保存。

图7-4　华南植物园　　　　　　　　图7-5　国家种质资源保护库

①种子保存：种子繁殖植物采用种子保存，是简便、经济、应用普遍的资源保存方法。种子有正常种子和顽拗型种子两类。正常种子用控制储藏时的温度和湿度条件来保持种质的生活力，主要采用种质库保存（表7-1和表7-2）。种质库对入库种子通常有严格要求：A. 应新鲜，无病虫危害；B. 必须附品种清单；C. 发芽率通常要求90％以上；D. 送存种子数量，自花授粉作物要求3 000～4 000粒，异花授粉作物要求4 000～12 000粒。各个国家种子库根据本国情况，还有一些具体规定。顽拗型种子在干燥、低温条件下反而会迅速失去活力，例如核桃、柿、栗、油桐、茶、茭白等，当种子含水量降低到12％～31％（因植物种类不同而不同）时生活力即下降，所以顽拗型种子一般不用种子保存方法保存资源。

表7-1　我国国家种质库储藏冷库种类及功能一览

储藏冷库名称	种质储存条件	功　　能
长期库	温度为−17～−19℃，相对湿度<50％	负责全国作物种质资源的长期保存，一般不对外供种，只有当种质材料在中期库或供种单位缺乏时，才可动用长期库保存的种质
中期库	温度为−2～−6℃，相对湿度<50％	作物种质资源搜集、整理、编目、中期保存、特性鉴定、繁殖和分发
临时库	温度+4℃	在种子存入中长期储藏冷库之前，临时存放各单位供送交来的种子
复份库	温度为−17～−19℃，相对湿度<50％	负责国家种质库长期库储存种质的备份安全保存

表7-2　中国农业科学院作物所种质保存设施一览

建筑名称	建成年份	建筑面积（m²）	种质储藏容量（份）	组成部分
国家种质库	1986	3200	约40万	2个长期储藏库（总面积约300 m²）、试验区、种子入库前处理操作区、其他设施
国家农作物种质保存中心	2002	5500	约60万	5个长期储藏冷库、9个中期储藏冷库、3个临时存放冷库（这17个冷库总面积约1 700 m²）、其他设施

② 种植保存：为了保持种质资源的种子或无性器官的生活力，种质资源材料必须每隔一定时间播种 1 次，称为种植保存。种植保存应注意两点：A. 种植条件，应尽可能与原产地相似，以减少由于生态条件的改变而引起的变异和自然选择的影响；B. 应尽可能避免或减少天然杂交和人为混杂的机会，以保持原品种或类型的遗传特点和群体结构。

③ 离体保存：利用试管保存组织培养物或细胞培养物的方法可有效地保存种质资源材料。其原理是，植物体的每一个细胞，在遗传上都是全能的，含有发育所必需的全套遗传信息。离体保存方法有以下几种。

A. 组织培养保存：按组织培养技术保存种质的原理，可将该保存方法分为常温继代保存法和缓慢生长保存法。该技术只适合于试验材料、育种材料等的短期保存。

B. 低温保存（-80～0 ℃）：这是一种缓慢生长保存方法，是通过控制培养温度来限制培养物各种生长因子的作用，使培养物生长减少到最低限度。

C. 超低温保存：超低温保存又称为冷冻保存，是指在-80 ℃以下的超低温中保存种质资源的一整套生物学技术，通常也称为液氮保存（-196 ℃）。超低温保存原理是，低温冰冻过程中，如果生物细胞内水分结冰，细胞结构就遭到不可逆的破坏，导致细胞和组织死亡；植物材料在超低温条件下，冰冻过程中避免了细胞内水分结冰，并且在解冻过程中防止细胞内水分次生结冰而达到植物材料保存目的。植物细胞含水量大，冰冻保存难度大，投放液氮中易引起组织和细胞死亡，故须借助于冷冻防护剂，防止细胞冰冻或解冻时引起过度脱水而遭到破坏，保护细胞。超低温保存基本程序包括预处理、冷冻处理、冷冻储存、解冻和再培养。

④ 基因文库保存：基因文库保存是利用分子生物学技术繁殖和保存单拷贝基因的方法。一个生物体的基因组 DNA 用限制性核酸内切酶部分酶切后，将酶切片段插入到载体 DNA 分子中，所有这些插入了基因组 DNA 片段的载体分子的集合体，将包含这个生物体的整个基因组，也就构成了这个生物体的基因文库（图 7-6）。这样建立起来的基因文库不仅可以长期保存该种类的遗传资源，而且还可以通过反复的培养、筛选来获得各种基因。当我们需要某个基因时，可以通过某种方法去"钓取"获得。

（二）作物种质资源的研究和利用

随着全球环境变迁、人口增加，环境问题、粮食问题、能源问题、健康问题乃至可持续发展问题都是人类面临的严峻挑战，而植物正是解决这些棘手问题的良方。据科学家预测，由于人类活动、全球变暖等因素，植物物种正以前所未有的速度消失。每年有 1 000 种以上的植物从地球上消失，全世界约有 30%的物种正面临威胁。如果不采取有效措施，到本世纪末，将会有达 70%～80%的植物种类从地球上永远消失。一种植物的消失，就剥夺了后人一种选择的机会。育种专家是"巧妇"，种质资源就是"米"，丧失了种质资源，巧妇也难为无米之炊。我国疆域广阔，拥有世界最为丰富的植物品种资源，由于种种原因，一些重要的资源正以惊人的速度递减，因此努力提高全民对品种资源工作的认识，积极探索品种资源工作中的一系列理论和实践问题，对防止重要资源枯竭、促进植物育种和生物技术发展有相当重要的意义。

1. 作物种质资源的鉴定与评价　种质资源蕴藏着育种所需要的全部基因，怎样发挥种质资源所蕴藏基因的作用，关键在于对种质资源的了解程度，这就需要对种质资源进行多学科、全面的、系统的鉴定和评价。种质资源工作者一般负责形态特征和主要农艺性状的观察

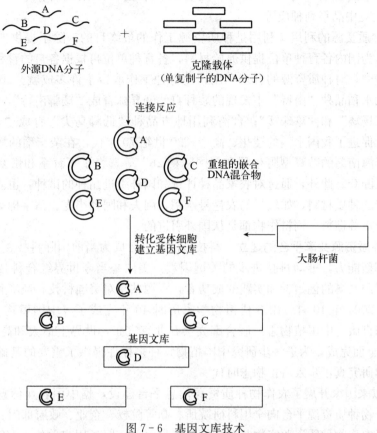

图 7-6　基因文库技术
(引自 J. J. Greene 和 Rao V. B. , 1998)

记载，有条件的也系统进行某种特性的鉴定、研究。遗传、育种、生理、生物化学、植物保护等学科的科学工作者根据种质资源工作者提供的材料进行深入的研究、鉴定，然后将结果寄回种质资源研究单位，加以汇总、整理、分析并记入档案。

种质资源鉴定的目的可分为：①以描述种质的形态特征和用于品种类型鉴别为主要目的的农艺性状鉴定；②用于品种改良为目的的特性鉴定，例如高产、优质、抗病虫等；③以育种利用或基础研究为目的的遗传鉴定。

种质资源鉴定的方法有：①直接鉴定和间接鉴定；②田间鉴定和实验室鉴定；③自然鉴定和诱发鉴定；④当地鉴定和异地鉴定。

2. 作物种质资源的创新与基因库的拓建　为了丰富种质资源的遗传基础，必须利用已有的种质资源通过杂交、理化诱变、外源基因的导入及其他手段创造新的种质资源，不断拓建基因库。2013 年农业部副部长余欣荣在第一届国家农作物种质资源委员会会议上讲话指出，要实现我国农作物育种和现代种业的突破性发展，必须凝聚力量，加强种质资源深度评价和创新力度，建立完善高效的种质创新技术体系，创制具有突出优势的新种质材料，为作物育种提供有效支撑。

近几年，通过远缘杂交、细胞工程、分子标记辅助选择与常规杂交技术相结合，大规模开展种质创新，创造高产、优质、抗病、耐旱、氮磷高效利用、适应气候变化等作物新种质

520 余份，如超级稻骨干亲本"0611"恢复系、小麦普冰系列种质、玉米骨干自交系"昌7-2"、大豆中品系列种质等。

3. 作物种质资源的利用　利用是种质资源工作的最终目的，除了提供向国外交换的资源外，主要是为国内各育种单位提供原始材料，各育种单位再根据各自的育种任务和目标加以利用。实践中，对种质资源的合理利用，使育种工作取得了许多成就。20 世纪 50 年代，广东省利用从水稻品种"南特"中发现的矮秆自然变异株育成"矮脚南特"，利用"矮仔占"品种育成"广场矮"和"珍珠矮"；台湾利用地方品种"低脚乌尖"育成"台中本地 1 号"等水稻良种，促进了我国水稻的矮化、高产。20 世纪 70 年代，在杂交稻的培育过程中，成功地利用原产海南岛的败育型野生稻和"国际稻 26"等选育了不育系和恢复系，从而成功地实现了三系配套。此外，通过对农家品种评选和国外引进品种的试种，也获得了一大批可直接用于生产的种质材料，如较早的农垦号水稻、阿夫和阿勃小麦、岱字棉等，以及后来的甜叶菊、聚合草等糖料、饲料作物都是从国外引进的。

4. 作物种质资源共享平台的建立　科技资源共享已成为当前国际科技领域的发展趋势，是提高科技创新能力，推动科技进步的关键因素。美国是当今世界综合科技实力最强的国家，是信息资源共享的创始者和实践的成功者，资源共享对美国科技、经济和社会的发展产生巨大作用。2004 年 10 月，由 3 代植物学家历时 45 年完成了《中国植物志》。2013 年 9 月，英文和修订版《中国植物志》联合编委会在北京宣布，世界上最大和高水平的《Flora of China》已全面完成，为进一步研究中国植物物种多样性提供了重要的基础信息，也使中国植物分类学研究真正步入后植物志时代。

2004 年以来国家开展了农作物种质资源信息平台建设，据中国农业信息网统计，2012 年度国家农作物种质资源平台向全国科研院所、高等院校、企业、政府部门、生产单位和社会公众提供了农作物种质资源实物共享和信息共享服务，服务用户单位 1 949 个，服务用户 9 051 人次，向全国提供了 8.5 万份次的农作物种质资源，向 31.5 万人次提供了农作物种质资源信息共享服务，为"国家千亿斤粮食工程""种子工程""渤海粮仓""转基因重大专项"、881 个各级各类科技计划项目（课题）以及 431 家国内企业提供了资源和技术支撑。

二、育种目标

育种目标就是对所要育成的新品种在一定的自然条件、耕作栽培条件和经济条件下应具备的一系列优良性状指标。确定育种目标是育种工作的前提，育种目标适当与否是决定育种工作成败的关键。

（一）现代农业对品种的要求

高产、稳产、优质、多抗和适应性强是目前国内外育种的总目标，也是现代农业对品种的普遍要求。但要求的侧重点和具体内容，常因地、因时、因作物种类而异。

1. 高产　选择具有高产潜力的品种，是现代农业对品种的基本要求，也是育种目标的重要内容。农业生产对品种产量潜力的要求不宜局限在小面积上高产或超高产，更重要的是在大面积推广中的普遍增产。对杂交品种增产潜力的要求较纯系品种更高，要求必须足以保证能弥补生产杂交种子所增加的成本，且能获得一定的经济效益。

2. 稳产　生产上不但要求所推广品种具有高产潜力，而且要求在其大面积推广过程中能够保持连续而均衡地增产。影响稳产性的因素主要是品种的抗逆性，我国的自然条件各地不同，存在着风、旱、寒、涝、碱、瘠和不同的病虫害，对这些因素可以采取各种措施加以防治，但最经济有效的途径则是采用对这些因素具有抗耐性的品种。

3. 优质 随着国民经济的发展和人民生活水平的日益提高，新育成的品种不仅要求有更高、更稳的产量，而且还应具有更好、更全面的产品品质。优质性状与高产性状之间，往往存在一些矛盾，如果二者协调改进，做到高产和优质相结合，将使品种更符合生产的要求，如禾谷类作物在高产的基础上要求提高蛋白质和赖氨酸含量等。

4. 适应性强 作物品种的适应性是指作物品种对环境的适应范围和在一定范围内的适应程度，不但要求适应地区的自然条件，而且适应发展中的耕作栽培水平。这就要求品种生育期适当、抗病抗逆性强等。农业生产实践证明，如果一个品种的产量能力基本上适应于当前的生产水平，其适应性较好，这个品种推广地区的范围就广，在生产上利用的年限就可能更长。

现代农业对品种的要求是多方面的，许多性状之间又彼此联系，相互影响。因此，在育种工作中，不能孤立地、片面地追求某一个性状而忽视其他性状，要区分轻重缓急，应在原有品种的基础上，重点改进关键性状，再兼顾其他性状的综合改良。

(二) 制订农作物育种目标的基本原则

制订育种目标是一项复杂、细致的工作。一个正确的育种目标，往往需要对当地自然环境、耕作栽培水平、经济条件、生产情况和现有品种特征、特性深入了解后，才能逐步明确和完善。制订作物育种目标的基本原则有以下几方面。

1. 适应国民经济发展的要求与农业生产发展的需要 目前，我国正处在一个国民经济大发展时期，从各种农作物品种的主攻方向来看，应将高产、稳产、优质、抗逆性强和适用性广的品种选育放在首位；其次是要有利于复种及便于机械化管理。但作物不同，其要求的主次也不一样，生产条件和研究基础较好的作物应过渡到机械化管理、优质和有利于复种为主，例如杂交水稻、棉花等。一个作物品种从开始选育到大田推广，一般至少需要 6～7 年时间，所以在考虑满足当前需要的基础上，应预计到现代农业发展中未来对品种的新要求，使育种工作走在农业生产发展的前面。

2. 适应当地的自然环境与栽培条件 在了解当地气候、土壤、病虫分布、栽培制度等情况的基础上，根据各地生态环境、栽培条件、品种的生态类型，针对限制生产发展的主要问题，找出有关的主要目标性状，选育出能克服现有品种的缺点，保持其优点的新品种。例如春季低温阴雨易使早稻烂秧，秋季的寒潮易造成晚稻结实率低的地区，要求选育苗期抗寒的早稻品种和秋季对寒露风有较强耐性的晚稻品种。在稻瘟病发生较严重的地区，选育抗稻瘟病的品种。在双季稻区则需要搭配一定比例的早熟、中熟和迟熟的早稻和晚稻品种，避免生产上品种的单一化，减少灾害的风险。

3. 明确主攻方向 制定育种目标时，还必须对当地的自然条件和栽培条件进行分析，分清主次，抓住各个时期制约作物生产发展的主要因素。例如 20 世纪 50 年代末 60 年代初，长江流域各地水稻抗倒耐肥性低是限制水稻高产的主要因素，抓住抗倒耐肥性这个主要育种目标，选育出了抗倒能力强的矮秆品种。但常规稻的产量不高，这时选育高产的矮秆品种成为新的主要矛盾，随后杂交稻的培育成功，使产量大幅度提高。后来，水稻白叶枯病和黄矮病流行，所以抗病育种又成为了一个主要矛盾。近年来，水稻的优质育种也提到了议事日程。

三、育种程序

作物育种从收集研究品种（系）资源，选配杂交亲本，做杂交（或采用其他育种途径）到对杂种后代进行选择培育，直到最后育成新品种，都必须通过一系列严密的田间试验程序，即育种程序。

育种程序一般包括选种试验和品种比较试验两个阶段。根据工作进行的先后，可细分为原始材料圃（包括杂交圃）、选种圃、鉴定圃、品系（种）比较试验圃和区域试验和生产试验圃。

由于育种材料的变异来源不同，又分为杂交育种程序、系统育种程序等，虽然提法不同，但工作内容基本相似。

（一）原始材料圃

根据目的，原始材料圃又可分为下述两个圃。

1. 原始材料圃 原始材料圃用于种植国内外收集来的品种资源，进行观察、研究和整理，评定利用价值，以便从中选出优良单株供直接利用或作为杂交亲本。

2. 杂交圃 杂交圃又称为亲本圃，其中种植用于杂交的亲本材料（品种或中间材料）。根据杂交的需要，进行分期播种以调节花期，单株种植，行距宜宽，以便于杂交操作。

（二）选种圃

选种圃用于种植杂种后代和连续当选的优良育种材料，直到选育出性状稳定一致的优良品系升级试验为止。选种圃的主要任务是对分离世代材料进行系统而全面的观察、鉴定和培育选择，从中选出优良而稳定的品系升级。

选种圃的年限取决于该系统是否表现优良以及是否表现整齐一致，若亲本亲缘较远，杂交后代分离大，稳定所需要的世代多，反之则少。

（三）鉴定圃

鉴定圃用于种植从选种圃升级来的优良品系和上年留下的育种材料以及对照品种。其主要任务是鉴定各优良品系的经济性状和各优良品系的单位面积产量，鉴定各优良品系的稳定性和一致性，选出优良品系升级试验。

该圃的试验年限一般为1年，种植小区面积较大，一般为10～30 m²，栽培条件接近生产水平。要求重复2～3次，采用顺序排列，每隔4个或9个小区设对照区。根据田间和室内鉴定的结果，将表现优良的品系选拔出来，供下代参加品种（系）比较试验。

（四）品种（系）比较试验圃

品种（系）比较试验圃用于种植由鉴定圃升级的优良品系，或从外地引进的优良品种。品种（系）比较试验的任务是：对选育出的优良品种（系）在大田条件下和较大的小区面积上进行综合性鉴定、比较和分析，从中选出产量、品质或其他经济性状显著优于现有推广品种的新品种（或品系）。品种（系）比较试验又可分为品种（系）预备试验和品种（系）比较试验。

1. 品种（系）预备试验 只进行1年，重复2～4次，按顺序排列或随机排列，对照品种的设置方法按所采用的试验设计要求确定。它的任务是初步淘汰一些不太优良的品系和品种，繁殖较多的优良品种的种子。

2. 品种（系）比较试验 品种（系）比较试验是育种单位进行育种工作的最后一个阶段。经过预备试验或由鉴定圃选出优良品种或品系在品种（系）比较试验中继续进行观察鉴定，要求对品种（系）的生物学特性、抗性、丰产性、稳产性、栽培要求等做更为详尽和全面的研究。由于在品种（系）比较试验中所肯定的品系和品种即将进入生产，所以试验中的土壤肥料、耕作方法、密度、田间管理等更要求接近于生产条件。通过田间观察和多次评定以及产量分析后，选出最优良的品系或品种提交区域试验和生产试验。

品种（系）比较试验的田间规划和预试圃基本相似，面积稍大一些。重复3～5次。参加品种（系）比较试验的材料比较优良，数目不多，不要轻易决定取舍。

（五）区域试验和生产试验圃

每个新育成的品种或引进品种在经过品种（系）比较试验后，在推广到生产以前，必须分别在不同的自然条件下进行更大范围的比较鉴定试验（称为区域试验）和生产试验。它们的任务是：确定适合当地推广栽培的最优良的品种，了解参加试验的各品种的适应区域，了解各品种对栽培技术的要求。

1. 品种（系）区域试验 区域试验是由国家机关或地方政府有关部门有组织有计划进行的。按照不同的自然区域，根据国家、省（自治区、直辖市）区域试验的统一规定，确定试验点，拟制计划书，统一试验方法。品种（系）区域试验的田间计划、栽培管理、性状鉴定等与品种（系）比较试验基本相同。

2. 品种（系）生产试验 对若干表现突出优异的品种，可在品种（系）区域试验的同时，根据国家、省（自治区、直辖市）区域试验组织部门的要求，将品种（系）种植在规定的地区，在不同地点进行对比试验（即生产试验），以便使品种（系）经受不同地点和不同生产条件的考验，并起示范和繁殖作用。

新品种的选育，经过区域试验和生产试验之后，如果产量、品质、抗性等性状达到新品种审定标准，可报请国家、省（自治区、直辖市）农作物品种审定委员会审定、命名。国家种子法规定，主要农作物品种只有通过审定后才能在适宜区域进行推广应用。

以上育种工作程序和要求，在一个新品种选育的完整过程中，还需要根据各地的具体条件，灵活运用。在工作进程中，既可跳越其中某圃，也可以在某圃多观察鉴定1代，这样既能保证育种质量，又能加速选育进程。

第三节　作物育种的主要方法

作物育种的方法很多。本节主要介绍引种、选择育种、杂交育种、杂种优势利用、诱变育种和生物技术育种。

一、引种

（一）引种的概念和作用

引种是将异地的优良品种（系）或具有某些优良特性的资源引入本地作为育种素材或作为品种直接推广利用的育种方法，其特点是简单易行，迅速有效。该方法目前主要用来充实作物种质资源，丰富育种的物质基础，同时也是解决生产中对良种迫切需要的有效措施。

在农业上最先使用的各种作物，都是在少数几个农业先进国家或地区由野生植物栽培驯化之后，通过相互引种才逐渐传播开来的。例如美国种植面积最大的玉米是引自墨西哥，大豆则由中国引入。我国从国外引进的水稻、棉花等作物的许多品种，有些直接用于生产，增产效果显著，国内各地区间的相互引种更为普遍。引种对农作物产量方面的作用是非常明显的，一般比当地品种增产 10% 以上，有的达 20%～30%，甚至达 50%。但盲目引种，特别是不通过试种就大量推广，往往会造成重大的损失。

（二）引种的一般规律

外地品种能否在本地直接利用，关键问题在于它能否很好地适应本地区的自然环境条件。因此引种时首先必须掌握原产地与引种地区生态条件的差异程度以及作物品种的感温性和感光性强弱；其次是掌握其耕作栽培技术特点。

1. 温光反应特性与引种的关系　由于生态环境不同，形成各种作物对温度和光照反应的特性也不同。所以掌握作物温光反应特性，对引种和栽培都具有重要的指导意义。

水稻、棉花、玉米等属于喜温短日作物，生育期间需要一定的高温和短日照。例如水稻属于高温短日作物，晚稻品种属于光照反应敏感的类型，在缩短或延长光照的情况下，抽穗期的提前或延迟变化较大。早稻和中稻属于光照反应迟钝的类型，在缩短或延长光照情况下，抽穗期的提前或延迟变化不大，但对短日处理有一定程度的反应。所以水稻南种北移时，生育期延长，营养体生长较好，但能否正常抽穗结实，则会因早稻、中稻、晚稻而不相同。例如原产于华南或华中的早稻早熟品种，移至华北甚至东北栽培，一般都可正常抽穗成熟，且能高产；华南的早熟晚稻品种，只能在南京以南正常抽穗结实；而华南的迟熟晚稻品种引至长沙就不能抽穗。北种南移时，生育期缩短，早熟品种常因营养生长较差难以丰产，以引用迟熟品种较为适宜。

棉花虽是短日喜温作物，但天然异交率高，变异性大，适应性强。南种北引时，常因无霜期短，霜前吐絮率低而影响产量。在无霜期短的早熟棉区引种时应注意选用早熟品种。北种南移则应选用晚熟品种。

玉米是非典型的短日作物，对日长反应迟钝，但喜欢高温。

小麦、油菜均属长日照作物，生育期间需要一定的低温和长日照。在引种时，北方冬油菜冬性强，引到南方种植，发育推迟，表现迟熟。南方的冬油菜品种春性强、发育快，向北引种冬播易早薹、早花。北方冬小麦引至南方，由于不能很好地满足春化阶段对低温的要求，会延迟成熟，或者不能抽穗。半冬性小麦即使勉强通过春化阶段，而在短日照条件下也会延迟拔节抽穗，甚至不能抽穗。相反，南方春性或半冬性小麦品种往北引，则因北方冬季严寒，常不能安全越冬；若作春麦栽培，春化阶段可以通过，但因日照变长，光照阶段很快完成而表现早熟，产量不高。春小麦的春化阶段短，通过春化阶段所要求的温度范围较宽，所以引种范围较广，例如墨西哥的春小麦品种，在世界上二三十个国家种植，产量表现均较好。

2. 作物生态型与引种的关系　生态型是指适合于某种环境条件范围内的植物群体，即一种作物在一定的生态地区范围内，通过自然选择和人工选择，形成与该地区生态环境及生产要求相适应的类型。同一生态型的个体在光温特性、生育期长短、各种抗性方面都具有相似的特性，因为它们都是在相似的自然条件下形成的。所以引种时，从生态条件相近地区引入适合的生态类型，较易获得成功。

在不同地区的生态环境中，有主导的因素和从属的因素。例如以气候因素中的温度、日照、降水量等条件为主导因素所形成的生态型，称为气候生态型。籼稻和粳稻是受不同纬度或海拔的气候条件影响所形成的，籼稻适宜生长在热带和亚热带地区，粳稻适宜生长于气候温和的温带和热带的高地。因此我国南方多籼稻，北方多粳稻。早稻和晚稻，其差别主要在于生理特性对光照反应的不同。了解水稻的气候生态型，对引种有很大的帮助。例如南种北引时，必须引种对光照钝感型的早稻品种。

以土壤为主导因素所形成的作物类型为土壤生态型，由土壤的理化特性、土壤含水量、含盐量、酸碱度、土壤微生物活动等条件的共同作用下形成，对这些土壤条件有共同的要求。例如陆稻的形成，土壤水分是主要的因素。20 世纪 70 年代以来，巴西等国已选育出抗高铝离子浓度的马铃薯和小麦品种，并积极开展大豆抗酸和抗铝育种，在酸性甚高的稀树草原和亚马孙河流域扩大大豆种植。近年来我国黑龙江省培育出抗盐水稻品种，可以在西部盐碱土地区种植。

（三）引种的方法和注意事项

引种规律的一个共同点，就是把具体的植物种和品种看成具体的自然条件下的产物。因此引种工作者在确定引种计划时，应在这个观点的指导下考虑引种方法。

1. 调查研究品种原产地的环境条件和品种形成特性　根据引种规律及对本地生态条件的分析，掌握国内外有关品种资源的信息，选引适于本地区的优良品种。因此在引种前，应着重了解该品种的形成历史、生态类型、光温反应特性，并研究该品种生长发育期间两地区气候条件的差异，预料可能发生的情况，要求其生育期符合当地的耕作制度，高产稳产，抗逆性强。我国地域辽阔，跨热带、亚热带和温带，气候条件优越，不仅各地区根据具体条件可以广泛地相互引种，而且可以充分利用世界的品种资源，为我国作物生产服务。在同一地区、同一生态型中要尽可能引入较多的材料，但每份材料的种子数量不宜太多。

2. 注意加强检疫和隔离栽培　为了防止区域性的病虫害随着新品种的引入而传播蔓延，应把严格的检疫工作放在首位。因为引种是病虫害和杂草传播的主要途径。在引入育种材料时，有可能同时带入本国和本地区所没有的病虫害和杂草，以致后患无穷。对新引进的品种，还要先隔离种植于特设的检疫圃中，进行鉴定，在鉴定中如发现有新的危险性病虫害和杂草，就要采取根除的措施。通过这种途径繁殖得来的种子，才能投入引种试验。

3. 参加品种比较试验和多点试验　将经过试种观察，初步肯定那些有希望的品种，进一步参加设有重复的品种比较试验。为了加速引种进程和提高试验的准确性，还要进行多点品种比较试验。只有通过对不同生态地区的种植观察，了解品种材料对不同自然条件、耕作条件和土壤类型的反应，了解品种在当地条件下的性状表现，确定有推广价值后，才能推荐参加区域试验，开展栽培试验和加速品种的繁殖，直至应用于生产。新品种引入后，由于生态环境的改变，常会发生各种各样的变异，在试种过程中，还可以从中选育出新的优良变异单株，培育成新品种。

二、选择育种

（一）选择育种的意义和作用

选择育种也称为系统育种，就是采用单株选择法，优中选优。群众称之为一株传、一穗传、一粒传。从现有大田生产的优良品种中，利用自然出现的新类型，选择具有优良性状的变异单株（穗），分别种植，每个单株（穗）的后代为 1 个品系，通过试验鉴定，选优去劣，育成新品种，繁殖应用于生产。选择育种是自花授粉作物、常异花授粉作物和无性繁殖作物常用的育种方法。它是改良现有品种的一个重要方法，也是育种工作中最基本的方法之一。

它具有以下两个特点。

1. 简单易行、时间短、见效快 由于所选的优良个体，是利用自然变异材料，一般是同质结合体，后代没有分离，不需要经过几代的分离和选株过程，而且育成的品种对当地自然条件和栽培条件的适应性较好，容易推广。其工作过程简单，试验年限短，一般进行两年的产量比较试验证明确实较原品种优良后，即可参加区域试验。所以选择育种既适宜于专业育种单位采用，也适宜于群众育种采用。

2. 连续选优，品种不断改进提高 自然环境在变，栽培技术在不断提高，品种也会出现变异。只要经常到田间去仔细观察，就会发现优良的变异类型，为进一步选择育种提供材料。事实上，全国各地生产上应用的许多作物良种，就是用选择育种法育成的。例如水稻的"矮脚南特"首先是从"鄱阳早"中经过选择育种育成"南特号"，从"南特号"又育成"南特16"，再从"南特16"育成高度耐肥抗倒的我国第一个矮秆籼稻良种"矮脚南特"。此外，在南特号中经过不断的选择育种，还选育出许多适应不同地区、不同栽培条件的高秆和矮秆水稻良种。

(二) 选择育种的基本原理

1. 品种自然变异现象及产生的原因 任何优良品种都有一定的特点，并具有相对稳定性，能在一定时间内保存下来。但是自然条件和栽培条件是不断变化的，品种也不是永恒不变的，而是随着条件的改变或自然杂交、突变等原因，不断地出现新的类型，即自然变异。因此品种遗传基础的稳定性是相对的，变异是绝对的。

产生变异的原因有两个：内因和外因。内因主要是生物内部遗传物质的变化。只有遗传物质的变化才能产生遗传的变异，才为选择提供原始材料。遗传基础的变异通常有以下几个方面：①由于自然杂交，引起基因重组，出现新的性状；②基因突变，即在某些基因位点上发生一系列变异；③染色体数目上或结构上发生变异；④一些新品种在开始推广时，其遗传基础本来就不纯，而存在有若干微小差异，在长期栽培过程中，微小差异渐渐积累，发展为明显的变异。这些遗传基础的变异，都可以引起性状发生变异。

但是遗传基础的变异往往离不开外因——环境条件的影响。特别是引进异地品种时，由于环境条件变化较大，品种的变异往往更加迅速而明显。例如前文所述的水稻品种矮脚南特从广东引到长江流域以后，以及小麦品种"阿夫"和棉花品种"岱字15"从国外引入我国栽培后，在形态、经济性状、生物学性状各方面都有变异，通过系统育种都曾育出大批各具特色的新品种。因此对引进的品种进行选择育种往往效果好。

2. 纯系学说 所谓纯系是指自花授粉作物一个纯合体自交产生的后代，即同一基因型所组成的个体群。约翰逊（Johannsen W. L.）从 1901 年开始，把从市场上收集来的自花授粉作物菜豆，按籽粒大小、轻重选出 19 个纯系，再把它们连续进行 6 年选择，得出两个主要结论：①在自花授粉作物群体品种中，通过单株选择可以分离出许多纯系，表明原始品种是纯系的混合物；②同一纯系内继续选择没有效果，因为同一纯系的不同个体的基因型是相同的，豆粒轻重的差别是由环境影响造成的。

(三) 选择育种的方法和程序

1. 精选单株的方法 选择育种是从选择优良单株（穗、铃）开始的，所以必须注意以下几个方面。

(1) 选株对象 利用什么基础材料来选株，是选择育种成败的关键。总结我国 1950 年以来育种工作的成就，用选择育种选育的品种，绝大多数是从当时生产上广为栽培的优良品种中选出来的。因为这些大面积栽培的品种，长期种植在各种不同的生态条件下，发生各种各样的变异，为选择育种提供了丰富的选种材料，容易选出更优良的品种。

（2）选株标准　根据育种目标，明确选择类型。例如进行抗病育种时，必须在有病的地区选抗病的个体。同时要在综合性状优良的基础上重点克服品种存在的缺点，否则忽视综合性状只突出单一性状的选择，不会选育出有推广价值的优良品种。

（3）选株条件　选择育种是优中选优，选株要在保持原品种优良特点并生长均匀一致的条件下进行，选株的田块必须土壤肥力均匀，耕作管理相同，不在田边、缺株等生长不正常的地方选株。避免由于环境因素的影响而产生的非遗传变异的干扰，确保能正确地鉴别个体间遗传性的差异，选出遗传性优良的植株。

（4）选株数量　选株数量应根据具体情况来确定。一般来说，品种群体内变异类型多，育种规模大，人力充足时，可以多选一些，否则只宜少选。

选择育种是利用自然变异，在自然变异中可遗传变异的频率较低，出现优良单株的机会更小，必须在观察大量植株的前提下，慎重选择。例如"矮南早1号"是浙江省农业科学院从"矮脚南特"大田中选择1 142个单穗，经进一步鉴定育成的。

（5）选株时间　在整个生育期中分阶段到田间观察选择，特别要在性状表现最明显的时期进行观察和选择。因此越冬性要在冬季苗期观察选择，生育期要在抽穗、开花、成熟时观察选择，抗倒性要在大风雨之后选择，抗病性要在病害大发生时观察选择。有的性状还需要观察选择几次。例如水稻选择的关键时期是抽穗期，因为这个时期容易识别熟期、穗部性状、叶片等重要特征。因此一般抽穗期选择1次，对合乎目标的优良单株，做上记号，成熟时到田间复选1次即割回，在发生病害、寒害时，选抗病抗寒单株。

总之，选择育种精选单株，以田间观察为主，以当前品种的缺点为主攻方向选择单株，最后在室内决选1次，淘汰不符合要求的。选留的单株干燥后，及时分单株脱粒，分别收藏并编号。

2. 选择育种的程序　选择育种从选株开始到新品种育成、推广，需要经过一系列试验、审定过程（图7-7）。

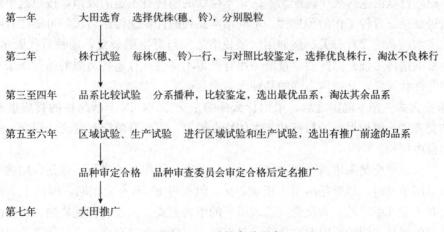

第一年　　　大田选育　选择优株(穗、铃)，分别脱粒

第二年　　　株行试验　每株(穗、铃)一行，与对照比较鉴定，选择优良株行，淘汰不良株行

第三至四年　品系比较试验　分系播种，比较鉴定，选出最优品系，淘汰其余品系

第五至六年　区域试验、生产试验　进行区域试验和生产试验，选出有推广前途的品系

　　　　　　品种审定合格　品种审查委员会审定合格后定名推广

第七年　　　大田推广

图7-7　选择育种程序

(引自西北农学院，1979)

三、杂交育种

杂交育种是利用不同基因型的品种或类型杂交，以创造变异，获得新类型（杂种），继而对杂种后代加以培育选择，创造新品种的方法。杂交育种是国内外应用最广泛，而且成效最大的育种方法，也是人工创造和利用变异的主要育种方法之一。杂交可以分为有性杂交、无性杂交和体细胞杂交，有性杂交根据亲本亲缘关系的远近又分为品种间杂交和远缘杂交。下面主要介绍品种间杂交和远缘杂交。

（一）品种间杂交

同种或亚种内两个或两个以上品种个体之间进行杂交，即为品种间杂交。杂交后代的性状是亲本性状的继承和发展，因此能否在杂交后代中选到理想的变异类型，与亲本的选配密切相关。如果亲本选配得当，其后代出现优良变异的频率较高，更容易从中选到理想的材料，育成具有优良性状的新品种，否则就会徒劳无获。所以亲本的选配是杂交育种成败的关键。

1. 杂交亲本的选配原则 杂交育种的实践证明，要正确地选配亲本，一是要了解品种资源，研究和掌握品种的遗传特点，二是要根据育种目标决定亲本。其选配原则有以下几点。

（1）选择优点多，缺点少，而且彼此的主要优缺点能够互补的品种作亲本 这是一条最基本的原则。在这样配组的杂交后代中，出现优异个体的比例较大，育种成效好。如果双亲之一缺点多，往往在杂交后代中出现这样或那样的缺点较多，不容易选出理想的个体；如果亲本都具有相同的缺点，则后代又容易出现相同的缺点。

（2）选用地理生态型差异较大，亲缘关系较远的材料作亲本 这个原则的意义主要在于丰富杂交后代的遗传基础，增加产生优良性状的可能性。地理上的远缘材料，由于长期人工选择和自然选择的结果，不同地区的品种，对不同的生态条件有不同的适应性和抗逆性。因此选用地理远缘的品种杂交，可以综合不同品种的适应性、抗逆性、丰产性等优良性状。由于杂交后的内在矛盾大，分离多，变异广泛，后代会出现更多的变异类型甚至超亲的有利性状。

（3）根据性状的遗传规律选配亲本 亲本性状的遗传有一定的规律，按照这个规律选配亲本，可提高杂交育种工作的预见性。不同亲本品种的性状遗传给后代的可能性有明显的差异，这与亲本的系统发育有关。例如用水稻栽培品种与野生稻杂交，杂种后代野生性状多，说明野生稻的遗传力强。因此要尽量避免用有严重不良性状且遗传力强的品种作亲本，而要选择那些既性状优良，又遗传力强的品种作亲本。

2. 杂交方式 亲本确定之后，采用什么样的杂交方式，对于新品种的育成也有很大的关系。杂交方式一般根据育种目标和亲本的特点确定，主要有单交、复交、回交、多父本混合授粉和自由授粉。

（1）单交 单交是采用两个亲本进行1次的杂交，用甲×乙表示，这是常用的一种杂交方式。在采用单交时，尽管是两亲本相互杂交，但所得 F_1 不完全相同，即两个亲本的配对杂交，又有正交（甲×乙）和反交（乙×甲）的组合方式。在没有细胞质遗传的情况下，正交和反交的效果是相同的。因此在选择父母本时，习惯上常以对当地栽培条件适应性强，农艺性状比较好的作为母本。

（2）复交　采用两个以上的亲本进行多次杂交，称为复合杂交或复交。复交的目的是把多个亲本的优良性状综合到一个更完善的新品种里去。复交的方式因采用亲本的数目及杂交方式不同，又分为三交、四交（或双交）、聚合杂交等。复交虽然比单交费事，但其后代具有丰富的遗传性，因此应根据具体情况灵活运用。

（3）回交　两个亲本杂交后，子一代再与双亲中的一个亲本进行的杂交，称为回交。回交可以进行 1 次或多次，直至回交亲本的优良性状加强并固定在杂种后代时为止。因此应尽可能选择综合性状好的亲本作回交亲本，这样才能较快获得成功。在抗性育种、远缘杂交和杂种优势利用中，常常采用回交法。

（4）多父本混合授粉　用几个父本品种的混合花粉，对一个母本品种进行授粉，即甲×（乙＋丙＋丁），称为多父本混合授粉。

（5）自由授粉　此法将母本种植在若干个父本品种之间，去雄后任其天然授粉，使其尽可能地自由交配。其目的在于综合多个亲本的优良性状，应用于异花授粉作物的群体改良上有显著的作用。

3. 杂交技术　作物的杂交工作是一项细致的操作，为了顺利地进行，首先应对作物的花器构造、开花习性、去雄授粉方式、花粉寿命等一系列有关问题有所了解，在此基础上采用相应的杂交技术，才能得到较好的结果。虽然作物的种类繁多，杂交的方法和技术有较大的差异，但基本原则是相同的，主要有以下几个步骤。

（1）亲本植株选择　根据育种目标，选择具有父本和母本品种典型性状、生长发育良好、无病虫害的优良单株作杂交亲本植株。

（2）母本去雄　这是保证杂种真实性的重要一环。去雄的方法主要有夹除雄蕊法、剥除花冠去雄法、温水杀雄法、化学药剂杀雄法等。应根据不同作物的花器特点采用适当的方法。

（3）采粉授粉　此步骤就是采集父本的花粉授给已去雄的母本雌蕊的柱头上，使其受精结实。作物最适宜的授粉时间是每日开花最盛的时候，因此也是采取花粉最容易的时间。

（4）杂交后的管理　杂交后的管理应以保果防杂为中心。授粉后的花或穗挂牌，标明杂交组合名称和授粉日期。杂交种子成熟后，连同纸牌及时收获，妥善保存，以备来年播种。

4. 杂交后代的处理　选配亲本和进行杂交，只是杂交选育的开端，大量的工作是杂交后代的培育、选择和鉴定，这样才能使没有定型的材料逐步达到性状稳定成为符合选育目标的新品种或类型。

对杂种后代的选择，是根据性状遗传力的大小和世代的纯合百分率进行的。各种作物性状的遗传力是有所不同的，一般株高、成熟期和某些抗性等性状的遗传力较高，在 F_2、F_3（即早世代）进行选择效果较好。但对产量性状（例如单位面积上的穗数和每穗粒数等）遗传力较低，一般在晚些世代进行选择。所以一般情况下，质量性状早世代遗传力高，早世代选择较好，数量性状则晚世代选择效果好。杂种后代的选择方法，应用广泛的有系谱法（多次单株选择法）和改良混合选择法。

（二）远缘杂交

1. 远缘杂交的概念与作用

（1）远缘杂交的概念　远缘杂交是指不同亚种、种、属，甚至不同科的植物之间的杂交。由于它们的父母本的亲缘关系较远，故称为远缘杂交。例如籼稻与粳稻、栽培稻与野生稻的杂交、海岛棉和陆地棉的杂交、小麦与黑麦的杂交等，都称为远缘杂交。远缘杂交作为一种手段，能引入不同种、属的有用基因，为创造农作物新品种和新类型提供了一条重要的途径。

（2）远缘杂交的作用　远缘杂交可培育出更高产的优良新品种。例如籼稻与粳稻杂交，培育了具有籼稻和粳稻优良性状的高产品种。远缘杂交可提高品种的抗病虫害能力，因为许多野生类型的材料，由于长期自然选择，对各种不良外界环境条件具有很强的抗逆能力，通过野生类型材料与栽培品种杂交，可提高栽培品种对病虫害的抵抗能力。例如利用抗丛矮病的野生稻与栽培稻杂交，培育出抗丛矮病的优良品种。远缘杂交可获得雄性不育系，为杂种优势利用提供理想的遗传工具。例如水稻的不育系、高粱的不育系等大都是利用远缘杂交的方法培育而成的。陆地棉与海岛棉杂交获得的 F_1，具有很强的杂种优势，F_1 的皮棉产量接近陆地棉，纤维长度又近似海岛棉甚至超过海岛棉。远缘杂交在促进生物进化方面起到很大的作用，我国开展远缘杂交工作以来，先后培育了八倍体小黑麦、小偃麦、高粱蔗等一些新类型、新品种，丰富了远缘杂交的科学理论。

2. 远缘杂交存在的问题与克服的方法　远缘杂交也存在很多问题有待克服。远缘杂交与品种间杂交相比，由于亲缘关系远，杂种内部矛盾更大，后代分离更多样化，杂交不易成功。因此给育种工作带来许多困难，主要表现在：杂种生活力弱，不育或育性低，后代性状分离大，分离时间长，性状不易稳定。

上述问题的克服方法，一是适当增加杂种后代的选株数量和选育代数，二是采用适当的品种进行复交或用亲本进行回交。此外，还可以利用 F_1 的花粉进行离体花粉培养，对克服远缘杂交后代分离也有效果。

四、杂种优势利用

（一）杂种优势的概念

两个或几个遗传性不同的亲本杂交产生的杂种第一代（F_1），其生长势、生活力、抗逆性、产量、品质等诸方面优于其亲本的现象，称为杂种优势。不同品种和类型杂交，其杂种优势的强弱不一样。为了研究和利用杂种优势，常用以下几种方法计算杂种优势的大小。

1. 中亲优势法　杂种第一代值（F_1）与双亲值（P_1 与 P_2）的平均值（MP）做比较，得出中亲优势，其计算公式为

$$中亲优势 = \frac{F_1 - MP}{MP} \times 100\%$$

2. 超亲优势法　杂种一代值（F_1）与高值亲本值（HP）做比较，得出超亲优势，其计算公式为

$$超亲优势 = \frac{F_1 - HP}{HP} \times 100\%$$

3. 负向超亲优势　杂种一代值（F_1）与低值亲本值（LP）做比较，得出负向超亲优势，其计算公式为

$$负向超亲优势 = \frac{F_1 - LP}{LP} \times 100\%$$

4. 超标优势或生产优势法　杂种一代值（F_1）与生产上推广的优良品种值（CK）做比

较，得出超标优势或生产优势，该方法更具有生产实践指导意义，其计算公式为

$$超标优势或生产优势=\frac{F_1-CK}{CK}\times100\%$$

5. 杂种优势指数　杂交种某一数量性状的平均值（F_1）与双亲同一性状的平均值（MP）的比值，得出杂种优势指数，其计算公式为

$$杂种优势指数=\frac{F_1}{MP}\times100\%$$

上述公式表明：当 F_1 大于 HP 时，称为超亲优势；当 F_1 值小于 HP 而大于 MP 时，称为中亲优势或部分优势；当 F_1 小于 MP 而大于 LP 时，称为负向中亲优势或负向部分优势；当 F_1 小于 LP 时，称为负向超亲优势或负向完全优势。

利用杂种优势主要是杂种一代，从杂种第二代开始发生性状分离，出现部分类似亲本的类型，使优势逐代减弱。特别是通过三系配套的杂交种，后代分离出不育株，导致产量明显下降。因此杂交第二代和以后各代一般不再利用。

（二）杂种优势的表现

杂种优势是生物界普遍而复杂的现象，其优势表现的形式多种多样。通过严格选配的组合，杂种一代的优势表现明显。

1. 生长势强　杂种一代在主要性状上都表现有优势，主要表现在根系发达，吸收能力强；地上部生长快、分蘖力强、茎秆粗、营养体增大，持续期延长等。由于杂种这些长势旺盛的特性，又促进了群体的较快发展，以致能充分利用光能和地力，制造更多的营养物质。

2. 产量高　各种作物杂种一代的产量都较高，一般比推广的普通良种或双亲增产20%～40%，有的高达1倍以上。

3. 抗逆性强　由于杂种具有较强的生活力，能抵抗外界不良条件和适应各种环境。目前生产上种植的各类作物的杂交种，大多数表现抗倒、耐肥、耐旱、耐瘠、耐盐碱等优良特性。只要满足其基本发育条件，不同纬度、不同海拔、不同土质都可种植杂交种。

（三）杂种优势利用途径

利用杂种优势，首要的问题是怎样获得大量的杂交种，这取决于各类作物的特点。下面提供一些可供选用的途径。

1. 人工去雄法　此法适用于雌雄异花，繁殖系数高，花器较大，易于去雄授粉的作物。例如玉米是雌雄同株异花作物，杂交制种时，只要把父本和母本按一定行比相间种植在一个隔离区，到抽穗时，把母本已抽出但尚未散粉的雄穗用手拔掉，任其自由授粉，便可生产大量供生产用的杂交种。棉花、番茄、烟草等作物的雄蕊外露，繁殖系数高，在组合确定之后，采用人工去雄和人工授粉的方法可获得供大田生产的杂交种子。

2. 利用标志性状　利用植株的某一显性性状或隐性性状作为标志，区别真假杂种，就可以不进行人工去雄而利用杂种优势。具体做法是：给杂交父本选育或转育一个苗期出现的显性性状，或给杂交母本选育或转育一个苗期出现的隐性性状，用这样的父母本进行不去雄的自然杂交，从母本上收获自交或杂交的两种种子。在下一年播种出苗后根据标志性状间苗，拔除具有隐性性状的幼苗，即假杂种或母本苗，留下具有显性标志性状的幼苗，即真正杂种。

3. 化学杀雄法　选用一些内吸性的化学药剂，例如二氯丙酸、乙烯利和杀雄剂，在花粉发育前的适当时期，用适当浓度的溶液喷洒植株，可以抑制花粉的正常发育，使花粉败

育，但不妨碍雌花的生长发育。将经杀雄的植株授以其他品种的花粉，即可产生杂交种。例如一些雌雄同花而且雄蕊很小的自花授粉作物（例如水稻、小麦、高粱等）靠人工授粉困难，种子繁殖系数又低，可采用化学药剂杀雄来保证杂交制种。其优点是可以自由选配组合，但也存在一些问题，例如杀雄效果易受气候条件的影响、杀雄不彻底、制种产量一般较低、药剂有残毒等。

4. 自交不亲和性的利用 同一植株上机能正常的雌雄两性器官和配子，因受自交不亲和基因的控制，不能进行正常交配的特性，称为自交不亲和性。自交不亲和性广泛存在于十字花科、禾本科、豆科、茄科等作物，而在十字花科中自交不亲和性尤为普遍。例如油菜类作物，它的某些品系虽然雌蕊和雄蕊都正常，但花粉授予本植株或系内株间传粉均不结实或极少数结实，如果用具有这种特性的品种或品系作母本，另一自交亲和的品种或品系作父本，就可以不经人工去雄而获得杂交种。如果双亲都是自交不亲和系，就可以互为父母本，从两个亲本上采收的种子都是杂种，可提高制种效率。

5. 雄性不育性的利用 植物雄性不育（male sterility，MS）是指从雄蕊原基分化形成之后到有功能的成熟花粉粒形成之前这一段时期，雄性败育，不能形成有生活力的花粉的现象。雄性不育有雄蕊退化或变形、花药异常、孢子囊退化、小孢子退化、花粉功能缺陷等多种表现形式。按其遗传方式雄性不育可分为细胞核雄性不育（nuclear male sterility，NMS）和胞质雄性不育（cytoplasmic male sterility，CMS）两大类。

利用雄性不育性制种，是克服人工去雄困难最有效的途径。因为雄性不育性是可以遗传的，选育出雄性不育系及其保持系后，就可以从根本上免除去雄的操作，尤其是对一些不能大量进行人工去雄的作物（例如水稻、小麦、高粱等），开拓了利用杂种优势的新途径，降低了制种成本，提高了制种的效率。我国目前推广的杂交稻主要是利用核质互作雄性不育的三系杂交稻。

（1）三系法 目前生产上大量应用的雄性不育属核质互作类型，这种类型的雄性不育受细胞质不育基因和纯合的细胞核不育基因所控制，一般通过杂交来实现不育系、保持系和恢复系三系配套。其遗传方式如表7-3所示。

表7-3 核质互作不育型的遗传方式

（引自张树秦，1989）

母本	父本				
	F（ss）可育型	S（ff）可育型	F（ff）可育型	S（fs）可育型	F（fs）可育型
S（ss）不育型	S（ss）不育型	S（fs）可育型	S（fs）可育型	S（ss）+S（fs）可育型和不育型各占一半	S（ss）+S（fs）可育型和不育型各占一半

注：括号内的f代表核内雄性可育基因，s代表雄性不育基因，f对s为显性；F代表细胞质内的雄性可育基因，S代表雄性不育基因，细胞质只能通过母本传递。

从表7-3可以看出，核质互作不育型的S（ss）是不育系的基因型，F（ss）是保持系的基因型，F（ff）或S（ff）是恢复系的基因型，S（fs）是杂种一代的基因型。所以核质互作不育类型可完成三系配套而大面积用于生产。

不育系又称为细胞质雄性不育系。一个优良的不育系，不育性应该稳定，不育度和不育株率都达100%，可恢复性好，配合力强，异交结实率高，便于繁殖制种。

保持系又称为雄性不育保持系。不育系本身没有正常可育的花粉，要靠1个正常品种或品系给不育系授粉，使产生的后代仍保持雄性不育特性。这种专给不育系授粉，使不育系的不育特性一代一代传下去的品种或品系称为雄性不育保持系。每个不育系都有其特定的同型保持系，利用其花粉进行繁殖，传种接代。它们在外表上基本相似，但也存在一些性状差别，这些差别的识别对于杂交制种的去杂去劣是极为重要的。

恢复系又称为雄性不育恢复系。获得不育系和保持系只是解决去雄的一种手段，最终目的是要配制大量供生产用的杂种。因此必须有这样的品种，它们的雌雄蕊正常，自交结实，其花粉授给不育系，既能使不育系产生种子，又使产生 F_1 的不育特性消失，恢复正常散粉生育能力。这样的品种就称为雄性不育恢复系。一个有生产价值的恢复系应该有强的恢复能力，配制的杂种结实率在80％以上；配合力强，杂种的产量要明显超过生产上的优良品种。此外，恢复系要花药发达，花粉量多，植株高于不育系，以便杂交制种高产。

三系之间的关系是相辅相成的，缺一不可。有了三系，就可以大量配制杂种。不育系与保持系杂交，不育系植株上结的种子仍然是不育系，保持系植株自交产生的种子仍然是保持系。不育系与恢复系杂交，不育系植株上结的种子是供大田生产用的杂种，恢复系植株自交产生的种子仍然是恢复系。三系之间的关系如图7-8所示。

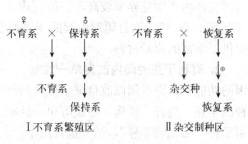

图7-8　三系法杂种优势利用

（2）两系法　目前已发现水稻、高粱、棉花、小麦、油菜、大豆等作物普遍存在光敏不育、温敏不育和光温互作不育现象，利用作物育性敏感期处于某种光温条件下则出现雄性不育，并与恢复系配制供生产上使用的杂交种；而不育敏感期处于另一特定温光条件下雄性可育，可自行繁殖不育系，能传种接代。这种育性受光温核不育基因控制，既能自行繁殖，又可进行杂交制种的不育系，称为两用核不育系。作物光温敏不育现象的发现和两用核不育系的育成为两系法杂交作物的杂种优势利用提供了一种理想的遗传工具。

两用核不育系由隐性核基因控制，不像三系法那样存在恢保关系，绝大部分材料对其都是恢复的，因此配组自由，可大大提高选配强优势组合的概率。两系法还有种子生产程序简单、种子生产效益高、核不育基因容易转入新的遗传背景中等特点，所以近年越来越受到关注和重视。两系法杂交水稻、两系法杂交高粱等已大面积应用于生产且取得了很好的成效。

（四）杂种优势利用与杂交育种的异同

杂种优势利用同杂交育种一样，需大量收集种质资源，选配亲本，进行有性杂交、品种比较试验、区域试验和申请品种审定。但是杂种优势利用与杂交育种在育种理论、育种程序和种子生产等方面不同。

在育种理论上，杂交育种利用的主要是加性效应和部分上位效应，是可以固定遗传的部分。而杂种优势利用是加性效应和不能固定遗传的非加性效应。

在育种程序上，杂交育种是先杂后纯。即先杂交，然后自交分离选择，最后得到基因型纯合的定型品种。而杂种优势利用是先纯后杂，通常首先选育自交系，经过配合力分析和选择，最后选育出优良的基因型杂合的杂交组合。

在种子生产上，杂交育种比较简单，每年从生产田或种子田内植株上收获种子，即可供下一年生产播种之用。而杂种优势利用不能在生产田留种，每年必须专设亲本繁殖区和杂种种子生产（制种）区。

五、诱变育种

利用物理因素或化学因素诱导作物的种子或其他器官发生遗传变异，然后，通过人工选择，从中挑选有利变异类型，培育出符合育种目标的优良品种，这种方法称为诱变育种。在作物诱变育种中常用的物理因素为几种电离射线，化学因素为多种化学诱变剂，故前者称为辐射育种，后者称为化学诱变育种。由于化学诱变育种开展较晚，加上原子能技术的广泛使用，目前国内辐射育种比化学诱变育种普遍。

（一）诱变育种的特点

1. 提高变异率，扩大变异范围 选育作物新品种，需要掌握丰富的原始材料。利用射线诱发作物产生变异率较高，一般可达 3%～4%，比自然界出现的变异率要高 100 倍以上，甚至高 1 000 倍。而且辐射引起的变异类型较多，常常超出一般的变异范围，为选育新品种提供了丰富的原始材料。

2. 有利于短时间内改良单一性状 一般的点突变是某个基因的改变，在不影响其他基因的功能时，即可用以改良某个优良品种的个别缺点。实践证明，辐射育种可以有效改良品种的早熟、矮秆、抗病、品质等单一性状。如浙江省农业科学院用 γ 射线处理迟熟丰产的水稻品种"二九矮 7 号"，结果选育出了"辐育 1 号"，比原品种早熟 10～15 d，而丰产性仍保持原品种特点。且辐射引起的变异，能较快地稳定。故育成新品种的年限较短，一般只经 3～4 代就可基本稳定。

3. 改变作物孕性 诱变可使自交不孕作物产生自交可孕的突变体，使自交可孕的作物产生雄性不育，还能促使原来不孕的作物恢复孕性，这为雄性不育系寻找和配制恢复系提供了新的途径。辐射也可以促进远缘杂交的成功。远缘杂交的结实性往往比较低，甚至不结实，如用适当剂量的射线处理花粉，可以促进受精结实。

诱变育种有它独特的优点，但也有它的缺点。由于目前对高等植物的遗传和变异机理的研究尚不够深入，难以确定诱变的变异方向和性质，且所产生的变异往往是不利变异多，有利变异只占极少数，因此需要用大量的原始材料进行处理，才能收到预期的效果。

（二）辐射诱变

1. 辐射源的种类 辐射育种应用的射线种类有紫外线、α 射线、β 射线、γ 射线、X 射线、快速电子及中子射线等。一些试验表明，中子射线诱变效率高，认为是最有发展前途的射线。

2. 照射剂量单位 照射剂量单位即被照射物质的单位质量所吸收的能量值（物质所吸收的能量/物质的质量）。照射剂量因作物种类、处理材料（种子、植株、花粉等）均有所不同。

3. 照射剂量 照射剂量的选择对于辐射育种起着重要的作用。适宜的剂量是有利突变率高的照射剂量。照射剂量的大小常用剂量率作为单位来衡量，即单位时间内所吸收的剂量。辐射效果与剂量有关。因此在一定剂量范围内，照射剂量越大，变异率也增加；相反，变异就小，甚至没有。剂量过大，处理的材料就会死去，失掉选择机会；剂量过小，不产生变异，达不到辐射育种的目的。

一般认为合适的剂量范围是半致死剂量、半致矮剂量和临界剂量，即经过照射的材料，保证辐射一代有 30%～50% 的结实率。

4. 照射处理方法 照射处理可以采取内部照射和外部照射两大类。内部照射是将辐射源引入被照射种子或植株内部，常用方法有浸种法、注射法，即利用放射性 ^{32}P、^{35}S、^{14}C 或 ^{65}Zn 的化合物，配成溶液浸种或浸芽，达到诱变的效果。外部照射是指受照射的有机体接收的辐射来自外部的某一照射源，例如利用钴源、X 射线、γ 射线或中子射线等进行照射，这种方法简便、安全，可大量处理诱变材料。

（三）化学诱变

1. 化学诱变剂的种类 化学诱变剂是指能与生物体的遗传物质发生作用，并能改变其结构，使后代产生遗传性变异的化学物质。化学诱变剂的种类很多，目前常用的主要有以下几种。

（1）烷化剂 烷化剂可对生物系统特别是对核酸进行烷化，是目前农作物诱变育种中应用广、效率高的一类化学诱变剂。

（2）碱基类似物 碱基类似物可掺入 DNA，使其在复制时发生偶然的错误配对，导致碱基置换，从而引起突变。

（3）叠氮化物 叠氮化物可使复制中的 DNA 的碱基发生替换，是目前诱变效率高而安全的一种诱变剂。

（4）其他 还有一些其他化学诱变剂，例如亚硝酸、羟胺、吖啶、抗生素等。

2. 化学诱变剂的特点 与物理诱变剂相比，化学诱变剂具有诱发点突变多、染色体畸变少的特点，化学诱变剂是通过各自的功能基因与 DNA 大分子中若干基因发生化学反应，更多的是发生点突变，主要影响 DNA 单链，引起染色体的损伤少。化学诱变剂还具有迟效作用、对处理材料损伤轻等特点。但有些化学诱变剂毒性大，使用时必须注意安全防护。

3. 化学诱变剂的处理方法 化学诱变常用的处理方法有浸渍法、滴液法、注射法、涂抹法、施入法、熏蒸法等。

（四）航天育种

航天育种，也称为空间诱变育种，是利用返回式航天器或高空气球所能达到的空间环境对植物（种子等）的诱变作用以产生有益变异，在地面选育新种质、新材料，培育新品种的作物育种新技术。

航天育种是航天技术与生物技术、农业育种技术相结合的产物，综合了宇航、遗传、辐射、育种等跨学科的高新技术。自 1987 年以来，我国成功地利用神舟号飞船和返回式卫星进行了多次搭载农作物种子、试管苗等的试验，试验品种包括粮食作物、油料作物、蔬菜、花卉、草类、菌类、经济昆虫等，其中粮油作物占 47%，蔬菜作物占 18%，其余为草类、花卉、菌类等。

1. 航天育种的特点 航天诱变和人工理化诱变一样，都会出现遗传变异和非遗传变异、有利突变和不利突变，都有突变体性状稳定快、育种周期短等特点，但航天诱变育种又有一些自己独特的特点。

（1）突变的广谱性 由于空间环境中高能粒子辐射、微重力、高真空等综合因素，航天诱变育种具有变异频率高、变异幅度大、有益变异多、变异稳定、变异快诸多优点。变异主要表现为营养成分变异、抗病变异、抗旱变异、果形变异、粒形变异等。据统计，航天育种变异率可达 4% 以上。经过航天诱变后，各种作物的性状变异分布广，变异系数大，变幅极差大。

（2）植株损伤轻　航天搭载对植物的生长发育无显著影响，更无明显的限制作用，但对植株的生育进程、器官和果实大小等数量性状有一定影响，其中对植物生育进程的影响最为显著。

2. 航天育种的主要研究方法　航天育种是一种新型的育种手段，其研究方法很多，但均处于摸索阶段，尚未形成一个比较成熟的研究体系。目前所用的研究方法主要有以下几种。

（1）诱变材料的保存　航天诱变材料非常珍贵，突变材料的保存对于诱变机理、遗传特性和育种的研究工作至关重要。航天突变体的保存一般进行组织培养保存和群体扩繁。

（2）形态学鉴定　形态学鉴定是直接获得突变体的方法，也是航天育种中采用最多的方法。在获得形态性状变异个体后，再进行系统选择及各种分析、测试和鉴定工作。

（3）细胞学观察　对突变材料进行细胞学观察，调查细胞、染色体畸变率，鉴别出可诱导出染色体桥、落后染色体及染色体数目与正常体细胞不同的个体。

（4）分子水平鉴定　对突变材料进行分子水平的遗传鉴定，分析与其基础材料的遗传差异，为育种应用研究提供参考。

（5）应用研究　加强对突变材料的应用研究，提高育种成效。例如四川农业大学利用航天育种，成功选育了玉米品种"川单23"。

（五）诱变后代的选择

通常把诱变处理后的种子称为诱变当代，以 M_0 表示；由诱变处理的种子成长的植株就称诱变第一代，以 M_1 表示；以后各代分别被称为诱变第二代、第三代……分别用 M_2、M_3……表示。也可以不同的符号表示不同的射线处理，例如用 X 射线处理的，可用 X_0、X_1、X_2、X_3……表示；用 γ 射线处理的，也可用 γ_0、γ_1、γ_2、γ_3……表示。

1. M_1 的种植与选择　为了使 M_1 能够充分生长发育和便于田间选收种子，通常以不同品种、不同处理剂量为单位，分小区种植。并用未经照射的相同品种作对照。M_1 很少出现变异和分离现象，但由于受射线的抑制和损伤，通常出苗率低，发育延迟，植株发生矮化、丛生等形态变化，一般不遗传给下一代。辐射可能引起部分植株的少数细胞产生突变，但多为隐性突变，M_1 在形态上不易显现出来。因此对 M_1 一般不进行选择，只在成熟时以品种、处理为单位，每株收几粒种子进行混合，或分株分穗收获、晒种、脱粒、编号、登记、妥善保存，以备下一代种植。

2. M_2 的种植与选择　M_2 的种植方法，随 M_1 的留种方式而定。M_1 混合收获的，以品种、处理为单位；分株、分穗收获的，以株、穗为单位，按编号顺序分别播种，豆、麦、棉要粒播，水稻要插单本。M_1 分株、穗收获的，M_2 每个株区需种 100 株左右，穗行需种 20 株以上。M_2 的植株一般生长正常，且是分离最大的一个世代，能遗传的变异大多在 M_2 都能表现出来，可根据育种目标逐株观察，严格进行单株选择，选择符合要求的单株分收、分晒、分别脱粒、编号、登记、储藏，供下一代继续鉴定选择。

3. M_3 及以后各代的种植和选择　一般 M_2 当选单株，M_3 按编号、顺序种植，各单株种 1 个小区，称为 1 个系统。种植时设对照。M_3 以系统为单位进行观察鉴定，除注意主要目标性状外，也要注意综合性状。M_3 以选择优良系统为重点，对表现优良而且整齐的系统，即可混收，进行测产。并取样考种。根据田间记载、评比、测产、考种结果，选出最优品系，参加品系或品种比较试验，同时根据需要，进行多点试验，繁殖种子。其表现优异者，可推荐参加区域试验，有推广价值者便可定名推广。如果优良系统仍在分离，则需继续选择优良单株，以供下一代继续选育，直至选出优良定型品系。

六、生物技术育种

生物技术又可称为生物工程，包括细胞工程、基因工程、酶工程等科学技术手段。其主要内容是利用活的生物体来改进产品，改良动植物或为特殊用途而培养微生物等。近20多年来，细胞和组织培养技术、原生质体培养和体细胞杂交技术以及重组 DNA 技术等得到了快速发展，已成为相对于传统育种技术而言的高新技术，是传统育种技术的重要补充。

（一）细胞和组织培养技术

植物细胞和组织培养技术又可称为细胞工程，主要包括细胞融合、大规模的工厂化的细胞培养、组织培养、快速繁殖等技术。它可打破种属间的界限，在植物新品种的育种上有着巨大的潜力。

1. 体细胞变异体和突变体的筛选 植物体细胞在离体条件下，以及在离体培养之前，会发生各种遗传和不遗传的变异。习惯上把这种可遗传的变异称为无性系变异。把不加任何选择压力而筛选出的变异个体称为变异体。而把经过施加某种选择压力所筛选出的无性系变异称为突变体。

筛选无性系变异主要通过组织培养来获得变异体和突变体，大体有 3 种方式：①变异发生在组织培养之前，即先发生变异，然后在组织培养条件下进行选择。如果变异发生在植株的某部分组织的细胞中，则需要将这部分变异的细胞从植株上分离下来进行培养，使之再生为植株。②在组培过程中，对培养物施加某种处理，使变异发生或显现于组织培养之中，或者培养条件可能就是变异的因素，在培养过程中进行选择。③不施加任何选择压力，虽然变异可能出现于大量组织培养的产物之中，但要在组织培养后再进行选择。

2. 细胞和组织培养技术在育种中的应用 通过胚珠或子房培养与试管受精，可克服远缘杂交不亲和性。

在作物远缘杂交中，时常形成发育不全的、没有生活力的种子，如果在适当时期把这类种子的胚取出培养，就有可能培养育成杂种的幼苗进而获得远缘杂交的后代。

细胞和组织培养技术还可克服核果类作物胚的后熟作用和打破种子的休眠。核果类早熟品种与晚熟品种在果实发育上的区别是第二阶段（胚的生长）的长短不同，早熟品种的第二阶段很短，胚的生长发育不健全、生活力不强。当用早熟品种作母本与晚熟品种杂交时，很难得到杂交后代。但如果用幼胚离体培养就能获得杂交的后代。因此在核果类早熟性育种工作中常常采用这种方法。

有些种子的休眠期很长，如果用离体胚培养法，几天就能长出幼苗，因而可以大大地缩短育种年限。另外，通过组织培养，可以快速繁殖有经济价值的植物、保存种质、生产无病毒植物材料等。

（二）原生质体培养和体细胞杂交技术

植物原生质体是指用特殊方法脱去细胞壁的、裸露的、有生活力的原生质团。就单个细胞而言，除了没有细胞壁外，它具有活细胞的一切特征。

原生质体培养的利用途径是多方面的，例如通过原生质体制造单细胞无性系；利用原生质体作为遗传转化的受体，使之接受外源遗传物质产生新的变异类型；利用原生质体进行基础性的研究（例如细胞生理、基因调控、分化和发育等）。然而在作物育种上应用最多的是植物体细胞杂交。因此下面主要介绍这方面的内容。

1. 体细胞杂交的特点　体细胞杂交又称为原生质体融合，是指两种无壁原生质体间的杂交。它不同于有性杂交，不是经过减数分裂产生的雌雄配子之间的杂交，而是具有完整遗传物质的体细胞之间的融合。因此杂交的产物为异质核细胞或异核体，其中包含双亲体细胞中染色体数的总和及全部细胞质。体细胞杂交由于人为的控制，使杂种细胞内的遗传物质发生某种变化。如果在体细胞杂交过程中有意识地去除或杀死某个亲本的细胞核，得到的将是具有一个亲本细胞核和两个亲本细胞质的杂种细胞，通常把这种细胞称为胞质杂种。另外，有可能使有性杂交不亲和的双亲之间杂交成功。也就是说，在体细胞水平上的杂交，其双亲间的亲和性或相容性似乎有所提高，从而有可能扩大杂交亲本和植物资源的利用范围。

2. 体细胞杂交技术　利用叶、胚乳、茎尖等植物器官的切片制备细胞悬浮液，把它们的细胞壁用酶解法除掉。每个种类分离出数百万个原生质体。把来自两个植物种类的原生质体悬浮液混合并做离心处理，以使原生质体最大限度地混合、融合。然后把悬浮液置于陪替氏培养皿中进行培养，并创造最有效的培养条件，例如消毒、温度、光照等。一段时间以后，一团数目不太大的细胞开始形成愈伤组织并发育成植株。这个试验是 Power 等（1976）在英国用矮牵牛属植物的原生质体和 Carlson 等（1972，1975）在美国用一种烟草属植物的原生质体，首先实现了植物原生质体融合的成功。

继此之后，又有一些种间和属间植物通过原生质体融合获得体细胞杂交株。随着原生质体融合技术的发展，有些研究结果可望在植物育种中应用。

（三）重组 DNA 技术

重组 DNA 技术又称为分子克隆或基因工程。它是当代生物技术的中心内容，这项技术在短时间内已显示出巨大的经济效益和社会效益。

重组 DNA 技术就是对遗传物质直接进行操作，它包括把自然的目的基因以及化学方法合成的新基因从一个生物体转移到另一个生物体。限制性核酸内切酶的发现使得人们能在指定位点上把 DNA 分子切成片断，每个片断通常就是一个单独的基因，并把这些片断重组成一条新的重组 DNA 链。这些技术向作物育种家们提供了直接改变作物基因型的方法，为作物育种开创了新的途径。

1. 转基因技术在育种上的应用　利用重组 DNA 技术，可以将作物中不具备的外源基因导入作物，弥补某些遗传资源的不足，丰富基因库，有力促进作物育种的发展。转基因技术近年来在提高作物的抗虫、抗病、抗逆性、改良品质等多方面展现出良好的发展前景。例如 Wunn 等利用基因枪法成功地将 *crylA*（b）（抗虫）基因导入籼稻中获得转基因植株，抗虫性测试结果表明对二化螟、三化螟初孵幼虫致死率为 100%，对稻纵卷叶螟幼虫致死率为 50%～60%。朱祯等利用脂质体转化法成功地将含有人工 α 干扰素（Hu-α-IFN）cDNA 导入籼稻获得转基因植株，经检验表明，转化组织含有干扰素特有的抗病毒活性。Hossan 等已分离克隆出 3 个与水稻耐淹能力有关的基因 *pdc* Ⅰ、*pdc* Ⅱ 和 *pdc* Ⅲ，并采用不同的启动子转入水稻基因组中获得部分转基因植株。Barkharddt 等将单子叶植物中八氢番茄红素合成酶及其脱氢酶基因导入水稻基因组中获得富含类胡萝卜素的再生植株。抗除草剂基因是基因工程最早涉及的领域之一，在水稻转基因研究中成功获得抗除草剂转基因水稻的报道最多。例如用抗除草剂的外源基因转化杂交水稻的恢复系或将此基因转育到恢复系，此种恢复系用来制种，得到的 F_1 将表现抗除草剂。转基因抗除草剂大豆也在美国、巴西、阿根廷等国得到广泛应用。

2. 分子标记技术在育种中的应用 在育种过程中利用分子标记技术进行鉴定、检测、帮助亲本选择和品种的选育，成为分子育种这门新兴学科中的重要组成部分。

DNA 分子标记在作物育种中的应用主要用于分子遗传图谱的构建、亲缘关系分析、功能基因的定位和标记辅助选择等。

高密度分子图谱的建成为基因定位、物理图谱的构建和依据图谱的基因克隆奠定基础。例如水稻的第一分子图谱由美国康奈尔（Cornell）大学 Tanksley 实验室发表，目前该图谱已有标记 700 个，其中绝大部分为限制性片段长度多态性（RFLP）标记，有 11 个微卫星标记，26 个克隆基因和 43 个表现型性状。2002 年，中国 12 个科研单位的科学家与美国 6 家科研单位的科学家分别完成了对水稻籼稻和粳稻两种亚种的基因组序列草图。

在分子图谱的帮助下对品种之间的比较覆盖整个基因组，大大提高了结果的可靠性。这种研究可用于品种资源的鉴定与保存，研究作物的起源与进化、杂交亲本的选择等。例如中国水稻研究所用 160 个限制性片段长度多态性标记对我国的部分广亲和品种进行限制性片段长度多态性检测，构建了亲缘关系树状图，还从中筛选出一套用于水稻籼粳分类、鉴定的限制性片段长度多态性的核心探针。

饱和分子图谱的构建使基因定位的工作变得相对容易。例如在水稻中，已经定位了多种重要农艺性状，包括抗稻瘟病基因、抗白叶枯病基因、抗白背飞虱基因、广亲和基因、光温敏雄性不育基因等。

利用 DNA 标记辅助将给传统的育种研究带来革命性的变化。农作物有许多基因的表现型是相同的。在这种情况下，经典遗传育种无法区别不同的基因，因而无法鉴定一个性状的产生是由 1 个基因还是多个具有相同表现型的基因的共同作用。采用 DNA 标记的方法，先在不同的亲本中将基因定位，然后通过杂交或回交将不同的基因转移到一个品种中，通过检测与不同基因连锁的标记的基因型来判断一个体是否含有某个基因，以帮助选择。

3. 外源 DNA 导入（植物分子育种）**在育种上的应用** 大量的研究工作表明，外源 DNA 导入作物，能够引起性状变异，转移供体的性状基因，甚至产生特殊的变异类型，而且一般稳定较快（3～4 代）。从一定意义上说，通过这种技术直接引入异源种属植物基因，也是实现远缘杂交的一种手段。外源 DNA 导入作物引起的性状变异类型广泛而多种。例如紫色稻 DNA 导入无紫色性状的品种"京引 1 号"（1980），后代分离出现紫颖壳、花壳、紫芒、紫色退化外稃等供体性状；大米草 DNA 通过注射法导入水稻品种"早丰"（1979）产生出株高只有 35 cm 左右、籽粒蛋白质含量高达 12.749% 的特异类型；紫玉米 DNA 导入花培品种"花 30"（1978），其后代中除出现有紫色稃尖和稃芒外，个别植株出现一粒谷内含 2～3 粒米，有的植株同一穗上的籽粒大小显著不同。

从育种的要求来讲，无论是通过有性杂交、外源 DNA 导入，还是通过遗传工程、分子标记等，其目的都是导致亲本或受体遗传基因的重组，经过性状分离和选择，获得经济价值高于亲本的新品种，供生产利用。

第四节 种子产业及其管理

我国是农业大国，加快农作物种业发展是建设现代农业、保障国家粮食安全的战略选择，是实施科技兴农、转变农业发展方式的重要途径。《国务院关于加快推进现代农作物种业发展的意见》（国发〔2011〕8 号）指出，我国是农业生产大国和用种大国，农作物种业是国家战略性、基础性核心产业，是促进农业长期稳定发展、保障国家粮食安全的根本。新中国成立以来，经过广大农业科技人员和农民群众的长期艰苦努力，我国在优良品种培育和推广应用方面取得巨大成就，为提高农业综合生产能力、保障农产品有效供给作出了重要贡献。但目前我国种业仍处于初级发展阶段，农作物育种创新能力、种业产业集中度、种子市场监管能力仍然较低，品种多乱杂、企业多小散、种子假冒伪劣等问题仍然突出，种业面临的国际竞争非常激烈，对此必须高度重视，积极应对。

一、我国农作物种业发展形势及规划

（一）我国农作物种业发展形势

1. 农作物种业取得长足发展 改革开放特别是进入新世纪以来，我国农作物品种选育水平显著提升，推广了超级杂交水稻、紧凑型玉米、优质小麦、转基因抗虫棉、双低油菜等突破性优良品种。良种供应能力显著提高，杂交玉米和杂交水稻全部实现商品化供种，主要农作物种子实行精选包装和标牌销售。种子企业实力明显增强，培育了一批"育繁推一体化"种子企业，市场集中度逐步提高。种子管理体制改革稳步推进，全面实行政企分开，市场监管得到加强。良种的培育和应用，对提高农业综合生产能力、保障农产品有效供给和促进农民增收作出了重要贡献。

2. 农作物种业发展面临挑战 随着全球化进程加快、生物技术发展和改革开放的不断深入，我国农作物种业发展面临新的挑战。保障国家粮食安全和建设现代农业，对我国农作物种业发展提出了更高要求。但目前我国农作物种业发展仍处于初级阶段，商业化的农作物种业科研体制机制尚未建立，科研与生产脱节，育种方法、技术和模式落后，创新能力不强；种子市场准入门槛低，企业数量多、规模小、研发能力弱，育种资源和人才不足，竞争力不强；供种保障政策不健全，良种繁育基础设施薄弱，抗灾能力较低；种子市场监管技术和手段落后，监管不到位，法律法规不能完全适应农作物种业发展新形势的需要，违法生产经营及不公平竞争现象较为普遍。这些问题严重影响了我国农作物种业的健康发展，制约了农业可持续发展，必须切实加以解决。

（二）我国农作物种业发展规划

1. 发展目标 到 2020 年，形成科研分工合理、产学研相结合、资源集中、运行高效的育种新机制，培育一批具有重大应用前景和自主知识产权的突破性优良品种，建设一批标准化、规模化、集约化、机械化的优势种子生产基地，打造一批育种能力强、生产加工技术先进、市场营销网络健全、技术服务到位的"育繁推一体化"现代农作物种业集团，健全职责明确、手段先进、监管有力的种子管理体系，显著提高优良品种自主研发能力和覆盖率，确保粮食等主要农产品有效供给。

2. 指导思想 深化种业体制改革，充分发挥市场在种业资源配置中的决定性作用，突出以种子企业为主体，推动育种人才、技术、资源依法向企业流动，充分调动科研人员积极性，保护科研人员发明创造的合法权益，促进产学研结合，提高企业自主创新能力，构建商业化育种体系，加快推进现代种业发展，建设种业强国，为国家粮食安全、生态安全和农林业持续稳定发展提供根本性保障。

3. 基本原则

（1）坚持自主创新　加强农作物种业科技原始创新、集成创新和国际合作，鼓励引进国际优良种质资源、先进育种制种技术和农作物种业物质装备制造技术，加快培育具有自主知识产权的农作物种业科研成果，提高农作物种业核心竞争力。

（2）坚持企业主体地位　以"育繁推一体化"种子企业为主体整合农作物种业资源，建立健全现代企业制度，通过政策引导带动企业和社会资金投入，充分发挥企业在商业化育种、成果转化与应用等方面的主导作用。

（3）坚持产学研相结合　支持科研院所和高等院校的种质资源、科研人才等要素向种子企业流动，逐步形成以企业为主体、市场为导向、资本为纽带的利益共享、风险共担的农作物种业科技创新模式。

（4）坚持扶优扶强　加强政策引导，对优势科研院所和高等院校加大基础性、公益性研究投入。对具有育种能力、市场占有率较高、经营规模较大的"育繁推一体化"种子企业予以重点支持，增强其创新能力。

4. 实现途径

（1）强化企业技术创新主体地位　鼓励种子企业加大研发投入，建立股份制研发机构；鼓励有实力的种子企业并购转制为企业的科研机构。确定为公益性的科研院所和高等院校，在2015年底前实现与其所办的种子企业脱钩；其他科研院所逐步实行企业化改革。改革后，育种科研人员在科研院所和高等院校的工作年限视同企业养老保险缴费年限。新布局的国家级和省部级工程技术研究中心、企业技术中心、重点实验室等种业产业化技术创新平台，要优先向符合条件的"育繁推一体化"种子企业倾斜。按规定开展种业领域相关研发活动后补助，调动企业技术创新的积极性。发挥现代种业发展基金的引导作用，广泛吸引社会资本和金融资本投入，支持企业开展商业化育种，鼓励企业"走出去"开展国际合作。

（2）调动科研人员积极性　确定为公益性的科研院所和高等院校利用国家拨款发明的育种材料、新品种和技术成果，可以申请品种权、专利等知识产权，可以作价到企业投资入股，也可以上市公开交易。要研究确定种业科研成果机构与科研人员权益比例，由农业部、科技部会同财政部等部门组织在部分科研院所和高等院校试点。建立种业科技成果公开交易平台和托管中心，制定交易管理办法，禁止私下交易。支持科研院所和高等院校与企业开展合作研究。支持科研院所和高等院校通过兼职、挂职、签订合同等方式，与企业开展人才合作。鼓励科研院所和高等院校科研人员到企业从事商业化育种工作。鼓励育种科研人员创新创业。改变论文导向机制，加强种业实用型人才培养，商业化育种成果及推广面积可以作为职称评定的重要依据。支持高等院校开展企业育种研发人员培训。完善种业人才出国培养机制。支持企业建立院士工作站、博士后科研工作站。

（3）加强国家良种重大科研攻关　编制水稻、玉米、油菜、大豆、蔬菜等主要农作物良种重大科研攻关五年规划，制定主要造林树种、珍贵树种等林木中长期育种计划，突破种质创新、新品种选育、高效繁育、加工流通等关键环节的核心技术，提高种业科技创新能力。

国家各科研计划和专项加大对企业商业化育种的支持力度，吸引社会资本参与，重点支持"育繁推一体化"企业。要建立育种科研平台，公开招聘国际领军人才，打破院所和企业界限，联合国内研发力量，建立科企紧密合作、收益按比例分享的产学研联合攻关模式。要提升企业自主创新能力，逐步确立企业商业化育种的主体地位。

（4）提高基础性公益性服务能力　加强种业相关学科建设，支持科研院所和高等院校重点开展育种理论、共性技术、种质资源挖掘、育种材料创新等基础性研究和常规作物、林木育种等公益性研究，构建现代分子育种新技术、新方法，创制突破性的抗逆、优质、高产的育种新材料。国家财政科研经费加大用于基础性公益性研究的投入，逐步减少用于农业科研院所和高等院校开展杂交玉米、杂交水稻、杂交油菜、杂交棉花和蔬菜商业化育种的投入。加快编制并组织实施国家农作物、林木种质资源保护与利用中长期发展规划，开展全国农作物、林木种质资源普查，建立健全国家农作物、林木种质资源保护研究、利用和管理服务体系，启动国家农作物、重点林木种质资源保存库建设。科研院所和高等院校的重大科研基础设施、国家收集保存的种质资源，要按规定向社会开放。

（5）加快种子生产基地建设　加大对国家级制种基地和制种大县的政策支持力度，加快农作物制种基地、林木良种基地、保障性苗圃基础设施和基本条件建设。落实制种保险、林木良种补贴政策，研究制定粮食作物制种大县奖励、林木种子储备等政策，鼓励农业发展银行加大对种子收储加工企业的信贷支持力度。充分发挥市场机制作用，通过土地入股、租赁等方式，推动土地向制种大户、农民合作社流转，支持种子企业与制种大户、农民合作社建立长期稳定的合作关系，建立合理的利益分享机制。在海南三亚、陵水、乐东等区域划定南繁科研育种保护区，实行用途管制，纳入基本农田范围予以永久保护。研究建立中央、地方、社会资本多元化投资机制，建设南繁科研育种基地。海南省有关部门负责编制南繁科研育种基地建设项目可行性研究报告，按程序报批，国家对水、电、路等基础设施建设给予补助。科技部在安排有关科研项目时给予倾斜；国土资源部门要强化对南繁科研育种保护区用地的支持、保护和管理；海南省人民政府和农业部要加强对南繁科研育种基地的使用管理。

（6）加强种子市场监管　继续严厉打击侵犯品种权和制售假劣种子等违法犯罪行为，涉嫌犯罪的，要及时向公安、检察机关移交。各级农业、林业部门查处的制售假劣种子案件，要按规定的时限及时向社会公开。要打破地方封锁，废除任何可能阻碍外地种子进入本地市场的行政规定。建立种子市场行业评价机制，督促企业建立种子可追溯信息系统，完善全程可追溯管理。推行种子企业委托经营制度，规范种子营销网络。

二、品种审定与植物新品种权保护

（一）品种审定

品种审定是对一个新育成的品种或新引进的品种能不能推广，在什么范围推广应用等做出的结论。新品种通过品种区域试验和生产试验后，能否推广及推广范围，还须经各省（自治区、直辖市）或国家品种审定委员会审定，审定通过后，才能取得品种资格。应当审定的农作物品种未经审定通过的，不得发布广告，不得经营和推广。各级品种审定委员会的任务是根据品种试验（包括区域试验和生产试验）结果和品种示范、生产的情况，公正而合理地评定新育成的或新引进的品种在农业生产上的应用价值；确定是否可以推广及其适应地区和相应的栽培技术，并对其示范、繁殖、推广工作提出建议。

1. 品种审定的法规和组织机构　依据《中华人民共和国种子法》和《主要农作物品种审定办法》的规定，主要农作物品种审定实行国家和省（自治区、直辖市）两级审定制度。农业部设立全国农作物品种审定委员会，负责国家级农作物品种审定工作；各省（自治区、直辖市）人民政府的农业行政主管部门设立省级农作物品种审定委员会，负责省级农作物品种审定工作。全国农作物品种审定委员会和省（自治区、直辖市）农作物品种审定委员会是在农业部和省级人民政府农业主管部门领导下，负责农作物品种审定的权力机构。农作物品种审定委员会按作物种类设立专业委员会，各专业委员会由 11～23 人组成，设主任 1 名，副主任 1～2 名，由科研、教学、生产、推广、管理、使用等方面的专业人员组成，委员应当具有高级专业技术职称或处级以上职务，年龄一般在 55 岁以下，每届任期 5 年。通过国家级审定的主要农作物品种由国务院农业行政主管部门公告，可以在全国适宜的生态区域推广。通过省级审定的主要农作物品种由省（自治区、直辖市）人民政府农业行政主管部门公告，可以在本行政区域内适宜的生态区域推广；相邻省（自治区、直辖市）属于同一适宜生态区的地域，经所在省（自治区、直辖市）人民政府农业行政主管部门同意后可以引种。

2. 申请品种审定的条件　申请省级、国家级审定的品种应当具备下列基本条件：①人工选育或发现并经过改良；②与现有品种（已审定通过或本级品种审定委员会已受理的其他品种）有明显区别；③遗传性状相对稳定；④形态特征和生物学特性一致；⑤具有符合《农业植物品种命名规定》的名称；⑥已完成同一生态类型区 2 年以上、多点的品种比较试验。另外，还要符合主要农作物的品种审定标准。水稻、小麦、玉米、棉花、大豆以及农业部确定的主要农作物的品种审定标准，由农业部制定；省级农业行政主管部门确定的主要农作物品种的审定标准，由省级农业行政主管部门制定，报农业部备案。

3. 品种审定申报程序　品种审定申报程序是先由育（引）种者提出申请并签名盖章；由育（引）种者所在单位审查、核实并加盖公章；再经主持区域试验、生产试验单位推荐并签章后报送农作物品种审定委员会。向全国农作物品种审定委员会申报的品种须有育种者所在省份或品种最适宜种植的省级品种审定委员会签署意见。

4. 品种审定申报材料　申请品种审定的，应当向农作物品种审定委员会办公室提交以下材料。

（1）申请表　其包括作物种类和品种名称（书面保证所申请品种名称与农业植物新品种权和农业转基因生物安全评价中使用的名称一致）；申请者名称、地址、邮政编码、联系人、电话号码、传真、国籍；品种选育的单位或者个人（以下简称育种者）等内容。

（2）品种选育报告　其包括亲本组合以及杂交种的亲本血缘关系、选育方法、世代和特性描述；品种（含杂交种亲本）特征特性描述、标准图片，建议的试验区域和栽培要点；品种主要缺陷及应当注意的问题。

（3）品种比较试验报告　其包括试验目的、试验品种、试验设计、承担单位、抗性鉴定、品质分析、产量结果及各试验点数据、汇总结果等。

（4）品种和申请材料真实性承诺书。

（5）转基因检测报告。

（6）转基因棉花品种还应当提供农业转基因生物安全证书。

（二）植物新品种权保护

为鼓励培育和使用植物新品种，促进农业、林业的发展，国家实施植物新品种权保护。

《中华人民共和国植物新品种保护条例》（以下称条例）所称植物新品种，是指经过人工培育的或者对发现的野生植物加以开发，具备新颖性、特异性、一致性和稳定性并有适当命名的植物品种。国务院农业、林业行政部门（以下统称审批机关）按照职责分工共同负责植物新品种权申请的受理和审查并对符合条例规定的植物新品种授予植物新品种权（以下称品种权）。

1. 品种权的内容和归属

（1）品种权　完成育种的单位或者个人对其授权品种，享有排他的独占权。任何单位或者个人未经品种权所有人（以下称品种权人）许可，不得为商业目的生产或者销售该授权品种的繁殖材料，不得为商业目的将该授权品种的繁殖材料重复使用于生产另一品种的繁殖材料；但是，条例另有规定的除外。

（2）品种权归属　执行本单位的任务或者主要是利用本单位的物质条件所完成的职务育种，植物新品种的申请权属于该单位；非职务育种，植物新品种的申请权属于完成育种的个人。申请被批准后，品种权属于申请人。委托育种或者合作育种，品种权的归属由当事人在合同中约定；没有合同约定的，品种权属于受委托完成或者共同完成育种的单位或者个人。

（3）一个植物新品种只能授予一项品种权　两个以上的申请人分别就同一个植物新品种申请品种权的，品种权授予最先申请的人；同时申请的，品种权授予最先完成该植物新品种育种的人。

（4）植物新品种的申请权和品种权可以依法转让　中国的单位或者个人就其在国内培育的植物新品种向外国人转让申请权或者品种权的，应当经审批机关批准。国有单位在国内转让申请权或者品种权的，应当按照国家有关规定报经有关行政主管部门批准。转让申请权或者品种权的，当事人应当订立书面合同，并向审批机关登记，由审批机关予以公告。

（5）例外　在利用授权品种进行育种及其他科研活动、农民自繁自用授权品种的繁殖材料时，使用授权品种的，可以不经品种权人许可，不向其支付使用费，但是不得侵犯品种权人依照条例享有的其他权利。

（6）强制许可　为了国家利益或者公共利益，审批机关可以作出实施植物新品种强制许可的决定，并予以登记和公告。取得实施强制许可的单位或者个人应当付给品种权人合理的使用费，其数额由双方商定；双方不能达成协议的，由审批机关裁决。品种权人对强制许可决定或者强制许可使用费的裁决不服的，可以自收到通知之日起3个月内向人民法院提起诉讼。

（7）品种名称　不论授权品种的保护期是否届满，销售该授权品种应当使用其注册登记的名称。

2. 授予品种权的条件

（1）符合保护范围　申请品种权的植物新品种应当属于国家植物品种保护名录中列举的植物的属或者种。植物品种保护名录由审批机关确定和公布。

（2）应当具备新颖性　新颖性，是指申请品种权的植物新品种在申请日前该品种繁殖材料未被销售，或者经育种者许可，在中国境内销售该品种繁殖材料未超过1年；在中国境外销售藤本植物、林木、果树和观赏树木品种繁殖材料未超过6年，销售其他植物品种繁殖材料未超过4年。

（3）应当具备特异性　特异性，是指申请品种权的植物新品种应当明显区别于在递交申请以前已知的植物品种。

（4）应当具备一致性　一致性，是指申请品种权的植物新品种经过繁殖，除可以预见的变异外，其相关的特征或者特性一致。

（5）应当具备稳定性　稳定性，是指申请品种权的植物新品种经过反复繁殖后或者在特定繁殖周期结束时，其相关的特征或者特性保持不变。

（6）应当具备适当的名称　该名称经注册登记后即为该植物新品种的通用名称，与相同或者相近的植物属或者种中已知品种的名称相区别。下列名称不得用于品种命名。仅以数字组成的，违反社会公德的，对植物新品种的特征、特性或者育种者的身份等容易引起误解的。

3. 品种权的申请和受理　中国的单位和个人申请品种权的，可以直接或者委托代理机构向审批机关提出申请，申请品种权的植物新品种涉及国家安全或者重大利益需要保密的，应当按照国家有关规定办理。外国人、外国企业或者外国其他组织在中国申请品种权的，应当按其所属国和中华人民共和国签订的协议或者共同参加的国际条约办理，或者根据互惠原则，依照条例办理。申请品种权的，应当向审批机关提交符合规定格式要求的请求书、说明书和该品种的照片，申请文件应当使用中文书写。审批机关收到品种权申请文件之日为申请日，申请文件是邮寄的，以寄出的邮戳日为申请日。申请人自在外国第一次提出品种权申请之日起 12 个月内，又在中国就该植物新品种提出品种权申请的，依照该外国同中华人民共和国签订的协议或者共同参加的国际条约，或者根据相互承认优先权的原则，可以享有优先权。申请人要求优先权的，应当在申请时提出书面说明，并在 3 个月内提交经原受理机关确认的第一次提出的品种权申请文件的副本；未依照本条例规定提出书面说明或者提交申请文件副本的，视为未要求优先权。对符合条例规定的品种权申请，审批机关应当予以受理，明确申请日、给予申请号，并自收到申请之日起 1 个月内通知申请人缴纳申请费；对不符合或者经修改仍不符合条例规定的品种权申请，审批机关不予受理，并通知申请人。申请人可以在品种权授予前修改或者撤回品种权申请。中国的单位或者个人将国内培育的植物新品种向国外申请品种权的，应当向审批机关登记。

三、种子生产

（一）种子生产的概念、意义及任务

1. 种子生产的概念　种子生产要求所生产的种子遗传特性不会改变，产量潜力不会降低，种子活力得以保证，并且繁殖系数高，它与一般的作物生产不同。种子生产需要在特定的环境、特殊的生产条件下，由专业技术人员或在专业技术人员指导下进行。其含义为，依据植物的生殖生物学特性和繁殖方式，按照科学的技术方法，生产出符合数量和质量要求的种子。它包括从亲本种子繁殖开始，经历种子生产、加工、检验、包装等环节直到生产出符合质量标准、能满足消费者需求的质量好、数量足、成本低的商品种子的全过程。

2. 种子生产的意义　选育良种、生产良种、推广良种等环节，构成了种子工作的有机整体。种子生产是育种工作的继续，是连接育种和作物生产的桥梁和纽带，是使科学技术成果转化为生产力的重要措施。没有种子生产，育成的品种就不可能大面积推广应用，其增产作用也就得不到发挥；没有种子生产，已大面积推广应用的优良品种会很快发生混杂退化，造成良种不良，不仅失去增产作用，而且缩短了良种使用年限。

3. 种子生产的任务

（1）生产优质量足的种子，实现品种的更换和更新　迅速而大量地繁育新品种、现有良种的优质种子，或繁育优质的亲本种子并配制杂交种，从而满足作物生产对良种的需要，加速良种的推广和品种的更换；提纯复壮后的原种，也需要迅速而大量地繁育种子，以便尽快替换同品种已经退化的种子，实现品种更新。

（2）研究种子生产技术　在种子生产过程中，应不断总结经验，并适当开展试验研究，从理论和实践的结合上探索种子生产的新技术、新途径，以增强技术水平，提高生产效果。

（3）防止品种混杂退化，保持良种种性　对于生产上大面积推广的优良品种进行选择提纯，防止品种混杂退化，保持优良种性，延长使用年限。

（二）我国种子生产的程序与体系

1. 我国种子生产程序　一个品种按世代的高低和繁殖阶段的先后而形成的不同世代种子生产的先后顺序，称为种子生产程序。世界各国种子生产程序不尽相同，在我国，1997年以前，一般将种子生产程序分为原原种、原种及良种3个阶段；1997年6月1日起执行新的种子检验规程和分级标准，将种子划分为育种家种子、原种和良种3级；2008年12月1日起实施新的种子质量标准，将常规种和自交系等亲本分为原种和大田用种两个级别，杂交种不再分为一级和二级，统称为大田用种。为便于阐述，现将几个常规概念解释如下。

（1）育种家种子　育种家种子指育种家育成的遗传性状稳定的品种或亲本的最原始的种子，具有本品种最典型的特征特性。育种家种子用于进一步繁殖原种种子，一般由育种单位或育种单位的特约单位进行生产。

（2）原种　原种指利用育种家种子所繁殖的第一代至第三代种子或由正在生产上推广应用的品种经过提纯后质量达到国家规定的原种质量标准的种子，具有本品种的典型特征特性。不管是育种家种子繁殖生产的还是良种繁育单位选择提纯的原种，都必须达到原种的3条标准：①性状典型一致，主要特征特性符合原种的典型性状，株间整齐一致，纯度高；②与原品种比较，由原种生长的植株，其生长势、抗逆性和生产力等不能降低，或略有提高（自交系原种的生长势和生产力与原品种相似），杂交亲本原种的配合力要保持原来水平或略有提高；③种子质量好，表现为籽粒发育好，成熟充分，饱满均匀，发芽率高，净度高，不带检疫性病害等。

（3）良种　良种（又称为大田用种）是由原种繁殖而来的，特征特性和质量经检验符合要求，供应大田生产播种用的种子。自花授粉作物、常异花授粉作物良种一般可从原种开始繁殖2～3代；杂交作物的良种分为自交系和杂交种，自交系一般用原种繁殖1～2代，杂交种的种子只能使用1代。

2. 我国种子生产的体系　在《中华人民共和国种子法》实施以前，我国主要作物的良种繁育体系大致分为两类。①稻、麦等自花授粉作物和棉花等常异花授粉作物的常规品种，经审定通过后，可由原育种单位提供育种家种子，省（地、县）良（原）种场繁殖出原种；对生产上正在应用的品种，可由县良（原）种场提纯后生产出原种，然后交由特约种子生产基地或各种专业村（户），繁殖出原种1～2代，供生产应用。②对于玉米、高粱、水稻等的杂交制种，因要求有严格的隔离条件和技术性强等特点，可实行"省提、地繁、县制"的种子生产体系。即由省种子部门用育种单位提供的"三系"或自交系的育种家种子繁殖出原种；或经省统一提纯后生产的原种，有计划地向各地、市提供扩大繁殖用种；地、市种子部门用省提供的三系或自交系原种，在隔离区内繁殖出规定世代的原种后代；县种子部门用地、市提供的亲本，集中配制大田用的杂交种。

在《中华人民共和国种子法》实施以后，我国主要作物的种子生产体系发生了较大变化，主要体现在3个方面。①建立纯企业性的管理机制，增强种子企业对种子基地的管理力度，更多地利用经济制约方法规范种子生产，提高种子质量，稳固种子基地建设。②建立大型归属性基地，一是在有条件的地方可利用国有农场等土地，建立稳固的归属性种子生产基地；二是随着市场经济的发展，农村将出现产业分化，部分人员将退出土地承包，种子企业可利用这种产业分化的有利时机建立归属性种子基地，从事种子生产。③建立"育繁推一体化"体制。

(三) 品种混杂退化及其防止办法

品种的"混杂"与"退化"是两个既有区别又有密切联系的概念。品种混杂是指在某一个品种群体中，混有其他作物、杂草或同一作物其他品种的种子或植株，造成品种纯度下降的现象。品种退化是指品种群体特征特性发生了某些变化，或某些性状出现了不良的变异，原有的优良性状部分或全部丧失，经济性状变劣，产量降低，品质下降的现象。品种混杂退化的总体表现是品种纯度显著下降，性状变劣，产量降低，品质变差，抗逆性和适应性减弱等。混杂与退化的关系是：混杂了的品种，势必导致品种的退化；退化了的品种，植株高低不齐，性状表现不一致，也会加剧品种的混杂。

1. 品种混杂退化的原因

（1）机械混杂　机械混杂是指在种子生产、加工过程中，由于没有按技术规程操作，致使所繁育的品种内混进了其他品种或其他作物的种子而造成的混杂。在种子处理（例如晒种、浸种、拌种及包衣过程中），在播种、移栽、补种、收获、脱粒、储藏、运输过程中，如果操作不严，都会误入其他作物或是其他品种的种子，造成机械混杂，甚至前茬作物的自生苗、有机肥中混有其他作物的种子，都会造成机械混杂。机械混杂后，不同类型的植株间，还易发生天然杂交而引起生物学混杂。

（2）生物学混杂　生物学混杂主要是在种子生产过程中，由于没有采用有效的隔离措施，或者发生了机械混杂，从而使得品种间发生了天然杂交，使群体遗传组成发生改变，最终导致品种的纯度、典型性、产量及品质发生一定程度的下降。各种作物均有可能发生生物学混杂，但以异花授粉作物比较普遍。生物学混杂的影响会随着世代的增加而增大。

（3）不良环境条件和栽培技术　良种的特征特性是在一定的生态环境和栽培条件下形成的，其优良性状的发育都要求一定的环境条件和栽培条件。如果这些条件得不到满足，品种的优良性状就得不到充分发挥，为了生存、适应这种不利环境条件，就可能会引起不良的变异和病变，退回到原始状态或丧失某些优良性状，导致品种性状的退化。不良的环境条件和低劣的栽培技术极易造成数量性状的不良变异和退化。

（4）选择作用　选择作用包括自然选择和人工选择。一个相对一致的品种群体中普遍含有不同的生物型，种子繁殖所在地的环境条件会对这个群体进行自然选择，结果就可能选留了人们所不希望的类型，这些类型在群体中扩大，就会使品种原有特性丧失。在良种繁育过程中，由于不了解选择的方向、不掌握品种的特点等原因，进行不正确的选择，会加速品种的混杂退化。

（5）遗传基因的继续分离和基因突变　品种是一个性状基本稳定一致的群体，品种的

"纯"只是一个相对的概念，品种内不同的个体或多或少都有一定的杂合性，即便是新育成的品种，群体中的个体之间在遗传性上总会有或大或小的差异，即异质性。品种经过连年种植，本身会发生各种各样的变异，这些变异经过自然选择常被保存和积累下来，导致品种的混杂退化。遗传基础越复杂，发生变异、分离的概率越高。还有一些育种单位急于求成，往往把表现优但遗传性尚未稳定的杂交后代材料提前出圃，提交品种试验和推广，如果繁育过程中不进行严格选择，出现继续分离，也会很快出现混杂退化现象。

由于基因突变的广泛存在，而且大部分自然突变对作物是不利的，虽然有的不良突变体可通过自然选择而自行消失，但仍有留存下来的可能，就会通过自身繁殖和生物学混杂方式，使后代群体中变异类型和变异数量增加，导致混杂退化。

2. 防止品种混杂退化的措施　在防止品种混杂退化的工作中应坚持"防杂重于除杂，保纯重于提纯"。一个新品种从开始推广就要同时做好防杂保纯工作，如果良种混杂退化后再进行提纯复壮，就要花费更多的时间，而且效果也很差。在种子生产技术方面主要应抓好以下几项环节。

（1）把好"四关"，防止机械混杂　机械混杂是目前造成混杂退化的主要原因之一。要防止机械混杂，就要把好种子处理关、布局播种关、收脱晒藏关、去杂去劣关。

（2）采取隔离措施，防止生物学混杂　目前较有效的防止生物学混杂措施是采取空间隔离或时间隔离。空间隔离包括利用距离、地形、障碍物等条件防止串粉。时间隔离即把良种繁育田的播种期适当提前或推迟，使良种繁育田花期与大田花期不相遇，从而防止串粉。自花授粉作物天然杂交率不高，一般不进行隔离，但周围尽量避免种植同作物的其他品种；常异花授粉作物和异花授粉作物，天然杂交率较高或很高，必须采取隔离措施。采取隔离措施只能防止外来的花粉串粉，并不能防止群体内不同类型间的天然杂交，因此防止生物学混杂必须首先防止机械混杂。

（3）严格去杂去劣、加强选择　去杂指去除不具备本品种典型性状的植株、穗、粒等；去劣指去除感染病虫害、生长不良的植株、穗、粒等。人工选择时，选留的个体要多，以免发生遗传漂移。同时，选株的目标不宜强调优中选优，片面选择单一性状，而应注意原品种的典型性。

（4）采取良好的栽培技术　种子生产的栽培技术应适应品种遗传性的要求，让其主要性状得到充分发育，使种性不断巩固和发展。

另外，加强原种生产，生产纯度高、质量好的原种，每隔一定年限更新繁殖区的种子，是防止混杂退化和长期保持品种纯度与种性的一项重要措施。

（四）我国主要作物原种生产技术

1. 有性繁殖作物的原种生产技术

（1）自花授粉、常异花授粉作物的原种生产　目前，我国对水稻、小麦等自花授粉作物和棉花、甘蓝型油菜等常异花授粉作物常规品种的提纯、生产原种的方法主要是采用"单株选择，分系比较，混合繁殖"的循环选择法。即从某个品种的原始群体或其他繁殖田中选择单株，通过个体选择、分系比较、混系繁殖生产原种种子。原种种子再繁殖1～2代，产生良种，供大田生产用。这种方法，实际上是一种改良混合选择法。

对棉花等常异花授粉作物也可采用自交混繁法。基本方法是：通过多代连续自交和选择，提高品种的遗传纯合度，减少个体的遗传差异，获得一个较为纯合一致的群体；利用棉花常异交的繁殖特点，迅速建立较高水平的遗传平衡，生产出纯度高的原种。自交混繁法采用自交保种、混系繁殖的原种生产技术，设置保种圃、基础种子田、原种生产田。

（2）异花授粉作物自交系的原种生产 自交和选择是提纯玉米自交系、生产原种的基本措施，对混杂不太严重的自交系可采用选株自交、穗行鉴定提纯法生产原种。对混杂比较严重的自交系，可采取选株自交、穗行鉴定、测定配合力的穗行测交提纯法生产原种。这样使提纯后的自交系，既能保持其原有的典型性，又不降低配合力。

穗行鉴定提纯法的具体做法是：①单株选择，即在纯度高、符合原亲本典型性状的群体中选单株，选株时要严格掌握标准，按该自交系的典型性状进行选择，要在苗期、抽穗期、乳熟期、成熟期多次进行。对中选单株，在吐丝前给雌穗套袋，使其散粉期自交。收获期决选，然后分穗收获、编号。②穗行鉴定，即在隔离条件下，将上年决选的自交果穗种成穗行，对各性状进行系统观察记载，根据田间观察记载结果确定穗行的去留。对杂株较多、性状不典型的淘汰穗行，应及时去雄，收获后作粮食用；对杂株较少、表现尚好的穗行，严格去杂去劣后可作下年制种用；对性状典型、整个穗行整齐一致、表现优良的中选株行，要继续选优株套袋自交，成熟后分穗行收获，室内决选后分行混脱、储存。③繁殖原种，即将经过穗行鉴定的中选穗行混合繁殖，生产原种。

对于混杂严重的可采取穗行测交提纯法，即在穗行鉴定的同时，将相对应的各测交种进行穗行的配合力鉴定，为穗行决选提供依据。

（3）水稻三系、两系的原种生产 亲本纯度的高低，直接影响杂种优势的大小。为了在生产上利用高优势的杂交种，就必须不断地对亲本进行提纯。水稻三系提纯的基本方法是"单株选择，成对回交和测交，分系鉴定，混系繁殖"。

两系原种生产，一般采用夏季大田鉴定不育性，淘汰杂株、劣株和不育不彻底株，对败育彻底的单株割苑，秋季再生繁殖，使再生稻在育性转换期后抽穗，淘汰杂株、劣株和不育株后混合收获即可。

2. 无性繁殖作物的原种生产技术 无性繁殖作物的繁殖材料大多是利用营养器官代替种子，作为播种材料繁殖后代。一般来说，生产上无性系种子体积较大，繁殖系数低，种子不易保存和运输（鲜活类较多，含水量大），播种量大，成本高。所以要因地制宜就近建立原种繁殖田，生产无性系种子，供大田使用。例如薯类作物一般采用二圃制，即单株选择、株行圃、株系圃进行原种生产。

（1）单株选择 在留种田或纯度较高的生产田中进行单株选择，一般中期进行1次初选，收获时进行决选。选择时要根据品种的典型性状，选择优良无病株，分别收获、保存。

（2）株行圃 将上年选留的单株分别播种，建立株行圃。生育期间进行多次观察比较，严格淘汰杂株、劣株和病株，1个株行内有1株表现退化或不符合原品种典型性，即把全行淘汰，入选生长健壮、高产、生长整齐一致、无退化、无病的株行。当选株行可混合收存。

（3）原种圃 把上年当选混收的株行播种后，在生育期间多次进行观察，严格去除杂株、劣株和病株，适时收获，所得即为原种。

甘薯、马铃薯等薯类作物在种植过程中极易感染病毒，并世代传递，造成品种退化。国内外主要利用茎尖组织培养生产脱毒种薯技术及配套的良种繁育体系来解决退化问题。

3. 杂交种的生产 要在生产上利用杂交种，必须搞好亲本繁殖和制种工作，以生产出数量多、质量好、成本低的杂交种子，供生产应用。杂交种的生产比一般种子生产要复杂得多。

（1）选好制种区　亲本繁殖区和制种区除需选择土壤肥沃、地势平坦、地力均匀、排灌方便、旱涝保收的地块，以保证亲本的生长发育正常、制种产量高以外，必须保证有安全隔离的条件，严防外来花粉的干扰。常用的隔离方法有自然屏障隔离、空间隔离、时间隔离、高秆作物隔离等。

（2）规格播种　杂交制种时，父本与母本的花期能否相遇，是制种成败的关键。所以播种时，必须安排好父本与母本的播期，使之花期相遇。另外，应有合理的父本与母本行比，既保证有足够数量的父本花粉供应，也尽量增加母本行数，以便多生产杂交种，降低种子生产成本。制种区播前要精细整地，保证墒情，以便一播全苗。这样，既便于去雄授粉，又可提高产量。播种时，父本与母本不得错行、并行、串行和漏行。最好在制种区近旁，分期加播一定规模的父本，作为采粉区。

（3）精细管理　制种区应保证肥水供应，及时防治病虫害，以促进父本与母本健壮地生长发育，提高制种产量。同时，应根据父本与母本的生育特点及进程，进行栽培管理或调控，保证花期相遇。

（4）去杂去劣　为提高制种质量，在亲本繁殖区严格去杂的基础上，对制种区的父本与母本，也要认真地分期进行去杂去劣，以保证亲本和杂交种子的纯度。

（5）及时去雄授粉　未采用雄性不育系和自交不亲和系配制杂交种时，母本的去雄是制种工作中最繁重而又关键的措施，必须按不同作物特点及去雄方法，及时、彻底、干净地对母本进行去雄。为保证授粉良好，一些风媒传粉作物可进行若干次人工辅助授粉，提高结实率，增加产种量。还可采用一些特殊措施，如玉米的剪苞叶、水稻的剥苞和割叶等来促进授粉。

（6）分收分藏　成熟后要及时收获。父本与母本必须分收、分运、分脱、分晒、分藏，严防混杂。

（7）质量检查　为保证生产上能播种高质量的杂交种子，必须在亲本繁殖和制种过程中，定期地进行质量检查。播前主要检查亲本种子的数量、纯度、种子含水量、发芽率是否符合标准；隔离区是否安全；安排的父本与母本播期是否适当；繁育、制种的计划是否配套等。去雄前后主要检查田间去杂去劣是否彻底等。收获后主要检查种子的质量、尤其是纯度、储藏条件等。

（五）加速种子生产的方法

在新育成或引进一个品种时，种子数量通常很少。为了使一个新品种迅速推广，尽快地在生产上发挥作用，必须加速种子的生产，扩大种子数量。常用的措施是提高繁殖系数和增加繁殖次数。

1. 提高繁殖系数　繁殖系数是指种子繁殖的倍数，一般用单位面积的收获量与播种量的比值来表示。通过特殊的栽培技术，可以用少量的种子获得更多的收获量，即大幅度提高繁殖系数。这种技术包括精量稀播、单粒或单株种植、剥蘖分植、切块育苗、剪蔓栽插、芽栽苗栽等。例如冬小麦采用单粒点播、宽行稀植等方法，每公顷用种量只需 15~25 kg，繁殖系数可达 300~500。水稻还可通过剥蘖繁殖来使播种量相对降低，繁殖系数可超过 1 500。根茎类无性繁殖作物可通过分芽移栽、多级育苗、切块育苗、组织培养等方法来提高繁殖系数。

2. 增加繁殖次数　增加繁殖次数的主要方式是异地繁殖和异季繁殖。选择光热条件可以满足作物生长发育所需要的某些地区，进行冬繁或夏繁加代。例如我国常将玉米、高粱、水稻、棉花等春播作物，收获后到海南省等地冬繁加代；油菜等秋播作物，收获后到青海等高寒地区夏繁加代等。也可利用当地的气候条件或某些设备（如人工气候室），在本地繁殖加代。例如南方早稻春播夏收后可再夏播秋收或利用再生稻。

四、种子检验

(一) 种子检验的内容

种子检验是指应用科学、先进和标准的方法对种子样品的质量进行分析测定，判断其质量的优劣，评定其种用价值的一门应用科学。

种子质量包括品种质量和播种质量两方面。品种质量是指与遗传特性有关的品质，可用真和纯2个字概括。播种质量是指种子播种后与田间出苗有关的质量，可用净、壮、饱、健、干和强6个字概括。因此种子质量总共可用8个字概括。

真是指种子真实可靠的程度，可用真实性表示。

纯是指品种在特征特性方面典型一致的程度，可用品种纯度表示。

净是指种子清洁干净的程度，可用净度表示。

壮是指种子发芽出苗齐壮的程度，可用发芽力或生活力表示。

饱是指种子充实饱满的程度，可用千粒重和容重表示。

健是指种子健康的程度，通常用病虫感染率表示。

干是指种子干燥耐藏的程度，可用种子水分百分率表示。

强是指种子强健、抗逆性强、增产潜力大，通常用种子活力表示。

综上所述，种子检验就是对种子的真实性和品种纯度、净度、发芽力、生活力、活力、健康状况、水分、容重和千粒重进行检测。其中纯度、净度、发芽率和水分为必检指标。

种子是最重要的农业生产资料。种子质量的好坏在很大程度上决定着农业的成败。种子检验是确保种子质量的重要环节，因而具有重要的意义。

(二) 扦样

扦样，通常是利用一种专用的扦样器，从一批种子中取样。扦样的目的是从一批大量的种子中，扦取适当数量、有代表性的送检样品。袋装种子可用单管扦样器、双管扦样器进行扦样。散装种子扦样器主要有双管扦样器、长柄短筒圆锥形扦样器、圆锥形扦样器、气吸式扦样机等。

(三) 净度分析

种子净度是指样品中除去杂质和其他植物种子后，留下的本作物净种子重量占样品总重量的百分率。净度分析时将试验样品分为净种子、其他植物种子和杂质3种成分，并测定其百分率，同时测定其他植物种子的种类及数目。

(四) 发芽试验

种子发芽力是指种子在适宜条件下发芽并长成正常幼苗的能力。通常用发芽势和发芽率表示。发芽势是指发芽试验初期（规定日期内）正常发芽种子数占供试种子数的百分率。发芽率是指发芽试验终期（规定日期内）全部发芽种子数占供试种子数的百分率。发芽试验对种子经营和作物生产具有极为重要的意义。

（五）真实性和品种纯度鉴定

种子真实性是指一批种子所属品种、种或属与文件（品种证书、标签等）是否相同，是否名副其实。品种纯度是指品种在特征特性方面典型一致的程度，用本品种的种子数占供检本作物样品种子数的百分率表示。

1. 品种鉴定的依据 根据不同品种的形态学特征、解剖学特征、生理学特征、物理特性、化学特性、生化特性和细胞遗传学特性等方面的差异，可以鉴定品种。

2. 真实性和纯度鉴定的方法 针对影响杂交种纯度的因素，为监控品种真实性和纯度，可采用田间检验、室内检验以及田间小区种植鉴定途径。田间检验是在作物生长期间，在种子生产田以分析鉴定品种纯度为主，凡符合田间标准的种子田准予收获，这是控制种或品种真实性与纯度最基本最有效的环节。室内检测是指在收获、脱粒、加工、储藏和销售过程中对种子的品种品质和播种品质进行检测。田间小区种植鉴定是以标准品种为对照，在田间小区对种子样品的真实性和品种纯度进行鉴定，这是最为可靠和准确的方法。

（六）水分测定

种子水分是指按规定程序把种子样品烘干所失去的重量占供检样品原始重量的百分率。

目前最常用的种子水分测定方法是烘干法和电子水分仪速测法。一般正式报告需采用烘干法进行测定，而在种子收购、调运、干燥加工等过程则采用电子水分仪速测法测定。

（七）生活力测定

种子生活力是指种子发芽的潜在能力或种胚所具有的生命力。在一个种子样品中全部有生命力的种子，应包括能发芽的种子和暂时不能发芽的休眠种子。

新收获的或低温储藏处于休眠状态的种子，必须进行生活力测定。如果发芽试验末期发现有新鲜不发芽的种子或硬实，就应接着进行生活力测定。休眠种子可借助于各种预处理打破休眠，进行发芽试验，但时间较长。而种子贸易中，常因时间紧迫，不可能采用正规的发芽试验来测定发芽力，尤其在收获和播种间隔时间短的情况下，可用生物化学速测法测定种子生活力作为参考，而林木种子可用生活力来代替发芽力。

种子生活力测定方法有四唑染色法、甲烯蓝法、溴麝香酚蓝法、红墨水染色法、软 X 射线造影法等。但正式列入种子检验规程的是四唑染色法。

（八）健康测定

健康测定主要是测定种子是否携带有病原菌（例如真菌、细菌及病毒）、有害动物（例如线虫及害虫）等健康状况。

目前，随着国内外种子贸易的增加，种子携带病虫传播和蔓延的机会也增多，万一种子携带的病虫害传入新区，就会给农业生产造成重大的损失和灾难。因此种子健康测定日益得到重视。

种子健康测定方法主要有未经培养检查和培养后检查。健康测定所需要的最基本的仪器设备有：显微镜、培养箱、近紫外灯、冷冻冰箱、高压消毒锅、玻璃培养皿、2，4 滴（2，4-D）试剂等。健康测定结果以供检的样品中感染种子数的百分率或病原体数目表示。

（九）重量测定

种子重量一般用千粒重或百粒重表示。千粒重通常是指自然干燥状态的 1 000 粒种子的重量。我国国家检验规程中是指国家标准规定水分的 1 000 粒种子的重量，以克（g）为单位。

（十）包衣种子检验

为了检查包衣物质对种子发芽和幼苗生长有无影响，可将包衣种子直接进行发芽试验，观察幼苗的根和初生叶是否正常，或者脱去包衣物质进行发芽试验对比，用来判断包衣物质对种子的伤害。新颁布的包衣种子国家标准中规定，包衣种子发芽试验，须先用清水冲洗去包衣物质，晾干后再进行。

五、种子经营

种子经营是种子生产经营单位引导种子商品从供种者到最终用户的整体活动过程。我国种子生产经营单位从事种子经营活动的基本目标是最大限度地满足农业用种需求，保障农业生产的稳产高产，并在此基础上获取经济效益，提高企业竞争能力。

种子生产经营单位经营好坏的衡量标准为：①良种供应多，良种覆盖率高；②种子质量好，经济效益高；③讲究信誉，服务周到；④种子管理规范，依法经营。

（一）种子市场的一般需求规律

种子市场由种子供应者、种子用户和交换对象（即种子）3个要素构成。

在种子市场中，杂交种的需求量是容易测算的，总用量等于商品量。而常规品种的市场需求就复杂得多，消费者存在着买种与留种两种可能，商品量仅占实际使用量的一部分。买种的欲望是由商品种子相对增产增收能力决定的。

一种商品种子进入种植者手里，产量潜力的变化一般经历3个时期：①青春期，此期内，种子的种性很好，使用价值相对稳定；②缓退期，其种性开始退化，使用价值逐步降低，但程度不剧烈，且容易被栽培因素掩盖；③退化期，种子明显混杂退化，生产力下降。在各个时期，种植者对商品种子的需求欲望不同，对新品种的需求，也表现出周期变化的特点，初始阶段，种子来源依赖于交换，呈现出一个商品种子的需求高峰。普及以后，又进入自留自用阶段。随着该品种的自然寿命的完结，重新进入商品的更新期。总的来说，新品种的问世往往带来一段种子经营的黄金时代。因此加快新品种的选育，组织好繁殖推广工作，是刺激种子商品生产的一条有效途径。

（二）种子经营的特点

1. 一般市场的特点　种子作为一种特殊商品进入流通领域，自然离不开商品市场的一般规律特点。

（1）要接受市场的选择　市场需求是决定产什么和销什么的前提。因此要进行市场调查，科学地分析和掌握市场信息，进行正确的生产经营决策。

（2）要考虑本体效益　由于以市场为导向的商品生产的前提是承认商品生产者各自的本体效益，不承认本体利益，就不是商品生产者，市场的作用也就没有。

（3）讲经济效益　商品生产的基本规律是价值规律，要求商品生产者必须讲求价值，追求利润，提高效益。而我国种子生产的经营目的，不是为了最大限度地获得剩余价值和超额利润，而是以服务于农业的发展为基本前提，在此前提下获取经济效益。因此在市场竞争中，利用合法手段提高效益是应该提倡的。

（4）树立竞争求胜的观念。以市场为媒介的商品交换，是以商品的社会必要劳动时间定价交易的。因此每一个产品的生产者与其同行无时不处在激烈的竞争中。没有竞争求胜的意识，就不可能在市场中立足。

2. 种子市场的特殊性 种子经营除上述一般商品市场共性外，还具有因种子自身特点而导致种子市场经营的独有特征。了解和掌握这些特点，在市场机制条件下有助于种子生产经营者适应市场需要并健康发展。

（1）种子供销的时效性 我国幅员辽阔，作物种类繁多，耕作制度复杂，从南到北每月都有作物进入播期。而同一作物的播期在特定地区是固定的，因此供种时间也是相对固定的。这就要求生产经营者要根据自己的人力、物力、财力和客户范围合理安排生产供应计划，最大限度地利用时空和质量取得最好的效益。

（2）合同的远期性 由于种子是有生命的生产资料，过剩不仅占用资金，而且丧失使用价值；数量不足会影响农业生产，价格上扬，故种子市场上多是批发性质的预约繁种、预约供给合同，现货合同只是调剂。这种特点虽有利于生产，但因受种子生产丰歉情况影响，同时又牵动价格波动，如果再出现行政封锁就会直接关系到合同的兑现。

（3）种子市场需求的相对稳定性 随着农村经济发展和科技进步，种植业结构均有不同程度的调整，用种量逐年下降。但从全国看，播种面积、需种数量年度间还是相对稳定的，也就是说，种子市场有一个临界容量，需求弹性小，即需求的刚性强。种子市场容量与农作物种植面积直接相关，在一定的价格水平上，一旦市场不再需求种子，即使大幅度降低价格，也难以推销；相反，生产者为了维持一定的作物种植面积，价格即使提高，市场销量也不会减少。当然在买方市场条件下，价格变动对需求量影响也不容忽视。

（4）产品技术标准的严格性 种子作为农业生产资料，它的使用价值是用来满足生产消费的，这一特点决定了种子生产经营者必须更重视质量。品种是否对路，种子质量是否符合标准，直接关系到用种者的产值和收益。与其他商品不同，由于品种特性、适宜地区、消耗习惯等影响，各地都有自己特需的品种，生产经营者要透彻了解品种特性，掌握地区特点定向供应。对种子质量不仅要在生产过程中严格监控，在流通中也要有质量保障制度。

（5）品种利用年限性 任何一种作物的任何一个品种，都有其发生、发展、衰亡的过程。随着某地区气候条件变化、栽培技术的改进、病虫草害的变迁、群众生活习惯需求的改变和新品种的不断出现，原来的老品种将逐步淘汰，新品种将不断涌现。因此种子经营工作，就必须做好品种使用年限的预测，使经营的种子适销对路。

（三）种子经营的法规

《中华人民共和国种子法》规定，种子经营实行许可证制度。种子经营者必须先取得种子经营许可证后，方可凭种子经营许可证向工商行政管理机关申请办理或者变更营业执照。种子经营者专门经营不再分装的包装种子的，或者受具有种子经营许可证的种子经营者以书面委托代销种子的，可以不办理种子经营许可证。但具有种子经营许可证的种子经营者书面委托其他单位和个人代销其种子的，应当在其种子经营许可证的有效区域内委托。农民个人自繁、自用的常规种子有剩余的，可以在集贸市场上出售、串换，不需要办理种子经营许可证，由省、自治区、直辖市人民政府制定管理办法。

《农作物种子生产经营许可证管理办法》规定，农作物种子经营许可证实行分级审批发放制度。主要农作物杂交种子及其亲本种子、常规种原种种子经营许可证，由种子经营者所在地县级人民政府农业行政主管部门审核，省级人民政府农业行政主管部门核发。从事种子进出口业务的公司的种子经营许可证，以及实行选育、生产、经营相结合，注册资本达到1亿元以上的公司的种子经营许可证，由种子经营者所在地省级人民政府农业行政主管部门审核，农业部核发。其他农作物种子经营许可证，由种子经营者所在地县级以上地方人民政府农业行政主管部门核发。

（四）种子经营的基本原则

在市场经济条件下，种子经营工作必须执行种子有关法规，同时还必须注意以下几个方面。

1. 以市场为导向 市场经济的快速发展，给种子经营带来了新的变化。在这种情况下，种子经营必须以市场为导向，在充分了解农业发展计划、品种布局的基础上，遵循市场规律，市场需要什么种子就经营什么种子，农民需要什么种子就提供什么种子。在逐步占有本地市场的同时，进一步扩大行政区域外种子市场，提高种子部门的社会影响，有基础的企业可以考虑去竞争国际市场。

2. 以信息为依据 在种子经营工作中，信息的收集、整理、反馈和利用起着特别重要的作用。因此要建立健全信息网络，广泛收集市场信息，及时掌握种子供求、价格行情等，搞好市场预测，为种子经营提供可靠的依据。否则就会信息不灵，行情不清，种子经营就必然带有一定的盲目性，甚至出现大的失误。

3. 以优质服务为手段 种子的主要消费者是农民。随着农业的发展，农村产业结构发生了较大的变化，广大农民需要种子经营部门建立全方位、多功能的种子服务体系。因此种子部门应及时了解广大农民对各类作物种子的需求，扩大经营范围，想农民之想，做到"人无我有，人有我优"、"送种上门，送技上门"，为农民提供优质服务。同时，收费要合理，以热情周到的服务和价格优势来占领市场。

4. 以新优种子为优势 在种子经营中，应该在品种新颖、质量优良上做文章，因为新品种和优质种子是种子经营部门生存与发展的关键。所以种子经营部门应与科研部门建立联系，每年拿到一两个有前途的品种（组合），实现品种更新，增加种子经营的后劲。与此同时，还要把好种子质量关，搞好种子检验检疫，杜绝假劣种子和检疫性病虫草害，避免造成坑农害农的恶果，取信于民。

5. 以效益为目的 种子经营的最终目的是效益，要坚持社会效益和自身经济效益并重的原则，遵守价格政策，薄利多销，加大种子供应量，提高种子的覆盖率，扩大社会影响，以社会效益带动种子部门自身的经济效益。

【复习思考题】

1. 作物种子与作物品种的概念有何不同？一个优良品种应具备哪些条件？
2. 简述作物种质资源的概念及其在育种上的重要性。
3. 在育种工作中，为什么要制定育种目标？根据什么原则制定育种目标？
4. 作物引种时应遵循哪些原则才可能引种成功？
5. 混合选择法同单株选择法的区别是什么？各有何优缺点？分别在何种情况下应用？
6. 远缘杂交与品种间杂交相比各具有什么特点？
7. 什么是系统育种？系统育种的基本原理是什么？
8. 杂种优势利用的主要途径有哪些？怎样进行不育系繁殖与杂交制种？
9. 什么是诱变育种？诱变育种有哪些特点？
10. 什么是生物技术育种？在农作物育种中应用最多、最广的生物技术有哪些？

11. 简述我国种业发展规划目标及实现途径。

12. 分析农作物品种审定需要达到的基本条件。

13. 试述作物品种权的归属及授予条件。

14. 试述种子生产的含义、意义及任务。

15. 试述作物品种混杂退化的原因及防止措施。

16. 简述自花授粉作物、常异花授粉作物原种生产和异花授粉作物自交系原种生产的方法。

17. 简述种子检验的内容及纯度、净度、发芽率、水分等指标的标准检测方法。

18. 分析现阶段我国种子经营的特点及种子经营工作中应注意的问题。

第八章　植物保护

第一节　植物保护概述

各种病虫杂草对农作物的危害，常使农作物的产量和质量降低，成为发展农业生产的一大障碍。植物保护就是研究病虫草等有害生物的生物学特性、发生与流行规律及其预防与防治措施的一门综合性的科学，其主要任务就是要控制病、虫、草等的危害，保证农作物高产、稳产、优质，同时保护生态环境，维护人类身体健康。

一、有害生物与生物灾害

有害生物指那些危害人类目标植物，并能造成显著损失的生物，包括植物病原微生物、寄生性种子植物、植物线虫、植食性昆虫、杂草以及一些鸟类、兽类等。以植物为寄主和食物的生物，其数量之大、种类之多是相当惊人的，它们都可能给植物造成伤害，并在条件适宜时大量繁殖，使伤害蔓延加重，对人类目标植物的生产造成经济上的损失。因此这些生物都是潜在的有害生物。

农业生物灾害是指有害生物大量危害人类目标植物，给人类造成严重的经济损失。虽然环境中存在着数量众多的潜在有害生物，但绝大部分对目标植物的伤害都达不到经济危害水平，只有其中极少数可以较好地适应农业生态环境，造成植物生产上可见的经济损失，甚至暴发成生物灾害。

二、有害生物及生物灾害对农业生产的影响

自人类开始从事农业种植活动以来，就存在着病、虫、草害严重威胁农业生产的问题。历史上有许多关于植物病虫害大发生危及人民生活的记载。例如，1845 年北欧马铃薯晚疫病大流行导致爱尔兰大饥荒；19 世纪法国葡萄酒业因葡萄根瘤蚜的危害而濒临崩溃；1988年以前美国加利福尼亚州柑橘园因吹绵蚧危害而减产；非洲多次遭受沙漠蝗灾而"赤壁千里，饥民载道"。我国早在 3 000 年以前就有蝗虫危害的记载，自公元前 707 年至 1935 年共记载蝗灾 796 次，平均每 3 年成灾 1 次，人们将蝗灾与旱灾和黄河水患并列为制约中华民族发展的三大自然灾害。

现代农业生产中生物灾害暴发的机会和频率比以往都高，绝对经济损失也大。据联合国粮食与农业组织估计，世界各国农作物因病虫草危害所造成的损失达 700 亿～900 亿美元。在这些损失中，估计虫害占 40%，病害占 33%，杂草害占 27%。粮食作物损失量占总产量20%，棉花损失 30%，果树损失 40%。我国的农作物生产经过大力防治病虫和杂草，每年仍有粮食损失 $1.5 \times 10^7 \sim 2.0 \times 10^7$ t，棉花损失 $3.0 \times 10^5 \sim 5.0 \times 10^5$ t，油料损失 1.4×10^6 t。从总体看来，世界各发达国家农产品的损失至今仍占总产量的 25% 左右。

除造成农作物产量的直接损失外，病害还降低农产品的品质，有的还可引起人畜中毒。

例如甜菜受害，含糖量降低；棉花受害，纤维变劣；用感染小麦赤霉病的麦粒加工成面粉，食用后会出现恶心、呕吐、抽风甚至死亡；甘薯黑斑病病薯被牲畜食用后能诱发气喘病，严重时也会死亡；粮食和油料种子在储藏期因感染黄曲霉而有致癌作用；甘蔗在储藏期或运输不当发生霉变，误食后会中毒。

我国地域辽阔，气候复杂，病、虫、草种类繁多，危害极大。例如我国已知的水稻病害有 100 多种，水稻害虫有 346 种；棉花病害有 80 多种，棉花害虫有 380 多种；储粮害虫有 100 多种。每种农作物从播种、出苗、开花、结果直至收获、储藏、运输，都有可能遭受病虫危害，使农作物产量和质量受到损失。

三、有害生物防治策略

有害生物防治实际上是防和治的结合，但在不同时期或不同情况下有不同的重点。例如 20 世纪 40 年代出现有机合成农药后，人类过度依赖化学防治，一般很少考虑到早期害虫的种群数量控制，而大都是进行发生后防治。"3R"问题（resistance、resurgence 和 residue，即有害生物抗药性、有害生物再猖獗和农药残毒）出现后，人类认识到有害生物防治的艰巨性和单项技术的局限性。1967 年，联合国粮食与农业组织（FAO）在罗马召开的"有害生物综合治理（IPM）"专家讨论会上，提出了有害生物综合治理的概念，即依据有害生物的种群动态与环境间的关系，协调运用适当的技术与方法，使有害生物种群保持在经济损害允许水平以下。

现代有害生物的防治策略主要是综合治理，即综合考虑生产者、社会效益和环境利益，在投入效益分析的基础上，从农田生态系统的整体性出发，全面考虑生态平衡、经济效益及防治效果，协调应用农业防治、生物防治、化学防治及物理、机械防治等多种有效防治技术，将有害生物控制在经济损害允许水平以下。它的主要特点是不要求彻底消灭有害生物，强调防治的经济效益、环境效益和社会效益，强调多种防治方法的相互配合，高度重视自然控制因素的作用。

吸收国外先进植物保护学术思想，结合我国的实际情况，于 1975 年在全国植物保护工作会议上，确定了"预防为主，综合防治"的植物保护方针。1985 年，在全国第二次农作物病虫害综合防治学术讲座会上将综合防治重新规定为：综合防治是对有害生物进行科学管理的体系。我国的综合防治与国外的有害生物综合治理的基本含义是一致的。

第二节　作物虫害及其防治

作物虫害主要是由有害昆虫蛀食所致，其次是由有害的螨类及软体动物引起的危害。自古以来，虫害就被列为 3 大自然灾害（水灾、虫灾和旱灾）之一。

一、昆虫体躯的构造与功能

昆虫属节肢动物门昆虫纲。昆虫最显著的特征就是体躯分成明显的头、胸和腹 3 个体段，具 6 足，多数还有 2 对翅（图 8-1）。

（一）昆虫头部及其附器

头部是昆虫体躯最前面的体段，由坚硬的头壳及复眼、单眼、触角和口器组成，是感觉和取食的中心。

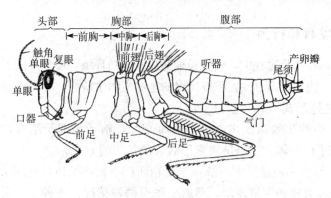

图 8-1 昆虫纲的主要特征（以雄性飞蝗为例）

（仿 Richard）

1. 复眼和单眼 复眼和单眼是昆虫的视觉器官，其中复眼 1 对，位于头部两侧；单眼 1～3 个，着生在两复眼之间。复眼对光的反应较敏感，如对光的强度、波长、颜色等都有较强的分辨能力，且能看到人类所不能看到的短波光，特别对 300～400 nm 的紫外光有很强的趋性。

2. 触角 触角 1 对，着生在两复眼附近。触角是昆虫的感觉器官，具有触觉、味觉、嗅觉等生理功能。在触角上着生有许多嗅觉器，使得昆虫能够嗅到从远方散发出来的化学气味，借以觅食、聚集、求偶、选择产卵场所、逃避敌害等。雄虫的触角较雌虫发达，能准确地接收雌虫在几百米以外释放的性信息素。

3. 口器 口器又称为取食器，位于头部的下方或前端。昆虫因食性及取食方式的分化，形成了不同类型的口器。一般分咀嚼式和吸收式两类，后者又因其吸取方式不同可分为刺吸式（例如叶蝉、褐飞虱、蚜虫等）、虹吸式（例如夜蛾）、舐吸式（例如吸浆虫、稻秆蝇、麦秆蝇等）、锉吸式（例如烟蓟马、稻蓟马等）等。农业害虫以咀嚼式口器和刺吸式口器居多。

（二）昆虫胸部及其附器

昆虫的胸由前胸、中胸和后胸 3 个体节组成，各节具 1 对足，多数昆虫在中胸和后胸上各有 1 对翅。足和翅是昆虫的主要运动器官，所以胸部是昆虫的运动中心。昆虫具有胸足和膜质翅，扩大了其觅食、求偶和避敌的活动范围，也给防治带来困难。

（三）昆虫腹部及其附器

昆虫的腹部一般由 9～11 节组成，稍高等的昆虫腹节减少。腹部两侧着生 7～8 对气门，末端有外生殖器，雄虫称为交尾器，雌虫称为产卵器，有些昆虫在第 11 节上还有一对尾须，是感觉器官。昆虫的内脏大部分在腹腔内，因此腹部是昆虫的新陈代谢和生殖中心。

（四）昆虫的体壁

昆虫体壁又称为昆虫的皮肤，由表皮层、皮细胞层和底膜 3 部分组成。它就像脊椎动物的骨骼一样，着生肌肉，支持体躯，故有外骨骼之称。底膜是体壁最里面的一层薄膜。皮细胞层又称为真皮层，是 1 层活细胞，虫体上的刚毛、鳞片及各种腺体都是由皮细胞层转化而来的。表皮层是皮细胞层的衍生物，从里向外又可分为内表皮、外表皮和上表皮。上表皮含有蜡质和脂肪质，具有亲脂拒水的特性。外表皮含有几丁质、谷蛋白等，几丁质既不溶于水和有机溶质，也不溶于稀酸和浓碱。由于体壁的特殊构造和理化性能，使它对虫体具有良好的保护作用，尤其是体壁上的刚毛、鳞片、蜡粉等覆盖物和上表皮的蜡层及护蜡层，对杀虫剂的侵入起着一定的阻碍作用。

二、昆虫的发育和行为

昆虫种类繁多，在进化过程中，由于长期适应其生活环境，逐渐形成了各自相对稳定的生长发育特点、繁殖方式和行为习性。掌握昆虫的这些生物学特性，有利于对虫害进行防治。

（一）昆虫的生殖方式

1. 两性生殖 两性生殖指昆虫必须经雌雄交配，精子与卵子结合，雌性产下受精卵，每粒卵发育成 1 个子代个体。这是昆虫繁殖后代最普遍的方式。

2. 孤雌生殖 雌虫不经过交配，或卵未受精而产生新的个体，这种方式称为孤雌生殖。例如蚜虫、介壳虫等有这种生殖现象。孤雌生殖有两种情况，一种是未受精卵发育成雄虫，受精卵发育成雌虫；另一种是由未受精卵发育而成的个体全部或绝大多数为雌性。

3. 多胚生殖 一个成熟的卵发育成两个或更多的胚胎，每个胚胎发育成一个新个体，称为多胚生殖。最多的一个卵可孵出 3 000 个幼虫。这种生殖方式常见于一些寄生蜂。多胚生殖是对活体寄生的一种适应，可以利用少量的生活物质和在较短的时间内繁殖较多的后代个体。

4. 卵生与卵胎生 卵被母体排出体外发育成子代个体的生殖方式称为卵生，是昆虫的主要生殖方式。卵生昆虫的生殖方式主要有两性生殖、单性生殖、多胚生殖等。卵在母体内成熟后，并不排出体外，而是停留在母体内进行胚胎发育，直到孵化后，直接产下幼虫，这种生殖方式称为卵胎生。例如蝇类进行的卵胎生。

（二）昆虫的发育和变态

1. 昆虫的发育 昆虫的个体发育过程，划分为胚胎发育和胚后发育两个阶段。胚胎发育是指从卵发育成幼虫（若虫）的发育期，又称为卵内发育。胚后发育是从卵孵化后开始至成虫性成熟为止。

2. 昆虫的变态 昆虫在胚后发育过程中，从幼虫转变为成虫，不仅体积增大，而且外部形态和内部构造也发生一系列变化，从而形成不同的发育期，这种现象称为变态。根据变态的特征和特性，又分为完全变态和不完全变态两种基本类型（图 8-2）。完全变态是指昆虫的一生经过卵、幼虫、蛹和成虫 4 个阶段，例如水稻螟虫、黏虫、棉铃虫等。不完全变态是指昆虫的一生只经过卵、若虫和成虫 3 个阶段，例如蝗虫、蝼蛄、叶蝉、蜻等。其中若虫

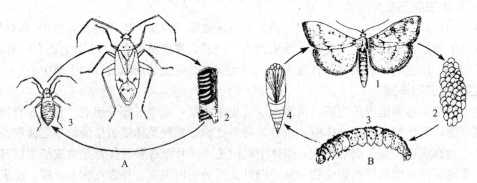

图 8-2 昆虫的变态

A. 不完全变态（苜蓿盲蝽）（1. 成虫 2. 卵 3. 若虫）

B. 完全变态（玉米螟）（1. 成虫 2. 卵 3. 幼虫 4. 蛹）

（仿西北农学院）

的外部形态及生活习性与成虫相似，但个体大小、翅及生殖器官与成虫不同。通常情况下，昆虫的变态与蜕皮联系在一起，蜕皮与变态是昆虫生命活动的重要特点。

3. 昆虫发育阶段　昆虫的个体发育阶段经历以下几个时期。

（1）卵期　卵自产下后到孵出幼虫（若虫）所经历的时间称为卵期，这是昆虫胚胎发育的时期，也是个体发育的第一阶段。昆虫卵期长短不一，卵的形状多样。昆虫产卵方式和场所也不一样，有的单粒散产，有的多粒成堆或成块，有的卵上有覆盖物，有的产在植物表面，有的产在植物组织内，有的产在土壤中。通常把卵作为昆虫生命活动的开始。从卵孵化为幼虫就进入危害期，所以消灭卵就是一项重要的预防措施。

（2）幼虫（若虫）期　昆虫幼虫或若虫从卵内孵出，发育成蛹（完全变态昆虫）或成虫（不完全变态昆虫）之前的整个发育阶段，称为幼虫期或若虫期。幼虫孵化后，取食摄取营养，开始了对寄主的危害。幼虫的生长和蜕皮相伴随。每两次蜕皮之间所经历的时间称为龄期。计算虫龄是蜕皮次数加 1。幼虫每蜕皮 1 次，其食量和体积会显著增大，危害程度加剧，抗逆力增强，防治害虫一般应在 3 龄前进行。刚蜕皮时，其体力和外骨骼还没有完全恢复，是防治的最佳时期。

（3）蛹期　完全变态昆虫由老熟幼虫到成虫，经过 1 个不食不动、幼虫组织破坏和成虫组织重新形成的时期，称为蛹期。末龄幼虫蜕去最后 1 次皮变为蛹，称为化蛹。根据蛹的发育进度，可以较准确地预测成虫发生期，为害虫防治提供参考。同时，由于蛹是不活动的虫期，缺乏逃避敌害的能力，内部又进行着剧烈的组织解离与重建，易受不良环境的影响，也是防治中可利用的环节。

（4）成虫期　成虫期是指成虫出现到死亡所经历的时间。不完全变态昆虫的末龄若虫蜕去最后一次皮后变为成虫，完全变态昆虫的蛹由蛹壳破裂变为成虫，这个过程都称为羽化。成虫期是昆虫个体发育的最后阶段，也是交配、产卵、繁殖后代的生殖时期。大部分昆虫成虫期较短，羽化时性器官已发育成熟，不需要取食即可交尾产卵，产卵后不久即死去。但有些昆虫，由于成虫期较长或幼虫期所获得的营养不够性腺发育需要，成虫期仍要取食危害，这种取食称为补充营养，例如蝗虫、金龟子、叶蝉、飞虱等。利用补充营养的习性，可在其喜食的植物上防治，把成虫消灭在产卵之前。例如地老虎、黏虫等的成虫，有取食花蜜作为补充营养的习性，可利用糖、醋、酒等制成诱杀液，诱杀成虫。

（三）昆虫的世代和年生活史

1. 昆虫的世代　昆虫的卵或幼虫，从离开母体发育到成虫性成熟并能产生后代为止的个体发育史，称为 1 个世代，简称 1 代或 1 化。1 个世代常包括卵、幼虫、蛹及成虫虫态，但习惯上以卵或幼虫离开母体为世代的起点。各种昆虫完成 1 个世代所需时间，以及 1 年内所发生的代数，因昆虫种类和环境条件而不同。例如小麦吸浆虫 1 年只发生 1 代；棉蚜 1 年可发生 20~30 代；华北蝼蛄 3 年才完成 1 代。又如黏虫在东北 1 年发生 2~3 代，在华北 1 年发生 3~4 代，在华中 1 年发生 5~6 代，在华南则 1 年发生 6~8 代。在适宜温度范围内，昆虫的发育速度温度升高而加快，完成 1 代所需的时间缩短。在同一地区，同种昆虫，1 年发生的世代数，也因耕作制度和气候条件的变化而有所不同。同种昆虫完成 1 个世代，各种虫态的消长并不是十分整齐，有时会几个世代交替混合发生，称为世代重叠。世代重叠也为防治带来困难。

2. 昆虫的年生活史　昆虫的年生活史是指昆虫从越冬虫态越冬后复苏开始，到翌年越冬复苏前的全过程。昆虫年生活史的基本内容，包括越冬越夏虫态和栖息场所、1年中发生的世代、各世代各虫态历期、生活习性等。研究害虫的年生活史，可摸清害虫在1年内的发生规律、活动和危害情况，针对害虫的薄弱环节与防治有利时机制定防治措施。

（四）昆虫的休眠和滞育

昆虫在1年的生长发育过程中，常出现暂时停止发育的现象，从其本身的生物学与生理学来看，可区分为两大类：休眠与滞育。低温常常是引起休眠的主要原因，有时高温也引起昆虫休眠，例如蝼蛄常在夏季蛰于深土层越夏。1年中光周期的变化，是引起滞育的主要原因。例如玉米螟在短于临界光周期的条件下滞育，以滞育越冬；大地老虎在长于临界光周期的条件下滞育，以滞育越夏。了解昆虫休眠或滞育的特点，以及害虫越冬、越夏的场所，对害虫发生和危害的预测、开展防治具有指导意义。

（五）昆虫主要习性

1. 昆虫的食性 昆虫的食性复杂，有植食性、肉食性、腐食性和杂食性。

（1）植食性 植食性昆虫以活体植物为食，多为农林害虫。按取食范围的大小可进一步分为单食性、寡食性和多食性3种类型。单食性昆虫只取食一种植物，例如三化螟只吃水稻；寡食性昆虫一般能取食一科或近缘几个科的若干种植物，例如二化螟除危害水稻外，还危害玉米等近缘科植物；多食性昆虫能取食多科植物，例如玉米螟可取食40科181属200多种植物。

（2）肉食性 肉食性昆虫以小动物或其他昆虫活体为食，多为益虫。按取食方式又分为捕食性（例如螳螂捕食蚜虫）和寄生性（如寄生在玉米螟幼虫体上的寄生蜂）。

（3）腐食性 腐食性昆虫以动植物尸体或粪便为食，在生态循环中有重要作用（例如埋葬虫、果蝇）。

（4）杂食性 既食植物又食动物的昆虫称为杂食性昆虫，如蟋蟀、蚂蚁等。

2. 昆虫的假死性 昆虫受到异常刺激时，立即蜷缩不动或坠落地面假死，状似休克的习性。这是昆虫对外来刺激的防御性反应，以逃避敌害的侵袭。人们常利用这种假死性，采取骤然振落的方式来捕杀害虫。

3. 昆虫的趋性 昆虫对外界刺激所产生的趋向或背向行为活动称为趋性，其中趋向活动称为正趋性，背向活动称为负趋性。趋性主要有趋光性、趋化性、趋温性、趋湿性、趋色性等。其中与预报和防治关系密切的有趋光性和趋化性两种。例如灯光诱杀是以趋光性为依据的，食物饵诱杀是以趋化性为依据的，驱避剂是以负趋化性为依据的。正趋化性和负趋化性通常与昆虫的觅食、求偶、躲避敌害、寻找产卵场所等行为有关，在防治中应充分利用这个特性进行诱杀捕灭。

4. 昆虫的群集性 同种昆虫的大量个体高密度地聚集在一起的习性称为群集性。根据聚集时间的长短可分为暂时性和永久性两种类型。昆虫的群集时期造成的危害比较集中而严重，在防治上也是一个有利时机。

5. 昆虫的迁移性 迁移是指某种昆虫成群而有规律地从一个发生地长距离地转移到另一个发生地的现象，又称为迁飞，例如东亚飞蝗、黏虫、小地老虎、稻纵卷叶螟、稻褐飞虱等。近距离迁移又称扩散，如一些瓢虫、叶甲、椿象等，在秋末从田间大批迁至灌木林、谷地、草丛等越冬场所，次年春季又迁回田间，做季节性迁移；甘蓝夜蛾幼虫有成群向邻田迁移取食的习性。了解害虫的迁移特性，查明它的来龙去脉及扩散、转移的时期，对害虫的预报与防治均具有重要意义。

三、害虫危害症状及特点

作物害虫都属于植食性昆虫，大多为寡食性或多食性，少数为单食性。在我国，危害作物的主要害虫有 700 余种，按口器可分为咀嚼式害虫和吸收式害虫。

（一）咀嚼式害虫危害症状及特点

重要的农业害虫绝大多数是咀嚼式害虫。其危害的共同特点是造成明显的机械损伤，在植物的被害部位常可见各种残缺和破损，使组织或器官的完整性受到破坏。由于被害部位不同，所表现出的危害状也是千差万别。

1. 田间缺苗断垄　这是地下害虫的典型危害状，例如蛴螬、蝼蛄、叩头虫、地老虎等咬食作物地下的种子、种芽和根部，常造成种子不能发芽，幼苗大量死亡。

2. 顶芽停止生长　有些害虫喜欢取食植物幼嫩的生长点，使顶尖停止生长或造成断头。例如第 1 代棉铃虫常常取食棉花的幼叶，烟夜蛾幼虫喜欢集中危害烟草的顶部心芽和嫩叶。由于生长点被食害，植物往往停止生长，甚至死亡。

3. 叶片残缺不全　这是咀嚼式口器害虫的典型危害状，不同的取食方式常造成不同的症状。

4. 茎叶枯死折断　这是蛀茎类害虫的典型危害状。水稻螟虫、二化螟、亚洲玉米螟、高粱条螟等在早期危害常常造成心叶枯死或在叶片上形成大量穿孔，后期危害造成茎秆折断，在不同作物上分别形成枯心苗、枯孕穗、白穗、虫伤株等。

5. 花蕾、果实受害　大豆食心虫可蛀入豆荚内取食豆粒，使果实或籽粒受害、脱落或品质下降。棉铃虫等害虫还取食花蕾，造成落蕾。

（二）吸收式害虫危害症状及特点

1. 直接伤害　直接伤害是指吸收式害虫对植物吸食造成的生理伤害。吸收式害虫的口针刺入植物组织，首先对植物造成机械伤害，同时分泌唾液和吸取植物汁液，使植物细胞和组织的化学成分发生明显变化造成病理或生理伤害。被害部位常出现褪色斑点。叶片卷曲、皱缩、畸形和枯萎是常见的吸收式害虫危害状。

2. 间接危害　刺吸式害虫是植物病害，特别是病毒病的重要传播媒介。可能这些昆虫的发生数量不足以给植物造成直接危害，但传播病毒带来的间接危害却是十分严重的。据统计，有 397 种植物病毒是通过昆虫传播的，其中绝大多数是刺吸式害虫，如黑尾叶蝉可传播水稻矮缩病、黄矮病和黄萎病，灰飞虱能传播水稻黑条矮缩病和条纹叶枯病、小麦丛矮病、玉米矮缩病等，麦二叉蚜是麦类黄矮病的传播媒介。吸收式害虫的危害还可为某些病原菌的侵入提供通道，如稻摇蚊危害水稻幼芽可招致绵腐病的发生。

四、害虫的主要防治方法

害虫的防治必须贯彻"预防为主，综合防治"的植物保护方针。在综合防治中要以农业防治为基础，因地、因时制宜，合理运用化学防治、生物防治、物理防治等措施，达到经济、安全、有效地控制虫害的目的。

（一）植物检疫

植物检疫就是依据国家法规，对调出和调入的植物及其产品等进行检验和处理，以防止危险性病、虫、杂草人为传播扩散的一种带有强制性的防治措施。植物检疫又称法规防治，是一种保护性、预防性措施。

确定植物检疫对象的原则，主要包括 3 个方面：①必须是在经济上造成严重损失而防治又极为困难的危险性病、虫、杂草；②必须是主要依靠人为传播的危险性病、虫、杂草；③必须是国内或地区内未发生或分布不广的危险性病、虫、杂草。

植物检疫对保护国家或地区的农业生产，具有十分重要的意义。过去我国有许多危害严重的虫害是由国外传入的。例如棉铃虫是从美国传入的，蚕豆象是随着日本侵略军从军粮和马料中传入我国后迅速蔓延的，美国白蛾现已成为威胁我国林业和果树生产的危险性害虫。随我国经济的快速发展和加入世界贸易组织（WTO）后国际贸易的日益增多，国内、国际的人员交往和农产品调运更加频繁，危险性病、虫、草传播的可能性增大，实行植物检疫制度，由国家设立专门的机构，会同海关、铁路、邮政、交通等部门共同实施，是防止疫情扩大蔓延的有效手段。

（二）农业防治

农业防治，是在认识和掌握害虫、作物和环境条件三者之间相互关系的基础上，结合整个农事操作过程中的各种具体措施，有目的地创造有利于农作物的生长发育而不利于害虫发生的农田环境，达到压低虫源基数、抑制其繁殖或使其生存率下降的目的。农业防治具有节省人力物力财力、有利于保持生态平衡、防治规模大、具有预防作用等诸多优点，是有害生物综合治理的基础。但有些防治措施可能与丰产要求有矛盾，或与耕作制度有矛盾，同时其防治效果的地域性、季节性比较强，限制其大面积推广。

1. 选用抗虫或耐虫品种　利用作物的耐虫性、抗虫性等防御特性，培育和推广抗虫耐虫品种，发挥其自身因素对害虫的调控作用，是最经济有效的防治措施。作物品种的耐虫和抗虫机制除其特殊的形态或组织解剖特性、物候学特性、生长发育特性外，还与其自身的生物化学特性有关，例如一些玉米品种由于含有抗螟素而能抗玉米螟的危害。我国已育成一批多抗品种在生产上利用，例如抗麦蚜品种"农大 6085"、"芒白 4 - 2"等，抗棉铃虫品种"斯字 731N"、"中植 372"等。随着现代生物技术的发展，国内外都在开展抗虫基因工程的研究，培育的棉花、烟草等转基因抗虫品种在我国已进入商业化生产。

2. 建立合理的耕作制度　农作物合理布局可以切断昆虫的食物链，使昆虫的某个世代缺少寄主或营养条件而发生受到抑制。例如南方稻区，连片种植统一成熟期的水稻，螟害一般较轻；早熟、中熟和晚熟稻混种，螟害加重。轮作对单食性或寡食性害虫可起到恶化营养条件的作用，例如稻麦轮作可起到抑制地下害虫、小麦吸浆虫的发生危害。按比例条带种植、麦棉间作套种、棉蒜间作、棉田种植油菜等措施可制造天敌繁衍的生态条件，造成作物和害虫的多样性，可以起到以害（虫）繁益（虫），以益控害的作用，是行之有效的保护和利用天敌的重要措施。在作物行间种植诱集作物或设置诱集带，是利用害虫对寄主的嗜好程度和对不同生育期和长势的选择性，把害虫诱引到小范围内加以集中消灭。合理的土壤耕作措施也可以有效地防治害虫。

3. 加强栽培管理　合理播种（播种期、种植密度）、合理修剪、科学管理肥水、中耕等栽培管理措施可直接杀灭或抑制害虫危害。例如三化螟在分蘖期和孕穗期最易入侵，拔节期和抽穗期是相对安全期，通过调节播栽期，使蚁螟孵化盛期与危害的生育期错开，可以达到避开螟害和减轻受害的作用。水稻栽插过密，可引起光照不足，给稻飞虱、稻叶蝉、黏虫等害虫的猖獗创造条件。利用棉铃虫的产卵习性，结合棉花整枝打去顶心和边心，可消灭虫卵和初孵幼虫。采用早春灌水，可淹死在稻桩中越冬的三化螟老熟幼虫。稻田施氮肥过多过迟，可引起叶色嫩绿，行间郁闭，常招致螟虫、稻纵卷叶螟、叶蝉和飞虱的危害。在农田施用未经腐熟的有机肥，会招引金龟子、种蝇产卵，加重危害。利用冬耕或中耕可压低在土中化蛹或越冬害虫的虫源基数等。此外，清洁田园，及时将枯枝、落叶、落果等清除，可消灭潜藏的多种害虫。

4. 改变害虫生态环境　恶化害虫生态环境是控制和消灭害虫的有效措施。我国东亚飞蝗发生严重的地区，通过兴修水利、稳定水位、开垦荒地、扩种水稻等措施，改变了蝗虫发生的环境条件，使蝗患得到控制。稻飞虱发生期，结合水稻栽培技术要求，进行排水晒田，降低田间湿度，在一定程度上可减轻发生量。

（三）生物防治

利用有益生物及其代谢产物防治害虫的方法称为生物防治。生物防治包括以虫治虫、以微生物治虫、以激素治虫、以其他动物或植物治虫等，还有利用生物有机体的活性物质及昆虫不育等方法，控制害虫危害。生物防治的优点是对人、畜及农作物安全，不杀伤天敌及其他有益生物，不会造成环境污染，往往能收到较长期的控制效果，天敌资源丰富，一般费用较低。但是生物防治也有局限性，例如杀虫作用较缓慢，杀虫范围较窄，受气候条件影响较大，一般不容易批量生产，储存运输也受限制。

1. 以虫治虫　以虫治虫就是利用害虫的各种天敌进行防治。昆虫纲中以肉食为生的约有 23 万余种，其中大量是捕食和寄生于植食昆虫的，是农业害虫的天敌。常见的有蜻蜓、螳螂、瓢虫、步甲、草蛉、食蚜蝇幼虫、寄生蝇、赤眼蜂等。每种植食昆虫都可被数十种乃至上百种天敌昆虫侵害。许多植食昆虫不能成为害虫就是因为受到天敌昆虫的控制。以虫治虫的基本内容应是增加天敌昆虫数量和提高天敌昆虫控制效能，大量饲养和释放天敌昆虫以及从外地或国外引入有效天敌昆虫。

2. 以微生物治虫　许多微生物都能引起昆虫疾病的流行，使有害昆虫种群的数量得到控制。引起昆虫疾病的微生物有真菌、细菌、病毒、原生动物、线虫等多种类群，许多已经在生产上广泛应用。例如苏云金芽孢杆菌、白僵菌、球星芽孢杆菌（Bs）、蝗虫微孢子虫等通过工厂大量生产粉剂、液剂、乳剂等剂型，像使用化学农药一样在田间使用，防治害虫。昆虫的致病微生物中多数对人畜无害，不污染环境，其制剂称为微生物农药。

3. 以激素治虫　利用昆虫的内外激素杀虫，既安全可靠，又无毒副作用，具有广阔的发展前景。利用性外激素控制害虫，一般有诱杀法、迷向法和引诱绝育法。诱杀法是利用性引诱剂配合黏胶、毒药、诱虫灯、高压电网或其他方法，诱杀雄虫。迷向法是在田间喷洒人工合成的性引诱剂或散布大量含有性引诱剂的小纸片，使雄虫迷失趋向雌虫的方向。引诱绝育法是使用性引诱剂和绝育剂配合，用性引诱剂将雄虫诱来，使其接触绝育剂后仍返回原地，这种绝育雄虫与雌虫交配后，雌虫就会产生不正常的卵，达到灭绝后代的作用。利用内激素防治害虫包括利用蜕皮激素和保幼激素两种，蜕皮激素可使昆虫发生反常现象引起死亡。保幼激素可阻止正常变态或导致异常变态，打破滞育，使昆虫不适环境而亡，或导致昆虫不孕或使卵不孵化等。

（四）物理机械防治

物理机械防治是利用各种物理因子（例如光、电、色、温度、湿度等）及人工或器械防治害虫的方法，包括捕杀、诱杀、阻杀、高（低）温杀虫、激光照射等新技术的应用。这种方法简便易行，成本较低，不污染环境，既可用于预防害虫，也能在害虫已经发生时作为应急措施，可与其他方法协调进行。

1. 捕杀　利用人力或简单器械，可捕杀有群集性、假死习性的害虫。例如人工抹卵或捏杀老龄幼虫；根据金龟甲等的假死性，可振落捕杀；围打有群集习性的蝗蝻等。

2. 诱杀　可利用害虫的趋性，设置灯光、潜所、毒饵等诱杀害虫。例如利用波长为365 nm的黑光灯、双色灯、高压汞灯进行灯光诱杀；利用蚜虫对银色的负趋性，在田间铺设银灰色塑料薄膜带驱蚜；利用蚜虫、白粉虱等对黄色的趋向，田间设置黄皿或黄板，进行预报或防治；利用一些害虫趋化性、对栖息和越冬场所的要求以及对植物产卵、取食等趋性进行诱杀，例如用半萎蔫的杨柳树枝诱集棉铃虫成虫、在诱蛾器皿内置糖醋酒液或加适量的杀虫剂以诱杀多种夜蛾科成虫、性诱剂诱杀雄成虫、用马粪诱集蝼蛄、用谷草诱集黏虫产卵等。

3. 阻杀　人为设置障碍，防止幼虫或不善飞行的成虫迁移扩散。例如果实套袋可防止果树食心虫产卵或幼虫蛀害；树干涂胶或刷涂白剂，可防止树木害虫下树越冬或上树危害；在粮食表面覆盖草木灰、糠壳或惰性粉，可阻止储粮害虫的侵入；利用过筛、风扇等措施使粮虫分离等。

4. 高（低）温杀虫　用热水浸种、烈日暴晒、红外线辐射、高频电流等，都可杀死种子中隐蔽危害的害虫。例如食用小麦暴晒后，在水分不超过12%的情况下，趁热进仓库密闭储存，杀虫防虫效果极好。而北方可利用自然低温杀死储粮害虫。

5. 其他新技术的应用　其他新技术主要有核辐射技术、激光技术、微波技术、红外线处理等，在防治储粮害虫、木材及土壤害虫方面均做了大量的试验。微波灭虫具有速度快、效果明显的特点，基本不影响产品质量，不污染食品和环境。近代生物物理学的发展，为害虫的预测预报及防治技术水平的提高创造了良好的条件。

（五）化学防治

化学防治就是利用化学农药防治害虫的方法。化学防治杀虫快，效果好，使用方便，不受地区和季节性限制，适于大面积机械化防治，在害虫的综合治理中占有相当重要的位置。化学农药的范围很广，根据作用对象可分为杀虫剂、杀鼠剂、杀线虫剂、杀菌剂、除草剂、生长调节剂等。常用的杀虫剂种类很多，按原料来源及成分可分为无机杀虫剂和有机杀虫剂。有机杀虫剂按其来源又分为天然有机杀虫剂（例如鱼藤酮、除虫菊酯、烟草、石油乳剂等）、微生物杀虫剂（如 Bt 乳剂、白僵菌粉剂、棉铃虫核型多角体病毒制剂等）和人工合成有机农药（有机氯类杀虫剂、有机磷类杀虫剂、有机氮类杀虫剂等）。按作用方式可以将杀虫剂分为触杀剂、胃毒剂、内吸剂、熏蒸剂、驱避剂、拒食剂、引诱剂、不育剂、生长调节剂等。人工合成有机杀虫剂常具有两三种杀虫作用，如亚胺硫磷有胃毒和触杀两种作用；而敌敌畏除有强烈的熏蒸作用外，还具有较强的触杀作用和胃毒作用。

1. 触杀剂　触杀剂不需要昆虫吞食，只要接触虫体就可发挥中毒作用。药剂可从昆虫的表皮、气孔或附肢等部分进入虫体内，如除虫菊酯。

2. 胃毒剂　胃毒剂是指药剂随昆虫取食后经肠道吸收进入体内，到达靶标引起虫体中毒死亡的农药。例如砷酸铅及砷酸钙是典型的胃毒剂。

3. 内吸剂　内吸剂是指农药施到植物上或施于土壤里，被植物体吸收，并可传导运输到其他部位，害虫（主要是刺吸式口器害虫）取食后引起中毒死亡的农药。实际上内吸性杀虫剂的作用方式也是胃毒作用，但内吸作用强调该类药剂具有被植物吸收并在体内传导的性能，因而在使用方法上，如根施、涂茎，可以明显不同于其他药剂。

4. 熏蒸剂　熏蒸剂以气体形式通过呼吸系统进入虫体内引起中毒死亡，例如氯化苦、溴甲烷等。

5. 驱避剂　驱避剂是指一些农药依靠其物理（例如颜色）、化学作用（例如气味等）使害虫驱避或发生转移、潜逃的一种非杀死保护药剂。例如苯甲酸苄酯对恙螨有驱避作用。

6. 拒食剂　拒食剂是指农药被取食后，可影响昆虫的味觉器官，使其厌食、拒食，最后因饥饿、失水而逐渐死亡，或因摄取营养不足而不能正常发育，如杀虫脒、拒食胺等。

7. 引诱剂　引诱剂依靠其物理和化学作用（如光、颜色、气味、微波信号等）将害虫诱聚而有利于歼灭。引诱剂与驱避剂的作用相反，通常包括取食引诱、产卵引诱和性引诱。具有引诱作用的化合物一般与毒剂或其他物理性捕获措施配合使用，杀灭害虫。最常用的取食引诱是蔗糖液。

8. 不育剂　不育剂通过破坏生殖循环系统，形成雄性、雌性或雌雄两性不育，使害虫失去正常繁殖能力，如六磷胺等，但生产上应用很少。

9. 生长调节剂　生长调节剂可阻碍或抑制害虫的正常生长发育，使之失去危害能力，甚至死亡，例如保幼激素类似物和蜕皮激素类似物。

为了充分发挥药剂的效能，做到安全、经济、高效，要合理使用农药。结合作物生产时间和自然环境、药剂的有效防治范围与作用机制，以及防治对象的种类、发生规律和危害部位的不同，合理选用药剂与剂型，做到对"症"下药。要科学地确定用药量、施药时期、施药次数和间隔天数。尽量减少单一药剂的连续使用，提倡合理混用农药，控制农药使用次数，延缓抗药性的产生。避免药害以及残留污染对非靶标生物和环境的损害，保护农田生态平衡，坚决禁止使用国家禁用的药剂。合理用药还必须与其他综合治理措施配套，充分发挥其他措施的作用，以便有效控制农药的使用量，减少使用农药造成的残留污染、有害生物抗药性和再猖獗问题。

第三节　作物病害及其防治

一、作物病害及其症状

（一）作物病害

病原物或不良环境条件的持续干扰作物，其干扰强度超过了作物能够忍耐的程度，使作物正常的生理功能受到严重影响，在生理上和外观上表现出异常，这种偏离了正常状态的作物就是发生了病害。病害的定义包括3个方面的内容：病因、病变和症状。

（二）作物病害发生的原因及类型

引起作物发生病害的原因，有生物因子、非生物因子和遗传因子。

1. 生物因子　引起作物病害的生物因子称为病原物，主要有真菌、细菌、病毒、线虫和寄生性种子植物。病原物均有破坏寄主的能力（致病力），但致病机理不尽相同。病原物引起的病害具有侵染性和传染性，因此也称为侵染性病害或传染性病害。常见的真菌病害有稻瘟病、小麦锈病类、玉米黑粉病、甘薯黑斑病、棉花枯萎病等，细菌病害有大白菜软腐病、水稻白叶枯病、甘薯瘟、番茄青枯病等，病毒病害有烟草花叶病、水稻矮缩病、油菜病毒病等，线虫病害如大豆胞囊线虫病、水稻根结线虫病、小麦线虫病、花生根结线虫病等，寄生性种子植物有菟丝子等。侵染性病害的种类、数量和重要性在作物病害中均居首位，是防治的主要对象。

2. 非生物因子　引起作物病害的非生物因子主要指影响作物生长的环境条件，主要包括温度、湿度、水分、光照、土壤、大气和栽培管理措施。环境条件不适时，会引发作物病害。例如氮、磷、钾等营养元素缺乏会引起缺素症，土壤水分不足或过量会引起旱害或渍害，低温或高温会引起冻害或灼伤，光照过弱或过强会引起黄化或烧叶，肥料或农药使用不当会引起肥害或药害，氟化氢、二氧化硫、二氧化氮等大气污染也会对作物造成毒害。非生物因子引起的病害具有分布均匀的特点，没有传染性，因此也称为非侵染性病害或非传染性病害。

3. 遗传因子　作物本身的遗传缺陷也会造成病害，如白化苗、矮化苗。患遗传性病害的植株在田间多呈零星分布，但因品种混杂或基因分离导致的生长异常，也可能引起重大损失。

（三）病变和症状

1. 病变　作物染病以后，首先发生的是生理变化，称为生理病变。接着发生的是内部组织的变化和外部形态的变化，分别称为组织病变和形态病变。生理病变在开始时往往不易被察觉，但随着病变的加深和发展，组织和形态的病变逐渐显露出来。

2. 症状　作物外部形态的不正常表现称为症状。病害症状包括病状和病征。

（1）病状　病状是作物受到病原物或非生物因子影响后局部或整株出现的异常表现。变色、坏死、腐烂、萎蔫和畸形是作物病状的5种表现。

①变色：植株患病后局部或全株色泽异常，称为变色。若均匀变色，主要表现为褪绿和黄化；若叶片不是均匀变色，则出现花叶、斑驳、条纹、线条斑、明脉等症状；有的叶绿素合成受到抑制，而花青素生成过盛，使得叶色变红或紫红，称为红叶。

②坏死：坏死是指发病植株局部或大片组织的细胞死亡。坏死是常见的病状。植株患病后最常见的坏死是病斑，有的病斑上的坏死组织脱落后，形成穿孔。病斑可以不断扩大或多个联合，造成叶枯、枝枯、茎枯、穗枯等。有的感病组织木栓化，病部表面隆起、粗糙，形成疮痂等。

③腐烂：腐烂是坏死的特殊形式，指植物病组织较大面积的破坏、死亡和解体。腐烂可以分为干腐、湿腐和软腐，作物的根、茎、花、叶、果都可以发生腐烂，而幼嫩或多肉的组织更容易发生。根据腐烂的部位，可分为根腐、基腐、茎腐、花腐、果腐等。幼苗的根或茎腐烂，导致地上部分迅速倒伏，称为猝倒；如果地上部分枯死但不倒伏，称为立枯。

④萎蔫：作物由于失水而导致枝叶萎垂的现象称为萎蔫。萎蔫有生理性萎蔫和病理性萎蔫之分。生理性萎蔫是由于土壤中含水量过少，或高温时蒸腾作用过强而使作物暂时缺水，若及时供水，则作物可以恢复正常。病理性萎蔫是指作物根系或茎的维管束组织受到破坏而发生供水不足的凋萎现象，如黄萎、枯萎、青枯等。这种凋萎大多不能恢复，导致植株死亡。

⑤畸形：由于病组织或细胞生长受阻或过度增生而造成的形态异常称为畸形。作物发生抑制性病变，生长发育不良，植株可出现矮缩、矮化，或叶片皱缩、卷叶、蕨叶等病状。病组织或细胞也可发生增生性病变，生长发育过度，病部膨大，形成肿瘤，枝或根过度分枝，

产生丛枝或发根。有的病株比健株高而细弱，形成徒长。此外，作物花器变成叶片状结构，使作物不能正常开花结实，称为变叶。

（2）病征 作物病部有时伴生病原物的结构，称为病征。常见的病征有霉状物、粉状物、锈状物、粒状物、索状物、脓状物等类型。作物病害的症状是病征和病状的共同表现。作物生病后会出现不同程度的病状，但并非所有的病害都出现病征。

①霉状物：霉状物是病部形成的各种毛绒状的霉层，其颜色、质地和结构变化较大，例如绵霉、霜霉、青霉、绿霉、黑霉、灰霉、赤霉等。

②粉状物：粉状物是病部形成的白色或黑色粉层，分别是白粉病和黑粉病的病征。

③锈状物：锈状物是病部表面的形成小疱状突起，破裂后散出白色或铁锈色的粉状物，分别是白锈病和各种锈病的病征。

④粒状物：粒状物是病部产生大小、形状及着生情况差异很大的颗粒状物，多为真菌性病害的病征。

⑤索状物：索状物是患病作物的根部表面产生的紫色或深色的菌丝索，即真菌的根状菌索。

⑥脓状物：潮湿条件下在病部产生黄褐色、黏胶状似露珠的脓状物，即菌脓，干燥后形成黄褐色的薄膜或胶粒。这是细菌病害特有的病征。

二、作物病害系统

病原、感病作物和环境条件是作物病害发生的基本因素，呈现一种三角关系，即病害三角。自然界有大量的病原物存在，但并非所有的作物在任何时刻都能染病。生产上选育抗病品种和采取措施提高作物的抗病性，是防止作物染病的重要途径。环境条件是病害发生与流行的重要因子。环境条件同时左右着病原物和作物的生活状态，当环境条件有利于病原物而不利于寄主时，病害有可能发生发展；相反，环境条件有利于寄主而不利于病原物时，病害就不会发生或受抑制。病害防治上，若能创造一个适合寄主而不利于病原物的环境条件，就可以减轻和防止病害的发生和流行。因而病害的发生和流行与人类的农事活动密切相关。

三、病原物的侵染过程和病害循环

（一）病原物的侵染过程

植物侵染性病害发生有一定的过程，病原物通过与寄主感病部位接触、侵入寄主和在植物体内繁殖扩展，表现致病作用；相应地，寄主植物对病原物的侵入也产生一系列反应，最后显示病状而发病。因此病原物的侵染过程也是植物个体遭受病原物的侵染后的发病过程，有时称为病程。侵染过程一般分为侵入前期、侵入期、潜育期和发病期。

1. 侵入前期 当寄主的生长季节开始时，病原物也开始活动，从越冬、越夏的场所，通过一定的传播介体（例如风、雨水、昆虫等）传到寄主的感病点上，与之接触，即侵入前期。病原物在侵入前期，存活于复杂的生物和非生物环境中，容易受到多种因素的影响，这个时期是病原物在病害循环中的薄弱环节，也是防止病原物侵染的有利阶段。近年来生物防治的进展，许多是针对这个阶段的研究而获得成效的。

2. 侵入期 侵入期就是从病原物接触寄主开始，直至与寄主建立寄生关系的一段时期。外界环境条件、寄主植物的抗病性，以及病原物侵入量的多少和致病力的强弱等因素，都有可能影响病原物的侵入和寄生关系的建立。影响病原物侵入的环境因子中，以湿度和温度影响最大。湿度是病原物侵入的必要条件，高湿度使叶面形成水膜常有利于病原物的侵入。温度主要影响病原物萌发与侵入的速度。

3. 潜育期 潜育期是指从病原物与寄主建立寄生关系开始，到表现明显症状前的一段时间。潜育期是病原物在寄主体内吸收营养和扩展的时期，也是寄主对病原物的扩展表现不同程度抵抗性的过程，症状的出现就是潜育期的结束。病原物在植物体内扩展，有的局限在侵入点附近，称为局部性（或点发性）侵染；有的则从侵入点向各个部位发展，甚至扩展到全株，称为系统性（或散发性）侵染。一般系统性侵染的潜育期较长，局部性侵染的潜育期较短。潜育期的长短因病害而异，一般为 10 d 左右。在一定范围内，潜育期的长短受环境的影响，特别是受温度的影响最大，在一定温度范围内，潜育期的长短与温度呈负相关。而湿度对于潜育期的影响较小。

4. 发病期 发病期植物受到侵染以后，从出现明显症状开始就进入发病期。此后，症状的严重性不断增加。例如真菌性病害随着症状的发展，在受害部位产生大量无性孢子，提供了再侵染的病原体来源。环境条件，特别是温度和湿度，对症状出现后病害进一步扩展影响很大。其中以湿度对病斑扩大和孢子形成的影响最显著。

（二）病害循环

病害循环是指侵染性病害从寄主植物的前一个生长季节开始发病，到下一个生长季节再度发病的整个过程，主要涉及病原物的越冬或越夏、传播和初侵染与再侵染 3 个环节。

1. 病原物的越冬或越夏 病原物的越冬或越夏有寄生、腐生和休眠 3 种方式。病原物类别不同，其越冬或越夏方式各异。病原物的越冬或越夏场所一般也是下一个生长季节的初侵染来源。常见的越冬、越夏场所有下述几种。

（1）田间病株 例如小麦叶锈病的越冬、越夏在我国都要寄生在田间生长的小麦上。

（2）种子、苗木和其他繁殖材料 例如小麦腥黑穗病病菌附着于种子表面，甘薯黑斑病病菌在块根中，马铃薯病毒在块茎中。

（3）病株残体 例如稻瘟病病菌、玉米大斑病病菌、玉米小斑病病菌、水稻白叶枯病病菌等，都以病株残体为主要的越冬场所。

（4）土壤 病株残体和病株上着生的各种病原物，都很容易落到土壤里面成为下一季节的初侵染来源。

（5）粪肥 农家肥料如未充分腐熟，其中的病原体就可以存活下来，例如立枯病病菌、谷子白发病病菌和小麦腥黑穗病病菌。

（6）昆虫或其他介体 一些由昆虫传播的增殖型病毒可以在昆虫体内增殖并越冬，例如水稻矮缩病毒在黑尾叶蝉内越冬，小麦土传花叶病毒在禾谷多黏菌休眠孢子中越夏。

根据病害的越冬、越夏的方式和场所，可以拟定相应的消灭初侵染来源的措施。

2. 病原物的传播 病原物从越冬、越夏场所到达寄主感病部位，或者从已经形成的发病中心向四周扩散，均需要传播才能实现。传播是联系病害循环中各个环节的纽带。防止病原物的传播，不仅使病害循环中断，病害发生受到控制，而且还可防止危险性病害发生区域的扩大。病原物的传播主要借助于外界的因素和动力，例如气流、雨水、昆虫、其他动物以及人为因素进行被动传播。不同的病原物由于其生物学特性不同，其传播方式和途径也不一样。病原真菌以气流传播为主，雨水传播也很重要；病原细菌以雨水传播为主；植物病毒和菌原体则主要由昆虫介体传播。人们在引种、施肥和农事操作中，也常造成病害的传播。例如马铃薯环腐病病菌可通过切刀由病薯传染给健薯，烟草花叶病毒也可通过人的农事操作从病株传染给健株。

3. 病原物的初侵染与再侵染 越冬或越夏的病原物，在植物 1 个生长季节中最初引起的侵染，称为初侵染，由初侵染的病部产生的病原体通过传播引起的侵染称为再侵染。在同一生长季节中，再侵染可能发生多次。病害循环按再侵染的有无，可分为多循环病害和单循环病害两种类型。多循环病害是指 1 个生长季节中发生初次侵染过程以后，还有多次再侵染过程。单循环病害是指 1 个生长季节只有 1 次侵染过程，即初侵染。再侵染的次数愈多，需要防治的次数也愈多。

四、作物病害防治方法

（一）植物检疫

植物检疫是贯彻"预防为主，综合防治"方针的一项重要措施。其目的是杜绝危险性病原物的输入和输出，以保护农业生产。植物检疫不是对所有的重要病害都要实行检疫，要根据危险性病害、局部地区发生和由人为传播这 3 个条件制定国内和国外的检疫对象名单。依法检疫，严禁检疫性病原物进境或在国内区域间扩散，是避免恶性病害入侵的基本途径。

（二）农业防治

1. 使用无病繁殖材料 许多植物病害的病原物，例如水稻白叶枯病病菌、水稻干尖线虫、小麦散黑穗病病菌、棉花枯萎病病菌、大豆花叶病毒、甘薯黑斑病病菌、马铃薯 X 病毒等，都经种苗携带而传播扩散。生产和利用无病种苗可有效防治这类病害，例如建立无病留种田或无病繁殖区，对种子进行检验，对带病种子进行汰除、消毒或灭菌处理，或利用植物茎尖生长点分生组织不带病毒，进行组织培养，获得无毒苗。

2. 建立合理的种植制度 合理的种植制度，既可调节农田生态系统，改善土壤肥力和土壤的理化性质，有利于作物生长发育和土壤中有益微生物的繁衍，又能减少病原生物的存活率，切断病害循环，减轻病害发生。轮作是一项经济、易行、有效的控制土传病害的措施，稻棉、稻麦等水旱轮作可以明显减少多种有害生物的危害，这也是小麦吸浆虫、地下害虫和棉花枯萎病防治的有效措施之一。采用合理间作、套作也可控制病原物的发生危害，如小麦或越冬绿肥和棉花的间作、套作，可以较好地控制棉花苗期蚜虫的危害。

3. 加强栽培管理 通过合理播种、优化肥水管理和调节温度、湿度、光照和气体组成等要素，创造适合于寄主生长发育而不利于病原菌浸染和发病的环境条件，可减少病害发生。例如早稻过早播种，易引起烂秧；冬小麦过迟或过深播种，会延长出苗时间，增加小麦秆黑粉病病菌和小麦腥黑穗病病菌的浸染机会；水稻过度密植，造成田间过早封行，通风透光不良，湿度高，有利于水稻纹枯病发生；施用氮肥过多，往往会加重稻瘟病和稻白叶枯病发生，而氮肥过少，则有利于稻胡麻斑病的发生；水的管理不当，会造成田间湿度过高，有利于病原真菌和病原细菌的繁殖和浸染，从而诱发多种病害。在温室、塑料大棚、日光温室、苗床等保护地栽培条件下，合理调节温度、湿度、光照和气体组成等，有利于病害的防治。此外，通过深耕灭茬、拔除病株、铲除发病中心和清除田间病残体等措施，保持田园卫生，可减少病原物接种数量，有效减轻或控制病害。

4. 选育和利用抗病品种 选育和利用抗病品种防治作物病害，是一项经济、有效和安全的措施。在我国，许多大范围流行的重要病害，如小麦秆锈病和条锈病、玉米大斑病和小斑病及马铃薯晚疫病等，均是通过大面积推广种植抗病品种而得到控制的。对许多难于运用其他措施防治的病害，特别是土壤传播的病害和病毒病等，选育和利用抗病品种是有效的控病途径。

（三）生物防治

生物防治主要是利用有益微生物或其产品防治病害的方法。其原理是利用微生物间的拮抗作用、竞争作用、寄生作用、交互保护作用。

1. 拮抗作用　一种生物产生某种特殊的代谢产物或改变环境条件，从而抑制或杀死另一种生物的现象，称为拮抗作用。具有抗生作用的微生物通称抗生菌。它所产生的对其他微生物有拮抗作用的代谢产物称为抗菌素。土壤是抗生菌生存的主要场所，将人工培养的抗生菌施入土壤（例如 5406 抗生菌），改变土壤微生物的群落组成，增强抗生菌的优势，就有防病增产的效果。农用抗生素主要是从微生物的代谢产物中分离出来的。其特点是能随着植物的代谢进入植物体内，对病害产生治疗作用。现在应用较广的有井冈霉素、春雷霉素、四环素、链霉素、灰黄霉素等。

2. 竞争作用　竞争作用是指两个或两个以上的微生物之间争夺空间、营养、氧气、水分等的现象。其中，以空间竞争和营养竞争最重要。例如枯草芽孢杆菌对大白菜软腐病菌侵入位点的占领属于空间竞争。

3. 重寄生作用和捕食作用　重寄生是指一种寄生微生物被另一种微生物寄生的现象。对植物病原物有重寄生作用的微生物很多，例如噬菌体对细菌寄生，病毒、细菌对真菌的寄生，真菌对线虫的寄生，真菌间的重复寄生，真菌、细菌对寄生性种子植物的寄生等。重寄生作用在生物防治中的应用日益广泛。一些原生动物和线虫可捕食真菌的菌丝和孢子以及细菌，有的真菌能捕食线虫，这些现象称为捕食作用，也是生物防治的途径之一。

4. 交互保护作用　在寄主植物上接种亲缘相近而致病力弱的菌株，以保护寄主不受致病力强的病原物的侵害，这种现象称为交互保护现象，主要用于植物病毒病的防治。

（四）物理防治

物理防治主要利用热力、冷冻、干燥、电磁波、超声波、核辐射、激光等手段抑制、钝化或杀死病原物，达到防治病害的目的，常用于处理种子、无性繁殖材料和土壤。

1. 汰除法　汰除是将有病的种子和与种子混杂在一起的病原物清除掉。汰除的方法中，比重法是最常用的。如风选、盐水或泥水漂选，可汰除混杂的菌核、菌瘿、虫瘿、病原植物残体及秕粒等。

2. 热力处理　可利用热力（热水或热气）消毒来防治病害。种子的温水浸种是利用一定温度的热水杀死病原物。感染病毒病的植株，在较高温度下处理较长的时间，可获得无病毒的繁殖材料。土壤的蒸汽消毒通常用 80～95 ℃蒸汽处理 30～60 min，绝大部分的病原生物可被杀死。

3. 地面覆盖　在地面覆盖杂草、沙土、塑料薄膜等，可阻止病原物传播和侵染，控制植物病害。

4. 高脂膜防病　将高脂膜兑水稀释后喷到植物体表，其表面形成一层很薄的膜层，这种膜层允许氧和二氧化碳通过，真菌芽管可以穿过和侵入植物体，但病原物在植物组织内不能扩展，从而控制病害。高脂膜稀释后还可喷洒在土壤表面，从而达到控制土壤中的病原物，减小发病的概率。

（五）化学防治

用于防治植物病害的农药统称为杀菌剂，包括杀真菌剂、杀细菌剂、杀病毒剂和杀线虫剂。杀菌剂是一类能够杀死病原生物，抑制其侵染、生长和繁殖，或提高植物抗病性的农药。

杀菌剂的类型按其化学成分可分为无机杀菌剂（铜制剂、硫制剂等）、有机杀菌剂（有机硫杀菌剂、有机砷杀菌剂、有机磷杀菌剂、取代苯类杀菌剂、有机杂环类杀菌剂、抗生素类杀菌剂等），按使用方式分为土壤处理剂、种子处理剂和叶面喷洒剂，按作用方式分为保护性杀菌剂、治疗性杀菌剂和铲除性杀菌剂等。保护性杀菌剂在病原菌侵入前施用于植物体可能受害的部位，可保护植物，阻止病原菌侵入，例如波尔多液。治疗性杀菌剂能进入植物组织内部，抑制或杀死已经侵入的病原菌，使植物病情减轻或恢复健康，例如托布津。铲除性杀菌剂对病原菌有强烈的杀伤作用，这类药剂常为作物生长期不能忍受，故一般只用于播前土壤处理、作物休眠期处理或种苗处理。此外，化学防治还有免疫作用和钝化作用。化学免疫是将化学药剂或某些微量元素引入健康作物体内，增加作物对病原物的抵抗力，从而限制或消除病原物侵染。在作物病毒病害的防治方面，有些金属盐、氨基酸、维生素、抗菌素等进入作物体内以后，能影响病毒的生物学活性，起到钝化病毒的作用，降低其繁殖和侵染力，从而减轻其危害。

农药具有高效、速效、使用方便、经济效益高等优点，但使用不当可对作物产生药害，引起人畜中毒，杀伤有益微生物，导致病原物产生抗药性，农药的高残留还可造成环境污染。因此对化学防治要有正确的认识，恰当地选择农药种类和剂型，在适当的时间采用适宜的喷药方法，才能正确发挥农药的作用，并不至造成环境污染和农药残留。

第四节　作物草害及其防除

农田杂草通常是指人们有意识栽培作物以外的、对作物生产有危害的草本植物。农田杂草的危害可分为直接危害和间接危害两方面。

直接危害主要指农田杂草对作物生长发育的妨碍并造成作物的产量和品质的下降。杂草有顽强的生命力，在地上和地下与作物进行竞争，地上部主要表现为对光和空间的竞争，地下部主要表现为对水分和营养的竞争，直接影响作物的生长发育。例如每穴水稻夹有一株稗草时，可减产25％；夹有两株稗草时，可减产60％。此外，杂草还对机械收割、脱粒造成妨碍，特别是杂草种子与收获物混杂后给机械识别带来困难，造成作物的经济价值下降。

间接危害主要指农田杂草中的许多种类是病虫的中间寄主和越冬场所，有助于病虫的发生与蔓延，从而造成损失。例如荠菜是甘蓝菌核病病菌、白粉病病菌、霜霉病病菌、麦蚜、棉蚜的寄主；龙葵是棉盲蝽、烟蚜、烟草炭疽病的寄主。另外，有些杂草植株或某器官有毒，混入粮食或饲料中能引起人畜中毒，例如毒麦子实。

一、农田杂草的种类及其生物学特性

（一）农田杂草的种类

全世界的农业杂草共有8 000多种，其中250余种是重要杂草。我国的农田杂草共有600多种，其中旱地杂草400余种，造成严重危害的有80余种；水田杂草200余种，造成严重危害的有 30 余种。这些杂草广泛分布于全国各地。不同地区因气候、地形、土壤类型、作物种类、耕作制度等不同，杂草的种类有很大差别。根据研究和防除的需要，可将杂草按以下方法进行分类。

根据杂草的植物学特征，分双子叶杂草和单子叶杂草，这两种类型杂草对除草剂的敏感程度有着明显的差别。

根据杂草的营养与生活方式，又分寄生性杂草、半寄生性杂草和非寄生性杂草。寄生性杂草没有绿色叶片，不能进行光合作用，用茎或根盘旋缠绕在寄主作物上，吸取所需的有机养料，例如菟丝子、列当。半寄生性杂草有绿色叶片，能进行光合作用制造有机物质，以寄生根从寄主体内摄取水分和养料，最常见的有桑寄生属和槲寄生属，常寄生于杨树、苹果树上。非寄生性杂草具有独立的生活方式，可以从外界吸收水、二氧化碳和矿物质，能进行光合作用制造供自身生命活动的有机物质。

此外，根据生长季节的不同，可分为冬季杂草和夏季杂草；根据其生活年限，又分为一年生杂草、二年生杂草和多年生杂草；根据杂草和水分条件的关系，可分为水田杂草和旱地杂草两类。

（二）农田杂草的生物学特性

1. 农田杂草的生物学特性

（1）休眠性　在长期的自然选择过程中，大多数杂草种子形成了休眠的特性，即当种子成熟后的数月内即使外部环境条件满足发芽要求时也不发芽。而且在打破休眠后如果环境条件不适还将产生二次休眠的现象。有的多年生杂草的营养器官（例如黑慈姑和香附子等）也可产生休眠性。

（2）早熟性　杂草的营养生长期较短，并能根据环境的变化缩短营养生长期而转向生殖生长，使杂草在短时间内就能成熟结实。例如有的稗草从发芽到结实仅需 30 d。杂草常比作物成熟早，例如稗草一般比水稻提前成熟 10～30 d，播娘蒿在小麦孕穗时就开花结果，野燕麦在小麦成熟之前已纷纷落地。

（3）多产性　杂草具有强大的繁殖能力。其繁殖方式分为种子繁殖和营养繁殖两种类型。以种子繁殖的杂草其种子具有籽粒小数量大的特征，一株杂草的种子数少则 1 000 粒，多则数十万粒。通常可达 30 000～40 000 粒。因此在每公顷的土地上常常有数百万至数千万粒杂草种子。这些种子不仅数量多，而且生活力强。许多杂草种子在土壤或水底能保持发芽力达数年之久，有些甚至几十年。具有营养繁殖能力的多年生杂草，其中匍匐茎、根茎、球茎、块茎、鳞茎等繁殖能力也很强。当机械作业时，将根芽或根茎切断，只要有芽，仍能萌发成新株。可见，强大的繁殖能力是杂草大量蔓延的主要原因，也是杂草造成危害的重要特征。

2. 杂草的传播　杂草种子可借风力、水流等自然因素进行传播，也可通过动物和人的活动进行传播。通常杂草种子的传播能力很强，并有各种散播种子的结构，例如蒲公英、苦菜等菊科杂草的果实有冠毛，萝藦、鹅绒藤等的种子有种毛，它们借助风力传播。长瓣慈姑、瓜皮草的果实有薄翅，可随水传播。苍耳、蒺藜、鬼针草、鹤虱等的果实有刺、倒钩刺、锚状刺，可以附在人身或动物体上被带到很远。猫眼草、犁头草、鼠掌老鹳草等成熟时果荚裂开或果皮干缩将种子弹出。营养体繁殖的杂草，则主要是依靠地下根茎的延伸来传播。人类的生产活动（例如耕作整地、施用未腐熟的农家肥、播种混有杂草的种子、调种或引种等）往往可造成杂草的人为传播。

3. 杂草与环境的关系　农田杂草与自然环境条件有着密切的联系，在地理分布上有一定的规律性，并且因土壤条件、水分状况、季节与栽培作物而不同。我国长江以南地区高温多雨，主要杂草种类属于喜温、喜湿植物，例如香附子、狗牙根、繁缕等；长江以北地区气候比较干燥而寒冷，耐旱抗寒的杂草占优势，例如灰菜、萹蓄、野燕麦、小蓟、荠菜等。由于季节的变化和各种杂草萌发所要求的温度不同，同一田块中各种杂草出现的时期不完全相同。例如一块稻田中最早出现稗草，中期出现异型莎草；冬小麦地的杂草先是荠菜、播娘蒿，春季以后是灰菜、萹蓄等；夏玉米地的杂草则是马唐、狗尾草、狗牙根、马齿苋等。

二、农田草害的综合防除

农田草害的综合防除包括农业防除、生物防除、植物检疫、化学防除等。

（一）农业防除

合理轮作特别是水旱轮作是改变农田生态环境，抑制某些杂草传播和危害的重要措施，例如水田的眼子菜、牛毛草在水改旱后就受到抑制。土壤耕作整地（例如春耕、秋耕和中耕等），可翻埋杂草种子，扯断杂草的根系和营养体，减轻杂草的危害。播前对作物种子进行风选、筛选或水选，是减少杂草来源的重要措施。例如稗草种子随稻谷传播，菟丝子种子随大豆传播，狗尾草种子随谷粒传播，通过精选种子，可防止杂草种子传播。有机肥料（例如家畜粪便、杂草堆肥、饲料残渣、粮油加工废料等）含有大量的杂草种子，若不经过高温腐熟，这些杂草种子仍具有发芽能力。因此施用腐熟的有机肥，可抑制其传播。此外，清除田边、沟边、路旁杂草也是防止杂草蔓延的重要措施。

（二）生物防除

生物防除是利用动物、昆虫、病菌等方法来防除。由于生物防除具有保护环境、经济、有效等优点，因而日益受到重视，并得到较快发展。早期的杂草生物防除主要是利用动物来防除杂草，例如在果园放养食草畜家禽、在稻田养殖草鱼等，以后在以虫灭草上，也收到了很好的效果。研究证明，许多昆虫都是杂草的天敌，例如尖翅小卷蛾是香附子、碎米莎草、荆三棱和水莎草的天敌，盾负泥虫是鸭趾草的天敌，褐小萤叶甲是蓼科杂草的天敌等。在以菌灭草上，同样也取得了成功。例如从欧洲输入的多年生菊科杂草曾在美国西部和澳大利亚迅速蔓延，后经导入锈病病菌进行防除获得成功。进入 20 世纪 80 年代后，国际上开始研制利用植物病原微生物防除杂草，即微生物除草剂，现已进入应用阶段。例如在美国南部豆科杂草美国合萌是水稻和大豆的主要杂草，但一直没有有效的除草剂进行防除。在经过 14 年的研究后生产出了一种炭疽病病菌制剂，可有效防除这种杂草。在日本，也研制出了针对草坪杂草早熟禾的微生物除草剂，并进入应用阶段。我国在利用微生物病菌防除杂草上同样也取得了很大的进展，如防除大豆菟丝子的菌药已研制成功。

（三）植物检疫

杂草种子传播的一条重要途径就是其种子混在作物和牧草种子中进行传播。因此加强植物检疫是杜绝杂草种子在大范围内传播、蔓延的重要措施。例如喜旱莲子草（*Alternanthera philoxeroides*），俗称水花生，原产于巴西，于 20 世纪 30 年代传入我国上海及华东一带。50 年代，南方许多地方曾经将此草作猪饲料引种扩散，此后逸为野生。1986 年的调查发现，喜旱莲子草自然发生面积约为 889 600 hm²，已经成为蔬菜、甘薯等作物田及柑橘园的主要草害（王韧等，1988）。又如紫茎泽兰（*Eupatorium adenophorum*），原产于中美洲，20 世纪 50 年代初从中缅、中越边境传入云南南部，现已广泛分布于西南地区，据赵国晶调查（1989），云南发生面积达 24 7 000 km² 。由于该植物含有有毒物质，很多当地植物及牲畜的生长受它的抑制或引起死亡（丁建清等，1998）。

（四）化学防除

化学除草是指使用除草剂来防除杂草的技术措施。化学除草具有效果好、效率高、省工省力的优点，适应农业现代化的需要，因此备受重视。自 1944 年美国科学家成功研制出选择性激素类除草剂 2，4 -滴（2，4 - D）以来，各种用途的除草剂便不断问世，近几十年来除草剂的生产及应用有了迅速的发展。

1. 除草剂的分类及作用机理

（1）除草剂的分类

①触杀型除草剂和内吸型除草剂：除草剂按在植物体内的移动性可分为触杀型除草剂和内吸型除草剂。触杀型除草剂被植物吸收后，不能在植物体内移动或移动范围很小，因而主要在接触部位发生作用，只有喷洒均匀，才能取得较好的除草效果。触杀型除草剂一般用于叶面处理，以杀死杂草的地上部分。内吸型除草剂被茎叶或根系吸收后，能在植物体内输导，因而对地下根茎类杂草具有较好的除草效果。内吸型除草剂既可叶面喷施，也可土壤处理。

②选择性除草剂和灭生性除草剂：除草剂按其作用方式可分为选择性除草剂和灭生性除草剂。选择性除草剂只杀杂草而不伤害作物，例如只杀稗草不伤害稻苗的敌稗、只杀野燕麦而不伤害麦苗的燕麦敌、只杀双子叶杂草而不伤害禾谷类作物的 2，4 -滴等。灭生性除草剂又称为非选择性除草剂，作物和杂草都能杀死，如五氯酚钠。灭生性除草剂在播种前处理土壤，可以杀死所有的地面杂草，但因药剂进入土壤后很快就失效，因此用药后 3～4 d 即可播种或移栽。选择性与灭生性是相对而言的，有些选择性除草剂在高剂量应用时也可成为灭生性除草剂。例如应用于棉田、玉米地和果园中的选择性除草剂敌草隆，当高剂量应用时，可作为路边和工业场地的灭生性除草。

（2）除草剂的作用机理　除草剂的作用机理复杂，不同除草剂除草机理不同，不同作物和杂草对除草剂的反应也不同，即使是同一除草剂在杂草体内浓度不同产生的生化反应也不相同。目前已发现和了解的除草机理主要有以下几种。

①抑制杂草的光合作用，造成光合过程中的电子传递和氢原子的传递受阻，氧的释放中断，产生过氧化氢而造成杂草死亡，例如取代脲类、三氯苯类和酰胺类除草剂等。

②抑制杂草的呼吸作用，一种是通过阻碍或破坏呼吸过程中的偶联反应；另一种是取代呼吸过程中的一些重要代谢物质如丙酮酸等，使呼吸中断，杂草因得不到生命活动所必需的能量而死亡。

③干扰杂草的蛋白质代谢，阻碍氨基酸和核酸的合成，造成细胞有丝分裂异常，生长受抑制而死亡，例如草甘膦、草丁膦等。

④如破坏杂草体内生长素平衡，使其生长异常而导致死亡，例如激素型除草剂 2，4 -滴、二甲四氯等。

⑤抑制植物微管和组织发育，导致纺锤体微管不能形成，使有丝分裂停留在前期和中期，而影响正常的细胞分裂，形成多核细胞、肿根，例如二硝基苯胺类除草剂。

2. 除草剂的选择及施用　农田杂草同作物一样都是植物，使用除草剂灭除农田杂草而又不要伤害作物，这就要求有较高的技术性。实践证明，不论除草剂本身有无选择作用，只要科学用药，利用药剂的某些特性以及作物和杂草之间的某些差异，就可以起到只除草而不伤苗的效果。除草剂的选择应遵循下列原理。

（1）时差选择　利用有些除草剂药效迅速而残效短的特性，在作物播种前喷施除草剂于土表层以迅速杀死杂草，待药效过后再播种。如利用灭生性除草剂草甘膦处理土壤，施药后2～3 d即可播种和移栽，利用时间差，既灭除了杂草又不伤害作物。

（2）位差选择　位差选择即利用植物根系在土层中分布深浅的不同和植株高度的不同进行选择性除草。一般情况下，作物的根系在土壤中分布较深，而大多数杂草的根系在土层中分布较浅。利用这个特点，将除草剂施于土壤表层可防除杂草而不伤作物，如移栽稻田使用丁草胺。有的除草剂对植物的光合作用器官有极强的伤害作用，而对非光合器官无效，因此施于果园近地层，可杀死低矮的杂草，而对高大的树冠无伤害，例如百草枯、敌草快等。

（3）形态差异选择　植物形态不同对除草剂的反应不同，例如稻麦等禾谷类作物叶片狭长，表面的角质层和蜡质层较厚，除草剂药液不易黏附，且具有较大的抗性；苋、藜等双子叶杂草的叶片宽大平展，表面的角质层与蜡质层薄，药液容易黏附，因而容易受害。另外，禾谷类作物的生长点在苗期位于植株基部，被叶鞘包围；双子叶杂草的生长点裸露体外，容易受害。在禾谷类作物田里，用2,4-滴除双子叶杂草就是利用形态上的差异。

（4）生理生化选择　生理生化选择即利用不同植物的生理功能差异及其对除草剂反应的不同来除草。例如水稻与稗同属禾本科，形态和习性相似，但水稻体内有一种特殊的水解酶能将除草剂敌稗水解为无毒性的3,4-二氯苯胺及丙酸，稗草则因没有这种功能而被毒杀。另外，用燕麦灵防除野燕麦、用百草烯防除豆类作物的杂草等，都是利用生理生化选择。

总之，在化学除草中利用除草剂的某些特性，根据作物和杂草之间的差异，找出作物对除草剂的"耐药期或安全期"和杂草对药剂的"敏感期"施用防除，就能达到除草保苗的目的。此外，在使用技术上要需掌握"准、匀、精、看"，即选用除草剂品种要准，喷施要均匀，剂量要精确，同时还要看苗情、草情、土质、天气等灵活用药，才能达到高效、安全、经济地灭除杂草的目的。

【复习思考题】

1. 如何理解有害生物的综合治理？
2. 植物保护的基本措施有哪些？
3. 病害与虫害的危害症状有何差异？
4. 植物病虫害的农业防治措施包括哪些内容？
5. 杂草防除有哪些方法？
6. 除草剂有哪些种类？除草剂的作用机理是什么？
7. 如何做到合理施用农药？

第九章　作物生产现代化

第一节　作物生产现代化的概念和特点

一、作物生产现代化的概念

作物生产现代化是指传统作物生产转变为现代作物生产的过程，是农业现代化的重要组成部分。一般认为其主要内容包括 3 个方面：①作物生产手段现代化，提高作物生产的物质技术装备水平；②作物生产技术现代化，提高科学技术水平；③作物生产经营管理现代化，提高经营管理水平。由于社会经济资源和自然资源状况差异，不同国家和地区实现作物生产现代化的途径和做法有所不同。

二、现代作物生产的特点

随着世界经济一体化的逐步发展和我国市场经济的不断深化，作物生产的经济属性愈趋明显，区域化布局、专业化生产、规模化经营、社会化服务、产业化管理正成为当代作物生产的重要特征。随着信息技术、生物技术等现代高科技成果在社会各领域的广泛运用，作物生产这个传统产业也正成为社会经济新的增长点，在新形势下焕发出新的生机。我国现代作物生产具有以下特点或趋势。

（一）多目标
现代作物生产的目标不能局限在只是运用现代工业物质技术和现代科学技术。现代作物生产应同步伴随以下目标的实现：①提高农民的社会和经济地位，缩小城乡差别；②农村人口城镇化；③可持续发展和保护自然资源与环境；④确保食物安全。

（二）产业化
传统作物生产正向现代产业多层面演进，这个演进过程包括多个方面：用现代工业提供的物质技术装备作物生产，用现代生物科学技术改造作物生产，用现代市场经济观念和企业方式来经营管理作物生产，创造高的综合生产率，同时关注生态保护，建设富裕文明的新农村。

（三）标准化
作物生产标准化为高质量农产品的生产提供依据，可以增强农产品的市场竞争力，是农产品创品牌的关键，是开发地方名特优产品的必要条件。在作物生产中，应加强对国家标准的研究，并考虑如何与国际标准接轨。

（四）安全化
作物生产安全在保障人们免于饥饿的基础上，还要包含食品健康（例如绿色食品、营养等）、生物多样性、维护民族文化等新的观念。美国的麦当劳、肯德基在各国兴办分店，不仅推销了美国农产品，而且也推销了美国文化观念，它会改变输入国的民族饮食文化。

（五）生产者素质现代化

提高农民素质是实现作物生产现代化的关键。如果只把作物生产现代化看成向农业提供现代工业生产的物质技术，就容易忽视人的作用。必须认识到使用现代物质投入的是具有现代技能的农民，农民现代意识和素质的提高，是作物生产现代化的先决条件。

（六）与城镇化相互促进

与城市化相互促进，是作物生产现代化的重要特征。作物生产现代化的目标无论怎样表述，最终都必须落脚到让农民富裕，而这就离不开农村人口城镇化与农业劳动力向非农产业转移。我国农民收入增长缓慢的原因很多，其中，农业剩余劳动力多，农民就业不充分，生产率低是重要原因。

（七）重视可持续发展

作物生产现代化离不开可持续发展。应重视作物生产可持续发展的研究，建立作物生产可持续发展的信息支持系统、评价指标体系和综合评估制度。

第二节　作物生产机械化

作物生产机械化，是指在作物生产中以运用先进适用的农业机械装备代替人力和畜力，以机器代替手工工具，在能够使用机械操作的地方都使用机械操作的过程。作物生产机械化包括作物生产的产前、产中和产后的全过程机械化，是作物生产现代化的中心环节和农业现代化的重要组成部分。

一、作物生产机械化发展概况

作物生产机械化是农业生产力发展水平的重要标志，是全面实现作物生产现代化的基础，也是实现农民增收，保障国家粮食安全，减轻农业劳动强度，提高农民社会地位，实现体面劳动，促进农村整体繁荣和发展，构建和谐社会的有效手段。

（一）国外作物生产机械化发展概况

国外作物生产机械化装备的水平和特点，主要以经济发达的美国、法国、英国、澳大利亚、加拿大等为代表。这些国家在作物生产、农作物种植、土地经营规模、农民经济收入、社会化服务体系、自然条件、使用的作物生产机械化装备和机械化水平等方面具有一定典型性。下面分别予以简介。

1. 美国的作物生产机械化发展概况　美国在 20 世纪 40 年代领先世界各国最早实现了粮食作物生产机械化。农业机械化促进了美国农业的快速发展，使美国成为世界上第一农产品出口大国。

为了保护农业生态环境，实现农业的可持续发展，最有效地利用和节约农业资源，提高农业劳动生产率和农产品商品率，保持农业在国际上的竞争力，美国特别重视农业的发展和农业的现代化。美国工业（例如机械、化肥、航空航天等方面）为农业提供了大量农业机械、化肥、农用飞机等先进生产资料和装备，使农业几十年以来一直成为主要出口产业。美国高度重视农业保护性耕作技术与机械的推广和使用。经过长期努力，目前实施保护性耕作（按作物残茬覆盖量达到 30% 为标准计算）的比重，大豆已达到 30%～40%，玉米为 25%。为了适应农业保护性耕作技术的需要，美国约翰·迪尔公司、凯斯·万国公司等农机厂商，已向农业提供了大量保护性耕作用的少耕免耕农业机械。

近年来,美国在谷物联合收割机、喷雾机、播种机等农业装备上开始采用卫星全球定位系统监控作业等高新技术。作物生产出现了向精准农业方向发展的趋势。

2. 澳大利亚的作物生产机械化发展概况　澳大利亚是一个人少地多的国家,农牧业发达,也是世界上重要的农产品出口国。澳大利亚的重要农作物为小麦和甘蔗,其次是大麦、燕麦、棉花、水稻、牧草等。澳大利亚的小麦、水稻、大麦、燕麦、牧草等作物早在1970年左右就实现了生产机械化,至今保持着高度机械化水平。甘蔗是澳大利亚的主要农作物,甘蔗从农田建设、耕整地、种植、田间管理、收获运输、装卸等各环节都使用机械作业,每个农业劳力年均生产甘蔗4 000 t。澳大利亚的甘蔗机械化程度超过90%,其中甘蔗收获机械化达99.9%。

澳大利亚作物生产机械化的特点是:机械化程度高,广泛采用大功率轮式拖拉机配带宽幅联合作业机组进行作业,例如配套施肥播种机宽达21 m。

3. 加拿大的作物生产机械化发展概况　加拿大是一个人少地多,农牧并重的发达国家,其种植业和畜牧业的产值大致相等。加拿大主要农作物为小麦、玉米和马铃薯,畜牧业以肉牛、羊和猪为主。加拿大每个农业劳动力年均生产的农畜产品,粮食高于1.0×10^5 kg,肉类高于4.0×10^3 kg,牛奶高于1.6×10^4 kg。这么高的农业劳动生产率是与粮食生产及禽畜饲养高度机械化分不开的。加拿大农业机械的特点是粮食生产和畜类生产机械与设备配套成套性强,田间作业机械从拖拉机到农机具及自走式联合收割机大部分为大功率、宽幅、高效机具。这和美国的农业机械化基本相似。

加拿大在农业上采用夏季休闲水土保持耕作与冬季秋雪管理的机械化作业。其耕作技术正向保护性耕作技术方向发展。为适应耕作技术的变化,近年来普遍推行双列圆盘犁和偏置式圆盘犁耕作。在作物生长过程中使用双翼铲中耕机、翻转式中耕机或双翼杆式中耕除草机防治杂草并增施肥料。与美国的免耕法不同的是,加拿大每隔6年左右都将土壤深耕1次。深耕大多采用有壁犁,既可翻动表层土壤又可疏松犁底层。休闲地耕作常用圆盘耙或弹齿耙,有的地块则用联合作业机进行一次性覆盖镇压。

4. 法国的作物生产机械化发展概况　法国农业发达,为世界粮食出口大国之一,农业机械化水平高,小麦、玉米等谷物生产、畜禽饲养均已实现了全过程机械化。粮食作物生产的整地、播种、中耕、病虫害防治、收获、运输、加工、储存等环节均有相适用的农业机械。法国在作物育种机械和葡萄园机械方面较发达。作物种子生产从种床准备、播种、田间管理、收获到收获后清选、分级、包装、包衣等有一整套机械供应,特别是种子加工厂,各种设备配套齐全,自动化程度也较高。

5. 英国的作物生产机械化发展概况　英国的种植业以小麦、大麦、甜菜和马铃薯为主,从种到收均已实现全过程的高度机械化。农业劳动力约占全国总劳动力的3%,平均每个农业劳力年生产谷物38 t。

英国的农业机械制造业较发达,除满足本国需要外还大量出口。英国重视74.6 kW以上拖拉机的生产,也注意发展与拖拉机配套的各种复式或联合作业机。

6. 以色列的作物生产机械化发展概况　以色列是一个干旱少雨、水资源严重缺乏的国家。为了充分利用水资源,国家大力发展节水灌溉技术与设备,以较少的水来保证作物的丰产和生活与工业用水的需要。喷滴灌面积占总灌溉面积的70%。

　　以色列的节水灌溉设备主要有大型喷灌机、微喷灌系统和滴灌系统及设备。以计算机控制的喷灌系统和滴灌系统可根据作物生长发育期需水和土壤墒情自动地适时适量灌溉，同时还可以辅助施液肥和施农药防治病虫害，最大限度地降低水蒸发和浪费，极大地提高了水、肥料、农药等资源的综合利率。这些节水灌溉设备广泛地用于花卉、蔬菜的温室种植和果树灌溉中。

　　以色列的温室也很发达，温室的主要作物为蔬菜和花卉，是世界主要花卉与蔬菜出口国之一。日光温室产业也很发达，日光温室所用热镀锌管构架，透光覆盖材料聚乙烯与聚氯乙烯薄膜、聚碳酸酯透光板、温室环境控制系统、通风系统、遮阳网、生长架等均有相关企业生产，除满足本国需要外还出口到美国等国家。

　　7. 日本的作物生产机械化发展概况　日本是一个工业高度发达、农业也很发达的国家。日本人口密度大，耕地面积少，全国人均耕地只有 0.044 hm²，按农业人口计算人均占有耕地仅 0.274 hm²。日本的主要农作物是水稻，其播种面积超过 2.0×10^6 hm²，产值占种植业的 47%。田间作业从耕整地、插秧、植保到收获等全部实现了机械化。1996 年，日本的水稻联合收割机收获达到了机收的 85%。水稻育秧、插秧、半喂入联合收获机械居世界领先水平。能在水稻育秧、移栽方面很快实现机械化，有赖于高度重视农业和农机的有机结合和高度发达的工业所提供的高质量设备。

　　日本作物生产机械化的特点是：水稻生产全过程机械化水平高，产品质量好，对小规模经营适应力强，此外，每公顷农用地拖拉机功率比美国、英国、法国等高度机械化国家投入多。

（二）我国作物生产机械化发展概况

　　1. 装备水平　近些年来，随着农村经济的快速发展，支农惠农政策的不断实施，我国农业机械装备总量不断提高，高性能、大功率的田间作业动力机械和配套机具快速增长，农机装备结构进一步优化，例如 80 型拖拉机、70 型拖拉机、迪尔天拖 60 型拖拉机、72 型拖拉机等多种型号的拖拉机。

　　2. 作业水平　目前，我国小麦生产已经基本实现了全程机械化，水稻、玉米生产机械化快速推进，畜牧业、渔业、林果业、农产品加工业、设施农业等领域的机械化全面发展。

　　3. 制造水平　随着农业机械事业的高速发展，作物生产对农业机械提出了更高的要求，不仅要求质量上要有保证，而且对外观、机具内部布置也提出了相应的要求。近年来将人机工程技术应用到农机具的室内布置和形式上，致使特色和个性化产品不断涌现。而且为了扩大市场份额，一些企业的目标是逐渐打造一批在质量、性能、用途、外部形态、内部布置均满足农业发展要求的农业机械。

　　4. 服务水平　农机大户、农机合作社等新型农机服务组织不断发展壮大，农机服务领域不断拓宽，农机服务产业化进程加快，农机销售、作业和维修 3 大市场蓬勃发展。

二、作物生产机械化发展趋势

（一）国外作物生产机械化发展趋势

　　作物生产机械装备技术的发明与技术创新成果，推动了现代农业装备制造业的快速发展和大规模农业机械化的实践。21 世纪，作物生产机械装备技术的发展，将紧密围绕人类面对的农业资源制约、食品安全和消费者对绿色健康食品的日益增长的需求、改善生态环境质量、提高农产品的市场竞争力等可持续发展目标，进一步突出多学科综合和交叉的特色。

1. 技术创新 传统的农业机械包括拖拉机、犁、耙、播种机、插秧机、移栽机、铺膜机、植物保护机械、施肥机、收获机械、谷物干燥机等为世界农业机械化做出了巨大贡献。这种贡献不仅仅在于量大面广，更是由于 100 年来这些农业机械在技术上的不断创新，最大程度上适应了农作制度不断发展的需要。

2. 装备技术 随着发达国家加快农业装备电子信息应用技术研究及产业化开发的进程，各种机电仪器一体化技术产品将被装备到农业机械上，以实现农业机械化作业的高效率、高质量、低成本和改善操作者的舒适性和安全性。以智能机器代替重型复杂、高投入、高能耗机械，优化生产过程、节约物资、改善质量、降低成本是 21 世纪农业机械发展的重要内容。

3. 环境保护 技术创新的重点将是如何高效利用水、土与肥力资源，控制水土环境污染，满足消费者对食物与生态环境安全日益增长的要求。利用现代信息技术开拓土壤、作物系统水利用过程与水土流失计算机模拟模型，辅助管理决策系统，"3S"与智能化技术将用于水土环境监测及智能化灌溉中。

4. 农产品深加工 农产品深加工已成为农业生产中最具增值效益的产业，加工工艺的技术创新已与现代生物技术、生物化学、微生物科学、食品科学等密不可分。加工的全程质量控制已成为确保产品质量的发展趋势，制定各种原料标准，规定各种指标要求，建立不同生产规范，确定影响产品质量的不同环节、各种因素、危害，制定相应的必要措施，确保产品的质量。

5. 精细农业 综合应用现代信息高新科技和农业装备技术、作物生产和农业资源环境管理决策等先进科技成果的精细农业技术是实现农业可持续发展的先导性技术之一。该技术的发展趋势是：研究适应不同条件的变量作业的农业机械，根据获取的信息和管理决策实现定位处理的农业机械作业。

6. 标准化技术 当今技术标准逐渐成为专利技术追求的最高体现形式。前几年，国外已流行一种新的理念：三流企业卖苦力，二流企业卖产品，一流企业卖专利，超一流企业卖标准，由此看出标准在市场竞争中举足轻重的地位。美国每年投入标准化研究的经费高达 7 亿美元便是最好的证明。

（二）我国作物生产机械化发展形势分析

1. 发展粮食生产对作物生产机械化的依赖程度越来越大 "十三五"期间，粮食生产对作物生产机械化的需求将保持刚性增长趋势，粮食作物耕、种、收机械，特别是田间管理机械需求不减，水稻、玉米和马铃薯生产机械化发展空间巨大。

2. 种植业劳动力大量转移对作物生产机械化的需求越来越迫切 我国种植业劳动力结构性短缺的矛盾日益突出，迫切需要用机械化来改造传统种植业生产。应对气候异常、各种农业自然灾害和"三夏"、"三秋"抢收抢种，离不开作物生产机械。机械化程度已成为影响农民种植意愿的因素之一。

3. 作物生产经营机制的创新为作物生产机械化搭建了越来越广阔的发展平台 耕地向种粮大户、农机大户转移趋势明显，作物生产呈现规模化、集约化、产业化、标准化的发展趋势，对大中型农机作业需求旺盛。

4. 国家政策扶持力度增加对作物生产机械化发展的导向作用越来越强烈 国家政策扶

持力度增加，购机补贴政策实施，对作物生产机械化发展的市场导向作用越来越大，农民购买生产机械的愿望强烈，为作物生产机械化快速发展提供了强大动力。

(三) 我国作物生产机械化技术的发展趋势

当前我国作物生产机械化发展势头较好，总体趋势为：农机农艺融合，加快薄弱环节机械化发展；高新技术在作物生产机械新产品上的应用将更加广泛；作物生产机械使用的方便性、舒适性、自动化和智能化水平将进一步提高；为农业环境和农业资源综合利用以及精确农业服务的新技术与新装备将有新的发展；农产品的工业化、工厂化生产系统将有重大突破；农产品的精深加工及副产品的综合利用技术与设备将成为新的经济增长点；信息化技术在作物生产中的应用将更加普及；生态农业和农业可持续发展所需技术与装备将有迅速发展；粮食作物、经济作物等生产全过程机械化、自动化水平将进一步提高；农业机械化技术向大力推进农业和农村经济结构的战略性调整发展；广泛应用高新技术，提高作物生产机械产品技术含量；适应经济全球化需要，建立和完善作物生产机械标准化技术体系。

第三节　作物生产设施化

作物生产设施化就是设施栽培，是指借助一定的硬件设施通过对作物生长的全过程或部分阶段所需环境条件进行调节，以使其尽可能满足作物生长需要的技术密集型农业生产方式。它是依靠科技进步形成的高新技术产业，是当今世界最具活力的产业之一，也是世界各国用于提供新鲜农产品的重要技术措施。

一、作物生产设施化概况

(一) 国外作物设施栽培技术的发展和应用状况

目前国外设施栽培技术比较先进的国家有：西欧的荷兰、法国、英国、意大利和西班牙，北美的美国和加拿大，中东的以色列和土耳其，亚洲和大洋洲的日本、韩国和澳大利亚等。这些国家的政府重视设施栽培的发展，在资金和政策上都给予了大力支持，现代设施栽培的研究起步早，发展快，综合环境控制技术水平高。总体分布情况是：西北欧国家由于常年天气较冷，夏季短，故以建造玻璃设施为主；其他地区及南欧塑料设施的比重较大。一些技术先进国家已能够按照作物生长的最适宜生态条件，在现代温室内进行四季恒定的环境自动控制，使其不受气候和土壤条件的影响，在有限的土地上周年均衡地生产蔬菜和鲜花。设施栽培综合环境控制技术最先进的国家，由于其地理位置、自然环境和经济基础不同，其发展的侧重点也不同。

1. 日本的作物设施栽培技术的发展和应用状况　塑料大棚和其他设施在日本得到普遍应用。日本设施栽培综合环境控制技术水平很高，被称为第四高技术农业的植物工厂，已在日本普及。植物工厂通过计算机将温度、湿度、二氧化碳浓度、肥料等控制在最适合作物生长发育的水平，在寒冷地带、沙漠地带，甚至在宇宙空间，也能提供新鲜的蔬菜。此外，日本某公司开发的设施栽培计算机控制系统可以较全面地对设施栽培内植物所需环境进行多因素检测控制，包括变温、换气、灌水、二氧化碳浓度调节、人工补光等，还开发了采用微机和专用设施栽培控制机组成的网络系统，该网络可将多台计算机控制系统集中管理。对于设施栽培数量多、地点分散的大农场可以使用专用配线形成设施栽培专用的网络系统进行集中管理，还可以使用电话线实现异地管理，在微机和专用设施栽培控制机装上调制解调器（modem），在家里就可以操纵远处的设施栽培控制系统。甚至可以利用笔记本电脑，在外地随处都可以控制设施栽培的管理系统。

2. 美国的作物设施栽培技术的发展和应用状况　美国有着发达的设施栽培技术，农业设施制造商有 100 多家，其综合环境控制技术水平非常高。美国开发的高压雾化降温、加湿系统以及夏季降温用的湿帘降温系统处于世界领先地位。该国已能够开发完全人工控制的设施，例如"生物圈 2 号"就是一种特殊的保护设施，它是相对于我们居住的被称为"生物圈 1 号"的地球而言的，主要是研究将来人在宇宙空间和其他星球，如何维持生活，进行生产和工作。经过 4 年的探索，尽管存在不少问题，但"生物圈 2 号"内作物的产量比常规种植高 16 倍，"生物圈 3 号"和"生物圈 4 号"将分别建在南极和北极，而"生物圈 5 号"将发射到月球。

3. 以色列的作物设施栽培技术的发展和应用状况　以色列自然条件非常恶劣，有一半土地是沙漠，淡水奇缺。政府非常重视和大力发展设施栽培，每年用于设施栽培的资金约8 000万美元。以色列现在农产品自给有余，每年出口收益达 10 亿美元以上，其中鲜花出口量占世界总出口量的 6% 左右。由于该国气候干燥，光照好，一年有 300 个晴天，昼夜温差大，因此在设施栽培综合环境控制技术中，对透光和降温的要求不高，而对灌溉系统要求很高，其灌溉技术特别是滴灌技术和设备发展很快，处于世界先进水平。

4. 荷兰的作物设施栽培技术的发展和应用状况　荷兰建造了大量的现代农业设施，且几乎全部由政府优惠贷款来建设，在设施栽培生产运行过程中低价供应天然气。荷兰鲜花出口量占世界总出口量的 71%，每年出口 9.2 亿枝鲜花。由于昼夜温度变化小，故降温、通风问题考虑很少，而采光问题考虑得较多，因此荷兰主要是玻璃设施。至于综合环境控制技术方面，荷兰在设施顶面涂层隔热技术，冬天保温加湿的双层充气膜、锅炉、燃油加热系统，二氧化碳施肥系统，人工补光的研制等方面均处于世界先进水平。

（二）我国作物设施栽培技术的发展概况

我国设施栽培历史悠久，但现代设施栽培起步较晚。早在 2 000 多年以前，我国就有蔬菜、花卉的设施栽培，但现代设施栽培技术 20 世纪 90 年代以后迅速发展起来的。目前，已形成一批专业研究机构和一批温室、塑料大棚专业定点生产企业。同时，较大规模地引进了国外成套设备、配套栽培品种和栽培技术。我国设施栽培主要有温室和塑料大棚两种形式，且 90% 集中在东北、华北、西北地区的大中城市周围，具有以下几个特点：①大棚、中棚、小棚和育苗设施配套建设；②节能型设施发展迅速；③结构简单、一次性投资低、当年能见效益的设施受到普遍重视；④单屋面设施已成为我国设施栽培的代表等。

与发达国家相比，我国目前设施栽培综合环境控制技术水平低，调控能力差，并且以单个环境因子的调控设备为主，综合环境自动控制的高科技温室主要靠从国外引进。根据国内现有的设施栽培制造基础，其设施框架及附属设施部分基本能满足要求，引进的关键是控制系统和控制管理技术。而国外公司从技术垄断和经济利益的角度考虑，要求我国成套引进，造成国家每年白白花费大量外汇去引进制造水平并不复杂的框架等设施的现状。综合环境控制技术成为制约我国设施栽培发展的瓶颈。而我国综合环境控制技术的研究还刚刚起步，目前仍然留停在研究单个环境因子调控技术的阶段，且大部分设施还是依靠人的经验去进行环境调控。

二、作物生产设施化发展方向

(一) 国外作物生产设施化发展方向

从全球看，发达国家的设施农业已具备了技术成套、设施完备、生产比较规范、产量稳定、质量保证等特点，并在向高层次、高科技和自动化、智能化方向发展。例如荷兰有 1.3×10^4 hm^2 玻璃温室，设施园艺已成为国民经济的支柱产业，同时，该国大力发展设施养殖和畜产品加工，使农业迅猛发展，成为仅次于美国和法国的第三大农产品出口国。以色列是缺水的国家，大型塑料温室采用全自动控制，充分利用光热资源的优势和节水灌溉技术，主要用于生产花卉，其出口量为世界第三位。美国设施农业的总指导思想是搞适地栽培，政府非常重视对设施栽培尖端技术如太空设施生产技术的研究，已形成成套的、全自动设施栽培技术体系。

(二) 我国作物生产设施化发展方向

在今后一段时期，我国设施栽培发展总的趋势，将在基本满足社会需求总量的前提下协调发展，着重于增加品种，提高质量，逐步实现规范化、标准化、系列化，形成具有我国特色的技术和设施体系；重视现有技术和新成果的推广应用，形成高新技术产业，实现大规模商品化生产。具体来说：①我国设施栽培技术路线，将按照符合国情、先进、适用的方向发展，形成具有我国特色的技术体系；②随着国民经济的快速发展和人民生活水平的提高，对蔬菜、花卉提出了多品种、高品质、无公害的强烈要求，因此设施栽培的主要趋势是提高水平、提高档次；③在已形成的集中成片生产基地的基础上，向规模化、专业化、产业化、高档化以及外向型发展。

第四节 作物生产标准化

标准即衡量事物的准则或规范。标准化是指为在一定范围内获得最佳秩序，对实际的或潜在的问题制定共同的和重复使用的规则的活动。标准化，作为一门科学是研究这个过程的规律和方法；作为一项工作，是根据客观情况的变化，运用"统一、简化、协调、选优"原则，促进这个过程的不断循环、螺旋式上升发展。标准化的目的和结果是获得最佳秩序，标准化水平是一个国家生产技术水平和管理水平的重要标志。

作物生产向专业化、规模化方向发展的生产和管理中，标准化工作对各个环节起着桥梁和纽带的作用。在作物生产的诸多繁杂系列环节中，只有遵循相应的系列标准，才能从科学研究、成果应用、组织生产到商品流通协调一致，获得最佳的经济效益和社会效益。正是由于有了可以严格量化控制的标准化指标，对土壤耕作、灌溉、施肥、农药等进行控制，提高整合（组合）效益，既可减少环境污染，又达到了农业资源的可持续利用。

一、作物生产标准化概况

(一) 国外作物生产标准化发展概况

农业标准化是伴随着农业现代化和农产品贸易全球化发展的需要而产生的。综观美国、欧洲联盟和日本等，实施农业标准化主要体现在以下 4 个方面。

1. 建立农业技术法规 政府部门通过颁布法令、指令等强制性的技术法规，规定农产品的安全指标和种子、农药及产品的标志。行业协会等中介组织制定推荐性的技术标准，包括产品规格等级、生产技术规程、储存运输标准等。例如欧洲联盟制定了 13 大类 173 个有关农产品和食品安全的技术法规，其中有 31 个法令和 128 个指令。美国有关食品的农药、兽药残留限量标准和检验方法标准，也都是通过颁布强制性的技术法规来实施的。

2. 实施生产操作规范 在发达国家，农业生产从品种选育到种养管理，再到加工包装、储存运输、上市销售等全过程，都有一套标准化的操作规范。例如欧洲联盟各国在农产品生产过程中，都遵守有关质量安全的技术法规和标准，实施良好的生产操作规范，把相关的技术法规和标准贯穿于生产、加工、流通全过程。日本的农产品生产，从作物品种选育到栽培技术，以及产品收获、加工、储藏等全程也都有详尽的标准和规范。

3. 实行产品质量安全和管理体系认证 为了确保农产品质量和提高贸易效率，发达国家普遍建立了农产品质量安全认证制度。例如法国建立了生态农业认证、产品合格认证、原产地冠名认证等制度，近年来在农产品加工领域又推行危害分析及关键控制点认证（HAC-CP）。美国、加拿大、日本等许多国家都实行了食品安全管理体系认证，也较为普遍地开展了生态食品认证和有机食品认证。通过实施产品质量和管理体系认证，强化了食品安全技术法规和标准在生产过程中的广泛应用。

4. 提供多方面的社会化服务 在发达国家，普遍通过向农民提供社会化服务来实施农业标准化。农产品生产经营者可以得到政府农业技术推广部门的指导和服务，也可以参加各种合作组织和行业协会，在购买农业生产资料、参加技术培训、产品销售等方面获取服务。例如澳大利亚政府定期向社会公布产品标准和操作规范，并委托新闻媒体进行传播。行业协会、企业也采取多种形式向生产者推介产品标准和技术规程。

（二）我国作物生产标准化概况

1. 我国作物生产标准化现状

（1）农业标准化工作日趋重要 我国对农业标准化工作越来越重视，并不断出台相关的政策和法规。自 1985 年召开第一次全国农业标准化工作会议以来，在各方面的努力下，我国农业标准化逐步得到人们的广泛重视，并取得了良好的成绩。到目前为止，农业方面的国家标准已有 2 000 余项，行业标准 3 000 多项，各省份制定的农业地方标准 10 000 多项。全国上下由于农业标准化工程的实施，进一步规范了农产品购销行为和市场秩序，引导并加快了农业结构调整，有效地推动了农业科技成果向现实生产力的转化。

（2）法规和管理办法愈趋完善既有用于指导、编制农业标准的国家、地方和行业标准管理办法、标准化导则，又有与农产品密切相关的标准、法规，例如绿色食品生产全过程标准、《食品卫生法》《产品质量法》《产品质量认证管理条例》《农产品质量安全法》等。

（3）重视标准化信息网络建设 中国标准情报中心和中国标准化服务信息网以及《中国标准化》月刊，都把农业标准化作为一项重要内容，及时收集、传递农业标准化信息。

（4）建立技术规程和标准 在已备案的科技成果中，有一大批是全国和地方的农业生产的技术操作规程和标准。

（5）学术界广泛关注 农业标准化学术界研究的范围主要有：农业标准化的意义、作用和推行农业标准化的必然性；农业标准化与农业现代化；农业产业化与农业标准化；农业标准化的具体标准，例如种子标准化，水产标准化等。此外，也从保证农业标准化实施的角度进行研究，认为"我国技术监督系统完善的标准化管理和推广体制与各级农业管理和农业技术推广体制相结合，是农业标准化工作健康发展的有力保证"。

（6）绿色食品标准化成为热点 绿色食品不仅在产前、产中、产后全过程标准化，而且，在实施中有高效的组织网络系统，主要采取委托授权的方式，使管理系统与监测系统相分离。一是在全国各地成立了绿色食品委托管理机构，系统地承担绿色食品宣传、发动、指导、管理、服务等工作；二是委托全国各地有省级计量认证资格的环境监测机构，负责绿色食品产地的环境监测与评价；三是委托区域性食品质量监测机构，负责绿色食品的产品质量检测，以此确保绿色食品监督工作的公正性。实践证明，绿色食品标准化体系，既符合我国国情，也具有较强的适应性和操作性，而且在世界同类食品生产中也是领先的，现已被我国相当一部分地区的农民和食品企业所接受、采用，并获得了显著的经济效益。

2. 我国作物生产标准化存在的主要问题

①对农业标准化的宣传不够，推广、实施力度不大；理论研究还停留在作用、意义的探讨和单过程、单方面的标准化研究阶段；实践经验不足，范围不广，表现在地区差异大，品种限于名优特，工作重点主要在产后等方面；支撑体系较为混乱，检测缺乏权威性，认证不规范，执行不严格，支撑力度不够。②对农业生产全过程标准化的研究、实施还不全面，特别是很少涉及标准化之后的农产品市场的开发、定位等战略问题及其营销的策略和方式，综合标准化工作还很薄弱。③重视标准制定，轻视标准实施的现象还较普遍，特别是对标准化所带来的效果和影响的研究还不充分。④没有制定同一类农产品的分级标准（例如同类农产品可分为准入级、专卖级和出口级），不适应市场经济的发展，不利于优质农产品的开发和农产品市场的发育与成长。从发展趋势看，随着地方农业标准化的不断深入和完善，必将形成更大的区域性、全国范围的甚至国际农业标准互认和农业标准统一的局面。

二、作物生产标准化发展趋势

（一）把实施农业标准化作为保障农产品质量安全的基础

国际经济一体化新秩序正在形成，我国的作物生产标准化工作应迅速转变观念，认真参考国外成熟经验和国际惯例，积极采用农业国际标准，优先制定适应国际市场需求的农业标准，以获取市场竞争的主动权，加速我国农业标准化工作由内向型向外向型过渡，以积极的姿态和有力的举措争取主导地位。促进农业节本降耗，提高产量和效益；确保农业为市场和消费者提供安全的产品。

保障农产品的质量安全，应坚持预防为主的理念。预防为主就是按照从农田到餐桌全程质量安全控制的要求，在农产品的种养过程中严格控制有毒有害农业投入品的使用，防止源头污染。

（二）建立统一权威的农产品质量标准及其配套体系

为了适应市场多样化、优质化、品牌化的消费需求，为了适应优胜劣汰的市场竞争规律，以质取胜成为开拓市场的重要策略之一。比质量，从某种程度上讲就是比标准。产品高质量首先表现在有高标准。目前我国农产品量大质次市散、流通不畅的问题十分突出，严重影响了农产品优质优价政策的落实。因此当前最迫切的是建立健全农产品质量标准、检验检测和市场信息3个体系。这是健全农产品市场体系最重要的基础性工作，也是促进农业质量建设最有效的手段。只有尽快建立起统一权威的农产品质量标准及其配套体系，提高农产品质量，提升农业产业化水平，才能进一步拓展农产品市场空间，实现农业的国际化、产业化与可持续发展。

现代科学技术的飞速发展，使产品向高科技、多功能、精细化和多样化方向发展。随着生物技术和信息技术在农业生产中的推广应用，我国农业生产将向模式化、温室化、工厂化和企业化方向迈进，人类对自然条件的调控能力将逐渐增强，农产品质量标准化的科学性与先进性将更强。

（三）系统性开展农业标准化工作

现今我国的农业标准体系尚不能满足现代农业发展的需要，特别是市场需求的如农产品质量标准、食品安全标准、食品卫生标准、农产品物流标准、环境保护标准等亟待建立健全。

农业生产涉及产前、产中和产后的方方面面，因此要把农业标准化渗透到农业生产的全过程中去，从农产品产前的环境评价、基地建设、种子选育、生产资料供给，产中的良种繁育、种植制度、栽培技术、田园管理，到产后的采收加工、质量指标、卫生标准、安全标准、检验检测、监测监管、认证、包装、标签、储运、营销等全过程实施标准化管理。以标准规范农业、发展企业、包装产品，实现生产经营优质、高效，保证农业的可持续发展。

随着经济技术的发展，逐步提高农产品质量安全管理水平。食品安全管理水平与人均国内生产总值（GDP）增长之间，具有高度的正相关性。居民收入和生活水平的提高必然会对食品安全提出更高的要求。随着经济和科技的快速发展，食品安全的标准也必将越来越严格、监管措施越来越完善、检测手段越来越先进。

（四）建立健全农业标准化推广体系

农业标准化只有经过推广和实施，才能产生现实效果。健全农业标准化推广体系是农业标准化工作的重要环节。农业标准化推广体系主要包括：①宣传发动，多渠道、多形式地大力宣传标准化在农业中的重要作用和地位，加强农民的标准化意识；②传授科技，在传授农业科技的同时，将标准寓于其中，使农民在掌握有关农业科技的同时，掌握农业标准化知识和方法；③监测检查，加强贯彻标准的监督检查，确保标准得以正确地贯彻执行；④示范运作，宣传贯彻标准、实际操作指导、制作"明白纸"、培育示范户（村、乡）等，以点带面，循序推广；⑤咨询服务，从强化农业社会化综合服务入手，上延下伸，左右相连，尽量为农民和企业提供全过程、多功能、"一条龙"的咨询服务。

（五）通过推行农业标准化提高农产品的国际竞争力

我国加入世界贸易组织以后，我国农产品在国际市场面临的竞争也日趋激烈，传统的价格优势在国际市场上受到了质量安全标准的严峻挑战。应加快建立符合国际规范和质量安全要求的农业标准体系，并通过大力推进农业标准化，尽快提高我国农产品的质量安全水平，增强我国农产品的国际竞争力，突破国外的技术贸易壁垒；逐步掌握和运用符合世界贸易组织规则的技术手段，适当提高农产品的进口门槛，限制国外产品对国内市场的冲击，发挥标准在国际贸易中扩大出口和调节进口的作用。

第五节　作物生产智能化

作物生产的智能化是指数据库、人工智能、模拟模型、决策支持、遥感技术等现代信息技术与作物生产理论和技术相结合，实现作物生产和管理的自动化、科学化。其目的是优化决策、科学管理，提高作物生产的科技水平，达到高产、优质、高效的目的，从而实现可持续发展。

现代农业智能化包含了在育种育苗、植物栽种管理、土壤及环境管理、农业科技设施等多个方面实施程序化和计算机软件的参与。

一、作物生产智能化发展概况

作物生产智能化已逐渐渗透到作物生产的各个环节，下面简述智能化栽培技术、智能化耕作技术、智能化喷灌技术和智能化收获技术。

（一）智能化栽培技术

作物智能栽培学就是将系统分析原理和信息技术应用于作物栽培学研究，着重以作物栽培智能决策支持系统来指导作物生产管理，是一门以计算机技术与传统的作物栽培学相结合的新兴的交叉学科。其核心和基础的研究内容是作物生长系统的计算机模拟模型及智能化决策支持系统，关键是将生长模型的预测功能、专家系统的推理决策功能、资源环境系统的信息管理功能相融合，对不同环境下的作物生长状况做出实时预测并提供优化管理决策，实现作物生产的高产、高效、优质、可持续发展。

（二）智能化耕作技术

采用高度自动化和智能化的作业机械不仅具有操作舒适性和安全性，而且能提高工作效率，保证作业质量，降低生产成本。各种传感技术、遥感技术及电子和计算机技术在农机上的应用，为农机的自动化和智能化提供了技术支持和保障。因此自动化、智能化是未来农机尤其是大中型拖拉机发展的必然趋势。

美国东伦敦综合技术学院土地管理系研制成功一种激光拖拉机，利用激光计算机导航装置，不仅能够准确无误地测定其所在位置及运行方向，使误差不超过 25 cm，而且能够根据送入农场计算机中心的电子图表，查出该处土地的湿度、化学成分、排水沟位置和其他一些特点，准确计算出最佳种植方案、所需种子、肥料、农药数量等。并且一人在室内荧屏前可操纵多台激光拖拉机进行耕作，耕作速度快，且可减少种子、化肥和农药消耗，节约生产成本 50%，提高作物产量 20%。

英国开发的带有电子监测系统（EMS）的拖拉机具有故障诊断和工作状态液晶显示功能。电子监控系统可严密地控制机器各主要功能的变化，可以控制耕作以及播种的宽度、深度等。

（三）智能化喷灌技术

智能化喷灌技术在农业中的应用，不仅可以提高生产效率，还可以节约成本，降低污染，是智能化农业机械的重要组成部分。

美国内布拉斯加州的瓦尔蒙特工业股份有限公司和 ARS 公司开发出一种能实现农田自动灌溉的红外湿度计，安装在环绕着一片农田的灌溉系统上后，每 6 s 可读取 1 次植物叶面湿度。当植物需水时，它会通过计算机发出灌溉指令，及时向农田灌水。

德国 Dammer 推出一种能识别杂草的喷雾器。它在田野移动时，能借助专门的电子传感器来区分庄稼和杂草，当发现只有杂草时，才喷出除草剂，这样可以节省除草剂 24.6%，从而减轻对环境的污染。

（四）智能化收获技术

智能收获机械包含水果采摘机器人、粮食收割机械等。采摘机器人由机械手、末端执行器、移动机构、机器视觉系统、控制系统等构成。机械手的结构形式和自由度直接影响采摘机器人智能控制的复杂性、作业的灵活性和精度。移动机构的自主导航和机器视觉系统解决采摘机器人的自主行走和目标定位，是整个机器人系统的核心。

智能收获机械能够节约人力，具有胜任危、难、险、单调、繁琐等工作的优点，主要应用于田间作业、园林生产和在线分级，潜在应用包括果蔬的采摘、林木的修剪等，具有广泛的应用前途。在保证良好性能的前提下，应向高效、大型、大功率、大割幅、大喂入量和高速发展。

日本研制了自动控制半喂入联合收割机。其车速自动控制装置可以利用发动机的转速检测行进速度、收割状态，通过变速机构，实现车速的自动控制，当喂入脱粒室的量过大时，车速会自动变慢。作物喂入深度全自动调节机构，可以保证作物穗部在脱粒室内的合理长度，可减轻脱粒负荷和脱粒损失。

在我国，石家庄试验成功了装着"天眼"、"触角"和"心脏"的智能化收割机，"天眼"就是全球定位系统，"触角"由速度传感器、割台传感器和冲量传感器组成，"心脏"是安装在驾驶室内带屏幕的主控单元。在收割过程中，土地的土壤质地、肥力、产量、杂草、病虫害、经纬度等信息，通过装在该收割机上的这些先进技术设备传到远方的控制中心进行分析，科研人员就可据此对农业生产进行决策。

作物生产的智能化不仅仅只是上述4种技术，随着计算机及信息技术的发展，智能化已经渗透于农业生产的各个方面。例如智能化温室技术、智能化除草技术等、智能化放牧机械、智能化施药机械已经在欧美等开始应用。

二、作物生产智能化的支持技术

（一）数据库技术

数据库（database）是指在计算机系统中，按照一定的方式组织、存储和使用的相关数据集合。数据库技术是一种有组织地、动态地存储有密切联系的数据集合，并对其进行统一管理和重复利用的计算机技术。利用数据库技术可将大量的信息进行记录、分类、整理等定量化、规范化处理，并以记录为单位存储于数据库中，在系统的统一管理下，用户可以对不同的数据库进行查询、检索，快速、准确地获得满足不同需要的各种信息。另外，数据库是建立农业专家系统，建立数学模型，建立各种信息系统的基础和最重要的一个环节。

作物生产体系是一个复杂的大系统，涉及的信息很多。将信息加工成数据库，建立起数据库系统，将会有效地管理和利用这些信息。目前作物生产数据库系统主要包括农业资源环境信息数据库、作物生产资料信息数据库、作物生产技术信息数据库、农产品市场信息数据库等。

（二）空间信息技术

空间信息技术主要包括地理信息系统（GIS）和全球定位系统（GPS），与遥感技术（RS）结合应用，组成"3S"技术，是精确农业的重要技术支撑体系。地理信息系统和作物生产相结合可以实现空间（田块的经纬度）和属性（气象、土壤、品种、苗情）数据的管理、属性数据的空间差异分析、多要素综合分析和动态预测等。全球定位系统可以确定农业作业者或农业机器在田间的瞬时位置，通过传感器及监测系统随时随地采集田间数据，这些数据输入地理信息系统，结合事先储存在地理信息系统中定期输入的或持久性数据、专家系统及其他决策支持系统对信息进行加工、处理，做出适当的农业作业决策，再通过作业者或农业机器携带的计算机控制器控制变量执行设备，实现对作物的变量投入或操作调整。

（三）遥感技术

遥感技术（RS）是指从远距离高空及外层空间的各种平台上，利用各类传感器接收来自地球表层各类地物的电磁波信息，例如可见光、红外光、微波等，并对这些信息进行扫描、摄影、传输和处理，从而对地表各类地物和现象进行远距离探测和识别的现代综合技术。遥感技术具有视野宽、信息全、无损性、省时、省钱、省力、及时等优点。因此它在大地测绘、农业、林业、地质、水文、气象、海洋、环境监测、工程建设、军事侦察等方面得到广泛迅速的应用。

目前在作物生产方面，遥感技术已广泛应用于农业资源、环境与作物生产过程的监测，包括作物类型、面积、长势、灾害、产量等农情信息的监测，特别是在耕地面积估算、作物长势监测和产量预测预报方面已达到较高的可靠性和准确性。有关作物产品品质的遥感监测研究也取得了可喜的进展。杂草和苗情识别的光谱技术、视觉图像处理技术、土壤养分和水分测量技术等，国外已有很多研究报道，有的已应用于生产。我国在这方面的研究重点集中在土壤养分和水分的测量、田间杂草的识别、作物病害的光谱诊断等。

（四）人工智能技术

人工智能（AI）是研究人类智能规律，构造具有一定智能行为，以实现用电脑部分取代人脑劳动的综合性科学。人工智能的应用主要包括专家系统、神经网络、遗传算法等。在农业方面，以专家系统为代表的研究最多，取得了一系列的研究成果和应用效益。专家系统（ES）是以知识为基础，在特定问题领域内能像人类专家那样解决复杂现实问题的计算机系统。农业专家系统就是将农业专家的经验用合适的表示方法，经过知识的获取、总结、分析、提炼，存入知识库，通过推理机来求解农业问题，辅助进行管理决策。

目前，国际上农业专家系统已广泛应用于农业生产管理、灌溉施肥、品种选择、病虫害控制、温室管理、畜禽饲料配方、水土保持等不同领域和不同内容，例如美国的棉花生产管理专家系统 COMAX/GOSSYM、日本的温室控制专家系统、英国 ESPRIT 支持下的水果保鲜系统、德国的草地管理专家决策系统、荷兰的温室设计专家系统等。我国是国际上开展此领域研究与应用比较早的国家之一，许多科研部门开展了各种农业专家系统的研究、开发以及推广应用，取得了可喜的成就。例如中国农业科学院作物研究所的品种选育专家系统、植物保护研究所的黏虫测报专家系统、农业气象研究所的玉米低温冷害防御专家系统、南京农业大学的基于知识模型的水稻管理决策支持系统、中国农业大学的作物病虫预测专家系统和农作制度专家系统等。国家 863 计划资助的"智能化农业信息技术应用示范工程及网络建设"项目已在生产上广泛应用，并取得显著成效。可以说，以农业专家系统为主要内容的农业智能化信息技术的应用，已成为推动我国农业现代化的巨大动力。

（五）系统模拟技术

系统模拟的技术思想是运用系统学原理，根据事物发生和演变的动态过程，对系统结构成分与系统环境之间的机理性关系进行定量描述和动态模拟，并建立相应的计算机模型与实验系统。例如在作物生长系统中，系统的成分主要包括作物和土壤，系统环境包括气象条件、技术措施等系统输入以及蒸腾蒸发、生物量等系统的输出。作物模拟模型着重利用系统分析方法和计算机模拟技术，对作物生长发育过程及其与环境和技术的动态关系进行定量描述和预测。目前国际上较为优秀的作物生长模拟模型有美国的 CERES 系列模型和荷兰的通用作物生长模型 SUCROS 等。这些模型可以连续动态模拟作物生长发育过程及其与气候、土壤环境和管理技术措施的关系，从而克服了传统农作研究中较强的地域性和时空局限性，为不同条件下的作物生长动态预测与调控提供了有力的定量化工具。我国在水稻、小麦作物模拟模型的研究方面已取得显著进展，但在其他作物的模拟研究方面与发达国家相比还有较大差距。

（六）管理决策技术

决策是对未来的行动方向、目标、方案、原则和方法所做的决定，它是论证、分析、抉择的全过程，即针对需要决策的问题，经过调查研究，根据实际与可能，制定多个可行方案，然后根据决策标准，选定最佳或满意方案的全过程。计算机辅助决策系统又称为决策支持系统（DSS），是利用知识和数学模型，通过计算机分析或模拟，协助解决多样化和不确定性问题以进行辅助决策的系统，在作物生产中主要是为作物生产管理经营单位提供技术支持服务，解决"怎样生产"的问题，通过优化管理决策服务，以最低的生产成本取得最高的产量和最佳的效益，并能改善资源利用和环境质量，实现作物生产的可持续发展。一些发达国家已成功地运用作物模型及决策支持系统与"3S"技术的集成等进行不同时空条件下的农业资源环境监测、农产品生态区划、农业生产管理、病虫害预测与防治、农田灌溉管理、肥料运筹管理、土地评价与利用等，极大地提高了农业生产管理决策的科学性和定量化水平，取得了显著的经济效益、社会效益和生态效益。

第六节　作物生产安全化

一、作物生产安全化的概念及紧迫性

（一）作物生产安全化的概念

作物生产安全化涉及范围较广，目前一个国家或地区作物生产安全的内涵至少应包括以下几个方面：①长期稳定地提供充足的粮食；②能提供品种多样的作物产品；③能提供品质优良，无污染、无毒害作用的安全性作物产品；④作物产品在其生产、储运、加工和消费过程中对人体健康和生态环境具有环境安全性、生态合理性，这是作物生产安全的最高层次，也是现代生态理论和环境保护目标所要求的。

作物生产是经济再生产和自然再生产有机结合的生产活动。作物生产的自然属性就要求作物生产必须符合作物生长发育的自然规律，作物生产的社会经济属性，就要求作物生产应保证人类生存所需作物产品的持续供应和资源环境的可持续利用。从这个意义上可将作物生产的安全化定义为：作物生产活动必须保证人类生存与发展所必需的物质条件及环境资源可持续利用，最终实现作物生产活动与社会发展的协调一致。

（二）作物生产安全化的紧迫性

作物生产在满足社会对农产品需求、促进社会进步方面发挥了重要作用。但是随着人口增加、社会发展，目前作物生产的安全性面临着严峻的挑战。

1. 农产品尤其是粮食数量不足的问题依然严峻　农产品数量尤其是粮食数量，仍不能满足人类的需求，饥饿或营养不良仍是全人类面临的大敌。这是由于人口增长速度快，粮食

供需矛盾突出；水资源短缺，限制作物单产的提高；耕地面积减少、质量退化，成为粮食总产增加的障碍；病虫草害和自然灾害是粮食高产和稳产的重要限制因素的缘故。

2. 严重的环境污染，使农产品品质和生产过程令人担忧

（1）来自农药的污染　农药的大量使用和滥用，对环境和人类生活构成严重威胁，主要表现在：①使农业生态系统中天敌数量骤减，生物多样性大大下降，破坏了生态平衡，天敌等自然控害因子的作用显著削弱，引起了害虫再猖獗，使害虫大发生频次增加。②害虫抗药性日趋严重，目前已有 500 余种害虫与螨类对一种或数种化学农药产生抗药性而且抗药性不断上升，增加了防治难度，也缩短了农药的使用寿命。③农药在生物环境中具有生物富集作用，主要是指生物体从生活环境中不断吸收低剂量的农药，并在体内逐渐积累的能力，营养级越高的生物所积累的农药浓度也越高。另外农副产品中的农药残留量增加，也危害人畜健康，使农药中毒人数不断增加。

（2）来自化肥的污染　化肥的大量使用和滥用，对环境和人类生活构成严重威胁。大量使用化肥，使土壤酸化，土壤的物理性状恶化，特别是氮肥的使用还会导致交换态铝和锰数量的增加，对作物产生毒害作用，影响农产品的产量和品质。化肥也成为水体和大气污染的主要来源。目前化肥过量使用，农作物肥料利用效率低，残留量大的问题比较突出。例如我国平均施氮量（纯氮）超过 200 kg/hm²，而氮肥的利用率仅为 30%～40%，损失达 60%～70%。过量使用氮肥引起土壤中硝态氮积累，灌溉或降水量较大时，造成硝态氮的淋失，导致地下水和饮用水硝酸盐污染；而土壤中氮素反硝化损失和氨挥发损失形成大量的含氮氧化物污染大气。据研究，氮肥的使用量越高，农产品硝酸盐积累越多，农产品的品质越差。

3. 转基因生物的应用，使作物生产的安全化又面临新问题　生物技术广泛应用，将是 21 世纪科学技术的重要特征。为了创造高产、抗病、抗虫的作物品种，降低生产成本，科学家们正在利用自然界丰富的遗传基因，构建新的"物种"，即培育转基因植物。尽管转基因生物能解决当前农业面临的许多实际问题，但由于人们对其安全性问题知之不多，因此转基因生物的安全性，已引起高度重视。目前转基因植物的安全性主要集中在以下两个方面：①通过食物链对人类产生影响，即食物安全性；②通过生态链对环境产生影响，即环境安全性。食物安全性包括转基因产物的直接影响和间接影响。前者是指转基因食品中营养成分增加食物过敏性物质的可能；后者是指经基因工程修饰的基因片段导入后，引发基因突变或改变代谢途径，致使其最终产物可能含有新的成分或改变现有成分的含量所造成的影响。例如当植物导入具有毒杀害虫功能的基因后，它是否也能通过食物链进入人体内，转基因食品经胃肠道的吸收是否转移至胃肠道微生物中，从而对人体健康造成影响等问题。环境安全性指的是转基因生物对农业和生态环境的影响，包括转基因向非目标生物漂移的可能性、杂草化以及是否会破坏生物的多样性等问题。

另外，人类活动引起的臭氧层破坏、温室效应、酸雨等全球性环境问题，对作物生产的安全性构成的影响，还难以预计。

二、作物生产安全化措施和发展方向

（一）水资源优化利用

1. 高效节水技术精细化　喷灌、微灌技术是当今世界上节水效果最明显的技术，已成为节水灌溉发展的主流，全世界喷灌面积已超过 2.0×10⁷ hm²。目前喷微灌技术的发展趋势是朝着低压、节能、多目标利用、产品标准化、系列化及运行管理自动化方向发展。

2. 农业高效用水工程规模化 农业高效用水工程规模化，实现从水资源的开发、调度、蓄存、输运、田间灌溉到作物的吸收利用形成一个综合的完整系统，显著地降低农业用水成本，适应现代农业发展需求。例如以色列建成的北水南调国家输水工程，由抽水站、加压泵站与国家输水工程组成的供水管网系统具有 7 500 km 输水管道，这一系统日供水量最高可达 4.8×10^6 m^3。

3. 农业高效用水管理制度化 节水灌溉是一个系统工程，只有科学地管理才能使节水措施得以顺利实施，达到节水目的。节水管理技术是指按流域对地表水、地下水资源进行统一规划、统一管理、统一调配，并根据作物的需水规律控制、调配水源，以最大限度地满足作物对水分的需求，实现区域效益最佳的农田水分调控管理技术。

(二) 农药、化肥的合理利用及科学管理

当前农药和化肥的使用是不可避免的，重点应该在使用量和方式上加强控制和管理。注意加强以下工作：①加强综合治理，充分发挥农药以外其他防治手段在有害生物治理中的作用，减少农药用量；②贯彻落实农药法律、法规，确保安全用药；③加强高效低毒农药新品种研制和开发，大力发展生物农药；④推广农药使用的新技术和新方法；⑤确定农田施肥限量指标，建立新的肥料管理与服务体制；⑥根据精确农业施肥原则，量化施肥，推广使用长效肥料等肥料新品种。

(三) 农业病虫草害的综合治理

病虫草害综合治理技术（IPM），发展趋势主要表现在以下 3 方面：①利用害虫暴发的生态学机理作为害虫管理基础；②充分发挥农田生态系统中自然因素的生态调控作用；③发展高新技术和生物制剂，尽可能减少化学农药的使用。

(四) 生物技术在农业生产中的科学利用

近些年，农作物生物技术在世界范围内取得了飞速发展，一批抗虫、抗病、耐除草剂和高产优质的农作物新品种培育成功，为农业发展增添了新的活力。与此同时，其产业化步伐在各国政府的大力参与下正在加快，逐步成为许多国家经济的重要支柱产业之一，并在解决人类所面临的粮食安全、环境恶化、资源匮乏、效益衰减等问题上将发挥越来越重要的作用。与此同时，我国针对转基因技术的安全性做了大量的分析和评估工作，并采取了一系列的措施。例如建立农业生物基因工程安全管理数据库，收集、整理、分析、发布国内外农业生物基因工程安全管理信息，建立农业生物基因工程安全管理监督与监测网络；研究制定转基因食品安全管理的实施办法，形成配套的法规和管理体系等，为转基因植物及其产品安全性评价和政府决策提供依据。

(五) 农产品质量安全认证制度的加强与完善

食品质量安全直接涉及消费者身体健康，因而也是当今世界的热门话题。自 2006 年 11月 1 日起我国开始施行《中华人民共和国农产品质量安全法》，以应对经济全球化进程加快给农产品质量带来的压力和满足人民群众日益增长的对食品安全的要求。我国目前根据农产品安全性等级可分为无公害农产品认证、绿色食品认证和有机食品认证。总的来看它们都是农产品质量安全的一个重要组成部分，三者均有其管理办法、认证程序及标志。

当前，在国际贸易中关税壁垒的作用日益弱化，技术壁垒的作用日益突出。因此为了加快与国际惯例接轨步伐，我们要积极采用适合我国国情的国际标准和国外先进标准；大力推进质量认证，推进与国际质量认证机构实行互认制度；采用国际通行做法，合法保护国内市场和国内生产。

无公害农产品认证标志

绿色食品认证标志

有机食品认证标志

（六）发展生态农业，实现作物生产的可持续发展

作物生产的安全化是一个综合体系，是复杂农业生态系统的各个子系统相协调的最终结果，单凭一项或几项技术是很难达到这个目标的。作物安全化生产需要多项技术的合理搭配和综合运用，既要满足当代人类及其后代对农产品的需求，又要确保环境不退化、技术上应用适当、经济上能够生存下去的综合体系。这正是生态农业或可持续农业的基本内容。

农业的可持续发展是人类社会、经济可持续发展的基础，没有农业的可持续发展，就不可能有人类社会、经济的可持续发展。从当前世界农业发展状况来看，可持续农业是农业生产安全化比较合适的模式，具体到不同国家存在多种发展模式。由于我国的具体国情，决定了农业生产不能只注重环境，更应该重视农业的发展，提高农民收入，把农业高产高效发展与可持续发展结合起来，走集约持续农业的道路。

【复习思考题】

1. 什么是作物生产现代化？你认为农业现代化应该包括哪些内容？
2. 什么是作物生产机械化？了解国内外作物生产机械化现状和发展趋势。
3. 什么是作物生产设施化？了解国内外作物生产设施化现状和发展趋势。
4. 什么是作物生产标准化？了解国内外作物生产标准化现状和发展趋势。
5. 什么是作物生产智能化？了解国内外作物生产智能化现状和发展趋势。
6. 什么是作物生产安全化？了解国内外作物生产安全化现状和发展趋势。

主 要 参 考 文 献

北京农业大学作物育种教研室.1989.植物育种学［M］.北京：北京农业大学出版社.

毕辛华,戴心维.1999.种子学［M］.北京：中国农业出版社.

曹敏建.2013.耕作学［M］.2版.北京：中国农业出版社.

曹卫星.2011.作物栽培学总论［M］.2版.北京：科学出版社.

陈利锋,徐敬友.2007.农业植物病理学［M］.3版.北京：中国农业出版社.

董克俭.2007.谷物联合收割机使用与维护技术［M］.北京：金盾出版社.

董树亭.2007.作物栽培学概论［M］.北京：中国农业出版社.

董钻,沈秀瑛,王伯伦.2010.作物栽培学总论［M］.2版.北京：中国农业出版社.

高菊生,曹卫东,李冬初,等.2011.长期双季稻绿肥轮作对水稻产量及稻田土壤有机质的影响［J］.生态
学报,31（16）：4542-4548.

官春云.2011.现代作物栽培学［M］.北京：高等教育出版社.

官春云.2015.农业概论［M］.3版.北京：中国农业出版社.

管致和.1995.植物保护概论［M］.北京：北京农业大学出版社.

郭文韬.1988.中国农业科技发展史略［M］.北京：中国科学技术出版社.

韩召军.2001.植物保护学通论［M］.北京：高等教育出版社.

郝建平,时侠清.2015.种子生产与经营管理［M］.北京：中国农业出版社.

何发平,唐永辉,潘木生.2014.山区长期冬种油菜对中稻产量及土壤肥力的影响研究［J］.资源与环境科
学,12：218-225.

胡晋.2001.种子贮藏与加工［M］.北京：中国农业大学出版社.

华南农业大学,河北农业大学.1999.植物病理学［M］.北京：中国农业出版社.

黄鹏.2013.浅谈汽车尾气对人体健康的影响［J］.微量元素与健康研究,30（3）：63-64.

季道藩.1987.中国农业百科全书·农作物［M］.北京：农业出版社.

李宝筏.2003.农业机械学［M］.北京：中国农业出版社.

李建民,王宏富.2010.农学概论［M］.北京：中国农业大学出版社.

李建民.1997.农学概论［M］.北京：中国农业科技出版社.

李烈柳.2008.农作物种收机械使用与维修［M］.北京：金盾出版社.

梁秀兰,陈建军,梁计南.2001.农学概论［M］.广州：华南理工大学出版社.

凌启鸿.2007.水稻精确定栽培理论与技术［M］.北京：中国农业出版社.

刘军,唐志敏,刘建国,等.2012.长期连作及秸秆还田对棉田土壤微生物量及种群结构的影响［J］.环境
学报,21（8）：1418-1422.

刘素慧,刘世琦,张自坤,等.2010.大蒜连作对其根际土壤微生物和酶活性的影响［J］.中国农业科学,
43：1000-1006.

刘巽浩.1992.耕作学［M］.北京：中国农业出版社.

农业部农业机械化管理司,农业部农机推广总站.2008.中国农业机械化重点推广技术［M］.北京：中国
农业大学出版社.

潘家驹.1994.作物育种学总论［M］.北京：中国农业出版社.

任万军，胡剑锋，李季航，等．2013. 机插稻工厂化育秧技术规程［M］. 成都：四川省质量技术监督局．

山东农业大学．1998. 农学概论［M］. 济南：山东科技出版社．

世界农业史．央视国际 www. cctv. com.

世界农业史．中华农业文明网 www. icac. edu. cn.

谭金芳．2011. 作物施肥原理与技术［M］.2 版．北京：中国农业大学出版社．

汤复跃，陈渊，梁江，等．2012. 大豆、木薯播期对间作大豆产量和主要农艺性状的影响［J］. 大豆科学，
　　31（3）395 - 398.

王洪秋．2012. 机械化播种作业的合理选择［J］. 农机使用与维修，（3）：119.

王建华，张春庆．2013. 种子生产学［M］. 北京：高等教育出版社．

韦本辉．2008. 中国木薯栽培技术与产业发展［M］. 北京：中国农业出版社．

魏湜．2011. 作物逆境与调控［M］. 北京：中国农业出版社．

吴存浩．1996. 中国农业史［M］. 北京：警官教育出版社．

西北农业大学．2000. 农业昆虫学［M］.2 版．北京：中国农业出版社．

西南农业大学，四川农业大学．1998. 作物育种学总论［M］. 北京：中国农业出版社．

奚振邦，黄培钊，段继贤．2013. 现代化学肥料学［M］. 增订版．北京：中国农业出版社．

夏俊芳．2011. 现代农业机械化新技术［M］. 武汉：湖北科学技术出版社．

谢联辉．2013. 普通植物病理学［M］.2 版．北京：科学出版社．

星川清亲．1983. 几种小杂粮及食用豆的起源与传播［J］. 国外农学：杂粮作物，4：43 - 46.

徐楚年．1997. 植物生产概论［M］. 北京：经济科学出版社．

阎万英，尹英华．1992. 中国农业发展史［M］. 天津：天津科学技术出版社．

颜启传．2001. 种子学［M］. 北京：中国农业出版社．

杨守仁，郑丕尧．1989. 作物栽培学概论［M］. 北京：农业出版社．

杨文钰．2008. 农学概论［M］.2 版．北京：中国农业出版社．

杨文钰．2002. 农学概论［M］. 北京：中国农业出版社．

姚青，孙玫玲，蔡子颖，等．2011.2009 年天津城区地面 O_3 和 NO_x 的季节变化与相关性分析［J］. 环境化
　　学，30（9）：1650 - 1656.

姚雄，杨文钰，任万军．2009. 育秧方式与播种量对水稻机插长龄秧苗的影响［J］. 农业工程学报，25
　　（6）：152 - 156.

袁锋．2011. 农业昆虫学［M］.4 版．北京：中国农业出版社．

翟虎渠．1999. 农业概论［M］. 北京：高等教育出版社．

张爱东，王晓燕，修关利．2016. 上海市中山城区低空大气臭氧污染特征和变化状况［J］. 环境科学与管
　　理，31（6）：21 - 26.

张树森．1989. 植物育种学［M］. 北京：北京农业大学出版社．

张天真．2014. 作物育种学总论［M］.3 版．北京：中国农业出版社出版．

赵大为，孟媛．2010. 机械化精量播种技术发展研究［J］. 农业科技与装备，（6）：58 - 60.

赵国晶，马云萍．1989. 云南省紫茎泽兰的分布与危害的调查研究［J］. 杂草学报，3（2）：37 - 40.

朱德峰．2010. 水稻机插育秧技术［M］. 北京：中国农业出版社．

邹德秀．1995. 世界农业科学技术史［M］. 北京：中国农业出版社．

Ghaffarzadeh M，Prechac F G，Cruse R M. 1994. Grain yield response of corn，soybean，and oat grown in a
　　strip intercropping system［J］. American Journal of Alternative Agriculture，9：171 - 177.

Li L，Li S M，Sun J H，et al. 2007. Diversity enhances agricultural productivity via rhizosphere phosphorus
　　facilitation on phosphorus-deficient soils［J］. Proceedings of the National Academy of Sciences of the United
　　States of America，104：11192 - 11196.

Li Long，Zhang Lizhen，Zhang Fusuo. 2013. Crop Mixtures and the mechanisms of overyielding ［M］// Levin S A. Encyclopedia of biodiversity：Volume 2. 2nd ed. Waltham：Academic Press.

Lynch D H，Zheng Z，Zebarth B J，et al. 2008. Organic amendments effects on tuber yield，plant N uptake and soil mineral N under organic potato production ［J］. Renewable Agriculture and Food Systems，23：250－259.